◎ 21世纪高职高专规划教材·机电系列

◎ 国家高职高专示范性院校·示范性专业推广教材

# 公差配合与测量技术

## ——基于工作过程

## （第2版）

于　辉　王　丹　主　编

宋佳妮　刘　凯　副主编

北京交通大学出版社

·北京·

## 内容简介

本书突出了高等职业教育的特点，从“案例分析”入手，将传统公差配合与测量技术内容进行了科学整合，分为两个单元九个项目，即光滑圆柱体的极限配合与测量单元（包括4个项目：极限与配合、几何量测量、几何公差及误差的检测、表面结构及测量）和其他常用结构的公差配合及测量单元（包括5个项目：圆锥的公差配合及测量、滚动轴承的公差与配合、键与花键的公差配合及测量、螺纹的公差配合与测量、圆柱齿轮传动的公差及测量）。各项目后附有相应的拓展与技能总结，以及思考与训练，并在本书后附有部分训练题答案。

本书可作为高等职业技术学院、高等专科学校、成人高校及本科院校的二级职业技术学院机械、机电及近机类专业的教学用书，也可供机械工程类技术人员参考。



**图书在版编目（CIP）数据**

公差配合与测量技术/于辉，王丹主编. —2版.—北京：北京交通大学出版社，2015.5

（21世纪高职高专规划教材·机电系列）

ISBN 978-7-5121-2243-7

Ⅰ.①公…　Ⅱ.①于…　②王…　Ⅲ.①公差-配合-高等职业教育-教材　②技术测量-高等职业教育-教材　Ⅳ.①TG801

中国版本图书馆CIP数据核字（2015）第075435号

责任编辑：黎　丹　　特邀编辑：张　明

出版发行：北京交通大学出版社　　电话：010-51686414

北京市海淀区高梁桥斜街44号　　邮编：100044

印 刷 者：北京泽宇印刷有限公司

经　　销：全国新华书店

开　　本：185×260　　印张：19.75　　字数：493千字

版　　次：2015年4月第2版　　2015年4月第1次印刷

书　　号：ISBN 978-7-5121-2243-7/TG·41

印　　数：1～2 000册　　定价：38.00元

本书如有质量问题，请向北京交通大学出版社质监组反映。对您的意见和批评，我们表示欢迎和感谢。

投诉电话：010-51686043，51686008；传真：010-62225406；E-mail：press@bjtu.edu.cn。

# 第 2 版前言

本书是高等职业教育机电类专业教材之一，自 2010 年出版以来，已被许多高职高专院校采用。本次修订是按照机械制造类企业岗位及相关职业技能认证需求，并结合职业技术教育的特点而进行的。

本次修订按照 30～50 学时编写，适用于高职高专院校、成人高校及本科院校的二级职业技术学院机械、机电及近机类专业，也可供有关工程技术人员参考查阅。

本次修订参照教育部《高职高专教育公差配合与测量技术教学基本要求》编写而成。充分汲取第 1 版教材的成功经验，仍以“工作过程”为导向，以“实用”为目标，以“必须、够用”为度，精选、整合教学内容，加强理论与实践的融合，突出了应用性。全书以最新国标为依据，兼顾旧标准在生产中应用的成功经验，力求简明易懂、深入浅出、概念准确。本书具有以下特色。

1. 本书按每个单元从“案例分析”入手，创建教学情境，明确学习目标。

2. 每个项目按误差对机械性能的影响、公差含义和数值、误差的测量方法及应用器具等顺序介绍。

3. 为了使学习者领会教材内容，各项目后附有相应的技能总结和思考与训练题，并附部分答案。

4. 在主要项目后加入实训，适合有条件的学习者，掌握用常用、简单的器具测量必要参数的技能。

5. 本书采用了最新国家标准和法定计量单位，并标出相应国家标准代号，希望以此培养读者学习、应用和贯彻国家标准。

6. 本书对国标给出的术语加注英文，方便读者阅读。

参加本书编写工作的有吉林电子信息职业技术学院于辉（绪论、项目三、项目九、项目七）、王丹（项目一、项目二、）、宋佳妮（项目五、项目四）、刘凯（项目六、项目八）。全书由于辉、王丹担任主编并统稿，宋佳妮、刘凯担任副主编。

本书由吉林农业大学工程技术学院袁洪印教授审阅，并提出了宝贵意见，我们在此表示衷心的感谢。限于编者水平和时间，书中难免有不妥之处，敬请广大读者给予批评指正。特别希望任课教师提出批评意见和建议，并及时反馈给我们，在此我们表示真诚的致谢。(yuhui_1963@163. com)

编　者

2015 年 4 月

# 前　言

本书是以高等职业教育培养生产、建设、管理和服务第一线的高等技术应用型人才为目标，依据教育部制定的《高职高专教育公差配合与测量技术教学基本要求》编写而成的。作者总结了多年从事公差配合与测量技术及机械设计基础的教学实践经验，充分汲取了高职高专院校在探索培养高技能人才方面取得的成功经验和教学改革成果，以“工作过程”为导向，以“实用”为目标，以“必须、够用”为度，精选、整合教学内容，简化了公式，加强与生产实践的联系，突出了应用性。全书以最新国标为依据，兼顾旧标准在生产中应用的成功经验，力求简明易懂、深入浅出、概念准确，充分体现高职高专的教育特点。本书适用于30～50学时高等职业技术学院、高等专科学校、成人高校及本科院校的二级职业技术学院机械、机电及近机类专业的教学用书，也可供有关工程技术人员参考查阅。

本书具有以下特色。

(1) 本书按“项目驱动”模式、以“工作过程”为导向，每个单元从“案例分析”入手，创建教学情境，明确学习目标。

(2) 将传统公差配合与测量技术内容进行了较大的改革，科学整合后变为两个单元，即光滑圆柱体的极限配合与测量和其他常用结构的公差配合及测量。每个项目均按误差对机械性能的影响、公差含义和数值、误差的测量方法及应用器具等路径介绍。

(3) 各项目后附有相应的技能总结和（试题化格式的）思考与训练题，并在本书后附有部分训练题答案。

(4) 本书在借鉴相关教材的基础上，对一些教学内容进行了改革。以机械中常用零件为项目，把光滑极限量规并入测量常用测量器具里介绍，明确其功用和类别。

(5) 在主要项目后加入实训，力求用常用、简单的器具测量出必要的参数。

(6) 本书采用了最新国家标准和法定计量单位，并标出相应国家标准代号，希望以此培养读者学习、应用、贯彻国家标准。

(7) 本书对国标给出的术语加注英文，方便读者阅读。

参加本书编写工作的有吉林电子信息职业技术学院于辉（绪论、项目三、项目四、项目七、项目九）、王丹（项目一、项目二）、陈存银（项目五），贵州工业职业技术学院胡坤芳（项目六、项目八）。全书由于辉担任主编并统稿，胡坤芳、王丹担任副主编。

本书由吉林农业大学工程技术学院袁洪印教授审阅，并提出了宝贵意见，我们在此表示衷心的感谢。

限于编者水平和时间，书中难免有不妥之处，敬请广大读者给予批评指正。特别希望任课教师提出批评意见和建议，并及时反馈给我们，在此我们表示真诚的致谢。(yuhui_1963@163.com)

编　者

2009年12月

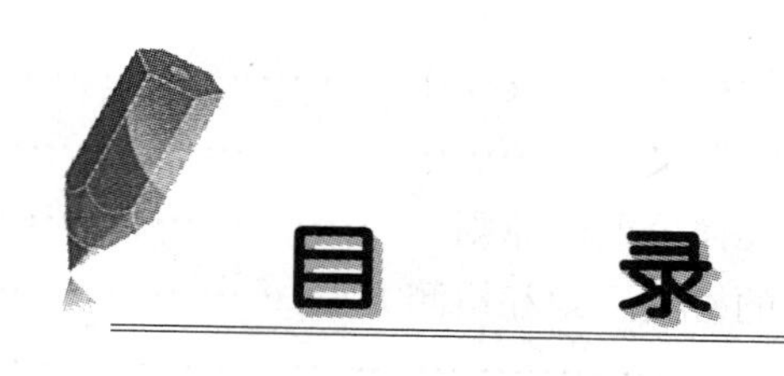

# 目录



## 第一单元　光滑圆柱体的极限配合与测量

# 绪　论

**教学目标：**

- 熟悉互换性的意义及在机械制造业中的作用；
- 了解标准化、标准的含义；
- 了解优先数、加工误差、公差的基本概念；
- 了解本课程的作用和任务。

## 案例导入

图0-1为二级展开式减速器，它由上箱体、下箱体、齿轮、轴、轴承、轴承盖、螺栓等组成。动力由输入轴输入，经齿轮副传递给中间轴，再经齿轮副传递到输出轴，实现减速。图中零件是批量生产后，按一定顺序装配成一个整体的，这些零件必须满足其公差和互换性要求才能组装且实现预定功能。

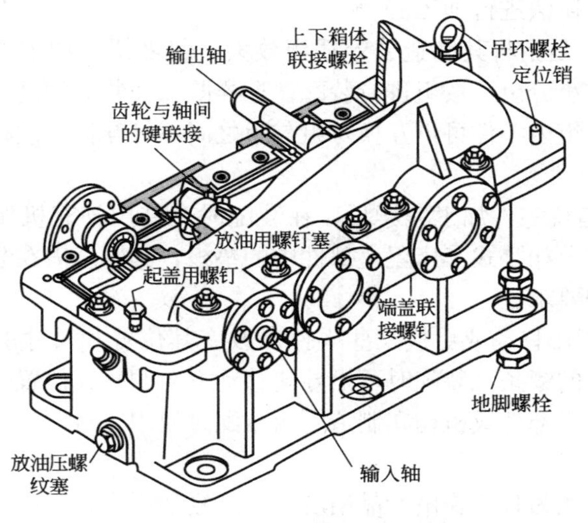


图0-1　二级展开式减速器

# 任务 0.1 互换性与公差的基本概念

## 1. 互换性

### 1）互换性的含义

互换性是广泛用于机械制造、军品生产、机电一体化产品的设计和制造过程中的重要原则，并且能取得巨大的经济效益和社会效益。

在机械制造业中，零件的互换性是指在同一规格的一批零、部件中，可以不经选择、修配或调整，任取一件都能装配在机器上，并能达到规定的使用性能要求的特性。能够保证产品具有互换性的生产，称为遵守互换性原则的生产。

汽车、摩托车、拖拉机行业就是运用互换性原理，形成规模经济，取得最佳技术经济效益的。

### 2）互换性的分类

互换性按其互换程度可分为完全互换性和不完全互换性。

（1）完全互换性

完全互换是指一批零（部）件装配前不经选择，装配时也不需修配和调整，装配后即可满足预定的使用要求。如图 0－1 中的螺栓、圆柱销等标准件的装配大都属于此类情况。

（2）不完全互换性

当装配精度要求很高时，若采用完全互换将使零件的尺寸公差很小，加工困难，成本很高，甚至无法加工。这时可根据精度要求、结构特点、生产批量等具体条件，采用不同形式的不完全互换法进行加工。

① 分组互换法。是指将其制造公差适当放大，使之便于加工，在完工后再用量仪将零件按实际尺寸大小分组，按组进行装配。这样既保证装配精度与使用要求，又降低了成本。此时，仅是组内零件可以互换，组与组之间不可互换，故称分组互换法，如滚动轴承。

② 修配法。是指待零件加工完毕后，在装配时允许用补充机械加工或钳工修刮办法来获得所需的精度。如卧式车床尾座部件中的垫板，其厚度需在装配时进行修磨，满足头尾座顶尖等高的要求。

③ 调整法。是指用移动或更换某些零件以改变其位置和尺寸的办法来达到所需的精度。如机床导轨中的镶条，装配时可沿导轨移动方向调整其位置，满足间隙要求。

不完全互换只限于部件或机构在制造厂内装配时使用。对厂外协作，则往往要求完全互换。

究竟采用哪种方式为宜，要由产品精度、产品复杂程度、生产规模、设备条件及技术水平等一系列因素决定。一般大量生产和成批生产，如汽车、拖拉机厂大都采用完全互换法生产。精度要求很高，如轴承工业，常采用分组装配，即不完全互换法生产。而小批和单件生产，如矿山、冶金等重型机器业，则常采用修配法或调整法生产。

3）互换性在机械制造业中的作用

机械制造工业中广泛采用互换性原则，它不仅对生产过程产生影响，而且还涉及产品的设计、使用、维修等各个方面。

在设计中由于采用具有互换性的标准件、通用件，因此可使设计工作简化，缩短设计周期，便于计算机辅助设计。

在制造中当零件具有互换性时，可以采用分散加工、集中装配。这样有利于组织专业化协作生产，有利于使用现代化的工艺装备，有利于组织流水线和自动线等先进的生产方式。装配时，不需辅助加工和修配，既减轻工人的劳动强度，又缩短装配周期，还可使装配工作按流水作业方式进行，从而保证产品质量，提高劳动生产率和经济效益。

在使用、维修时，由于机器的零件具有互换性，当突然损坏或按计划定期更换时，便可在最短时间内用备件替换，从而提高了机器的利用率和延长机器的使用寿命。

对于军用物品，如战场上使用的武器，保证零（部）件的互换性更具有其独特的意义，很难用价值来衡量。

互换性不仅在大量生产中广泛采用，而且随着现代生产的发展逐步向多品种、小批量的综合生产系统方向转变。互换性也为小批生产，甚至单件生产所要求。但是应当指出，互换性原则不是在任何情况下都适用，有时零件只能采用修配才能制成或才符合经济原则。例如，模具常用修配法制造，但其加工刀具、量具等工艺装备仍然具有互换性，因此互换性仍是必须遵循的基本的技术经济原则。

**2. 零件的加工误差和公差**

1）机械加工误差

在零件的加工过程中，由于机床、夹具、刀具及工件系统产生的受力、受热变形和摩擦振动、磨损和安装、调整等因素的影响，被加工零件的几何参数不可避免地会产生误差，这就是加工误差。

加工误差是指实际几何参数对其设计理想值的偏离程度。加工误差越小，加工精度越高。

加工精度是指机械加工后，零件几何参数（尺寸、几何要素的形状和相互位置、轮廓的微观不平程度等）的实际值与设计值相符合的程度。

加工误差是由工艺系统的诸多误差因素所产生的，机械加工误差主要有以下几类。

① 尺寸误差。是指零件加工后的实际尺寸对理想尺寸的偏离程度，即零件加工后的实际尺寸与理想尺寸之差。

② 形状误差。是指加工后零件的实际表面形状对于其理想形状的差异（或偏离程度），如圆度、直线度等。

③ 位置误差。是指加工后零件的表面、轴线或对称平面之间的相互位置对于其理想位置的差异（或偏离程度），如同轴度、位置度等。

④ 表面微观不平度。是指加工后的零件表面上由较小间距和峰谷所组成的微观几何形状误差。零件表面微观不平度用表面结构的评定参数值表示。

2）公差

为保证零件具有互换性，在满足使用性能的前提下，只要使同一规格零件的几何参数在一定范围内变动即可。这个允许零件几何参数的变动量（范围）称为公差。公差的实质是允许尺寸、几何形状和相互位置等误差最大变动的范围，也是合格零件的加工误差的极限。

公差包括尺寸公差、几何公差和表面结构指标及典型零件特殊几何参数的公差等。

为了控制加工误差，满足零件功能要求，设计者通过零件图样，提出相应的加工精度要求，这些要求是用几何量公差的标注形式给出的。图 0-2 所示为各类不同几何量公差的标注方法及数值。

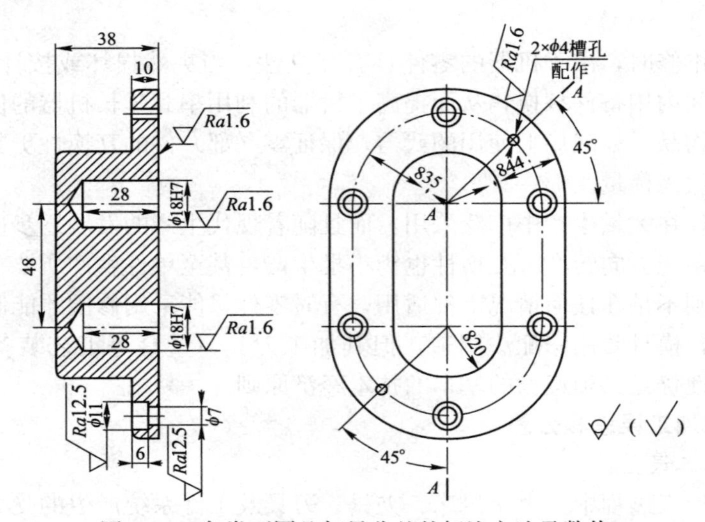


图 0-2 各类不同几何量公差的标注方法及数值

3）误差与公差的区别

加工误差是在零件加工过程中产生的，不可避免、客观存在的，它的大小受加工过程中各因素影响。公差则是允许零件的尺寸、几何形状和位置等的最大变动量，它是由设计人员根据零件的功能要求给定的。对于同一零件，规定的公差值越大，零件越容易加工，反之加工越困难，生产成本越高。所以，在满足零件功能要求的前提下，应尽量规定较大的公差值，以便于加工，降低成本。

零件加工后的误差若在公差范围内，则为合格件；否则，为不合格件。所以，公差也是允许的最大误差。

## 任务 0.2 标准与标准化的概念

### 1. 标准化与标准的含义

在实现互换性生产过程中，必须要求各分散的工厂、车间等局部生产部门和生产环节之间，在技术上保证一定的统一，以形成一个协调的整体。标准化正是实现这一要求的重要技术手段，是实现互换性生产的前提和基础。

1）标准化（standardization）的含义

国家标准 GB/T 20000. 1—2014 规定，标准化的定义为："为了在既定范围内获得最佳秩序，促进共同效益，对现实问题或潜在问题确立共同使用和重复使用的条款以及编制、发布和应用文件的活动。"实际上，标准化就是指在经济、技术、科学及管理等社会实践中，对重复性的事物（如产品、零件、部件）和概念（如术语、规则、方法、代号、量值），在一定范围内通过简化、优选和协调作出统一的规定，经审批后颁布、实施，以获得最佳秩序和社会效益。由此看见，标准化是一个活动过程，它包括制定、贯彻和修订标准，而且循环往复，不断提高。标准化工作的任务是制定标准、组织实施标准和对标准的实施进行监督。标准化的一般目的是使社会以尽可能少的资源、能源消耗，谋求尽可能大的社会效益和最佳秩序。标准化的主要作用在于为了其预期目的改进产品、过程或服务的适用性，防止贸易壁垒并促进技术合作。

2）标准（standard）的含义

标准化的主要体现形式是标准。我国国家标准 GB/T 20000. 1—2014 规定，标准的定义为："为了在一定的范围内获得最佳秩序，经协商一致制定并由公认机构批准，共同使用的和重复使用的一种规范性文件。"标准是以科学、技术和经验的综合成果为基础，以促进最佳的共同效益为目的。标准的制定和应用已遍及人们生产和工作的各个领域，如工业、农业、矿业、建筑、能源、信息、交通运输、水利、科研、教育等方面，且通过一段时间的执行，要根据实际使用情况，不断进行修订和更新。

**2. 标准的分类和分级**

1）标准的分类

按性质分类，我国标准可分为强制性标准和推荐性标准两种。

强制性标准是国家通过法律的形式明确要求对于一些标准所规定的技术内容和要求必须执行，不允许以任何理由或方式加以违反、变更。强制性标准包括强制性的国家标准、行业标准和地方标准。对违反强制性标准的，国家将依法追究当事人法律责任。

推荐性标准是指国家鼓励自愿采用的具有指导作用而又不宜强制执行的标准，即标准所规定的技术内容和要求具有普遍指导作用，允许使用单位结合自己的实际情况，灵活加以选用。

国家标准的代号用"国标"的汉语拼音的首字母"GB"表示。强制性国家标准的代号为"GB"，推荐性国家标准的代号为"GB/T"。

2）标准的层次（level of standardization）

按标准化所涉及的地理、政治或经济区域的范围不同，标准可分为国际标准（international standardization）（如 ISO、IEC 为国际标准化组织和国际电工委员会制定的标准）、区域标准（regional standardization）（如 EN、ANST、DIN 为欧共体、美国、德国制定的标准）、国家标准（national standardization）、地方标准（provincial standardization）四层。

标准化可以在全球或某个区域或某个国家层次上进行。在某个国家或国家的某个地区内，标准化也可以在一个行业或部门（如政府各部门）、地方层次上、行业协会或企业层次上，甚至在车间和业务室进行。

在我国还有行业标准和企业标准，各级标准之间的关系是：对需要在全国范围内统一的技术要求，应当制定国家标准；对没有国家标准而又需要在全国某个行业范围内统一的技术要求，可以制定行业标准；对没有国家和行业标准，又需要在省、自治区、直辖市范围内统一的技术要求（主要指安全、卫生等重要环节），可以制定地方标准，但在公布国家标准或行业标准之后，该项地方标准即行废止。企业生产的产品没有国家和行业标准的，应当制定企业标准，作为组织生产的依据；已有国家或行业标准的，国家鼓励企业制定严于上级标准的企业标准。

## 任务 0.3　优先数和优先数系

在产品设计或生产中，为了满足不同要求，同一品种的某一参数，从大到小取不同值时（形成不同规格的产品系列），应该采用的一种科学的数值分级制度或称谓。人们总结了一种科学的统一的数值标准，即为优先数（preferred numbers）和优先数系（series of preferred numbers）。如机床主轴转速的分级间距、钻头直径尺寸的分类等均符合某一优先数系。

优先数系中的任一个数值均称为优先数。优先数系是国际上统一的数值分级制度，是一种量纲一的分级数系，适用于各种量值的分级。在确定产品的参数或参数系列时，应最大限度地采用优先数和优先数系。

产品（或零件）的主要参数（或主要尺寸）按优先数形成系列，可使产品（或零件）走上系列化，便于分析参数间的关系，可减轻设计计算的工作量。

优先数系是由一些十进制等比数列构成，其代号为 R$r$（R 是优先数系创始人 Renard 的第一个字母，$r$ 代表 5、10、20、40 等项数）。等比数列的公比 $q_r=\sqrt[r]{10}$，其含义是在同一个等比数列中，每隔 $r$ 项与前项的比值增大 10 倍。

我国标准 GB/T 321—2005 与国际标准 ISO 推荐的各数是 5、10、20、40、80。其中 5、10、20、40 作为基本系列，80 作为补充系列。系列用国际通用符号 R 表示为

R5 系列　公比为 $q_5=\sqrt[5]{10}\approx1.6$；　R10 系列　公比为 $q_{10}=\sqrt[10]{10}\approx1.25$

R20 系列　公比为 $q_{20}=\sqrt[20]{10}\approx1.12$；R40 系列　公比为 $q_{40}=\sqrt[40]{10}\approx1.06$

R80 系列　公比为 $q_{80}=\sqrt[80]{10}\approx1.03$

范围为 1～10 的优先数基本系列见表 0-1。

**表 0-1　优先数基本系列（GB/T 321—2005）**

| R5 | R10 | R20 | R40 | R5 | R10 | R20 | R40 | R5 | R10 | R20 | R40 |
|---|---|---|---|---|---|---|---|---|---|---|---|
| 1.00 | 1.00 | 1.00 | 1.00 | | 1.25 | 1.25 | 1.25 | 1.60 | 1.60 | 1.60 | 1.60 |
| | | | 1.06 | | | | 1.32 | | | | 1.70 |
| | | 1.12 | 1.12 | | | 1.40 | 1.40 | | | 1.80 | 1.80 |
| | | | 1.18 | | | | 1.50 | | | | 1.90 |

续表

| R5 | R10 | R20 | R40 | R5 | R10 | R20 | R40 | R5 | R10 | R20 | R40 |
|---|---|---|---|---|---|---|---|---|---|---|---|
| | 2.00 | 2.00 | 2.00 | | | 3.55 | 3.55 | 6.30 | 6.30 | 6.30 | 6.30 |
| | | | 2.12 | | | | 3.75 | | | | 6.70 |
| | | 2.24 | 2.24 | 4.00 | 4.00 | 4.00 | 4.00 | | | 7.10 | 7.10 |
| | | | 2.36 | | | | 4.25 | | | | 7.50 |
| 2.50 | 2.50 | 2.50 | 2.50 | | | 4.50 | 4.50 | | 8.00 | 8.00 | 8.00 |
| | | | 2.65 | | | | 4.75 | | | | 8.50 |
| | | 2.80 | 2.80 | | 5.00 | 5.00 | 5.00 | | | 9.00 | 9.00 |
| | | | 3.00 | | | | 5.30 | | | | 9.50 |
| | 3.15 | 3.15 | 3.15 | | | 5.60 | 5.60 | 10.0 | 10.0 | 10.0 | 10.0 |
| | | | 3.35 | | | | 6.00 | | | | |

优先数的主要优点是：相邻两项的相对差均匀，疏密适中，运算方便，简单易记。在同系列中，优先数的积、商、整数乘方仍为优先数。因此，优先数系得到广泛应用。

## 任务 0.4　本课程的作用和任务

本课程是机械类各专业的一门技术基础课，是基础课与专业课的桥梁，也是设计类课程与制造工艺课程的纽带，是机械工程技术人员的必备技能。

机器的设计，不仅要进行运动分析、结构设计、强度计算和刚度计算，还要进行精度设计。对机器的精度设计，就是处理机器使用要求与制造工艺及成本的矛盾。合理的公差和科学的检测手段是解决上述矛盾的钥匙。

学习本课程可以使学生熟悉机器零件的精度设计，合理确定几何量公差，以满足使用要求。

本课程由几何量公差与几何量检测两部分组成。前一部分的内容主要通过课堂教学和课外作业来完成，后一部分的内容主要通过实训课来完成。通过理论学习和实训，学生应达到下列要求：

① 掌握标准化和互换性的基本概念及有关的基本术语和定义；

② 基本掌握本课程中几何量公差标准的主要内容、特点和应用原则；

③ 初步学会根据机器和零件的功能要求，选用几何量公差与配合；

④ 能够查用本课程介绍的公差表格，并正确标注在图样上；

⑤ 熟悉各种典型几何量的检测方法，初步学会使用常用的计量器具。

本课程实践性很强，学习时应注重与其他相关课程的联系，注意及时总结、归纳，找出各标准、各规定间的区别和联系，实训时尽可能独立操作、思考，做到理论与实践的有机结合。

## 拓展与技能总结

互换性是机械制造业中设计和制造过程必须遵循的重要原则，可使企业获得巨大的经济效益和社会效益。

互换性分为完全互换性和不完全互换性，其选择由产品的精度高低、产量多少、生产成本等因素决定。对无特殊要求的产品，均采用完全互换；对尺寸特大、精度特高、数量特少的产品，则采用不完全互换。

加工误差是由于工艺系统或其他因素造成零件加工后实际状态与理想状态的差别。公差是允许的加工误差的极限。

标准是规范加工误差的界尺，是标准化生产的依据。

## 思考与训练

**一、填空题**

1. 实行专业化协作生产必须采用______原则。

2. 完全互换表现为对产品零部件在装配过程中的要求是：装配前______，装配中______，装配后______。

3. 影响零件互换的几何参数是______误差、______误差和表面粗糙度。

4. 从零件的功能看，不必要求同一规格各零件的几何参数加工的______，只要求其在某一规定范围内变动，该允许变动的范围叫______。

5. 选择公差的原则是__________________。

**二、选择题（单选或多选）**

1. 本课程研究的是零件______方面的互换性。

A. 物理性能　　B. 几何参数
C. 化学性能　　D. 尺寸

2. 不完全互换一般用于______的零部件，适合于部分场合。

A. 生产批量大、装配精度高　　B. 生产批量大、装配精度低
C. 生产批量小、装配精度高　　D. 生产批量小、装配精度低

3. 标准按不同的级别颁发，中国标准GB为______标准。

A. 国家标准　　B. 行业标准
C. 地方标准　　D. 企业标准

4. 为使零件的______具有互换性，必须把零件的加工误差控制在给定的范围内。

A. 尺寸　　B. 形状
C. 表面粗糙度　　D. 几何参数

5. 加工后的零件实际尺寸与理想尺寸之差，称为______。

A. 形状误差　　B. 尺寸误差

C. 公差

## 三、判断题（正确的打√，错误的打×）

1. 具有互换性的零件，其几何参数必须制成绝对精确。(　　)
2. 公差是允许零件尺寸的最大偏差。(　　)
3. 在确定产品的参数或参数系列时，应最大限度地采用优先数和优先数系。(　　)
4. 优先数系是由一些十进制等差数列构成的。(　　)
5. 公差值可以为零。(　　)
6. 有了公差标准，就能保证零件具有互换性。(　　)

## 四、综合题

1. 什么是互换性？它对现代化生产有何意义？

2. 什么是优先数和优先数系？市场上一般可以选购到的白炽灯泡有 15 W、25 W、40 W、60 W、100 W，试解释此现象。

3. 加工误差、公差、互换性三者的关系是什么？

# 第一单元

# 光滑圆柱体的极限配合与测量

光滑圆柱体的结合是机械制造中最常用、最广泛的结合形式。现代化的机械工业，要求机械零件具有互换性，为此必须保证零件的几何参数的一致性。就尺寸而言，是指尺寸在某一合理的范围内，即公差范围内。

## 案例导入

如图1-0所示轴系部件组装图中，轴与轴承、轴与键、轴承与箱体、键与旋转件（联轴器或齿轮）等结合部位形成相对运动或一起转动。而这些零、部件都是分别由不同机器单一生产的，为实现预期的联结关系，满足使用要求且经济合理，因此形成了“极限与配合”的概念。“极限”用于协调机器零件使用要求与制造经济性的矛盾，“配合”反映零件组合时相互之间的关系。

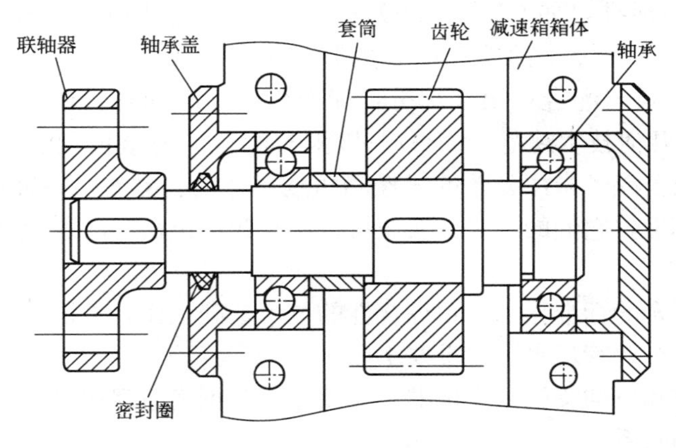


图1-0　轴系部件组装图

“极限”与“配合”的标准化，有利于机器的设计、制造、使用和维修，有利于保证机械零件的精度、使用性能和寿命等要求，也有利于刀具、量具、机床等工艺装备的标准化。

## 项目一

# 极限与配合

**教学目标：**

- 领会有关尺寸、偏差及配合的基本概念和定义；
- 熟练掌握公差带图的绘制，并能进行公差类别的判别；
- 了解公差配合的国家标准的组成，并能利用查表和计算确定公差等级的极限偏差；
- 掌握公差配合的选用。

## 任务 1.1 掌握极限与配合的基本术语及含义

机械零件的精度取决于该零件的尺寸精度、几何精度和表面结构轮廓精度，其值是根据零件在机器中的使用功能要求确定的。为满足使用要求，保证零件的互换性，我国颁布了一系列标准，如 GB/T 1800.1—2009《产品几何技术规范（GPS） 极限与配合 第1部分：公差、偏差和配合的基础》、GB/T 1800.2—2009《产品几何技术规范（GPS） 极限与配合 第2部分：标准公差等级和孔、轴极限偏差表》、GB/T 1801—2009《产品几何技术规范（GPS） 极限与配合 公差带和配合的选择》、GB/T 1804—2000《一般公差 未注公差的线性和角度尺寸的公差》。这些标准都是我国机械工业重要的基础标准，它们的制定和实施可以满足我国机械产品的设计和适应国际贸易的需要。

尺寸公差与配合的标准化是一项综合性的技术基础工作，是推行科学管理、推动企业技术进步和提高企业管理水平的重要手段。

为了正确理解和贯彻实施国家标准，必须深入、正确地理解以下各种术语的含义及它们之间的区别和联系。

**1. 孔和轴**

(1) 孔（hole）

通常是指工件的圆柱形内表面，也包括非圆柱形内表面（由两平行平面或切面形成的包容面）。

（2）轴（shaft）

通常是指工件的圆柱形外表面，如图 1－1（a）所示，也包括非圆柱形外表面（由两平行平面或切面形成的被包容面），如图 1－1（b）所示。

从装配关系讲，孔为包容面，在它之内无材料，且越加工越大；轴为被包容面，在它之外无材料，且越加工越小。由此可见，孔、轴具有广泛的含义，不仅表示通常理解的概念，即圆柱形的内、外表面，而且也包括由两平行平面或切平面形成的包容面和被包容面。

如果两平行平面或切平面既不能形成包容面，也不能形成被包容面，则它们既不是孔，也不是轴，属于一般长度尺寸。

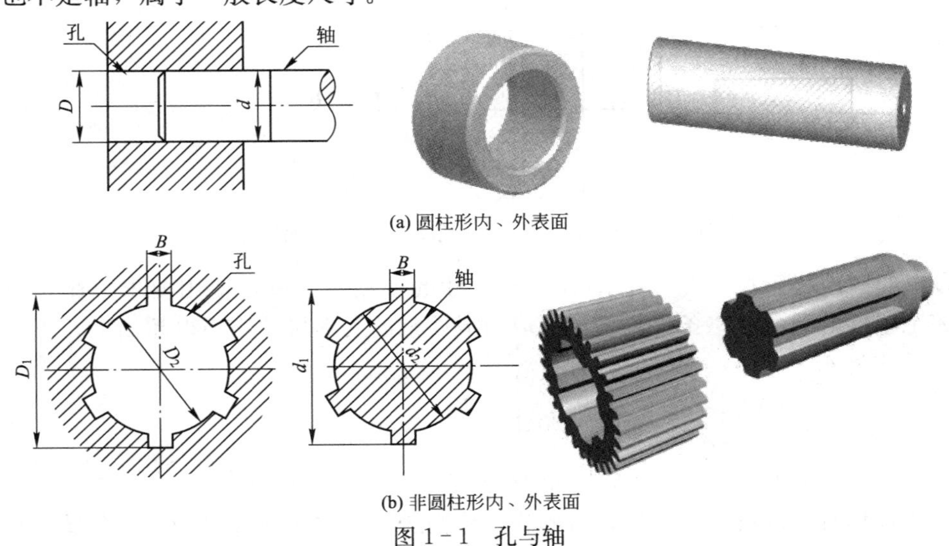

(a) 圆柱形内、外表面

(b) 非圆柱形内、外表面

图 1－1　孔与轴

**2. 尺寸（size）**

（1）尺寸

尺寸是用特定单位表示线性尺寸值的数值。在机械制造中一般常用毫米（mm）作为特定单位。

（2）公称尺寸（nominal size）（$D$、$d$）

公称尺寸是指由图样规范确定的理想形状要素的尺寸，即设计时给定的尺寸。如图 1－1 所示，孔的公称尺寸用 $D$ 表示，轴的公称尺寸用 $d$ 表示。通过它应用上下极限偏差可以计算出极限尺寸。它的数值一般已经标准化。公称尺寸标准化可减少刀具、量具、夹具的规格数量。

（3）实际（组成）要素（real（integral）feature）

实际（组成）要素是指由接近实际（组成）要素所限定的工件实际表面的组成要素部分，即通过测量所得的尺寸。孔的实际组成（要素）用 $D_a$ 表示，轴的实际（组成）要素用 $d_a$ 表示。但由于测量存在误差，所以实际（组成）要素并非真值。同时由于零件存在形状误差，所以同一个表面不同部位的实际（组成）要素也不相等。

（4）极限尺寸（limits of size）

极限尺寸是指尺寸要素允许的尺寸的两个极端。孔或轴允许尺寸变化的两个界限值。它们是以公称尺寸为基数来确定的。尺寸要素允许的最大值称为上极限尺寸（upper limit of size）$D_{max}$和$d_{max}$；尺寸要素允许的最小值称为下极限尺寸（lower limit of size）$D_{min}$和$d_{min}$，如图 1－2 所示。

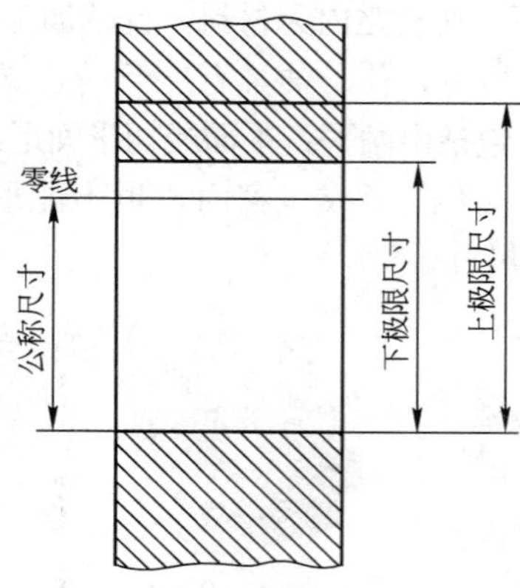


图 1－2　公称尺寸、上极限尺寸和下极限尺寸

设计时规定极限尺寸是为了限制工件尺寸的变动，以满足使用要求。在一般情况下，完工零件的尺寸合格条件是任一提取组成要素的局部尺寸均不得超出上、下极限尺寸，表示式为

对于孔：$D_{max} \geqslant D_a \geqslant D_{min}$

对于轴：$d_{max} \geqslant d_a \geqslant d_{min}$

（5）最大实体状态与最大实体尺寸（GB/T 16671—2009）

孔或轴具有允许材料量为最多时的状态称为最大实体状态（MMC）。在最大实体下的极限尺寸，称为最大实体尺寸（MMS）或最大实体极限（MML）。它是孔的下极限尺寸和轴的上极限尺寸的统称。

（6）最小实体状态与最小实体尺寸

孔或轴具有允许材料量为最少时的状态称为最小实体状态（LMC）。在最小实体下的极限尺寸，称为最小实体尺寸（LMS）或最小实体极限（LML）。它是孔的上极限尺寸（upper limit of size）和轴的下极限尺寸（lower limit of size）的统称。

最大实体状态对应装配最不利的状态，即可能获得最紧的装配结果的状态，也是工件强度最高的状态；最小实体状态对应装配最有利的状态，即可能获得最松的装配结果的状态，也是工件强度最低的状态。

**3. 极限偏差（limit deviation）与尺寸公差（size tolerance）**

（1）偏差（deviation）

偏差是指某一尺寸减其公称尺寸所得的代数差。

上极限尺寸减其公称尺寸所得的代数差称为上极限偏差（upper limit deviation），用 ES 或 es 表示；下极限尺寸减其公称尺寸所得的代数差称为下极限偏差（lower limit deviation），用 EI 或 ei 表示；上极限偏差与下极限偏差统称为极限偏差。偏差可以为正、负或零值，表示式为

对于孔：上极限偏差　$ES = D_{max} - D$；下极限偏差　$EI = D_{min} - D$

对于轴：上极限偏差　$es = d_{max} - d$；下极限偏差　$ei = d_{min} - d$

完工零件的尺寸合格条件也常用偏差的关系表示为

对于孔：$ES \geqslant E_a \geqslant EI$

对于轴：$es \geqslant e_a \geqslant ei$

在标准极限与配合制中，确定公差带与零线位置的那个极限偏差称为基本偏差（fundamental deviation），如图 1－3 所示。

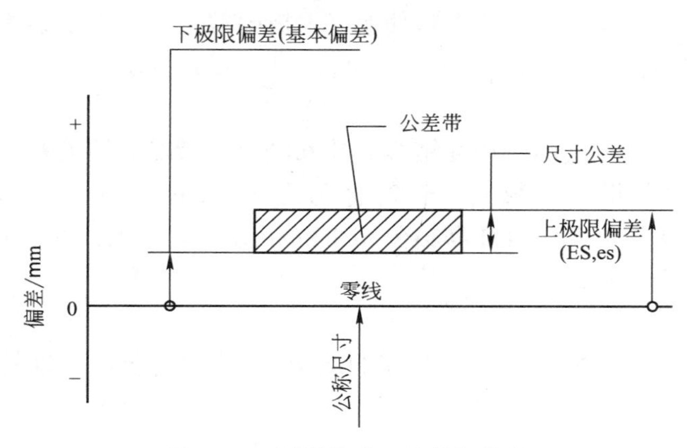


图 1－3　极限尺寸、公差与偏差

（2）尺寸公差（size tolerance）

上极限尺寸减去下极限尺寸之差，或上极限偏差与下极限偏差之差，称为公差。它是允许尺寸的变动量。尺寸公差是一个没有符号的绝对值。

孔的公差：$T_D = |D_{max} - D_{min}| = |ES - EI|$

轴的公差：$T_d = |d_{max} - d_{min}| = |es - ei|$

尺寸公差是一个没有符号的绝对值，不存在正、负公差，也不允许为零，是允许尺寸的变动范围，是某种区域大小的数量指标。公差值越大，加工的精度越低。尺寸公差是设计规定的误差允许值，体现了设计者对加工方法精度的要求。

尺寸误差是一批零件的实际（组成）要素相对于公称尺寸的偏离范围。当加工条件一定时，尺寸误差表征了加工方法的精度。通过对一批零件的测量，可以估算出其尺寸误差。

尺寸公差与极限偏差既有区别又有联系。极限偏差表示工件尺寸允许变动的极限值，它原则上与工件尺寸无关，但上、下偏差（公差）又与精度有关。尺寸公差是允许的尺寸误差，公差是不能通过测量得到的，极限偏差是判断工件是否合格的依据。

**4. 零线（zero line）与公差带（tolerance zone）**

由于公差与偏差的数值与尺寸数值相比，差别很大，不便用同一比例尺表示，故采用公差与配合图解（简称公差带图）来表示，如图 1－3 所示。

（1）零线

在极限与配合图解中，表示公称尺寸的一条直线，称为零线。以其为基准确定偏差和公差。通常零线沿水平方向绘制，正偏差位于其上，负偏差位于其下，偏差数值多以微米（$\mu$m）为单位标注。

（2）尺寸公差带（简称公差带）

以公称尺寸为零线（零偏差线），由代表上极限偏差与下极限偏差或上极限尺寸和下极限尺寸两条直线所确定的区域，称为公差带。它由公差带大小和相对零线的位置（基本偏差）来确定，如图 1－3 所示。

在国家标准中，公差带包含“公差带大小”和“公差带位置”两个参数。大小相同而位置不同的公差带，它们对工件精度要求相同，而对尺寸大小的要求不同。因此，必须既给定公差带数值，又给定一个极限偏差（上极限偏差或下极限偏差）以确定公差带的位置，才能完整地描述公差带，表达对工件尺寸的设计要求。

**5. 配合（fit）**

配合是指公称尺寸相同的、相互结合的孔和轴公差带之间的关系。当孔的尺寸减去相配合的轴的尺寸所得的代数差为正时称为间隙（clearance）$S$，为负时称为过盈（interference）$\delta$。根据相互结合孔和轴公差带的相对位置关系，配合可分为间隙配合、过盈配合和过渡配合 3 种。

（1）间隙配合（clearance fit）

具有间隙的配合（包括最小间隙为零的配合），孔的公差带在轴的公差带之上，如图 1－4 所示。

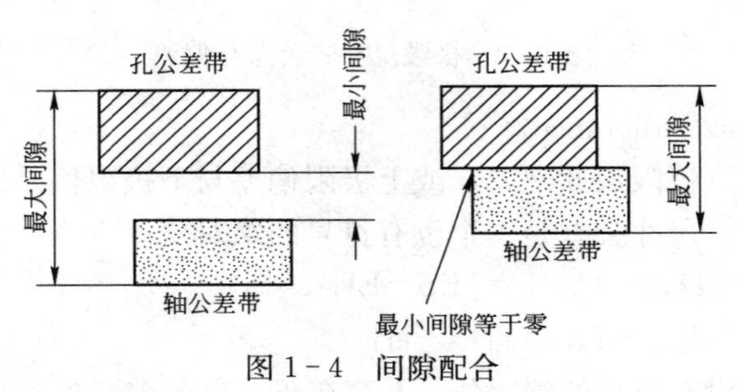


图 1－4 间隙配合

由于孔和轴都有公差，所以实际间隙的大小随着孔和轴的实际尺寸而变化。孔的上极限尺寸减去轴的下极限尺寸所得的差值为最大间隙，也等于孔的上极限偏差减去轴的下极限偏差，则

$$\text{最大间隙：}S_{max}=D_{max}-d_{min}=\mathrm{ES}-\mathrm{ei}$$

同理

$$\text{最小间隙：}S_{min}=D_{min}-d_{max}=\mathrm{EI}-\mathrm{es}$$

常用间隙公差 $T_f$ 表示间隙配合松紧均匀程度，它为最大间隙与最小间隙之差，即间隙的允许变动量，也等于孔、轴公差之和，即

$$T_f=S_{max}-S_{min}=T_D+T_d$$

（2）过盈配合（interference fit）

具有过盈配合（包括最小过盈为零的配合），孔的公差带在轴的公差带之下，如图 1－5 所示。实际过盈的大小也随着孔和轴的实际尺寸而变化。

孔的最大极限尺寸减去轴的最小极限尺寸所得的差值为最小过盈，也等于孔的上极限偏差减去轴的下极限偏差，则

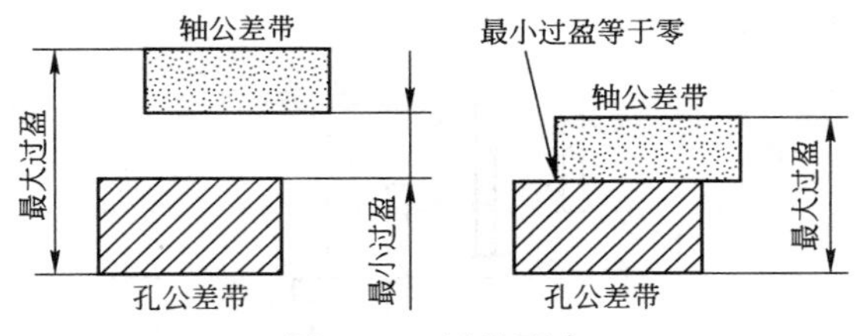


图 1-5 过盈配合

$$最小过盈：\delta_{min}=D_{max}-d_{min}=ES-ei$$

同理

$$最大过盈：\delta_{max}=D_{min}-d_{max}=EI-es$$

也可用过盈公差 $T_f$ 表示过盈配合松紧均匀程度，它为最小过盈与最大过盈之差，即过盈的允许变动量，也等于孔、轴公差之和，即

$$T_f=|\delta_{min}-\delta_{max}|=T_D+T_d$$

(3) 过渡配合（transition fit）

孔和轴的公差带相互交叠，随着孔、轴实际尺寸的变化可能得到间隙或过盈的配合，如图 1-6 所示。

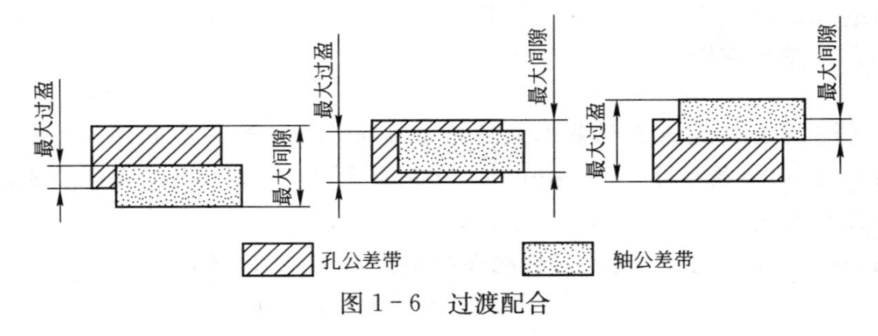


图 1-6 过渡配合

孔的上极限尺寸减去轴的下极限尺寸所得的差值为最大间隙；孔的下极限尺寸减去轴的上极限尺寸所得的差值为最大过盈。可分别表示为

最大间隙：$S_{max}=D_{max}-d_{min}=ES-ei$

最大过盈：$\delta_{max}=D_{min}-d_{max}=EI-es$

用配合公差 $T_f$ 表示过渡配合松紧均匀程度，它为最大间隙与最大过盈之差，也等于孔、轴公差之和，即

$$T_f=|S_{max}-\delta_{max}|=T_D+T_d$$

配合公差（variation of fit）是设计人员根据相配件的使用要求确定的。配合公差越大，配合精度越低；配合公差越小，配合精度越高。配合公差的大小为两个界限值的代数差的绝对值，也等于相配合孔的公差和轴的公差之和。

以上三类配合的配合公差带可以用图 1-7 表示。配合公差完全在零线以上为间隙配合；完全在零线以下为过盈配合；跨在零线上、下两侧为过渡配合。配合公差带两端的坐标值代表极限间隙或极限过盈，上下两端之间距离为配合公差值。

配合公差带的大小取决于配合公差的大小，配合公差带相对于零线的位置取决于极限间隙或极限过盈的大小。前者表示配合精度，后者表示配合松紧。

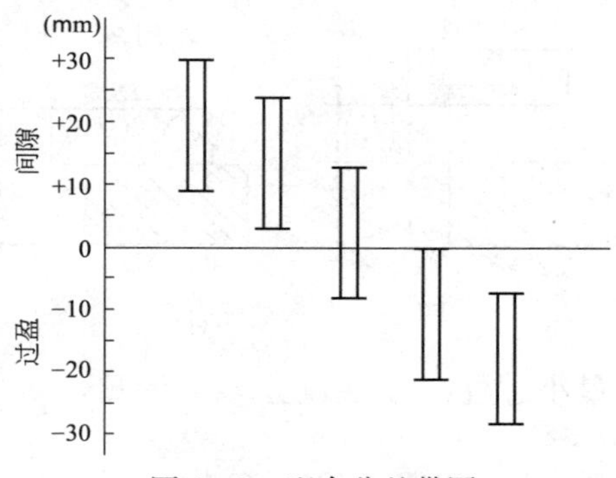

图 1-7 配合公差带图

一对具体的孔、轴所形成的结合是否满足使用要求，即是否合用，就看其装配后的实际间隙 $S_a$ 或过盈 $\delta_a$ 是否在配合公差带内。结合的合用条件如下。

间隙配合：$S_{max}>S_a>S_{min}$

过盈配合：$\delta_{max}>\delta_a>\delta_{min}$

过渡配合：$S_a<S_{max}$ 或 $\delta_a<\delta_{max}$

由合格的孔、轴组成的结合一定合用，且具有互换性；而不合格的孔、轴也可能组成合用的结合，满足使用要求，但不具有互换性。

---

**【例 1-1】** 若已知某配合的基本尺寸为 $\phi 80$ mm，配合公差 $T_f=49\ \mu m$，最大间隙 $S_{max}=19\ \mu m$。孔的公差带 $T_D=30\ \mu m$，轴的下偏差 $ei=+11\ \mu m$。试画出该配合的尺寸公差带图和配合公差带图，说明配合的类型。

**解** 因为 $T_f=T_D+T_d$（无论哪种配合此公式都相同），所以

$$T_d=T_f-T_D=49-30=19\ \mu m$$

又因为 $S_{max}=ES-ei$，所以

$$ES=S_{max}+ei=19+11=+30\ \mu m$$

由 $T_D=ES-EI$ 得

$$EI=ES-T_D=(+30)-30=0$$

由 $T_d=es-ei$ 得

$$es=T_d+ei=19+11=30\ \mu m$$

因为 ES>ei 且 EI<es，所以此配合为过渡配合。

由 $T_f=|S_{max}-\delta_{max}|=T_D+T_d$ 得

$$\delta_{max}=S_{max}-T_f=19-49=-30\ \mu m$$

故该配合的尺寸公差带图、配合公差带图分别如图 1-8 所示。

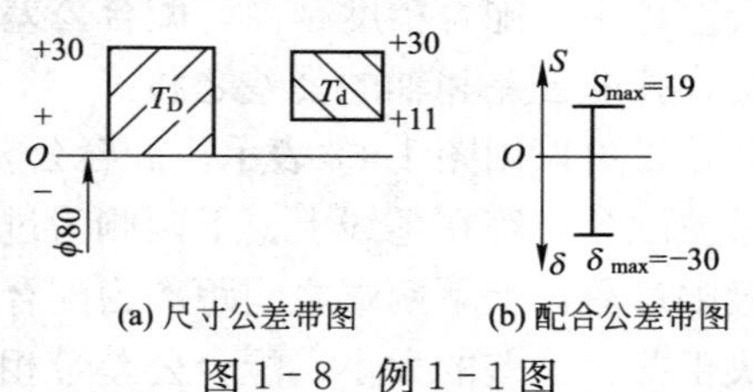

(a) 尺寸公差带图 (b) 配合公差带图

图 1-8 例 1-1 图

# 任务 1.2 掌握极限与配合国家标准的组成与特点

为了实现互换性和满足各种使用要求，国家标准 GB/T 1800.1—2009《产品几何技术规范（GPS）极限与配合》对形成各种配合的公差带进行了标准化，它的基本组成部分包括“标准公差系列”和“基本偏差系列”，前者确定公差带的大小，后者确定公差带的位置，二者结合构成了不同的孔、轴公差带，而孔、轴公差带之间不同的相互关系形成了不同的配合。

## 1. 标准公差系列

### 1）标准公差等级（standard tolerance grades）

公差等级是确定尺寸精度程度的等级。GB/T 1800.1—2009 将标准公差用 IT（国际公差 ISO Tolerance 的缩写）和阿拉伯数字组成的代号表示。在公称尺寸至 500 mm 以内，按顺序为 IT01，IT0，IT1，…，IT18，分为 20 个公差等级；公称尺寸在 500～3 150 mm 内规定了 IT1，…，IT18 共 18 个标准公差等级，等级依次降低，标准公差值依次增大。

### 2）标准公差值

标准公差（standard tolerance）是标准 GB/T 1800.1—2009 极限与配合制中所规定的任一公差。其标准公差数值如表 1-1 所示，但 IT01、IT0 在工业中很少用到，故标准中没有给出这两公差等级的公差数值（如用到可查标准 GB/T 1800.1—2009 附表 A2）。由表可知，标准公差数值由公差等级和公称尺寸决定。计算公差值分三段进行。同一公差等级、同一尺寸分段内各公称尺寸的标准公差数值是相同的。同一公差等级对所有公称尺寸的一组公差也被认为具有同等精确程度。

**表 1-1 标准公差数值表（摘自 GB/T 1800.1—2009）**

| 公称尺寸/mm | | 标准公差等级 | | | | | | | | | | | | | | | | | |
|---|---|---|---|---|---|---|---|---|---|---|---|---|---|---|---|---|---|---|---|
| | | IT1 | IT2 | IT3 | IT4 | IT5 | IT6 | IT7 | IT8 | IT9 | IT10 | IT11 | IT12 | IT13 | IT14 | IT15 | IT16 | IT17 | IT18 |
| 大于 | 至 | μm | | | | | | | | | | | mm | | | | | | |
| — | 3 | 0.8 | 1.2 | 2 | 3 | 4 | 6 | 10 | 14 | 25 | 40 | 60 | 0.1 | 0.14 | 0.25 | 0.4 | 0.6 | 1 | 1.4 |
| 3 | 6 | 1 | 1.5 | 2.5 | 4 | 5 | 8 | 12 | 18 | 30 | 48 | 75 | 0.12 | 0.18 | 0.3 | 0.48 | 0.75 | 1.2 | 1.8 |
| 6 | 10 | 1 | 1.5 | 2.5 | 4 | 6 | 9 | 15 | 22 | 36 | 58 | 90 | 0.15 | 0.22 | 0.36 | 0.58 | 0.9 | 1.5 | 2.2 |
| 10 | 18 | 1.2 | 2 | 3 | 5 | 8 | 11 | 18 | 27 | 43 | 70 | 110 | 0.18 | 0.27 | 0.43 | 0.7 | 1.1 | 1.8 | 2.7 |
| 18 | 30 | 1.5 | 2.5 | 4 | 6 | 9 | 13 | 21 | 33 | 52 | 84 | 130 | 0.21 | 0.33 | 0.52 | 0.84 | 1.3 | 2.1 | 3.3 |
| 30 | 50 | 1.5 | 2.5 | 4 | 7 | 11 | 16 | 25 | 39 | 62 | 100 | 160 | 0.25 | 0.39 | 0.62 | 1 | 1.6 | 2.5 | 3.9 |
| 50 | 80 | 2 | 3 | 5 | 8 | 13 | 19 | 30 | 46 | 74 | 120 | 190 | 0.3 | 0.46 | 0.74 | 1.2 | 1.9 | 3 | 4.6 |
| 80 | 120 | 2.5 | 4 | 6 | 10 | 15 | 22 | 35 | 54 | 87 | 140 | 220 | 0.35 | 0.54 | 0.87 | 1.4 | 2.2 | 3.5 | 5.4 |
| 120 | 180 | 3.5 | 5 | 8 | 12 | 18 | 25 | 40 | 63 | 100 | 160 | 250 | 0.4 | 0.63 | 1 | 1.6 | 2.5 | 4 | 6.3 |
| 180 | 250 | 4.5 | 7 | 10 | 14 | 20 | 29 | 46 | 72 | 115 | 185 | 290 | 0.46 | 0.72 | 1.15 | 1.85 | 2.9 | 4.6 | 7.2 |
| 250 | 315 | 6 | 8 | 12 | 16 | 23 | 32 | 52 | 81 | 130 | 210 | 320 | 0.52 | 0.81 | 1.3 | 2.1 | 3.2 | 5.2 | 8.1 |
| 315 | 400 | 7 | 9 | 13 | 18 | 25 | 36 | 57 | 89 | 140 | 230 | 360 | 0.57 | 0.89 | 1.4 | 2.3 | 3.56 | 5.7 | 8.9 |
| 400 | 500 | 8 | 10 | 15 | 20 | 27 | 40 | 63 | 97 | 155 | 250 | 400 | 0.63 | 0.97 | 1.55 | 2.5 | 4 | 6.3 | 9.7 |
| 500 | 630 | 9 | 11 | 16 | 22 | 32 | 44 | 70 | 110 | 175 | 280 | 440 | 0.7 | 1.1 | 1.75 | 2.8 | 4.4 | 7 | 11 |
| 630 | 800 | 10 | 13 | 18 | 25 | 36 | 50 | 80 | 125 | 200 | 320 | 500 | 0.8 | 1.25 | 2 | 3.2 | 5 | 8 | 12.5 |
| 800 | 1 000 | 11 | 15 | 21 | 28 | 40 | 56 | 90 | 140 | 230 | 360 | 560 | 0.9 | 1.4 | 2.3 | 3.6 | 5.6 | 9 | 14 |

续表

| 公称尺寸/mm | | 标准公差等级 | | | | | | | | | | | | | | | | | |
|---|---|---|---|---|---|---|---|---|---|---|---|---|---|---|---|---|---|---|---|
| | | IT1 | IT2 | IT3 | IT4 | IT5 | IT6 | IT7 | IT8 | IT9 | IT10 | IT11 | IT12 | IT13 | IT14 | IT15 | IT16 | IT17 | IT18 |
| 大于 | 至 | μm | | | | | | | | | | | mm | | | | | | |
| 1 000 | 1 250 | 13 | 18 | 24 | 33 | 47 | 66 | 105 | 165 | 260 | 420 | 660 | 1.05 | 1.65 | 2.6 | 4.2 | 6.6 | 10.5 | 16.5 |
| 1 250 | 1 600 | 15 | 21 | 29 | 39 | 55 | 78 | 125 | 195 | 310 | 500 | 780 | 1.25 | 1.95 | 3.1 | 5 | 7.8 | 12.5 | 19.5 |
| 1 600 | 2 000 | 18 | 25 | 35 | 46 | 65 | 92 | 150 | 230 | 370 | 600 | 920 | 1.5 | 2.3 | 3.7 | 6 | 9.2 | 15 | 23 |
| 2 000 | 2 500 | 22 | 30 | 41 | 55 | 78 | 110 | 175 | 280 | 440 | 700 | 1 100 | 1.75 | 2.8 | 4.4 | 7 | 11 | 17.5 | 28 |
| 2 500 | 3 150 | 26 | 36 | 50 | 68 | 96 | 135 | 210 | 330 | 540 | 860 | 1 350 | 2.1 | 3.3 | 5.4 | 8.6 | 13.5 | 21 | 33 |

注：① 公称尺寸大于 500 mm 的 IT1～IT5 的标准公差数值为试行的。
② 公称尺寸小于或等于 1 mm 时，无 IT14～IT18。

(1) 标准公差因子（standard tolerance factor）$i$ 和 $I$

标准公差因子 $i$ 和 $I$ 是用于确定标准公差的基本单位，它是公称尺寸 $D$ 的函数，是制定标准公差数值系列的基础，即 $i=f(D)$ 或 $I=\phi(D)$。

当公称尺寸≤500 mm 时，$i=0.45\sqrt[3]{D}+0.001D$；当公称尺寸＞500～3 150 mm 时，$I=0.004D+2.1$。式中，$D$ 称为计算直径（公称尺寸段的几何平均值），单位是 mm，$i$ 和 $I$ 的单位是 μm。

(2) 公差等级（standard tolerance grades）系数 $a$

对于公称尺寸至 500 mm 的标准公差，主要考虑测量误差，其公差计算用线性关系式。等级 IT01、IT0 和 IT1 的标准公差由表 1-2 给出公式，而 IT2～IT4 的公差值大致在 IT1～IT5 的公差值之间按几何级数递增。

在公称尺寸一定的情况下，$a$ 的大小反映了加工方法的难易程度，也是决定标准公差大小 $IT=ai$ 的唯一参数，称为 IT5～IT18 各级标准公差包含的公差因子数。

常用公差等级 IT5～IT18 的公差值按 $IT=ai$ 计算。为了使公差值标准化，公差等级系数 $a$ 选取优先数系 R5 系列，即 $q_5=\sqrt[5]{10}\approx1.6$，如 IT6～IT18，每隔 5 项增大 10 倍，标准公差计算公式见表 1-2。

**表 1-2 IT01、IT0 和 IT1 的标准公差计算公式（摘自 GB/T 1800.1—2009）**

| 标准公差等级 | 计算公式 | 标准公差等级 | 计算公式 |
|---|---|---|---|
| IT01 | $0.3+0.008D$ | IT1 | $0.8+0.02D$ |
| IT0 | $0.5+0.012D$ | | |

注：式中 $D$ 为公称尺寸段的几何平均值，单位为毫米。

当公称尺寸大于 500～3 150 mm 时，其公差值的计算公式 $IT=aI$，标准公差计算公式如表 1-3 所示。

**表 1-3 IT1～IT18 的标准公差计算公式（摘自 GB/T 1800.1—2009）**

| 公称尺寸/mm | | 标准公差等级 | | | | | | | | | | | | | | | | | |
|---|---|---|---|---|---|---|---|---|---|---|---|---|---|---|---|---|---|---|---|
| | | IT1 | IT2 | IT3 | IT4 | IT5 | IT6 | IT7 | IT8 | IT9 | IT10 | IT11 | IT12 | IT13 | IT14 | IT15 | IT16 | IT17 | IT18 |
| 大于 | 至 | 标准公差计算公式/μm | | | | | | | | | | | | | | | | | |
| — | 500 | — | — | — | — | $7i$ | $10i$ | $16i$ | $25i$ | $40i$ | $64i$ | $100i$ | $160i$ | $250i$ | $400i$ | $640i$ | $1\,000i$ | $1\,600i$ | $2\,500i$ |
| 500 | 3 150 | $2I$ | $2.7I$ | $3.7I$ | $5I$ | $7I$ | $10I$ | $16I$ | $25I$ | $40I$ | $64I$ | $100I$ | $160I$ | $250I$ | $400I$ | $640I$ | $1\,000I$ | $1\,600I$ | $2\,500I$ |

(3) 尺寸分段

由于标准公差因子 $i$（$I$）是公称尺寸的函数，按标准公差计算式计算标准公差值时，如果每一个公称尺寸都要有一个公差值，将会使编制的公差表格非常庞大。为简化公差表格，标准规定对公称尺寸进行分段，公称尺寸 $D$ 分为主段落和中间段落，如表 1-4 所示。中间段落仅用于计算尺寸至 500 mm 的轴的基本偏差 a～c 及 r～zc 或孔的基本偏差 A～C 及 R～ZC 和计算尺寸大于 500～3 150 mm 的轴的基本偏差 r～u 和孔的基本偏差 R～U。在计算各公称尺寸段的标准公差和基本偏差时，公式中的 $D$ 用每一尺寸段首尾两尺寸 $D_1$、$D_2$ 的几何平均值代入，即 $D=\sqrt{D_1 \times D_2}$。这样，就使得同一公差等级、同尺寸分段内各基本尺寸的标准公差值是相同的。

**表 1-4　公称尺寸分段（摘自 GB/T 1800.1—2009）** mm

| 主段落 | | 中间段落 | |
|---|---|---|---|
| 大于 | 至 | 大于 | 至 |
| — | 3 | 无细分段 | |
| 3 | 6 | | |
| 6 | 10 | | |
| 10 | 18 | 10<br>14 | 14<br>18 |
| 18 | 30 | 18<br>24 | 24<br>30 |
| 30 | 50 | 30<br>40 | 40<br>50 |
| 50 | 80 | 50<br>65 | 65<br>80 |
| 80 | 120 | 80<br>100 | 100<br>120 |
| 120 | 180 | 120<br>140<br>160 | 140<br>160<br>180 |
| 180 | 250 | 180<br>200<br>225 | 200<br>225<br>250 |

| 主段落 | | 中间段落 | |
|---|---|---|---|
| 大于 | 至 | 大于 | 至 |
| 250 | 315 | 250<br>280 | 280<br>315 |
| 315 | 400 | 315<br>355 | 355<br>400 |
| 400 | 500 | 400<br>450 | 450<br>500 |
| 500 | 630 | 500<br>560 | 560<br>630 |
| 630 | 800 | 630<br>710 | 710<br>800 |
| 800 | 1 000 | 800<br>900 | 900<br>1 000 |
| 1 000 | 1 250 | 1 000<br>1 120 | 1 120<br>1 250 |
| 1 250 | 1 600 | 1 250<br>1 400 | 1 400<br>1 600 |
| 1 600 | 2 000 | 1 600<br>1 800 | 1 800<br>2 000 |
| 2 000 | 2 500 | 2 000<br>2 240 | 2 240<br>2 500 |
| 2 500 | 3 150 | 2 500<br>2 800 | 2 800<br>3 150 |

**【例 1-2】** 计算确定公称尺寸分段为＞18～30 mm、7 级公差的标准公差值。

**解**　因其 $D=\sqrt{18\times 30}=23.24\ \text{mm}<500\ \text{mm}$，故

$$i=0.45\sqrt[3]{D}+0.001D=0.45\sqrt[3]{23.24}+0.001\times 23.24=1.31\ \mu\text{m}$$

查表 1-3 可得

$$\text{IT}=16i=16\times 1.31=20.96\approx 21\ \mu\text{m}$$

根据以上办法分别算出各尺寸段各级标准公差值，构成标准公差数值表 1-1，以供

设计时查用。

2. 基本偏差系列

在对公差带的大小进行标准化后，还需对公差带相对于零线的位置进行标准化。

1）基本偏差代号及其特点

基本偏差（fundamental deviation）是标准（GB/T 1800.1—2009）极限与配合制中，用于确定公差带相对于零线位置的极限偏差（上极限偏差或下极限偏差），一般指靠近零线的那个极限偏差。

当公差带在零线以上时，下极限偏差为基本偏差；公差带在零线以下时，上极限偏差为基本偏差，如图 1-9 所示。

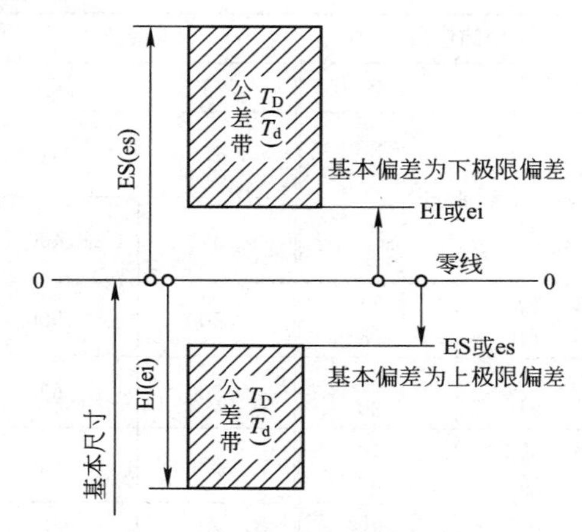


图 1-9　基本偏差示意图

显然，孔、轴的另一极限偏差可由公差带的大小确定。国家标准中已将基本偏差标准化，规定了孔、轴各 28 种公差带位置，分别用字母表示。在 26 个字母中去掉易与其他含义混淆的 5 个字母：I、L、O、Q、w（i、l、o、q、w），同时增加 CD、EF、FG、JS、ZA、ZB、ZC（cd、ef、fg、js、za、zb、zc）7 个双字母，共 28 种，基本偏差系列如图 1-10 所示。

基本偏差系列中 H（h）的基本偏差为零，JS（js）与零线对称，上极限偏差 ES（es）=+IT/2，下极限偏差 EI（ei）=−IT/2，上、下极限偏差均可作为基本偏差。

从 A～H（a～h）其基本偏差的绝对值逐渐减小：从 J～ZC（j～zc）一般为逐渐增大。

从图 1-10 可知，孔的基本偏差系列中，A～H 的基本偏差为下极限偏差，J～ZC 的基本偏差为上极限偏差；轴的基本偏差中 a～h 的基本偏差为上极限偏差，j～zc 的基本偏差为下极限偏差。公差带的另一极限偏差"开口"，表示其公差等级未定。

孔、轴的绝大多数基本偏差数值不随公差等级变化，只有极少数基本偏差（js、k、j）的数值随公差等级变化。

2）公差带（tolerance zone）及配合（fit）的表示方法

孔、轴公差代号由基本偏差代号与公差等级代号组成，如 H7、F8 表示孔的公差代号，h6、f7 表示轴的公差代号。表示方法可用下列示例之一。

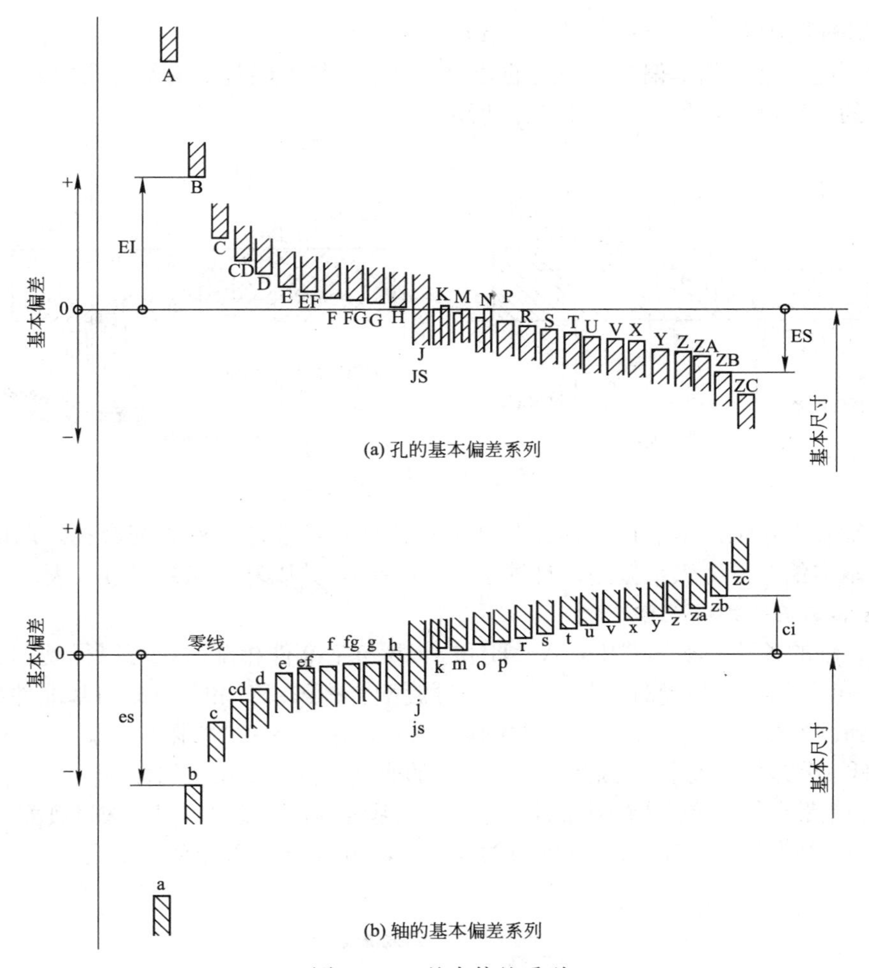


图 1-10　基本偏差系列

孔：$\phi 50\mathrm{H}8$、$\phi 50^{+0.039}_{0}$、$\phi 50\mathrm{H}8\ (^{+0.039}_{0})$

轴：$\phi 50\mathrm{f}7$、$\phi 50^{-0.025}_{-0.050}$、$\phi 50\mathrm{f}7\ (^{-0.025}_{-0.050})$

配合代号用孔、轴公差带的组合表示，分子为孔，分母为轴。例如，$\phi 50\mathrm{H}8/\mathrm{f}7$ 或 $\phi 50\ \dfrac{\mathrm{H}8}{\mathrm{f}7}$表示公称尺寸为 $\phi 50$ 的孔的公差为 H8，轴的公差为 f7。

为了用尽可能少的标准公差带形成最多种的配合，标准规定了两种配合制（fit system），即基孔制配合和基轴制配合。如有特殊需要，允许将任一孔、轴公差带组成配合。

(1) 基孔制配合（hole-basis system of fit）

基孔制配合是指基本偏差为一定的孔的公差带，与不同基本偏差的轴的公差带形成各种配合的一种制度，如图 1-11（a）所示。

在基孔制中，孔是基准件，称为基准孔；轴是非基准件，称为配合轴。同时规定，基准孔的基本偏差是下极限偏差，且等于零，EI=0，并以基本偏差代号 H 表示，应优先选用。

(2) 基轴制配合 (shaft-basis system of fit)

基轴制配合是指基本偏差为一定的轴的公差带，与不同基本偏差的孔的公差带形成各种配合的一种制度，如图 1-11 (b) 所示。

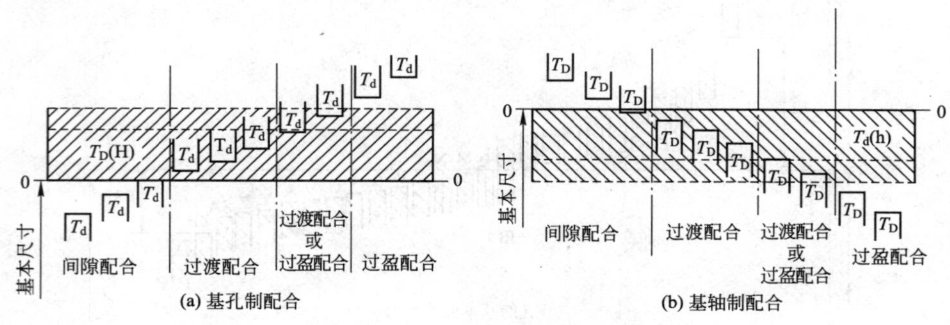


图 1-11　配合制

在基轴制中，轴是基准件，称为基准轴；孔是非基准件，称为配合孔。同时规定，基准轴的基本偏差是上极限偏差，且等于零，es＝0，并以基本偏差代号 h 表示。

3) 基本偏差的构成规律

在孔、轴的各种基本偏差中，A～H 和 a～h 与基准件相配时，可以得到间隙配合；J～N 和 j～n 与基准件相配时，基本上得到过渡配合；P～ZC 和 p～zc 与基准件相配时，基本上得到过盈配合。由于基准件的基本偏差为零，它的另一个极限偏差就取决于其公差等级的高低（公差带的大小），因此某基本偏差的非基准件（基孔制配合的轴或基轴制配合的孔）的公差带在与公差较大的基准件（基孔制或基轴制）相配时可以形成过渡配合，而与公差带较小的基准件相配时，则可能形成过盈配合，如 N、n、P、p 等，如图 1-12 所示。

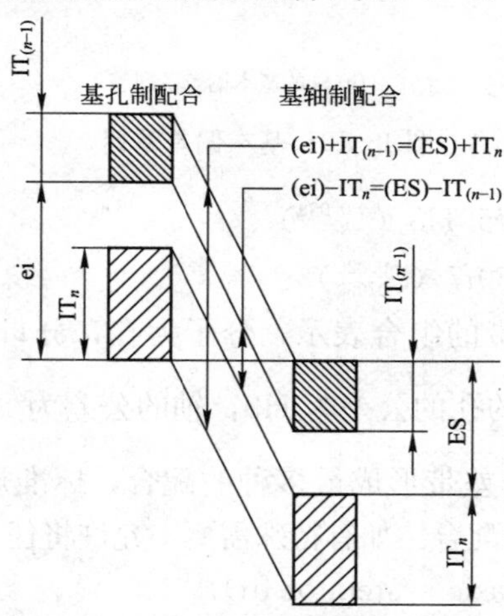


图 1-12　配合基准制转换

公称尺寸小于或等于 500 mm 时，轴的 28 种基本偏差，除了 js 外，其余 27 种基本偏差的数值都是由相应代号的轴的基本偏差的数值按照一定的规则计算确定的，如表 1-5 所示。由表可知，轴的基本偏差的数值基本上与轴的公差等级无关，只有基本偏差 k 与公差等级有关。基本偏差 j 只用于 IT5～IT8 级。按表 1-5 计算后，实际应用时查表 1-6。

表 1-5 轴的基本偏差计算公式

| 公称尺寸/mm | | 轴 | | | 公式 | 孔 | | | 公称尺寸/mm | |
|---|---|---|---|---|---|---|---|---|---|---|
| 大于 | 至 | 基本偏差 | 符号 | 极限偏差 | | 极限偏差 | 符号 | 基本偏差 | 大于 | 至 |
| 1 | 120 | a | — | es | $265+13D$ | EI | + | A | 1 | 120 |
| 120 | 500 | | | | $3.5D$ | | | | 120 | 500 |
| 1 | 160 | b | — | es | $\approx 140+0.85D$ | EI | + | B | 1 | 160 |
| 160 | 500 | | | | $\approx 1.8D$ | | | | 160 | 500 |
| 0 | 40 | c | — | es | $52D^{0.2}$ | EI | + | C | 0 | 40 |
| 40 | 500 | | | | $95+0.8D$ | | | | 40 | 500 |
| 0 | 10 | cd | — | es | C、c 和 D、d 值的几何平均值 | EI | + | CD | 0 | 10 |
| 0 | 3 150 | d | — | es | $16D^{0.44}$ | EI | + | D | 0 | 3 150 |
| 0 | 3 150 | e | — | es | $11D^{0.41}$ | EI | + | E | 0 | 3 150 |
| 0 | 10 | ef | | es | E、e 和 F、f 值的几何平均值 | EI | I | EF | 0 | 10 |
| 0 | 3 150 | f | — | es | $5.5D^{0.41}$ | EI | + | F | 0 | 3 150 |
| 0 | 10 | fg | — | es | F、f 和 G、g 值的几何平均值 | EI | + | FG | 0 | 10 |
| 0 | 3 150 | g | — | es | $2.5D^{0.34}$ | EI | + | G | 0 | 3 150 |
| 0 | 3 160 | h | 无符号 | es | 偏差=0 | EI | 无符号 | H | 0 | 3 150 |
| 0 | 500 | j | | | 无公式 | | | J | 0 | 500 |
| 0 | 3 150 | js | +<br>— | es<br>ei | $0.5IT_n$ | EI<br>ES | +<br>— | JS | 0 | 3 150 |
| 0 | 500 | k | + | ei | $0.6\sqrt[3]{D}$ | ES | — | K | 0 | 500 |
| 500 | 3 150 | | 无符号 | | 偏差=0 | | 无符号 | | 500 | 3 150 |
| 0 | 500 | m | + | ei | IT7~IT6 | ES | — | M | 0 | 500 |
| 500 | 3 150 | | | | $0.024D+12.6$ | | | | 600 | 2 160 |
| 0 | 500 | o | + | ei | $5D^{0.34}$ | ES | — | N | 0 | 500 |
| 500 | 3 150 | | | | $0.04D+21$ | | | | 500 | 3 150 |
| 0 | 500 | p | + | ei | IT7+0~5 | ES | — | P | 0 | 500 |
| 500 | 3 150 | | | | $0.072D+37.8$ | | | | 500 | 3 150 |
| 0 | 3 150 | r | I | es | P、p 和 S、s 值的几何平均值 | ES | — | R | 0 | 3 150 |
| 0 | 50 | s | + | es | IT8+1~4 | ES | — | S | 0 | 50 |
| 50 | 3 150 | | | | $IT7+0.4D$ | | | | 50 | 3 150 |
| 24 | 3 150 | t | + | ei | $IT7+0.63D$ | ES | — | T | 24 | 3 150 |
| 0 | 3 150 | u | + | ei | $IT7+D$ | ES | — | U | 0 | 3 150 |
| 14 | 500 | v | + | ei | $IT7+1.25D$ | ES | — | V | 14 | 500 |
| 0 | 500 | x | + | ei | $IT7+1.6D$ | ES | — | X | 0 | 500 |
| 18 | 500 | y | + | ei | $IT7+2D$ | ES | — | Y | 18 | 500 |
| 0 | 500 | z | + | ei | $IT7+2.5D$ | ES | — | Z | 0 | 500 |
| 0 | 500 | za | + | ei | $IT8+3.15D$ | ES | — | AZ | 0 | 500 |
| 0 | 500 | zb | + | ei | $IT9+4D$ | ES | — | ZB | 0 | 500 |
| 0 | 500 | zc | + | ei | $IT10+5D$ | ES | — | ZC | 0 | 500 |

**表 1-6　轴的基本偏差数值（摘自 GB/T 1800.1—2009）**　μm

| 基本尺寸/mm | | 基本偏差数值（上极限偏差 es） | | | | | | | | | | | |
|---|---|---|---|---|---|---|---|---|---|---|---|---|---|
| | | 所有标准公差等级 | | | | | | | | | | | |
| 大于 | 至 | a | b | c | cd | d | e | ef | f | fg | g | h | js |
| — | 3 | −270 | −140 | −60 | −34 | −20 | −14 | −10 | −6 | −4 | −2 | 0 | 偏差=±$\frac{IT_n}{2}$，式中 $IT_n$ 是 IT 的值数 |
| 3 | 6 | −270 | −140 | −70 | −46 | −30 | −20 | −14 | −10 | −6 | −4 | 0 | |
| 6 | 10 | −280 | −150 | −80 | −56 | −40 | −25 | −18 | −13 | −8 | −5 | 0 | |
| 10 | 14 | −290 | −150 | −95 | | −50 | −32 | | −16 | | −6 | 0 | |
| 14 | 18 | | | | | | | | | | | | |
| 18 | 24 | −300 | −160 | −110 | | −65 | −40 | | −20 | | −7 | 0 | |
| 24 | 30 | | | | | | | | | | | | |
| 30 | 40 | −310 | −170 | −120 | | −80 | −50 | | −25 | | −9 | 0 | |
| 40 | 50 | −320 | −180 | −130 | | | | | | | | | |
| 50 | 65 | −340 | −190 | −140 | | −100 | −60 | | −30 | | −13 | 0 | |
| 65 | 80 | −360 | −200 | −150 | | | | | | | | | |
| 80 | 100 | −380 | −220 | −170 | | −120 | −72 | | −36 | | −12 | 0 | |
| 100 | 120 | −410 | −240 | −180 | | | | | | | | | |
| 120 | 140 | −460 | −263 | −200 | | −145 | −85 | | −43 | | −14 | 0 | |
| 140 | 160 | −520 | −280 | −210 | | | | | | | | | |
| 160 | 180 | −580 | −310 | −230 | | | | | | | | | |
| 180 | 200 | −660 | −340 | −240 | | −170 | −100 | | −50 | | −15 | 0 | |
| 200 | 225 | −740 | −380 | −260 | | | | | | | | | |
| 225 | 250 | −820 | −420 | −280 | | | | | | | | | |
| 250 | 280 | −920 | −480 | −300 | | −190 | −100 | | −56 | | −17 | 0 | |
| 280 | 315 | −1 050 | −540 | −330 | | | | | | | | | |
| 315 | 355 | −1 200 | −600 | −360 | | −210 | −125 | | −62 | | −18 | 0 | |
| 355 | 400 | −1 350 | −680 | −400 | | | | | | | | | |
| 400 | 450 | −1 500 | −760 | −440 | | −230 | −135 | | −68 | | −20 | 0 | |
| 450 | 500 | −1 650 | −840 | −480 | | | | | | | | | |
| 500 | 560 | | | | | −260 | −145 | | −76 | | −22 | 0 | |
| 560 | 630 | | | | | | | | | | | | |
| 630 | 710 | | | | | −290 | −160 | | −80 | | −24 | 0 | |
| 710 | 800 | | | | | | | | | | | | |
| 800 | 900 | | | | | −320 | −170 | | −86 | | −26 | 0 | |
| 900 | 1 000 | | | | | | | | | | | | |
| 1 000 | 1 120 | | | | | −350 | −195 | | −98 | | −28 | 0 | |
| 1 120 | 1 250 | | | | | | | | | | | | |
| 1 250 | 1 400 | | | | | −390 | −220 | | −110 | | −30 | 0 | |
| 1 400 | 1 600 | | | | | | | | | | | | |
| 1 600 | 1 800 | | | | | −430 | −240 | | −120 | | −32 | 0 | |
| 1 800 | 2 000 | | | | | | | | | | | | |
| 2 000 | 2 240 | | | | | −480 | −260 | | −130 | | −34 | 0 | |
| 2 240 | 2 500 | | | | | | | | | | | | |
| 2 500 | 2 800 | | | | | −520 | −290 | | −145 | | −38 | −0 | |
| 2 800 | 3 150 | | | | | | | | | | | | |

续表

| 基本尺寸/mm | | 基本偏差数值（下极限偏差 ei） | | | | | | | | | | | | | | | | | | |
|---|---|---|---|---|---|---|---|---|---|---|---|---|---|---|---|---|---|---|---|---|
| 大于 | 至 | IT5和IT6 | IT7 | IT8 | IT4～IT7 | ≤IT3 >IT7 | 所有标准公差等级 | | | | | | | | | | | | | |
| | | j | | | k | | m | n | p | r | s | t | u | v | x | y | z | za | zb | zc |
| — | 3 | −2 | −4 | −6 | 0 | 0 | +2 | +4 | +6 | +10 | +14 | | +18 | | +20 | | +26 | +32 | +40 | +60 |
| 3 | 6 | −2 | −4 | | +1 | 0 | +4 | +8 | +12 | +15 | +16 | | +23 | | +28 | | +35 | +42 | +50 | +80 |
| 6 | 10 | −2 | −5 | | +1 | 0 | +6 | +10 | +15 | +19 | +23 | | +28 | | +34 | | +42 | +52 | +67 | +97 |
| 10 | 14 | −3 | −6 | | +1 | 0 | +7 | +12 | +18 | +23 | +28 | | +33 | | +40 | | +50 | +64 | +90 | +130 |
| 14 | 18 | | | | | | | | | | | | | +39 | +45 | | +60 | +77 | +108 | +150 |
| 18 | 24 | −4 | −8 | | +2 | 0 | +8 | +15 | +22 | +28 | +35 | | +41 | +47 | +54 | +63 | +73 | +98 | +136 | +185 |
| 24 | 30 | | | | | | | | | | | +41 | +48 | +55 | +64 | +75 | +88 | +118 | +160 | +218 |
| 30 | 40 | −5 | −10 | | +2 | 0 | +9 | +17 | +26 | +34 | +43 | +48 | +60 | +68 | +80 | +94 | +112 | +148 | +200 | +274 |
| 40 | 50 | | | | | | | | | | | +54 | +70 | +81 | +97 | +114 | +136 | +180 | +242 | +325 |
| 50 | 65 | −7 | −12 | | +2 | 0 | +11 | +20 | +32 | +41 | +53 | +66 | +87 | +102 | +122 | +141 | +172 | +226 | +300 | +405 |
| 65 | 80 | | | | | | | | | +43 | +59 | +75 | +102 | +120 | +146 | +174 | +210 | +274 | +360 | +480 |
| 80 | 100 | −9 | −15 | | +3 | 0 | +13 | +23 | +37 | +51 | +71 | +91 | +124 | +146 | +178 | +214 | +258 | +335 | +445 | +585 |
| 100 | 120 | | | | | | | | | +54 | +79 | +104 | +144 | +172 | +210 | +254 | +310 | +400 | +525 | +690 |
| 120 | 140 | −11 | −18 | | +3 | 0 | +15 | +27 | +43 | +63 | +92 | +122 | +170 | +202 | +248 | +300 | +365 | +470 | +620 | +800 |
| 140 | 160 | | | | | | | | | +65 | +100 | +134 | +190 | +228 | +280 | +340 | +415 | +535 | +700 | +900 |
| 160 | 180 | | | | | | | | | +68 | +103 | +146 | +210 | +252 | +310 | +380 | +465 | +600 | +780 | +1 000 |
| 180 | 200 | −13 | −21 | | +4 | 0 | +17 | +31 | +50 | +77 | +122 | +166 | +236 | +284 | +350 | +425 | +520 | +670 | +880 | +1 150 |
| 200 | 225 | | | | | | | | | +80 | +130 | +180 | +258 | +310 | +385 | +470 | +575 | +740 | +960 | +1 250 |
| 225 | 250 | | | | | | | | | +84 | +140 | +196 | +284 | +340 | +425 | +520 | +640 | +820 | +1050 | +1350 |
| 250 | 280 | −16 | −26 | | +4 | 0 | +20 | +34 | +56 | +94 | +153 | +218 | +315 | +385 | +475 | +580 | +710 | +920 | +1200 | +1 550 |
| 280 | 315 | | | | | | | | | +98 | +170 | +240 | +350 | +425 | +525 | +650 | +790 | +1000 | +1300 | +1700 |
| 315 | 355 | −18 | −28 | | +4 | 0 | +21 | +37 | +62 | +108 | +193 | +268 | +390 | +475 | +590 | +730 | +900 | +1150 | +1500 | +1900 |
| 355 | 400 | | | | | | | | | +114 | +203 | +294 | +435 | +530 | +660 | +820 | +1000 | +1300 | +1650 | +2100 |
| 400 | 450 | −20 | −32 | | +5 | 0 | +23 | +40 | +68 | +126 | +232 | +330 | +490 | +595 | +740 | +920 | +1100 | +1450 | +1850 | +2400 |
| 450 | 500 | | | | | | | | | +132 | +252 | +360 | +540 | +660 | −820 | +1000 | +1250 | +1600 | +2100 | +2600 |
| 500 | 560 | | | | 0 | 0 | +26 | +44 | +78 | +150 | +283 | +400 | +600 | | | | | | | |
| 560 | 630 | | | | | | | | | +155 | +310 | +450 | +660 | | | | | | | |
| 630 | 710 | | | | 0 | 0 | +30 | +50 | +88 | +175 | +340 | +500 | +740 | | | | | | | |
| 710 | 800 | | | | | | | | | +185 | +380 | +560 | +840 | | | | | | | |
| 800 | 900 | | | | 0 | 0 | +34 | +56 | +100 | +210 | +430 | +620 | +940 | | | | | | | |
| 900 | 1 000 | | | | | | | | | +220 | +470 | +680 | +1050 | | | | | | | |
| 1 000 | 1 120 | | | | 0 | 0 | +40 | +66 | +120 | +250 | +520 | +780 | +1150 | | | | | | | |
| 1 120 | 1 250 | | | | | | | | | +260 | +580 | +840 | +1300 | | | | | | | |
| 1 250 | 1 400 | | | | 0 | 0 | +48 | +78 | +140 | +300 | +640 | +960 | +1450 | | | | | | | |
| 1 400 | 1 600 | | | | | | | | | +330 | +720 | +1050 | +1600 | | | | | | | |
| 1 600 | 1 800 | | | | 0 | 0 | +58 | +92 | +170 | +370 | +820 | +1200 | +1850 | | | | | | | |
| 1 800 | 2 000 | | | | | | | | | +400 | +920 | +1350 | +2000 | | | | | | | |
| 2 000 | 2 240 | | | | 0 | 0 | +68 | +110 | +195 | +440 | +1000 | +1500 | +2300 | | | | | | | |
| 2 240 | 2 500 | | | | | | | | | +460 | +1100 | +1650 | +2500 | | | | | | | |
| 2 500 | 2 800 | | | | 0 | 0 | +76 | +135 | +240 | +550 | +1250 | +1900 | +2900 | | | | | | | |
| 2 800 | 3 150 | | | | | | | | | +580 | +1400 | +2100 | +3200 | | | | | | | |

注：基本尺寸小于或等于 1 mm 时，基本偏差 a 和 b 均不采用，公差带 js7～js11，若 $IT_n$ 值数是奇数，则取偏差 $=\pm\frac{IT_n-1}{2}$。

一般来说，对于同一字母的孔的基本偏差与轴的基本偏差相对于零线是完全对称的，即孔与轴的基本偏差对应（如 A 与 a）时，两者的基本偏差的绝对值相等，而符号相反，用公式表达为

$$EI=-es \quad 或 \quad ES=-ei$$

该规则适用于所有的基本偏差，称为通用规则，但以下情况例外。

① 在公称尺寸大于 3～500 mm 时，标准公差等级大于 IT8 的孔的基本偏差 N，其数值（ES）等于零。

② 在公称尺寸大于 3～500 mm 的基孔制或基轴制中，给定某一公差等级的孔要与更精一级的轴相配（例如 H7/p6 和 p7/h6），并要求具有同等的间隙或过盈，此时计算的孔的基本偏差应附加一个 $\Delta$ 值，称为特殊规则，即

$$ES=-ei(计算值)+\Delta$$

式中：$\Delta$ 是公称尺寸段内给定的某一标准公差等级 $IT_n$ 与更精一级的标准公差等级 $IT_{(n-1)}$ 的差值。例如，公称尺寸段 18～30 mm 的 P7 有

$$\Delta=IT_n-IT_{(n-1)}=IT7-IT6=21-13=8\ \mu m$$

此规则仅适用于公称尺寸大于 3 mm、标准公差等级小于或等于 IT8 的孔的基本偏差 K、M、N 和标准公差等级小于或等于 IT7 的基本偏差 P 至 ZC。

孔的基本偏差，一般是最靠近零线的那个极限偏差，即 A 至 H 为孔的下偏差（EI），K 至 ZC 为孔的上偏差（ES），如表 1－7 所示。除孔的 JS 外，基本偏差的数值与选用的标准公差等级无关。

### 3. 国标中规定的公差带与配合

#### 1）国标中规定的公差带

原则上 GB/T 1800.1—2009 允许任一孔、轴组成配合，但为了简化标准和使用方便，根据实际需要规定了优先、常用和一般用途的孔、轴公差带，从而有利于生产和减少刀具、量具的规格、数量，方便于技术工作。

公称尺寸至 500 mm 和 500～3 150 mm 的孔、轴优先，常用和一般用途公差带如表 1－8 和表 1－9 所示。选择时，应先选用圆圈中的公差带，其次选用方框中的公差带，最后选用其他公差带。

表 1－8 中，轴的优先公差带 13 种，常用公差带 59 种，一般用途公差带 116 种；孔的优先公差带 13 种，常用公差带 47 种，一般用途公差带 105 种。

#### 2）配合的选择

GB/T 1801—2009 中孔、轴公差带进行组合可得 30 万种配合，远远超过了实际需要。现将尺寸≤500 mm 范围内，对基孔制规定 13 种优先配合和 46 种常用配合，如表 1－10 所示；对基轴制规定了 13 种优先配合和 33 种常用配合，如表 1－11 所示。选择时，首先选择优先配合，其次选择常用配合。

公称尺寸至 500 mm 的优先、常用配合极限间隙或极限过盈如表 1－12 所示，用于指导选用。

**表 1-7　孔的基本偏差数值（摘自 GB/T 1800.1—2009）**　　单位：μm

| 公称尺寸/mm | | 基本偏差数值 | | | | | | | | | | | | | | | | | | | | | |
|---|---|---|---|---|---|---|---|---|---|---|---|---|---|---|---|---|---|---|---|---|---|---|---|
| | | 下极限偏差 EI | | | | | | | | | | | | 上极限偏差 ES | | | | | | | | | |
| 大于 | 至 | 所有标准公差等级 | | | | | | | | | | | | IT6 | IT7 | IT8 | ≤IT8 | >IT8 | ≤IT8 | >IT8 | ≤IT8 | >IT8 | ≤IT7 |
| | | A | B | C | CD | D | E | EF | F | FG | G | H | JS | J | | | K | | M | | N | | P至ZC |
| — | 3 | +270 | +140 | +60 | +34 | +30 | +14 | +10 | +6 | +4 | +2 | 0 | | +2 | +4 | +8 | C | 0 | −2 | −2 | −4 | −4 | |
| 3 | 6 | +270 | +140 | +70 | +46 | +30 | +20 | +14 | +10 | +5 | +4 | 0 | | +5 | +6 | +10 | −1+Δ | | −4+Δ | −4 | −8+Δ | 0 | |
| 6 | 10 | +280 | +150 | +80 | +56 | +40 | +25 | +19 | +13 | +8 | +5 | 0 | | +5 | +8 | +12 | −1+Δ | | −6+Δ | −6 | −10+Δ | 0 | |
| 10 | 14 | +290 | +150 | +95 | | +50 | +32 | | +16 | | +6 | 0 | | +6 | +10 | +16 | −1+Δ | | −7+Δ | −7 | −12+Δ | 0 | |
| 14 | 18 | | | | | | | | | | | | | | | | | | | | | | |
| 18 | 24 | +300 | +160 | +110 | | +65 | +40 | | +20 | | +7 | 0 | | +8 | +12 | +20 | −2+Δ | | −8+Δ | −8 | −15+Δ | 0 | |
| 24 | 30 | | | | | | | | | | | | | | | | | | | | | | |
| 30 | 40 | +310 | +170 | +120 | | +80 | +50 | | +25 | | +9 | 0 | | +10 | +14 | +24 | −2+Δ | | −9+Δ | −9 | −17+Δ | 0 | |
| 40 | 50 | +320 | +180 | +130 | | | | | | | | | | | | | | | | | | | |
| 50 | 65 | +340 | +190 | +140 | | +100 | +60 | | +30 | | +10 | 0 | | +13 | +18 | +28 | −2+Δ | | −11+Δ | −11 | −20+Δ | 0 | |
| 65 | 80 | +360 | +200 | +150 | | | | | | | | | | | | | | | | | | | |
| 80 | 100 | +380 | +220 | +170 | | +120 | +72 | | +36 | | +12 | 0 | | +16 | +22 | +34 | −3+Δ | | −13+Δ | −12 | −23+Δ | 0 | |
| 100 | 120 | +410 | +240 | +180 | | | | | | | | | | | | | | | | | | | |
| 120 | 140 | +460 | +260 | +200 | | +145 | +85 | | +43 | | +14 | 0 | | +18 | +26 | +41 | −3+Δ | | −15+Δ | −15 | −27+Δ | 0 | 在大于IT7的相应数值上增加一个Δ值 |
| 140 | 160 | +520 | +280 | +210 | | | | | | | | | | | | | | | | | | | |
| 160 | 180 | +580 | +310 | +230 | | | | | | | | | | | | | | | | | | | |
| 180 | 200 | +660 | +340 | +240 | | +170 | +100 | | +50 | | +15 | 0 | | +22 | +30 | +47 | −4+Δ | | −17+Δ | −17 | −31+Δ | 0 | |
| 200 | 225 | +740 | +380 | +260 | | | | | | | | | | | | | | | | | | | |
| 225 | 250 | +820 | +420 | +280 | | | | | | | | | | | | | | | | | | | |
| 250 | 280 | +920 | +480 | +300 | | +190 | +110 | | +56 | | +17 | 0 | 偏差=$\pm\frac{IT_n}{2}$，式中 $IT_n$ 是IT的值数 | +25 | +36 | +55 | −4+Δ | | −20+Δ | −20 | −34+Δ | 0 | |
| 280 | 315 | +1 050 | +540 | +330 | | | | | | | | | | | | | | | | | | | |
| 315 | 355 | +1 200 | +600 | +360 | | +210 | +125 | | +62 | | +18 | 0 | | +29 | +39 | +60 | −4+Δ | | −21+Δ | −21 | −37+Δ | 0 | |
| 355 | 400 | +1 350 | +680 | +400 | | | | | | | | | | | | | | | | | | | |
| 400 | 450 | +1 500 | +760 | +440 | | +230 | +135 | | +68 | | +20 | 0 | | +33 | +43 | +61 | −5+Δ | | −23+Δ | −23 | −40+Δ | 0 | |
| 450 | 500 | +1 650 | +840 | +480 | | | | | | | | | | | | | | | | | | | |
| 500 | 560 | | | | | +260 | +145 | | +76 | | +22 | 0 | | | | | 0 | | −26 | | −44 | | |
| 560 | 630 | | | | | | | | | | | | | | | | | | | | | | |
| 630 | 710 | | | | | +290 | +160 | | +80 | | +24 | 0 | | | | | 0 | | −30 | | −50 | | |
| 710 | 800 | | | | | | | | | | | | | | | | | | | | | | |
| 800 | 900 | | | | | +320 | +170 | | +86 | | +26 | 0 | | | | | 0 | | −34 | | −56 | | |
| 900 | 1 000 | | | | | | | | | | | | | | | | | | | | | | |
| 1 000 | 1 120 | | | | | +350 | +195 | | +98 | | +28 | 0 | | | | | 0 | | −40 | | −66 | | |
| 1 120 | 1 250 | | | | | | | | | | | | | | | | | | | | | | |
| 1 250 | 1 400 | | | | | +390 | +220 | | +110 | | +30 | 0 | | | | | 0 | | −48 | | −78 | | |
| 1 400 | 1 600 | | | | | | | | | | | | | | | | | | | | | | |
| 1 600 | 1 800 | | | | | +430 | +240 | | +120 | | +32 | 0 | | | | | 0 | | −58 | | −92 | | |
| 1 800 | 2 000 | | | | | | | | | | | | | | | | | | | | | | |
| 2 000 | 2 240 | | | | | +480 | +260 | | +130 | | +34 | 0 | | | | | 0 | | −68 | | −110 | | |
| 2 240 | 2 500 | | | | | | | | | | | | | | | | | | | | | | |
| 2 500 | 2 800 | | | | | +520 | +290 | | +145 | | +38 | 0 | | | | | 0 | | −76 | | −135 | | |
| 2 800 | 3 150 | | | | | | | | | | | | | | | | | | | | | | |

续表

| 公称尺寸/mm | | 基本偏差数值 | | | | | | | | | | | | Δ值 | | | | | |
|---|---|---|---|---|---|---|---|---|---|---|---|---|---|---|---|---|---|---|---|
| | | 上极限偏差 ES | | | | | | | | | | | | | | | | | |
| | | 标准公差等级大于 IT7 | | | | | | | | | | | | 标准公差等级 | | | | | |
| 大于 | 至 | P | R | S | T | U | V | X | Y | Z | ZA | ZB | ZC | IT3 | IT4 | IT5 | IT6 | IT7 | IT8 |
| — | 3 | −6 | −10 | −14 | | −18 | | −20 | | −26 | −32 | −40 | −60 | 0 | 0 | 0 | 0 | 0 | 0 |
| 3 | 6 | −12 | −15 | −19 | | −23 | | −28 | | −35 | −42 | −50 | −80 | 1 | 1.5 | 1 | 3 | 4 | 6 |
| 6 | 10 | −16 | −19 | −23 | | −28 | | −34 | | −42 | −52 | −61 | −97 | 1 | 1.5 | 2 | 3 | 6 | 7 |
| 10 | 14 | −18 | −23 | −28 | | −33 | | −40 | | −50 | −64 | −90 | −130 | 1 | 2 | 3 | 5 | 7 | 9 |
| 14 | 18 | | | | | | −39 | −45 | | −60 | −77 | −108 | −150 | | | | | | |
| 18 | 24 | −22 | −28 | −35 | | −41 | −47 | −54 | −63 | −73 | −98 | −136 | −188 | 1.5 | 2 | 3 | 4 | 8 | 12 |
| 24 | 30 | | | | −41 | −48 | −55 | −64 | −75 | −88 | −118 | −160 | −218 | | | | | | |
| 30 | 40 | −26 | −34 | −43 | −48 | −60 | −68 | −80 | −94 | −112 | −148 | −200 | −274 | 1.5 | 3 | 4 | 5 | 9 | 14 |
| 40 | 50 | | | | −54 | −70 | −81 | −97 | −114 | −136 | −180 | −242 | −325 | | | | | | |
| 50 | 65 | −32 | −41 | −53 | −65 | −87 | −102 | −122 | −144 | −172 | −226 | −300 | −405 | 2 | 3 | 5 | 6 | 11 | 16 |
| 65 | 80 | | −43 | −59 | −75 | −102 | −120 | −146 | −174 | −210 | −274 | −360 | −480 | | | | | | |
| 80 | 100 | −37 | −51 | −71 | −91 | −124 | −146 | −178 | −214 | −258 | −335 | −445 | −585 | 2 | 4 | 6 | 7 | 13 | 19 |
| 100 | 120 | | −54 | −79 | −104 | −144 | −172 | −210 | −254 | −310 | −400 | −525 | −690 | | | | | | |
| 120 | 140 | −43 | −63 | −92 | −122 | −170 | −202 | −248 | −300 | −365 | −470 | −620 | −800 | 3 | 4 | 6 | 7 | 15 | 23 |
| 140 | 160 | | −65 | −100 | −134 | −190 | −228 | −280 | −340 | −415 | −535 | −700 | −900 | | | | | | |
| 160 | 180 | | −68 | −108 | −146 | −210 | −252 | −310 | −380 | −465 | −600 | −780 | −1 000 | | | | | | |
| 180 | 200 | −50 | −77 | −122 | −166 | −236 | −284 | −350 | −425 | −520 | −670 | −880 | −1 150 | 3 | 4 | 6 | 9 | 17 | 26 |
| 200 | 225 | | −80 | −130 | −180 | −258 | −310 | −385 | −470 | −575 | −740 | −960 | −1 250 | | | | | | |
| 225 | 250 | | −84 | −140 | −196 | −284 | −340 | −425 | −520 | −640 | −820 | −1 050 | −1 350 | | | | | | |
| 250 | 280 | −56 | −94 | −158 | −218 | −315 | −385 | −475 | −580 | −710 | −920 | −1 200 | −1 560 | 4 | 4 | 7 | 9 | 20 | 29 |
| 280 | 315 | | −98 | −170 | −210 | −350 | −425 | −525 | −650 | −790 | −1 000 | −1 300 | −1 700 | | | | | | |
| 315 | 355 | −62 | −108 | −190 | −268 | −390 | −475 | −590 | −730 | −900 | −1 150 | −1 500 | −1 900 | 4 | 5 | 7 | 11 | 21 | 32 |
| 355 | 400 | | −114 | −208 | −294 | −435 | −530 | −660 | −820 | −1 000 | −1 300 | −1 650 | −2 100 | | | | | | |
| 400 | 450 | −68 | −126 | −232 | −330 | −490 | −595 | −740 | −920 | −1 100 | −1 450 | −1 850 | −2 400 | 5 | 5 | 7 | 13 | 23 | 34 |
| 450 | 500 | | −132 | −252 | −360 | −540 | −660 | −820 | −1 000 | −1 250 | −1 600 | −2 100 | −2 600 | | | | | | |
| 500 | 560 | −78 | −150 | −280 | −400 | −600 | | | | | | | | | | | | | |
| 560 | 630 | | −155 | −310 | −450 | −660 | | | | | | | | | | | | | |
| 630 | 710 | −88 | −175 | −340 | −500 | −740 | | | | | | | | | | | | | |
| 710 | 800 | | −185 | −380 | −560 | −840 | | | | | | | | | | | | | |
| 800 | 900 | −100 | −210 | −430 | −620 | −940 | | | | | | | | | | | | | |
| 900 | 1 000 | | −220 | −470 | −680 | −1 050 | | | | | | | | | | | | | |
| 1 000 | 1 120 | −120 | −250 | −520 | −780 | −1 150 | | | | | | | | | | | | | |
| 1 120 | 1 250 | | −260 | −580 | −840 | −1 300 | | | | | | | | | | | | | |
| 1 250 | 1 400 | −140 | −300 | −640 | −960 | −1 450 | | | | | | | | | | | | | |
| 1 400 | 1 600 | | −330 | −720 | −1 050 | −1 600 | | | | | | | | | | | | | |
| 1 600 | 1 800 | −170 | −370 | −820 | −1 200 | −1 850 | | | | | | | | | | | | | |
| 1 800 | 2 000 | | −100 | −920 | −1 150 | −2 000 | | | | | | | | | | | | | |
| 2 000 | 2 240 | −195 | −140 | −1 000 | −1 500 | −2 300 | | | | | | | | | | | | | |
| 2 240 | 2 500 | | −460 | −1 100 | −1 250 | −2 500 | | | | | | | | | | | | | |
| 2 500 | 2 800 | −240 | −550 | −1 250 | −1 900 | −2 900 | | | | | | | | | | | | | |
| 2 800 | 3 150 | | −580 | −1 400 | −2 100 | −3 200 | | | | | | | | | | | | | |

注：① 公称尺寸小于或等于 1 mm 时，基本偏差 A 和 B 及大于 IT8 的 N 均不采用，公差带 JS7 至 JS11，若 $IT_n$ 值数是奇数，则取偏差＝$\pm\frac{IT_{n-1}}{2}$。

② 对小于或等于 IT8 的 K、M、N 和小于或等于 IT7 的 P 至 ZC，所需 Δ 值从表内右侧选取，例如：18～30 mm 段的 K7，Δ＝8 μm，所以 ES＝−2＋8＝＋6 μm；18～30 mm 段的 S6，Δ＝4 μm，所以 ES＝−35＋4＝−31 μm。特殊情况：250～315 mm 段的 M6，ES＝−9 μm（代替−11 μm）。

**表 1-8 公称尺寸≤500 mm 的孔、轴优先、常用和一般用途公差带（摘自 GB/T 1801—2009）**

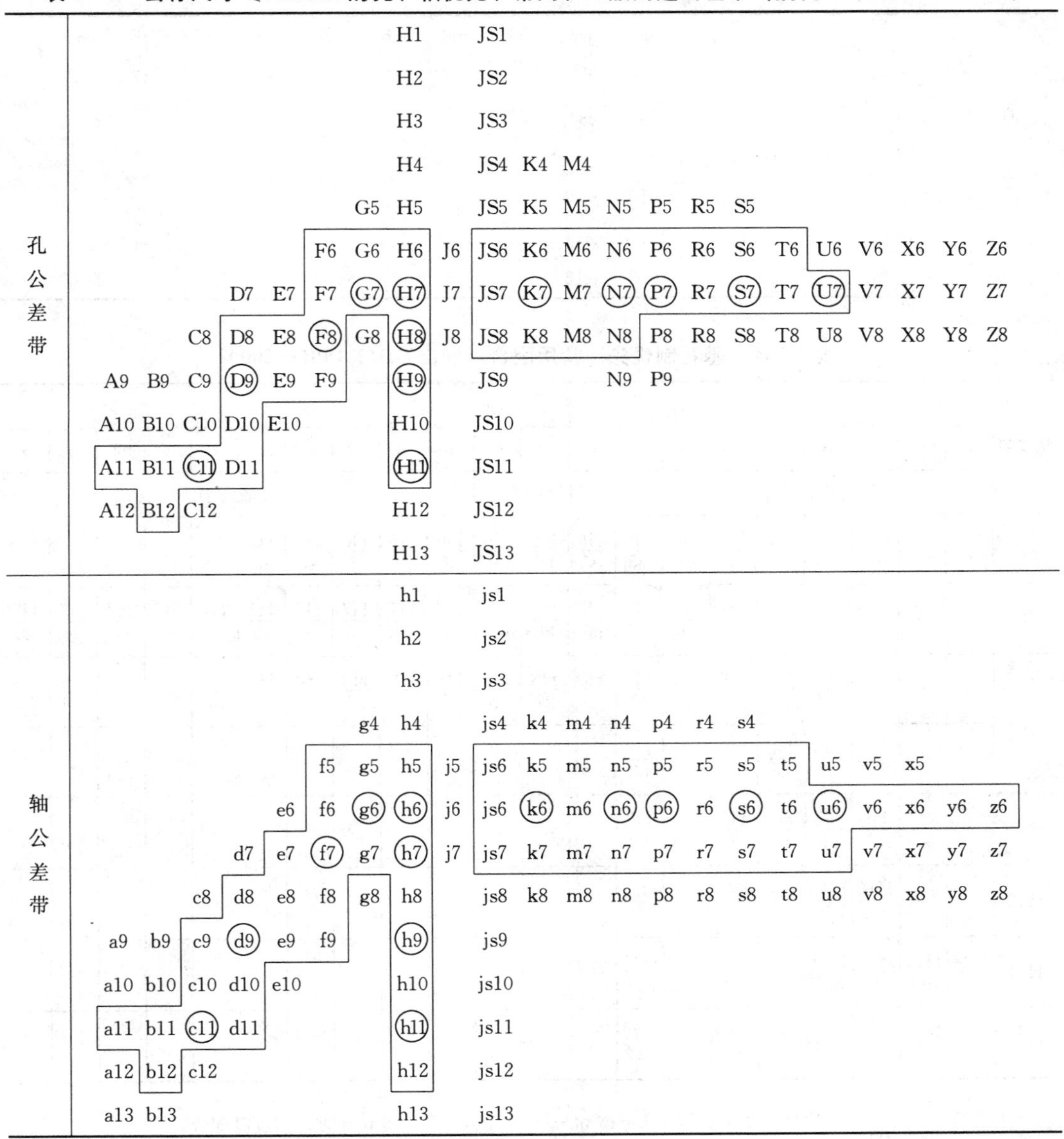

| | | | | | | | | | | | | | | | | | | | | | |
|---|---|---|---|---|---|---|---|---|---|---|---|---|---|---|---|---|---|---|---|---|---|
| 孔公差带 | | | | | | | H1 | | JS1 | | | | | | | | | | | | |
| | | | | | | | H2 | | JS2 | | | | | | | | | | | | |
| | | | | | | | H3 | | JS3 | | | | | | | | | | | | |
| | | | | | | | H4 | | JS4 | K4 | M4 | | | | | | | | | | |
| | | | | | | G5 | H5 | | JS5 | K5 | M5 | N5 | P5 | R5 | S5 | | | | | | |
| | | | | | F6 | G6 | H6 | J6 | JS6 | K6 | M6 | N6 | P6 | R6 | S6 | T6 | U6 | V6 | X6 | Y6 | Z6 |
| | | | D7 | E7 | F7 | G7 | H7 | J7 | JS7 | K7 | M7 | N7 | P7 | R7 | S7 | T7 | U7 | V7 | X7 | Y7 | Z7 |
| | | C8 | D8 | E8 | F8 | G8 | H8 | J8 | JS8 | K8 | M8 | N8 | P8 | R8 | S8 | T8 | U8 | V8 | X8 | Y8 | Z8 |
| | A9 | B9 | C9 | D9 | E9 | F9 | H9 | | JS9 | | | N9 | P9 | | | | | | | | |
| | A10 | B10 | C10 | D10 | E10 | | H10 | | JS10 | | | | | | | | | | | | |
| | A11 | B11 | C11 | D11 | | | H11 | | JS11 | | | | | | | | | | | | |
| | A12 | B12 | C12 | | | | H12 | | JS12 | | | | | | | | | | | | |
| | | | | | | | H13 | | JS13 | | | | | | | | | | | | |
| 轴公差带 | | | | | | | h1 | | js1 | | | | | | | | | | | | |
| | | | | | | | h2 | | js2 | | | | | | | | | | | | |
| | | | | | | | h3 | | js3 | | | | | | | | | | | | |
| | | | | | | g4 | h4 | | js4 | k4 | m4 | n4 | p4 | r4 | s4 | | | | | | |
| | | | | | f5 | g5 | h5 | j5 | js6 | k5 | m5 | n5 | p5 | r5 | s5 | t5 | u5 | v5 | x5 | | |
| | | | | e6 | f6 | g6 | h6 | j6 | js6 | k6 | m6 | n6 | p6 | r6 | s6 | t6 | u6 | v6 | x6 | y6 | z6 |
| | | | d7 | e7 | f7 | g7 | h7 | j7 | js7 | k7 | m7 | n7 | p7 | r7 | s7 | t7 | u7 | v7 | x7 | y7 | z7 |
| | | c8 | d8 | e8 | f8 | g8 | h8 | | js8 | k8 | m8 | n8 | p8 | r8 | s8 | t8 | u8 | v8 | x8 | y8 | z8 |
| | a9 | b9 | c9 | d9 | e9 | f9 | h9 | | js9 | | | | | | | | | | | | |
| | a10 | b10 | c10 | d10 | e10 | | h10 | | js10 | | | | | | | | | | | | |
| | a11 | b11 | c11 | d11 | | | h11 | | js11 | | | | | | | | | | | | |
| | a12 | b12 | c12 | | | | h12 | | js12 | | | | | | | | | | | | |
| | a13 | b13 | | | | | h13 | | js13 | | | | | | | | | | | | |

**表 1-9 公称尺寸 500～3 150 mm 的孔、轴优先、常用和一般用途公差带（摘自 GB/T 1801—2009）**

| | | | | | | | | | |
|---|---|---|---|---|---|---|---|---|---|
| 孔公差带 | | | | G6 | H6 | JS6 | K6 | M6 | N6 |
| | | | F7 | G7 | H7 | JS7 | K7 | M7 | N7 |
| | D8 | E8 | F8 | | H8 | JS8 | | | |
| | D9 | E9 | F9 | | H9 | JS9 | | | |
| | D10 | | | | H10 | JS10 | | | |
| | D11 | | | | H11 | JS11 | | | |
| | | | | | H12 | JS12 | | | |

续表

| | | | | | | | | | | | | | |
|---|---|---|---|---|---|---|---|---|---|---|---|---|---|
| 轴公差带 | | | | g6 | h6 | js6 | k6 | m6 | n6 | p6 | r6 | s6 | t6 | u6 |
| | | | f7 | g7 | h7 | js7 | k7 | m7 | n7 | p7 | r7 | s7 | t7 | u7 |
| | d8 | e8 | f8 | | h8 | js8 | | | | | | | | |
| | d9 | e9 | f9 | | h9 | js9 | | | | | | | | |
| | d10 | | | | h10 | js10 | | | | | | | | |
| | d11 | | | | h11 | js11 | | | | | | | | |
| | | | | | h12 | js12 | | | | | | | | |

**表 1-10 基孔制优先、常用配合（摘自 GB/T 1801—2009）**

| 基准孔 | 轴 | | | | | | | | | | | | | | | | | | | | |
|---|---|---|---|---|---|---|---|---|---|---|---|---|---|---|---|---|---|---|---|---|---|
| | a | b | c | d | e | f | g | h | js | k | m | n | p | r | s | t | u | v | x | y | z |
| | 间隙配合 | | | | | | | | 过渡配合 | | | 过盈配合 | | | | | | | | | |
| H6 | | | | | | $\frac{H6}{f5}$ | $\frac{H6}{g5}$ | $\frac{H6}{h5}$ | $\frac{H6}{js5}$ | $\frac{H6}{k5}$ | $\frac{H6}{m5}$ | $\frac{H6}{n5}$ | $\frac{H6}{p5}$ | $\frac{H6}{r5}$ | $\frac{H6}{s5}$ | $\frac{H6}{t5}$ | | | | | |
| H7 | | | | | | $\frac{H7}{f6}$ | ◤$\frac{H7}{g6}$ | ◤$\frac{H7}{h5}$ | $\frac{H7}{js5}$ | ◤$\frac{H7}{k6}$ | $\frac{H7}{m6}$ | ◤$\frac{H7}{n6}$ | ◤$\frac{H7}{p6}$ | $\frac{H7}{r6}$ | $\frac{H7}{s5}$ | ◤$\frac{H7}{t5}$ | $\frac{H7}{w5}$ | $\frac{H7}{v6}$ | $\frac{H7}{x6}$ | $\frac{H7}{y6}$ | $\frac{H7}{z6}$ |
| H8 | | | | | $\frac{H8}{e7}$ | ◤$\frac{H8}{f7}$ | $\frac{H8}{g7}$ | ◤$\frac{H8}{h7}$ | $\frac{H8}{js7}$ | $\frac{H8}{k7}$ | $\frac{H8}{m7}$ | $\frac{H8}{n7}$ | $\frac{H8}{p7}$ | $\frac{H8}{r7}$ | $\frac{H8}{s7}$ | $\frac{H8}{t7}$ | $\frac{H8}{u7}$ | | | | |
| | | | | $\frac{H8}{d8}$ | $\frac{H8}{e8}$ | $\frac{H8}{f8}$ | | $\frac{H8}{h8}$ | | | | | | | | | | | | | |
| H9 | | | $\frac{H9}{c9}$ | ◤$\frac{H9}{d9}$ | $\frac{H9}{e9}$ | $\frac{H8}{f9}$ | | ◤$\frac{H9}{h9}$ | | | | | | | | | | | | | |
| H10 | | | $\frac{H10}{c10}$ | $\frac{H10}{d10}$ | | | | $\frac{H10}{h10}$ | | | | | | | | | | | | | |
| H11 | $\frac{H11}{a11}$ | $\frac{H11}{b11}$ | ◤$\frac{H11}{c11}$ | $\frac{H11}{d11}$ | | | | ◤$\frac{H11}{h11}$ | | | | | | | | | | | | | |
| H12 | | $\frac{H12}{b12}$ | | | | | | $\frac{H12}{h12}$ | | | | | | | | | | | | | |

注：① $\frac{H6}{n5}$、$\frac{H7}{p6}$在公称尺寸小于或等于 3 mm 和$\frac{H8}{r7}$在小于或等于 100 mm 时，为过渡配合。

② 标注◤的配合为优先配合。

**表 1-11 基轴制优先、常用配合（摘自 GB/T 1801—2009）**

| 基准轴 | 孔 | | | | | | | | | | | | | | | | | | | | |
|---|---|---|---|---|---|---|---|---|---|---|---|---|---|---|---|---|---|---|---|---|---|
| | A | B | C | D | E | F | G | H | JS | K | M | N | P | R | S | T | U | V | X | Y | Z |
| | 间隙配合 | | | | | | | | 过渡配合 | | | 过盈配合 | | | | | | | | | |
| h5 | | | | | | $\frac{F6}{h5}$ | $\frac{G6}{h5}$ | $\frac{H6}{h5}$ | $\frac{JS6}{h5}$ | $\frac{K6}{h5}$ | $\frac{M6}{h5}$ | $\frac{N6}{h5}$ | $\frac{P6}{h5}$ | $\frac{R6}{h5}$ | $\frac{S6}{h5}$ | $\frac{T6}{h5}$ | | | | | |

续表

| 基准轴 | 孔 | | | | | | | | | | | | | | | | | | | | |
|---|---|---|---|---|---|---|---|---|---|---|---|---|---|---|---|---|---|---|---|---|---|
| | A | B | C | D | E | F | G | H | JS | K | M | N | P | R | S | T | U | V | X | Y | Z |
| | 间隙配合 | | | | | | | | 过渡配合 | | | 过盈配合 | | | | | | | | | |
| h6 | | | | | | F7/h6 | ◤G7/h6 | ◤H7/h6 | JS7/h6 | ◤K7/h6 | M7/h6 | ◤N7/h6 | ◤P7/h6 | R7/h6 | ◤S7/h6 | T7/h6 | ◤U7/h6 | | | | |
| h7 | | | | | E8/h7 | ◤F8/h7 | | ◤H8/h7 | JS8/h7 | K8/h7 | M8/h7 | N8/h7 | | | | | | | | | |
| h8 | | | | D8/h8 | E8/h8 | F8/h8 | | H8/h8 | | | | | | | | | | | | | |
| h9 | | | | ◤D9/h9 | E9/h9 | F9/h9 | | ◤H9/h9 | | | | | | | | | | | | | |
| h10 | | | | D10/h10 | | | | H10/h10 | | | | | | | | | | | | | |
| h11 | A11/h11 | B11/h11 | ◤C11/h11 | D11/h11 | | | | ◤H11/h11 | | | | | | | | | | | | | |
| h12 | | B12/h12 | | | | | | H12/h12 | | | | | | | | | | | | | |

注：标注◤的配合为优先配合。

**表 1-12　极限间隙或极限过盈**　　单位：μm

| 基孔制 | | H6/f5 | H6/g5 | H6/h5 | H7/f6 | ◤H7/g6 | ◤H7/h6 | H8/e7 | ◤H8/f7 | H8/g7 | ◤H8/h7 | H8/d8 | H8/e8 | H8/f8 | H8/h8 | H8/c9 | ◤H9/d9 |
|---|---|---|---|---|---|---|---|---|---|---|---|---|---|---|---|---|---|
| 基轴制 | | F6/h5 | G6/h5 | H6/h5 | F7/h6 | ◤G7/h6 | ◤H7/h6 | E8/h7 | ◤F8/h7 | | ◤H8/h7 | D8/h8 | E8/h8 | F8/h8 | H8/h8 | | ◤D9/h9 |
| 公称尺寸/mm | | 间隙配合 | | | | | | | | | | | | | | | |
| 大于 | 至 | | | | | | | | | | | | | | | | |
| — | 3 | +16<br>+6 | +12<br>+2 | +10<br>0 | +22<br>+6 | +18<br>+2 | +16<br>0 | +38<br>+14 | +30<br>+6 | +26<br>+2 | +24<br>0 | +48<br>+20 | +42<br>+14 | +34<br>+6 | +28<br>0 | +110<br>+60 | +70<br>+20 |
| 3 | 6 | +23<br>+10 | +17<br>+4 | +13<br>0 | +30<br>+10 | +24<br>+4 | +20<br>0 | +50<br>+20 | +40<br>+10 | +34<br>+4 | +30<br>0 | +66<br>+30 | +56<br>+20 | +45<br>+10 | +36<br>0 | +130<br>+70 | +90<br>+30 |
| 6 | 10 | +28<br>+13 | +20<br>+5 | +15<br>0 | +37<br>+13 | +29<br>+5 | +24<br>0 | +52<br>+25 | +50<br>+13 | +42<br>+5 | +37<br>0 | +84<br>+40 | +69<br>+25 | +57<br>+13 | +44<br>0 | +152<br>+80 | +112<br>+40 |
| 10 | 14 | +35<br>+16 | +25<br>+6 | +19<br>0 | +45<br>+16 | +35<br>6 | +29<br>0 | +77<br>+32 | +61<br>+16 | +51<br>+6 | +45<br>0 | +104<br>+50 | +86<br>+32 | +70<br>+16 | +54<br>0 | +181<br>+95 | +136<br>+50 |
| 14 | 18 | | | | | | | | | | | | | | | | |
| 18 | 24 | +42<br>+20 | +29<br>+7 | +22<br>0 | +54<br>+20 | +41<br>+7 | +34<br>0 | +94<br>+40 | +74<br>+20 | +61<br>+7 | +54<br>0 | +131<br>+65 | +106<br>+40 | +86<br>+20 | +66<br>0 | +214<br>+110 | +169<br>+65 |
| 24 | 30 | | | | | | | | | | | | | | | | |
| 30 | 40 | +52<br>+25 | +36<br>+9 | +27<br>0 | +66<br>+25 | +50<br>+9 | +41<br>0 | +114<br>+50 | +89<br>+25 | +73<br>+9 | +64<br>0 | +158<br>+80 | +128<br>+50 | +103<br>+25 | +78<br>0 | +244<br>+120 | +204<br>+80 |
| 40 | 50 | | | | | | | | | | | | | | | +254<br>+130 | |

续表

| 基孔制 | | H6/f5 | H6/g5 | H6/h5 | H7/f6 | ◤H7/g6 | ◤H7/h6 | H8/e7 | ◤H8/f7 | H8/g7 | ◤H8/h7 | H8/d8 | H8/e8 | H8/f8 | H8/h8 | H8/c9 | ◤H9/d9 |
|---|---|---|---|---|---|---|---|---|---|---|---|---|---|---|---|---|---|
| 基轴制 | | F6/h5 | G6/h5 | H6/h5 | F7/h6 | ◤G7/h6 | ◤H7/h6 | E8/h7 | ◤F8/h7 | | ◤H8/h7 | D8/h8 | E8/h8 | F8/h8 | H8/h8 | | ◤D9/h9 |
| 公称尺寸/mm | | 间隙配合 | | | | | | | | | | | | | | | |
| 大于 | 至 | | | | | | | | | | | | | | | | |
| 50 | 65 | +62<br>+30 | +42<br>+10 | +32<br>0 | +79<br>+30 | +59<br>+10 | +49<br>0 | +136<br>+60 | +106<br>+30 | +86<br>+10 | +76<br>0 | +192<br>+100 | +152<br>+60 | +122<br>+30 | +92<br>0 | +288<br>+140 | +248<br>+100 |
| 65 | 80 | | | | | | | | | | | | | | | +298<br>+150 | |
| 80 | 100 | +73<br>+36 | +49<br>+12 | +37<br>0 | +93<br>+36 | +69<br>+12 | +57<br>0 | +161<br>+72 | +125<br>+36 | +101<br>+12 | +89<br>0 | +228<br>+120 | +180<br>+72 | +144<br>+36 | +108<br>0 | +344<br>+170 | +294<br>+120 |
| 100 | 120 | | | | | | | | | | | | | | | +354<br>+180 | |
| 120 | 140 | +86<br>+43 | +57<br>+14 | +43<br>0 | +108<br>+43 | +79<br>+14 | +65<br>0 | +188<br>+85 | +146<br>+43 | +117<br>+14 | +103<br>0 | +271<br>+145 | +211<br>+85 | +169<br>+43 | +126<br>0 | +400<br>+200 | +345<br>+145 |
| 140 | 160 | | | | | | | | | | | | | | | +410<br>+210 | |
| 160 | 180 | | | | | | | | | | | | | | | +430<br>+230 | |
| 180 | 200 | +99<br>+50 | +64<br>+15 | +49<br>0 | +125<br>+50 | +90<br>+15 | +75<br>0 | +218<br>+100 | +168<br>+50 | +133<br>+15 | +118<br>0 | +314<br>+170 | +244<br>+100 | +194<br>+50 | +144<br>0 | +470<br>+240 | +400<br>+170 |
| 200 | 225 | | | | | | | | | | | | | | | +490<br>+260 | |
| 225 | 250 | | | | | | | | | | | | | | | +510<br>+280 | |
| 250 | 280 | +111<br>+56 | +72<br>+17 | +55<br>0 | +140<br>+56 | +101<br>+17 | +84<br>0 | +243<br>+110 | +189<br>+56 | +150<br>+17 | +133<br>0 | +352<br>+190 | +272<br>+110 | +218<br>+56 | +162<br>0 | +560<br>+300 | +450<br>+190 |
| 280 | 315 | | | | | | | | | | | | | | | +590<br>+330 | |
| 315 | 355 | +123<br>+62 | +79<br>+18 | +61<br>0 | +155<br>+62 | +111<br>+18 | +93<br>0 | +271<br>+125 | +208<br>+62 | +164<br>+18 | +146<br>0 | +388<br>+210 | +303<br>+125 | +240<br>+62 | +178<br>0 | +640<br>+360 | +490<br>+210 |
| 355 | 400 | | | | | | | | | | | | | | | +680<br>+400 | |
| 400 | 450 | +135<br>+68 | +87<br>+20 | +67<br>0 | +171<br>+68 | +123<br>+20 | +103<br>0 | +295<br>+135 | +228<br>+68 | +180<br>+20 | +160<br>0 | +424<br>+230 | +329<br>+135 | +262<br>+68 | +194<br>0 | +750<br>+440 | +540<br>+230 |
| 450 | 500 | | | | | | | | | | | | | | | +790<br>+480 | |

注：① 表中“+”值为间隙量，“-”值为过盈量。

② 标注◤的配合为优先配合。

续表

| 基孔制 | | H9/e9 | H9/f9 | H9/h9 | H10/c10 | H10/d10 | H10/h10 | H11/a11 | H11/b11 | H11/c11 | H11/d11 | H11/h11 | H12/b12 | H12/h12 | H6/js5 | |
|---|---|---|---|---|---|---|---|---|---|---|---|---|---|---|---|---|
| 基轴制 | | E9/h9 | F9/h9 | H9/h9 | | D10/h10 | H10/h10 | A11/h11 | B11/h11 | C11/h11 | D11/h11 | H11/h11 | B12/h12 | H12/h12 | | JS6/h5 |
| 公称尺寸/mm | | 间隙配合 | | | | | | | | | | | | | 过渡配合 | |
| 大于 | 至 | | | | | | | | | | | | | | | |
| — | 3 | +64<br>+14 | +56<br>+6 | +50<br>0 | +140<br>+60 | +100<br>+20 | +80<br>0 | +390<br>+270 | +260<br>+140 | +180<br>+60 | +140<br>+20 | +120<br>0 | +340<br>+140 | +200<br>0 | +8<br>−2 | +7<br>−3 |
| 3 | 6 | +80<br>+20 | +70<br>+10 | +60<br>0 | +156<br>+70 | +126<br>+30 | +96<br>0 | +420<br>+270 | +290<br>+140 | +220<br>+70 | +180<br>+30 | +150<br>0 | +380<br>+140 | +240<br>0 | +10.5<br>−2.5 | +9<br>−4 |
| 6 | 10 | +97<br>+25 | +85<br>+13 | +72<br>0 | +196<br>+80 | +156<br>+40 | +116<br>0 | +450<br>+280 | +330<br>+150 | +260<br>+80 | +220<br>+40 | +180<br>0 | +450<br>+150 | +300<br>0 | +12<br>−3 | +10.5<br>−4.5 |
| 10 | 14 | +118<br>+32 | +102<br>+16 | +86<br>0 | +235<br>+95 | +190<br>+50 | +140<br>0 | +510<br>+290 | +370<br>+150 | +315<br>+95 | +270<br>+50 | +220<br>0 | +510<br>+150 | +360<br>0 | +15<br>−4 | +13.5<br>−5.5 |
| 14 | 18 | | | | | | | | | | | | | | | |
| 18 | 24 | +144<br>+40 | +124<br>+20 | +104<br>0 | +278<br>+110 | +233<br>+65 | +168<br>0 | +560<br>+300 | +420<br>+160 | +370<br>+110 | +325<br>+65 | +260<br>0 | +580<br>+160 | +420<br>0 | +17.5<br>−4.5 | +15.5<br>−6.5 |
| 24 | 30 | | | | | | | | | | | | | | | |
| 30 | 40 | +174<br>+50 | +149<br>+25 | +124<br>0 | +320<br>+120 | +280<br>+80 | +200<br>0 | +530<br>+310 | +490<br>+170 | +440<br>+120 | +400<br>+80 | +320<br>0 | +670<br>+170 | +500<br>0 | +21.5<br>−5.5 | +19<br>−8 |
| 40 | 50 | | | | +330<br>+130 | | | +540<br>+320 | +500<br>+180 | +450<br>+130 | | | +680<br>+180 | | | |
| 50 | 65 | +208<br>+50 | −178<br>−30 | +148<br>0 | +380<br>+140 | +340<br>+100 | +240<br>0 | +720<br>+340 | +570<br>+190 | +520<br>+140 | +480<br>+100 | +380<br>0 | +790<br>+190 | +600<br>0 | +25.5<br>6.5 | +22.5<br>−9.5 |
| 65 | 80 | | | | +390<br>+150 | | | +740<br>+360 | +580<br>+200 | +530<br>+150 | | | +800<br>+200 | | | |
| 80 | 100 | +246<br>+72 | +210<br>+36 | +174<br>0 | +450<br>+170 | +400<br>+120 | +280<br>0 | +820<br>+380 | +660<br>+200 | +610<br>+170 | +560<br>+120 | +440<br>0 | +920<br>+220 | +700<br>0 | +29.5<br>−7.5 | +26<br>−11 |
| 100 | 120 | | | | +460<br>+180 | | | +850<br>+410 | +680<br>+240 | +620<br>+180 | | | +940<br>+240 | | | |
| 120 | 140 | +285<br>+85 | +243<br>+43 | +200<br>0 | +520<br>+200 | +465<br>+145 | +320<br>0 | +960<br>+460 | +760<br>+260 | +700<br>+200 | +545<br>+145 | +500<br>0 | +1060<br>+250 | +800<br>0 | +34<br>−9 | +30.5<br>−12.5 |
| 140 | 160 | | | | +530<br>+210 | | | +1020<br>+520 | +780<br>+280 | +710<br>+10 | | | +1080<br>+280 | | | |
| 160 | 180 | | | | +550<br>+230 | | | +1080<br>+580 | +810<br>+310 | +730<br>+230 | | | +1110<br>+310 | | | |
| 180 | 200 | +330<br>+100 | +280<br>+50 | +230<br>0 | +610<br>+240 | +540<br>+170 | +370<br>0 | +1240<br>+660 | +920<br>+340 | +820<br>+240 | +750<br>+170 | +580<br>0 | +1260<br>+340 | +920<br>0 | +39<br>−10 | +34.5<br>−14.5 |
| 200 | 225 | | | | +630<br>+260 | | | +1320<br>+740 | +960<br>+380 | +840<br>+260 | | | +1300<br>+380 | | | |
| 225 | 250 | | | | +650<br>+280 | | | +1400<br>+820 | +1000<br>+420 | +860<br>+280 | | | +1340<br>+420 | | | |
| 250 | 280 | +370<br>+110 | +315<br>+56 | +260<br>0 | +720<br>+300 | +610<br>+190 | +420<br>0 | +1560<br>+920 | +1120<br>+480 | +940<br>+300 | +830<br>+190 | +640<br>0 | +1620<br>+480 | +1040<br>0 | +43.5<br>−11.5 | +39<br>−16 |
| 280 | 315 | | | | +750<br>+330 | | | +1690<br>+1050 | +1180<br>+540 | +970<br>+330 | | | +1580<br>+540 | | | |
| 315 | 355 | +405<br>+125 | +342<br>+62 | +280<br>0 | +820<br>+360 | +670<br>+210 | +460<br>0 | +1920<br>+1200 | +1320<br>+600 | +1080<br>+360 | +930<br>+210 | +720<br>0 | +1740<br>+600 | +1140<br>0 | +48.5<br>−12.5 | +43<br>−16 |
| 355 | 400 | | | | +860<br>+400 | | | +2070<br>+1350 | +1400<br>+680 | +1120<br>+400 | | | +1820<br>+680 | | | |
| 400 | 450 | +445<br>+135 | +378<br>+68 | +310<br>0 | +940<br>+440 | +730<br>+230 | +500<br>0 | +2300<br>+1500 | +1560<br>+760 | +1240<br>+440 | +1030<br>+230 | +800<br>0 | +2020<br>+760 | +1260<br>0 | +53.5<br>−13.5 | +47<br>−20 |
| 450 | 500 | | | | +980<br>+480 | | | +2450<br>+1650 | +1540<br>+840 | +1280<br>+480 | | | +2100<br>+840 | | | |

续表

<table>
<tr><td colspan="2">基孔制</td><td>H6/k5</td><td></td><td>H6/m5</td><td></td><td>H7/js6</td><td></td><td>H7/k6</td><td></td><td>H7/m6</td><td></td><td>H7/n6</td><td></td><td>H8/js7</td><td></td><td>H8/k7</td><td></td></tr>
<tr><td colspan="2">基轴制</td><td></td><td>K6/h5</td><td></td><td>M6/h5</td><td></td><td>JS7/h6</td><td></td><td>K7/h6</td><td></td><td>M7/h6</td><td></td><td>N7/h6</td><td></td><td>JS8/h7</td><td></td><td>K8/h7</td></tr>
<tr><td colspan="2">公称尺寸/mm</td><td colspan="16" rowspan="2">过渡配合</td></tr>
<tr><td>大于</td><td>至</td></tr>
<tr><td>—</td><td>3</td><td>+6<br>−4</td><td>+4<br>−6</td><td>+4<br>−6</td><td>+2<br>−8</td><td>+13<br>−3</td><td>+11<br>−5</td><td>+10<br>−6</td><td>+6<br>−10</td><td>±8</td><td>+4<br>−12</td><td>+6<br>−10</td><td>+2<br>−14</td><td>+19<br>−5</td><td>+17<br>−7</td><td>+14<br>−10</td><td>+10<br>−14</td></tr>
<tr><td>3</td><td>6</td><td colspan="2">+7<br>−6</td><td colspan="2">+4<br>−9</td><td>+16<br>−4</td><td>+14<br>−6</td><td colspan="2">+11<br>−9</td><td colspan="2">+8<br>−12</td><td colspan="2">+4<br>−16</td><td>+24<br>−6</td><td>+21<br>−9</td><td colspan="2">+17<br>−13</td></tr>
<tr><td>6</td><td>10</td><td colspan="2">+8<br>−7</td><td colspan="2">+3<br>−12</td><td>+19.5<br>−4.5</td><td>+16<br>−7</td><td colspan="2">+14<br>−10</td><td colspan="2">+9<br>−15</td><td colspan="2">+5<br>−19</td><td>+29<br>−7</td><td>+26<br>−11</td><td colspan="2">+21<br>−16</td></tr>
<tr><td>10</td><td>14</td><td colspan="2" rowspan="2">+10<br>−9</td><td colspan="2" rowspan="2">+4<br>−15</td><td rowspan="2">+23.5<br>−5.5</td><td rowspan="2">+20<br>−9</td><td colspan="2" rowspan="2">+17<br>−12</td><td colspan="2" rowspan="2">+11<br>−18</td><td colspan="2" rowspan="2">+6<br>−23</td><td rowspan="2">+36<br>−9</td><td rowspan="2">+31<br>−13</td><td colspan="2" rowspan="2">+26<br>−19</td></tr>
<tr><td>14</td><td>18</td></tr>
<tr><td>18</td><td>24</td><td colspan="2" rowspan="2">±11</td><td colspan="2" rowspan="2">+5<br>−17</td><td rowspan="2">+27.5<br>−6.5</td><td rowspan="2">+23<br>−10</td><td colspan="2" rowspan="2">+19<br>−15</td><td colspan="2" rowspan="2">+13<br>−21</td><td colspan="2" rowspan="2">+6<br>−28</td><td rowspan="2">+43<br>−10</td><td rowspan="2">+37<br>−16</td><td colspan="2" rowspan="2">+31<br>−23</td></tr>
<tr><td>24</td><td>30</td></tr>
<tr><td>30</td><td>40</td><td colspan="2" rowspan="2">+14<br>−13</td><td colspan="2" rowspan="2">+7<br>−20</td><td rowspan="2">+33<br>−8</td><td rowspan="2">+28<br>−12</td><td colspan="2" rowspan="2">+23<br>−18</td><td colspan="2" rowspan="2">+16<br>−25</td><td colspan="2" rowspan="2">+8<br>−33</td><td rowspan="2">+51<br>−12</td><td rowspan="2">+44<br>−19</td><td colspan="2" rowspan="2">+37<br>−27</td></tr>
<tr><td>40</td><td>50</td></tr>
<tr><td>50</td><td>65</td><td colspan="2" rowspan="2">+17<br>−15</td><td colspan="2" rowspan="2">+8<br>−24</td><td rowspan="2">+39.5<br>−9.5</td><td rowspan="2">+34<br>−15</td><td colspan="2" rowspan="2">+28<br>−21</td><td colspan="2" rowspan="2">+19<br>−30</td><td colspan="2" rowspan="2">+10<br>−39</td><td rowspan="2">+61<br>−15</td><td rowspan="2">+53<br>−23</td><td colspan="2" rowspan="2">+44<br>−32</td></tr>
<tr><td>65</td><td>80</td></tr>
<tr><td>80</td><td>100</td><td colspan="2" rowspan="2">+19<br>−18</td><td colspan="2" rowspan="2">+9<br>−28</td><td rowspan="2">+46<br>−11</td><td rowspan="2">+39<br>−17</td><td colspan="2" rowspan="2">+32<br>−25</td><td colspan="2" rowspan="2">+22<br>−35</td><td colspan="2" rowspan="2">+12<br>−45</td><td rowspan="2">+71<br>−17</td><td rowspan="2">+62<br>−27</td><td colspan="2" rowspan="2">+51<br>−38</td></tr>
<tr><td>100</td><td>120</td></tr>
<tr><td>120</td><td>140</td><td colspan="2" rowspan="3">+22<br>−21</td><td colspan="2" rowspan="3">+10<br>−33</td><td rowspan="3">+52.5<br>−12.5</td><td rowspan="3">+45<br>−20</td><td colspan="2" rowspan="3">+37<br>−28</td><td colspan="2" rowspan="3">+25<br>−40</td><td colspan="2" rowspan="3">+13<br>−52</td><td rowspan="3">+83<br>−20</td><td rowspan="3">+71<br>−31</td><td colspan="2" rowspan="3">+60<br>−43</td></tr>
<tr><td>140</td><td>160</td></tr>
<tr><td>160</td><td>180</td></tr>
<tr><td>180</td><td>200</td><td colspan="2" rowspan="3">+25<br>−24</td><td colspan="2" rowspan="3">+12<br>−37</td><td rowspan="3">+60.5<br>−14.5</td><td rowspan="3">+52<br>−23</td><td colspan="2" rowspan="3">+42<br>−33</td><td colspan="2" rowspan="3">+29<br>−46</td><td colspan="2" rowspan="3">+15<br>−60</td><td rowspan="3">+95<br>−23</td><td rowspan="3">+82<br>−36</td><td colspan="2" rowspan="3">+68<br>−50</td></tr>
<tr><td>200</td><td>225</td></tr>
<tr><td>225</td><td>250</td></tr>
<tr><td>250</td><td>280</td><td colspan="2" rowspan="2">+28<br>−27</td><td rowspan="2">+12<br>−43</td><td rowspan="2">+14<br>−41</td><td rowspan="2">+68<br>−16</td><td rowspan="2">+58<br>−26</td><td colspan="2" rowspan="2">+48<br>−36</td><td colspan="2" rowspan="2">+32<br>−52</td><td colspan="2" rowspan="2">+18<br>−66</td><td rowspan="2">+107<br>−26</td><td rowspan="2">+92<br>−40</td><td colspan="2" rowspan="2">+77<br>−56</td></tr>
<tr><td>280</td><td>315</td></tr>
<tr><td>315</td><td>355</td><td colspan="2" rowspan="2">+32<br>−29</td><td colspan="2" rowspan="2">+15<br>−46</td><td rowspan="2">+75<br>−18</td><td rowspan="2">+64<br>−28</td><td colspan="2" rowspan="2">+53<br>−40</td><td colspan="2" rowspan="2">+36<br>−57</td><td colspan="2" rowspan="2">+20<br>−73</td><td rowspan="2">+117<br>−28</td><td rowspan="2">+101<br>−44</td><td colspan="2" rowspan="2">+85<br>−61</td></tr>
<tr><td>355</td><td>400</td></tr>
<tr><td>400</td><td>450</td><td colspan="2" rowspan="2">+35<br>−32</td><td colspan="2" rowspan="2">+17<br>−50</td><td rowspan="2">+83<br>−20</td><td rowspan="2">+71<br>−31</td><td colspan="2" rowspan="2">+58<br>−45</td><td colspan="2" rowspan="2">+40<br>−63</td><td colspan="2" rowspan="2">+23<br>−80</td><td rowspan="2">+128<br>−31</td><td rowspan="2">+111<br>−48</td><td colspan="2" rowspan="2">+92<br>−68</td></tr>
<tr><td>450</td><td>500</td></tr>
</table>

续表

| 基孔制 | | H8/m7 | | H8/n7 | | H8/p7 | H6/n5 | | H6/p5 | | H6/r5 | | H6/s5 | | H6/t5 | H7/p6 | |
|---|---|---|---|---|---|---|---|---|---|---|---|---|---|---|---|---|---|
| 基轴制 | | | M8/h7 | | N8/h7 | | | N6/h5 | | P6/h5 | | R6/h5 | | S6/h5 | T6/h5 | | P7/h6 |
| 公称尺寸/mm | | 过渡配合 | | | | | 过盈配合 | | | | | | | | | | |
| 大于 | 至 | | | | | | | | | | | | | | | | |
| — | 3 | +12<br>−12 | +8<br>−16 | +10<br>−14 | +6<br>−18 | +8<br>−16 | +2<br>−8 | 0<br>−10 | 0<br>−10 | −2<br>−12 | −4<br>−14 | −6<br>−16 | −8<br>−18 | −10<br>−20 | — | +4<br>−12 | 0<br>−15 |
| 3 | 6 | +14<br>−16 | | +10<br>−20 | | +6<br>−24 | 0<br>−13 | | −4<br>−17 | | −7<br>−20 | | −11<br>−24 | | — | 0<br>−20 | |
| 6 | 10 | +16<br>−21 | | +12<br>−25 | | +7<br>−30 | −1<br>−16 | | −6<br>−21 | | −10<br>−25 | | −14<br>−29 | | — | 0<br>−24 | |
| 10 | 14 | +20<br>−25 | | +15<br>−30 | | +9<br>−36 | −1<br>−20 | | −7<br>−26 | | −12<br>−31 | | −17<br>−36 | | — | 0<br>−29 | |
| 14 | 18 | | | | | | | | | | | | | | | | |
| 18 | 24 | +25<br>−29 | | +18<br>−36 | | +11<br>−43 | −2<br>−24 | | −9<br>−31 | | −15<br>−37 | | −22<br>−44 | | — | −1<br>−35 | |
| 24 | 30 | | | | | | | | | | | | | | −28<br>−50 | | |
| 30 | 40 | +30<br>−34 | | +22<br>−42 | | +13<br>−51 | −1<br>−28 | | −10<br>−37 | | −18<br>−45 | | −27<br>−54 | | −32<br>−59 | −1<br>−42 | |
| 45 | 50 | | | | | | | | | | | | | | −38<br>−65 | | |
| 50 | 65 | +35<br>−41 | | +26<br>−50 | | +14<br>−62 | −1<br>−33 | | −13<br>−45 | | −22<br>−54 | | −34<br>−66 | | −47<br>−79 | −2<br>−51 | |
| 65 | 80 | | | | | | | | | | −24<br>−56 | | −40<br>−72 | | −56<br>−88 | | |
| 80 | 100 | +41<br>−48 | | +31<br>−58 | | +17<br>−72 | −1<br>−38 | | −15<br>−52 | | −29<br>−66 | | −49<br>−86 | | −69<br>−106 | −2<br>−59 | |
| 100 | 120 | | | | | | | | | | −32<br>−69 | | −57<br>−94 | | −82<br>−119 | | |
| 120 | 140 | +48<br>−55 | | +36<br>−67 | | +20<br>−83 | −2<br>−45 | | −18<br>−61 | | −38<br>−81 | | −67<br>−110 | | −97<br>−140 | −3<br>−68 | |
| 140 | 160 | | | | | | | | | | −40<br>−83 | | −75<br>−118 | | −109<br>−152 | | |
| 160 | 180 | | | | | | | | | | −43<br>−86 | | −83<br>−126 | | −121<br>−164 | | |
| 180 | 200 | +55<br>−63 | | +41<br>−77 | | +22<br>−96 | −2<br>−51 | | −21<br>−70 | | −48<br>−97 | | −93<br>−142 | | −137<br>−186 | −4<br>−79 | |
| 200 | 225 | | | | | | | | | | −51<br>−100 | | −101<br>−150 | | −151<br>−200 | | |
| 225 | 250 | | | | | | | | | | −55<br>−104 | | −111<br>−160 | | −167<br>−216 | | |
| 250 | 280 | +61<br>−72 | | +47<br>−86 | | +25<br>−108 | −2<br>−57 | | −24<br>−79 | | −62<br>−117 | | −126<br>−181 | | −185<br>−241 | −4<br>−88 | |
| 280 | 315 | | | | | | | | | | −66<br>−121 | | −138<br>−193 | | −208<br>−263 | | |
| 315 | 355 | +68<br>−78 | | +52<br>−94 | | +27<br>−119 | −1<br>−62 | | −26<br>−87 | | −72<br>−133 | | −154<br>−215 | | −232<br>−293 | −5<br>−98 | |
| 355 | 400 | | | | | | | | | | −78<br>−139 | | −172<br>−233 | | −258<br>−319 | | |
| 400 | 450 | +74<br>−86 | | +57<br>−103 | | +29<br>−131 | 0<br>−67 | | −28<br>−95 | | −86<br>−153 | | −192<br>−259 | | −290<br>−357 | −5<br>−108 | |
| 450 | 500 | | | | | | | | | | −92<br>−159 | | −212<br>−279 | | −320<br>−387 | | |

注：$\frac{H6}{n5}$、$\frac{H7}{p6}$在公称尺寸小于或等于 3 mm 时，为过渡配合。

续表

| 基孔制 | | H7/r6 | | H7/s6 | | H7/t6 | H7/u6 | | H7/v6 | H7/x6 | H7/y6 | H7/z6 | H7/r7 | H8/s7 | H8/t7 | H8/u7 |
|---|---|---|---|---|---|---|---|---|---|---|---|---|---|---|---|---|
| 基轴制 | | | R7/h6 | | S7/h6 | T7/h6 | | U7/h6 | | | | | | | | |
| 公称尺寸/mm | | 过盈配合 | | | | | | | | | | | | | | |
| 大于 | 至 | | | | | | | | | | | | | | | |
| — | 3 | 0<br>−16 | −4<br>−20 | −4<br>−20 | −8<br>−24 | — | −8<br>−24 | −12<br>−28 | — | −10<br>−26 | — | −16<br>−32 | +4<br>−20 | 0<br>−24 | — | −4<br>−28 |
| 3 | 6 | −3<br>−23 | | −7<br>−27 | | — | −11<br>−31 | | — | −16<br>−36 | — | −23<br>−43 | +3<br>−27 | −1<br>−31 | — | −5<br>−35 |
| 6 | 10 | −4<br>−28 | | −8<br>−32 | | — | −13<br>−37 | | — | −18<br>−43 | — | −27<br>−51 | +3<br>−34 | −1<br>−28 | | −6<br>−43 |
| 10 | 14 | 5<br>−34 | | −10<br>−39 | | — | −15<br>−44 | | — | −22<br>−51 | — | −32<br>−61 | +4<br>+41 | −1<br>−46 | — | −6<br>−51 |
| 14 | 18 | | | | | | | | −21<br>−50 | −27<br>−56 | — | −42<br>−71 | | | | |
| 18 | 24 | −7<br>−41 | | −14<br>−48 | | — | −20<br>−54 | | −26<br>−60 | −33<br>−67 | −42<br>−76 | −52<br>−86 | +5<br>−49 | −2<br>−56 | — | −8<br>−62 |
| 24 | 30 | | | | | −20<br>−54 | −27<br>−61 | | −34<br>−68 | −43<br>−77 | −54<br>−88 | −67<br>−101 | | | −8<br>−62 | −15<br>−69 |
| 30 | 40 | −9<br>−50 | | −18<br>−59 | | −23<br>−64 | −35<br>−76 | | −43<br>−84 | −55<br>−96 | −69<br>−110 | −87<br>−128 | +9<br>−59 | −4<br>−68 | −9<br>−73 | −21<br>−85 |
| 40 | 50 | | | | | −29<br>−70 | −45<br>−85 | | −56<br>−97 | −72<br>−113 | −89<br>−130 | −111<br>−152 | | | −16<br>−79 | −31<br>−95 |
| 50 | 65 | −11<br>−60 | | −23<br>−72 | | −36<br>−85 | −57<br>−106 | | −72<br>−121 | −92<br>−141 | −114<br>−163 | −142<br>−191 | +5<br>−71 | −7<br>−83 | −20<br>−96 | −41<br>−117 |
| 65 | 80 | −13<br>−62 | | −29<br>−78 | | −45<br>−94 | −72<br>−121 | | −90<br>−139 | −116<br>−165 | −144<br>−193 | −180<br>−229 | +3<br>−73 | −13<br>−89 | −29<br>−105 | −56<br>−132 |
| 80 | 100 | +15<br>−73 | | −36<br>−93 | | −56<br>−113 | −89<br>−146 | | −111<br>−168 | −143<br>−200 | −179<br>−236 | −223<br>−280 | +3<br>−86 | −17<br>−106 | −32<br>−126 | −70<br>−159 |
| 100 | 120 | −16<br>−76 | | −44<br>−101 | | −69<br>−126 | −109<br>−166 | | −137<br>−194 | −175<br>−232 | −219<br>−276 | −275<br>−332 | 0<br>−89 | −25<br>−114 | −50<br>−130 | −90<br>−179 |
| 120 | 140 | −23<br>−88 | | −52<br>−117 | | −82<br>−147 | −130<br>−195 | | −162<br>−227 | −208<br>−273 | −260<br>−325 | −325<br>−390 | 0<br>−103 | −29<br>−132 | −59<br>−162 | −107<br>−210 |
| 140 | 160 | −25<br>−90 | | −60<br>−125 | | −94<br>−150 | −150<br>−215 | | −188<br>−253 | −240<br>−305 | −300<br>−365 | −375<br>−440 | −2<br>−105 | −37<br>−140 | −71<br>−174 | −127<br>−230 |
| 160 | 180 | −28<br>−93 | | −68<br>−133 | | −106<br>−171 | −170<br>−236 | | −212<br>−277 | −270<br>−335 | −340<br>−405 | −425<br>−490 | −5<br>−108 | −45<br>−148 | −83<br>−186 | −147<br>−250 |
| 180 | 200 | −31<br>−106 | | −76<br>−151 | | −120<br>−195 | −190<br>−265 | | −238<br>−313 | −304<br>−379 | −379<br>−454 | −474<br>−549 | −5<br>−123 | −50<br>−168 | −94<br>−212 | −164<br>−282 |
| 200 | 225 | −34<br>−109 | | −84<br>−159 | | −134<br>−209 | −212<br>−287 | | −264<br>−339 | −339<br>−414 | −424<br>−499 | −529<br>−504 | −8<br>−126 | −58<br>−176 | −108<br>−226 | −186<br>−304 |
| 225 | 250 | −38<br>−113 | | −94<br>−169 | | −150<br>−225 | −238<br>−313 | | −294<br>−369 | −379<br>−454 | −474<br>−549 | −594<br>−660 | −12<br>−130 | −68<br>−186 | −124<br>−242 | −212<br>−330 |
| 250 | 280 | −42<br>−126 | | −106<br>−190 | | −166<br>−250 | −263<br>−347 | | −333<br>−417 | −423<br>−507 | −528<br>−612 | −658<br>−742 | −13<br>−146 | −77<br>−210 | −137<br>−270 | −234<br>−357 |
| 280 | 315 | −46<br>−130 | | −118<br>−202 | | −188<br>−272 | −298<br>−382 | | −373<br>−457 | −473<br>−557 | −598<br>−682 | −738<br>−822 | −17<br>−150 | −89<br>−222 | −159<br>−292 | −269<br>−402 |
| 315 | 355 | −51<br>−144 | | −133<br>−225 | | −211<br>−304 | −333<br>−426 | | −418<br>−511 | −533<br>−626 | −673<br>−766 | −843<br>−936 | −19<br>−165 | −101<br>−247 | −179<br>−325 | −301<br>−447 |
| 355 | 400 | −57<br>−150 | | −151<br>−244 | | −237<br>−330 | −378<br>−471 | | −473<br>−566 | −603<br>−696 | −763<br>−856 | −943<br>−1036 | −25<br>−171 | −119<br>−265 | −205<br>−351 | −346<br>−492 |
| 400 | 450 | −63<br>−166 | | −169<br>−272 | | −267<br>−370 | −427<br>−530 | | −532<br>−635 | −677<br>−780 | −857<br>−960 | −1037<br>−1140 | −29<br>−180 | −135<br>−295 | −233<br>−393 | −393<br>−553 |
| 450 | 500 | −69<br>−172 | | −189<br>−292 | | −297<br>−400 | −477<br>−580 | | −597<br>−700 | −757<br>−860 | −937<br>−1040 | −1187<br>−1290 | −35<br>−195 | −155<br>−315 | −263<br>−423 | −443<br>−603 |

注：$\frac{H7}{r7}$在小于或等于 100 mm 时，为过渡配合。

对于公称尺寸大于500～3 150 mm的配合一般采用基孔制的同级配合。但除考虑互换性产生外，根据零件的制造特点，也可采用配制配合。

配制配合是以一个零件的实际尺寸为基数来配制另一个零件的一种工艺措施，一般用于公差精度要求较高、单件小批量生产的配合零件。实际设计中，由设计人员决定是否需要采用配制配合。

配制配合在图样上的标注方法如下：用代号MF表示配制配合，借用基准孔的代号H或基准轴的代号h表示先加工件，在装配图和零件图的相应部位标出。装配图上还要标出按互换性生产时的配合要求。

例如：公称尺寸为$\phi$3000 mm的孔和轴，要求配合的最大间隙为0.45 mm，最小间隙为0.14 mm，按互换性生产可选用$\phi$3000H6/f5或$\phi$3000F6/h6，其最大间隙为0.415 mm，最小间隙为0.145 mm，现确定采用配制配合。

在装配图上标注为

$\phi$3000H6/f6MF（先加工件为孔）或$\phi$3000F6/h6MF（先加工件为轴）

若先加工件为孔，给一个较容易达到的公差，如H8在零件图上标注为$\phi$3000H8MF，若按“线性尺寸的未注公差”加工，则标注为$\phi$3000MF。配制件为轴，根据已确定的配合公差选取合适的公差带，如选f7，此时其最大间隙为0.355 mm，最小间隙为0.145 mm，图上标注为$\phi$3000f7MF或$\phi 3000^{-0.145}_{-0.355}$MF。配制件极限尺寸的计算方法如下。

用尽可能准确的测量方法先测出加工件（孔）的实际尺寸，如上例中为$\phi$3000.195mm，则配制件（轴）的极限尺寸为

$$上极限尺寸=3\ 000.195-0.145=3\ 000.05\ \text{mm}$$

$$下极限尺寸=3\ 000.195-0.355=2\ 999.84\ \text{mm}$$

上述极限和配合制所规定的尺寸均在标准参考温度200 ℃（GB/T 19765—2005），当温度偏离标准温度时，应进行修正。

## 任务1.3　了解极限与配合在设计中的应用原则

孔、轴公差与配合的选择是机械产品设计中的重要工作，直接影响机械产品的使用性能和加工成本。极限与配合国家标准的应用，就是如何根据使用要求正确合理地选择符合标准规定的孔、轴的公差带位置，即在公称尺寸确定之后，选择公差等级、配合制和配合种类的问题。

选择原则是在满足使用要求的前提下，获得最佳技术经济效益。正确合理选择孔轴的公差等级、配合制和配合种类，不仅要求对极限与配合国家标准有较深的了解，还要求对产品的工作状态、使用条件、技术性能和精度要求等进行全面分析和估计，特别应在生产实践和科学实验中积累经验，才能达到合理、正确选择的目的。

极限与配合的选择方法通常有类比法、计算法和试验法。类比法就是通过对类似的机器和零件进行调查研究，分析对比，参考从生产实践中总结出来的技术资料，结合具

体情况，选择轴、孔的公差与配合，这是应用最多、最主要的方法。计算法是按照一定的理论和公式确定所需要的间隙或过盈，来选择孔、轴的公差与配合，但由于影响因素复杂，理论是近似的，计算结果需要进行适当的修正。试验法是通过试验或统计分析来确定间隙或过盈，此法较为合理可靠，但成本较高，只用于重要的配合。

1. 基准制的选择

基准制的确定要从零件的加工工艺、装配工艺和经济性等方面考虑，也就是说所选择的基准制应当有利于零件的加工、装配和降低制造成本。

一般情况下优先采用基孔制，因为加工孔需要定值刀具、量具（如钻头、铰刀、拉刀和塞规等），而每一种定值刀具和量具只能加工和检验一种特定尺寸和公差的孔的公差带。加工轴所用的刀具一般为非定值刀具，如车刀、砂轮等。同一把车刀可以加工不同尺寸的轴件。采用基孔制可减少这些刀具和量具的品种、规格和数量，这显然是经济合理的选择。

但采用基孔制并非在任何情况下都是有利的，如在下面几种情况下就应当采用基轴制。

（1）在同一公称尺寸的轴上同时安装几个不同松紧配合的孔件

如发动机活塞连杆机构的销轴需要同时与活塞、连杆孔形成不同的配合，如图 1－13 所示，销轴 2 两端与活塞 1 孔配合为 M6/h5，销轴 2 与连杆 3 孔的配合为 H6/h5，显然它们的配合松紧是不同的，此时应当采用基轴制。这样销轴的直径尺寸通长是相同的（h5），便于加工，活塞孔和连杆孔则分别按 M6 和 H6 加工。装配时也比较方便，不致将连杆孔表面划伤。相反，如果采用基孔制，由于活塞孔和连杆孔尺寸相同，为了获得不同松紧的配合，销轴的尺寸势必应当两端大中间小，这样的销轴难装配，装配时容易将连杆孔表面划伤。

（2）采用冷拉棒材直接做轴

在农业机械和纺织机械中，常采用具有一定精度（IT9～IT11）的冷拉钢材，不必切削加工而直接用来与其他零件的孔配合，可获得较明显的经济效益。此时把轴视为标准件，因此应采用基轴制。

（3）标准件的外表面与其他零件的内表面配合

对于与标准部件配合孔或轴，必须以标准部件为基准，选择配合制。如图 1－14 所示圆柱齿轮减速器轴系装配图中，如滚动轴承外圈与机座孔的配合应采用基轴制，滚动轴承的内圈与轴颈的配合，则应采用基孔制。

（4）必要时采用任何适当的孔、轴公差带配合

基准制实际上是根据某些需要确定的，所以有时也可采用不同基准制的配合，即相配合的孔和轴都不是基准件。如图 1－14 所示，轴承盖与轴承孔的配合和轴承挡圈与轴颈的配合分别为 $\phi100\,\frac{J7}{e9}$ 和 $\phi55\,\frac{D9}{j6}$，它们既不是基孔制也不是基轴制。轴承孔的公差带 J7 是它与轴承外圈配合决定的，轴颈的公差带 j6 是它与轴承内圈的配合决定的。为了使轴承盖与轴承孔和挡圈与轴颈获得更松的配合，前者不能采用基轴制，后者不能采用基孔制，从而决定必须采用不同基准制的配合。

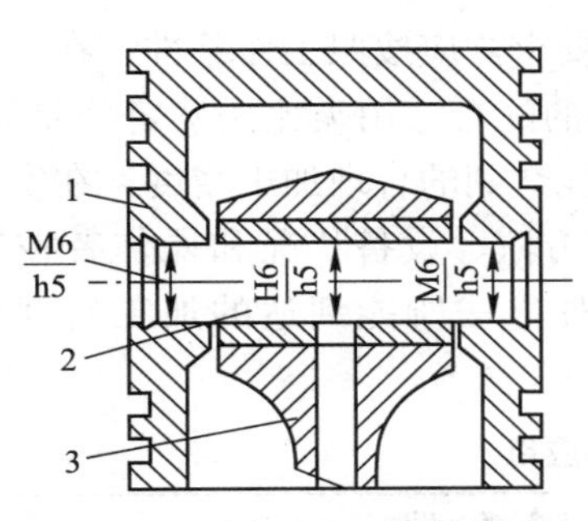

图 1－13　活塞连杆机构中的配合

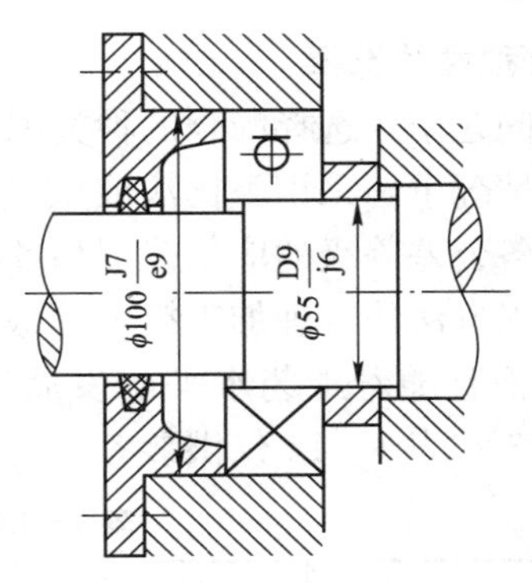


图 1－14　轴承盖与轴承孔、轴套与轴的配合

**2. 公差等级的确定**

选择公差等级就是解决制造精度与制造成本之间的矛盾。其原则是：在满足使用要求的前提下，应尽量选择较低的公差等级。用类比法选择公差等级时要注意以下几个问题。

① 一般的非配合尺寸要比配合尺寸的公差等级低。

② 同一配合中孔与轴的工艺等价性。工艺等价性是指同一配合中孔和轴的加工难易程度大致相当。对于间隙配合和过渡配合，在公称尺寸等于或小于500 mm 时、公差等级在 IT8 以上时，标准推荐孔比轴要低一级，如 H8/m7；当公差等级在 IT8 以下时，标准推荐孔与轴同级，如 H9/h9；IT8 属于临界值，孔和轴可同级也可孔比轴高一级；在公称尺寸大于 500 mm 时，一般采用孔、轴的公差等级相同。这一原则主要用于中高精度（公差等级≤IT8）的配合。对于过盈配合，标准公差等级不低于 IT7 时，轴应比孔高一级的配合，如 H7/u6，标准公差等级低于 IT8（含 IT8）时，孔与轴同一级的配合，如 H8/t8。

③ 对不受力或辅助配合面，在满足配合要求的前提下，孔、轴的公差等级可以任意组合，不受工艺等价原则的限制。如图 1－14 所示，轴承盖与轴承孔的配合要求很松，它的连接可靠性主要是靠螺钉连接来保证，故其配合精度要求很低，相配合的孔件和轴件既没有相对运动，又不承受外界负荷，所以轴承盖的配合外径采用 IT9 是经济合理的。孔的公差等级是由轴承的外径精度所决定的，如果轴承盖的配合外径按工艺等价原则采用 IT6，则反而是不合理的。这样做势必要提高制造成本，同时对提高产品质量又起不到任何作用。同理，轴承挡圈的公差等级为 IT9，轴颈的公差等级为 IT6 也是合理的。

④ 与标准件配合的零件，其公差等级由标准件的精度要求所决定。如与轴承配合的孔和轴，其公差等级由轴承的精度等级来决定。与齿轮孔相配的轴，其配合部位的公差等级由齿轮的精度等级所决定。

⑤ 配合性质及加工成本。过盈配合、过渡配合和间隙较小的间隙配合，孔的标准公差等级应不低于 8 级，轴的公差等级不低于 7 级，如 H7/g6。而间隙较大的间隙配合中，孔、轴的标准公差等级较低，即 9 级或 9 级以下，H10/d10 如。间隙较大的间隙配合中，孔和轴之一由于某种原因，必须选用较高的公差等级时，与它配合的轴或孔的公差等级可以低 2～3 级，以便在满足使用要求的前提下降低成本。

### 3. 配合种类的选择

在实际问题中，选择配合的种类主要根据使用要求，应按照工作条件，在保证机器正常工作的情况下，采用类比法或试验法选择合适的配合。用类比法确定公差等级时，一定要查明各公差等级的应用范围和各种加工方法能达到的合理加工精度。在实际生产中，各种加工方法的合理加工精度等级不仅受工艺方法、设备状况和操作者技能等因素的影响，而且随着工艺水平的发展和提高，各种方法所能到达的加工精度也会变化，表 1－13 和表 1－14 仅供参考。

**表 1－13　公差等级的应用**

| 应　用 | 公差等级（IT） | | | | | | | | | | | | | | | | | | | |
|---|---|---|---|---|---|---|---|---|---|---|---|---|---|---|---|---|---|---|---|---|
| | 01 | 0 | 1 | 2 | 3 | 4 | 5 | 6 | 7 | 8 | 9 | 10 | 11 | 12 | 13 | 14 | 15 | 16 | 17 | 18 |
| 量块 | — | — | — | | | | | | | | | | | | | | | | | |
| 量规 | | | — | — | — | — | — | — | — | | | | | | | | | | | |
| 配合尺寸 | | | | | | | — | — | — | — | — | — | — | — | | | | | | |
| 特别精密零件的配合 | | | | — | — | — | — | | | | | | | | | | | | | |
| 非配合尺寸（大制造公差） | | | | | | | | | | | | | | — | — | — | — | — | — | — |
| 原材料公差 | | | | | | | | | | — | — | — | — | — | — | — | | | | |

**表 1－14　各种加工方法的合理加工精度**

| 加工方法 | 公差等级（IT） | | | | | | | | | | | | | | | | | |
|---|---|---|---|---|---|---|---|---|---|---|---|---|---|---|---|---|---|---|
| | 01 | 0 | 1 | 2 | 3 | 4 | 5 | 6 | 7 | 8 | 9 | 10 | 11 | 12 | 13 | 14 | 15 | 16 |
| 研磨 | — | — | — | — | — | — | — | | | | | | | | | | | |
| 珩 | | | | | | — | — | — | — | | | | | | | | | |
| 圆磨 | | | | | | | — | — | — | — | | | | | | | | |
| 平磨 | | | | | | | — | — | — | — | | | | | | | | |
| 金刚石车 | | | | | | | — | — | — | | | | | | | | | |
| 金刚石镗 | | | | | | | — | — | — | | | | | | | | | |
| 拉削 | | | | | | | — | — | — | — | | | | | | | | |
| 铰孔 | | | | | | | | — | — | — | — | — | | | | | | |
| 车 | | | | | | | | | — | — | — | — | — | | | | | |
| 镗 | | | | | | | | | — | — | — | — | — | | | | | |
| 铣 | | | | | | | | | | — | — | — | — | | | | | |
| 刨、插 | | | | | | | | | | | | — | — | | | | | |
| 钻、扩孔 | | | | | | | | | | | | — | — | — | — | | | |
| 滚压、挤压 | | | | | | | | | | | | — | — | | | | | |
| 冲压 | | | | | | | | | | | | — | — | — | — | — | | |
| 压铸 | | | | | | | | | | | | | — | — | — | — | | |
| 粉末冶金成型 | | | | | | | | — | — | — | | | | | | | | |
| 粉末冶金烧结 | | | | | | | | | — | — | — | — | | | | | | |
| 砂型铸造、气割 | | | | | | | | | | | | | | | | | | — |
| 锻造 | | | | | | | | | | | | | | | | | — | |

选择配合种类实际上就是确定基孔制中的轴或基轴制中孔的基本偏差代号，主要从以下几个方面考虑。

(1) 配合件之间有无相对运动和定心要求

工作时有相对运动或虽无相对运动但要求装拆方便的孔、轴配合，应该采用间隙配合。要求孔、轴有相对运动的间隙配合中，相对运动速度越高，润滑油黏度越大，则配合应越松。对于一般工作条件的滑动轴承，可以选用由基本偏差 f（或 F）组成的配合，如 H8/f7。若相对运动速度较高、支承数目较多，则可以选用由基本偏差 d、e（或 D、E）组成的间隙较大的配合，如 H8/e7 。对于孔、轴仅有轴向相对运动或相对运动速度很低且有对中要求的配合，可以选用由基本偏差 g（或 G）组成的间隙较小的配合，如 H7/g6。

要求装拆方便而无相对运动的孔、轴配合，可以选用由基本偏差 h 与 H 组成的最小间隙为零的间隙配合，如低精度配合 H9/h9 及具有一定对中性的高精度配合 H7/h6。

对于既要求对中性，又要求装拆方便的孔、轴配合，应该选用过渡配合。这时，传递载荷（转矩或轴向力）必须加键或销等连接件。过渡配合最大间隙 $X_{max}$应小，以保证对中性，最大过盈 $Y_{max}$也应小，以保证装拆方便，也就是说，配合公差应小。因此，过渡配合的孔、轴的标准公差等级应较高（IT5～IT8)。当对中性要求高、不常装拆、传递的载荷大、冲击和振动大时，应选择较紧的配合，如 H7/m6、H7/n6；反之，则可选择较松的配合，如 H7/js6、H7/k6 。

对于利用过盈来保证固定或传递载荷的孔、轴配合，应该选择过盈配合。不传递载荷而只作定位用的过盈配合，可以选用由基本偏差 r、s（或 R 、S）组成的配合。主要由连接件（键、销等）传递载荷的配合，可以选用小过盈的配合以增加联结的可靠性，如由基本偏差 p、r（或 P、R）组成的配合。利用过盈传递载荷的配合，可以选用由基本偏差 t、u（或 T、U）组成的配合。对于利用过盈传递载荷的配合，应经过计算以确定允许过盈的大小，来选择由适当的基本偏差组成的配合。尤其是要求过盈很大时，如由基本偏差 x、y、z（或 X 、Y、Z）组成的配合，还要经过试验，证明所选择的配合确实合理可靠，才可作出决定。

(2) 工作时的温度变化

如工作时的温度与装配时的温度相差比较大，在选择配合时必须充分考虑装配间隙或过盈的变化。例如，铝制的活塞与钢制的汽缸配合，在工作时要求间隙为 0.1～0.3 mm，配合直径为 190 mm，汽缸工作时的温度为 $t_1=110$ ℃，活塞工作时的温度为 $t_2=180$ ℃，钢和铝的线膨胀系数分别为 $\alpha_1=12\times10^{-6}$/℃，$\alpha_2=24\times10^{-6}$/℃。

由于温度变化引起的间隙变化量为

$$\Delta X=190\times[12\times(110-20)-24\times(180-20)]\times10^{-6}=-0.524\ 4\ \text{mm}$$

为保持正常工作，就不能按间隙为 0.1～0.3 mm 来选择配合，而应当按 0.624 4～0.824 4 mm 选择配合。

(3) 装配变形对配合性质的影响

对于过盈配合的薄壁筒形零件，在装配时容易产生变形，如轴套与壳体孔的配合需要有一定的过盈，以便轴套的固定。轴套内孔与轴颈的配合要保证有一定的间隙，但是轴套在压入壳体孔时，轴套内孔在压力下要产生收缩变形，使孔径缩小，导致轴套内孔与轴颈的配合性质发生变化，使机构不能正常工作。

在这种情况下，要选择较松的配合，以补偿装配变形对间隙的减小量。也可采取一定的工艺措施，如轴套内孔的尺寸留下一定的余量，先将轴套压入壳体孔，然后再加工内孔。

（4）生产批量的大小

在一般情况下，生产批量的大小决定了生产方式。大批量生产时，通常采用调整法加工。例如，在自动机上加工一批轴件和一批孔件时，将刀具位置调至被加工零件的公差带中心，这样加工出的零件尺寸大多数处于极限尺寸的平均值附近。因此，它们形成的配合，其松紧趋中。

在单件小批生产时，多用试切法加工。由于工人存在怕出废品的心态，零件的尺寸刚刚由最大实体尺寸一方进入公差带内，则立即停车不再加工，这样多数零件的实际尺寸都分布在最大实体尺寸一方，由它们形成的配合当然也就趋紧。

在选择配合时，一定要根据以上情况适当调整，以满足配合性质的要求，应尽量选用优先配合。

优先配合是国家标准推荐的首选配合，在选择配合时应优先考虑。如果这些配合不能满足设计要求，则应考虑常用配合。优先和常用配合都不能满足要求时，可由孔、轴的一般公差带自行组合。优先配合的选用说明列于表 1－15 中，供参考。

**表 1－15　优先配合选用说明**

| 配合 | 优先配合 | | 选择说明 |
|---|---|---|---|
| | 基孔制 | 基轴制 | |
| 间隙配合 | $\frac{H11}{c11}$ | $\frac{C11}{h11}$ | 间隙极大，用于转速很高、轴孔温度差很大的滑动轴承；要求大公差、大间隙的外露部分；要求装配极方便的配合 |
| | $\frac{H9}{d9}$ | $\frac{D9}{h9}$ | 具有明显间隙，用于转速较高、轴颈压力较大、精度要求不高的滑动轴承 |
| | $\frac{H8}{f7}$ | $\frac{F8}{h7}$ | 间隙适中，用于中等转速、中等轴颈压力、有一定精度要求的一般滑动轴承 |
| | $\frac{H7}{g6}$ | $\frac{G8}{h7}$ | 间隙较小，用于低速转动或轴向移动的精密定位的配合；需要精确定位又经常装拆的不动配合 |
| | $\frac{H7}{h6}$、$\frac{H8}{h7}$、$\frac{H9}{h9}$、$\frac{H11}{h11}$ | $\frac{H7}{h6}$、$\frac{H8}{h7}$、$\frac{H9}{h9}$、$\frac{H11}{h11}$ | 装配后有些许间隙，但在最大实体状态下间隙为零。用于间隙定位配合，工作时一般无相对运动；也用于高精度低速轴向移动的配合。公差等级由定位精度决定 |
| 过渡配合 | $\frac{H7}{k6}$ | $\frac{K7}{h6}$ | 平均间隙接近于零，用于要求装拆的精密定位配合（约有 30％的过盈） |
| | $\frac{H7}{n6}$ | $\frac{N7}{h6}$ | 较紧的过渡配合，用于一般不拆卸的更精密定位的配合（约有 40％～60％的过盈） |
| 过盈配合 | $\frac{H7}{p6}$ | $\frac{P7}{h6}$ | 过盈很小，用于要求定位精度很高、配合刚性好的配合；不能只靠过盈传递载荷 |
| | $\frac{H7}{s6}$ | $\frac{S7}{h6}$ | 过盈适中，用于靠过盈传递中等载荷的配合 |
| | $\frac{H7}{u6}$ | $\frac{U7}{h6}$ | 过盈较大，用于靠过盈传递较大载荷的配合。装配时需加热孔或冷却轴 |

在机械产品的设计中，正确地选择公差与配合是一项比较复杂的工作。总的指导原则应当是以保证产品的技术性能要求为前提，最大限度地降低制造成本，力争达到最佳技术经济综合指标。

# 任务 1.4 了解一般公差

零件图上所有的尺寸原则上都应受到公差的约束，但为了简化制图，节省设计时间，对不重要的尺寸和精度要求很低的非配合尺寸，在零件图上可不标注公差，其实质是按未注公差的一般公差标准执行。

一般公差（general tolerances）是指在车间普通工艺条件下，机床设备可保证的公差。在正常维护和操作情况下，它代表车间通常的加工精度。采用一般公差时，在该尺寸后不标注极限偏差或其他代号，所以也称未注公差。

对于零件上功能允许的公差等于或大于一般公差时，应采用一般公差。只有当要素的功能允许比一般公差大的公差，而该公差在制造上比一般公差更为经济时（如装配所钻盲孔的深度），则相应的极限偏差值要在尺寸后注出。在正常情况下，一般公差可不必检验。

一般公差主要用于较低精度的非配合尺寸。当功能上允许的公差等于或大于一般公差时，应采用一般公差。只有当要素的功能允许比一般公差大的公差，而该公差在制造上比一般公差更为经济时（如装配所钻盲孔的深度），则相应的极限偏差值要在尺寸后注出。在正常情况下，一般公差可不必检验。

一般公差适用于金属切削加工的尺寸和一般冲压加工的尺寸。对非金属材料和其他工艺方法加工的尺寸亦可参照采用。

在 GB/T 1804—2000 中，规定了 4 个公差等级，其线性尺寸极限偏差数值如表 1-16 所示；其倒圆半径与倒角高度尺寸极限偏差数值如表 1-17 所示。

**表 1-16 线性尺寸的极限偏差数值**

| 公差等级 | 基本尺寸分段/mm | | | | | | | |
|---|---|---|---|---|---|---|---|---|
| | 0.5～3 | >3～6 | >6～30 | >30～120 | >120～400 | >400～1 000 | >1 000～2 000 | >2 000～4 000 |
| 精密（f） | ±0.05 | ±0.05 | ±0.1 | ±0.15 | ±0.2 | ±0.3 | ±0.5 | — |
| 中等（m） | ±0.1 | ±0.1 | ±0.2 | ±.3 | ±0.5 | ±0.8 | ±1.2 | ±2 |
| 粗糙（c） | ±0.2 | ±0.3 | ±0.5 | ±0.8 | ±1.2 | ±2 | ±3 | ±4 |
| 最粗（v） | — | ±0.5 | ±1 | ±1.5 | ±2.5 | ±4 | ±5 | ±8 |

**表 1-17 倒角半径与倒角高度的极限偏差数值**

| 公差等级 | 基本尺寸分段/mm | | | |
|---|---|---|---|---|
| | 0.5～3 | >3～6 | >6～30 | >30 |
| 精密（f） | ±0.2 | ±0.5 | ±1 | ±2 |
| 中等（m） | | | | |
| 粗糙（c） | ±0.4 | ±1 | ±2 | ±4 |
| 最粗（v） | | | | |

注：倒圆半径和倒角高度的含义参见 GB/T 6403.4。

在图样标题栏附近或技术文件（如企业标准）中，注出本标准号及公差等级代号，表示方法为：GB/T 1804—m，其中 m 表示用中等级。

对于角度尺寸的极限偏差数值，按其角度短边长度确定，对圆锥角按圆锥素线长度确定，具体如表 1－18 所示。

**表 1－18　角度尺寸的极限偏差数值**

| 公差等级 | 长度分段/mm | | | | |
|---|---|---|---|---|---|
| | ～10 | ＞10～50 | ＞50～120 | ＞120～400 | ＞400 |
| 精密（f）<br>中等（m） | ±1° | ±30′ | ±20′ | ±10′ | ±5′ |
| 粗糙（c） | ±1°30′ | ±1° | ±30′ | ±15′ | ±10′ |
| 最粗（v） | ±3° | ±2° | ±1° | ±30′ | ±20′ |

# 任务 1.5　了解尺寸链的处理

任何机器都是由若干个相互联系的零、部件组成，它们彼此之间存在着尺寸联系。在设计过程中或生产实践中，经常会遇到以下问题：如何分析机械产品中零件之间的尺寸关系？如何制定零件的尺寸公差和几何公差？如何保证机械产品的装配精度和技术要求？

**1. 尺寸链的基本概念**

（1）基本术语

如图 1－15（a）所示，车床主轴与尾座轴线高度差 $A_0$ 及主轴轴线高度 $A_1$、尾座轴线高度 $A_2$、尾架底座厚度 $A_3$ 有关，且 $A_1+A_0-A_2-A_3=0$。在图 1－15（b）轴系装配图中，有尺寸 $A_1+A_2+A_0+A_5+A_4-A_3=0$。这种在机器装配或零件加工过程中，由相互连接尺寸形成封闭的尺寸组称为**尺寸链**。从以上两例可以看出，尺寸链的基本特征如下。

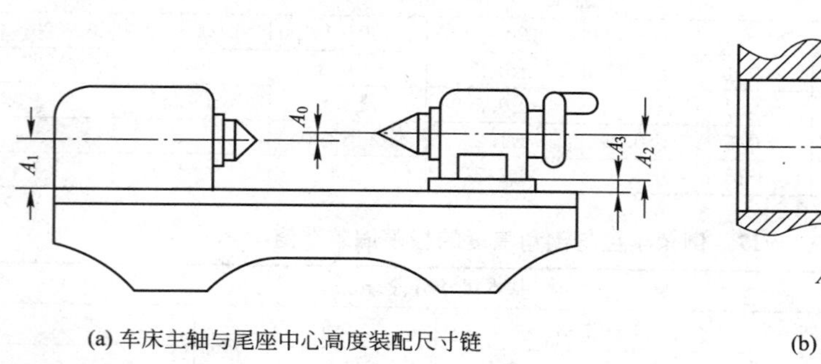


(a) 车床主轴与尾座中心高度装配尺寸链

(b) 直齿轮轴系部件装配尺寸链

图 1－15　尺寸链

① 封闭性。即必须由一系列相互关联的尺寸连接成为一个封闭回路。

② 制约性。即某一个尺寸变化，必将影响其他尺寸的变化。

列入尺寸链中的每一个尺寸称为环。尺寸链中，在装配过程或加工过程最后形成的一环称为**封闭环**，如图 1－15 中 $A_0$。对封闭环有影响的全部环，它们的任一环变化必然引起封闭环变动的环称为**组成环**。在组成环中，由于该环的变动引起封闭环同向变动（同向变动指该环增大时封闭环也增大，该环减小时封闭环也减小），则该环称为**增环**，如图 1－15（a）中的 $A_1$、1－15（b）中的 $A_3$；反之，称为**减环**，如图 1－15（a）中的 $A_2$、$A_3$，1－15（b）中的 $A_1$、$A_2$、$A_4$、$A_5$。在尺寸链中预先选定的某一组成环，可以通过改变其大小或位置，使封闭环达到规定的要求，此环称为**补偿环**，如图 1－16 中的 $L_2$。各组成环对封闭环影响大小的系数称为**传递系数**，用 $\xi$ 表示，增环 $\xi=+1$，减环 $\xi=-1$。

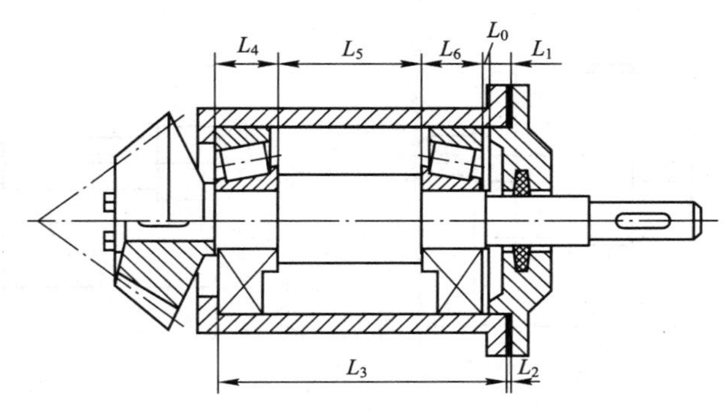


图 1－16　锥齿轮轴系部件装配尺寸链

（2）尺寸链的形成

按尺寸链中各环尺寸的几何特征，可分为以下两类。

① 长度尺寸链。全部环为长度尺寸的尺寸链。本任务所列的各尺寸链（除图 1－17 外）均属此类。

② 角度尺寸链。全部环为角度尺寸的尺寸链。角度尺寸链常用于分析和计算机械结构中有关零件要素的位置精度，如平行度、垂直度等，如图 1－17 所示。要保证滑动轴承座孔端面与轴承底面 $B$ 垂直，但公差标注是要求孔轴线与底面 $B$ 平行、孔端面与孔轴线 $A$ 垂直，则这三个关联的位置尺寸构成一个角度尺寸链。

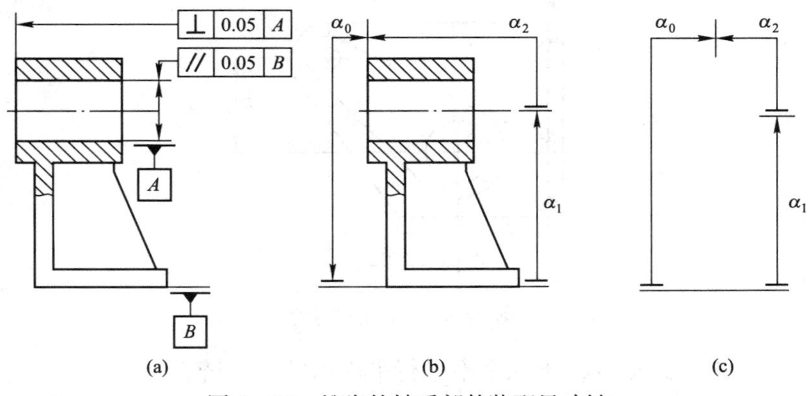


图 1－17　锥齿轮轴系部件装配尺寸链

按尺寸链的应用场合不同，可分为以下几类。

① 装配尺寸链。全部组成环为不同零件设计尺寸所形成的尺寸链，如图 1－15 和

图 1-16 所示。

② 零件尺寸链。全部组成环为同一零件设计尺寸所形成的尺寸链，如图 1-18（a）所示。

③ 工艺尺寸链。全部组成环为同一零件工艺尺寸所形成的尺寸链，如图 1-18（b）所示。

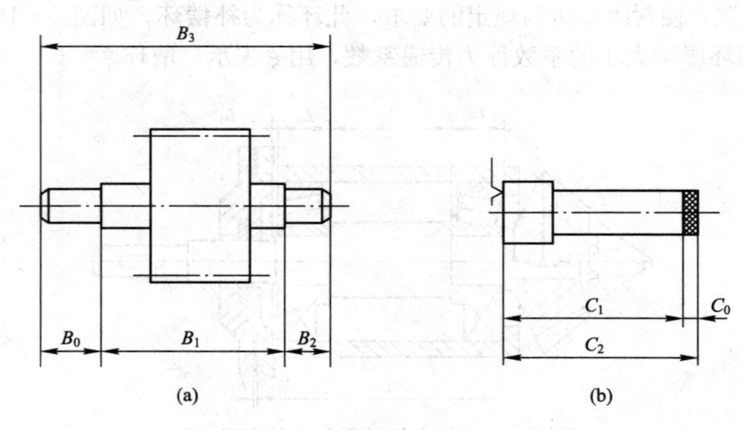


图 1-18　零件尺寸链和工艺尺寸链

按尺寸链中环的相互位置，可分为以下几类。

① 直线尺寸链。全部组成环平行于封闭环的尺寸链，如图 1-15（b）、图 1-16 和图 1-18（b）所示。

② 平面尺寸链。全部组成环位于一个或几个平行平面内，但某些组成环不平行于封闭环的尺寸链，如图 1-19 所示。

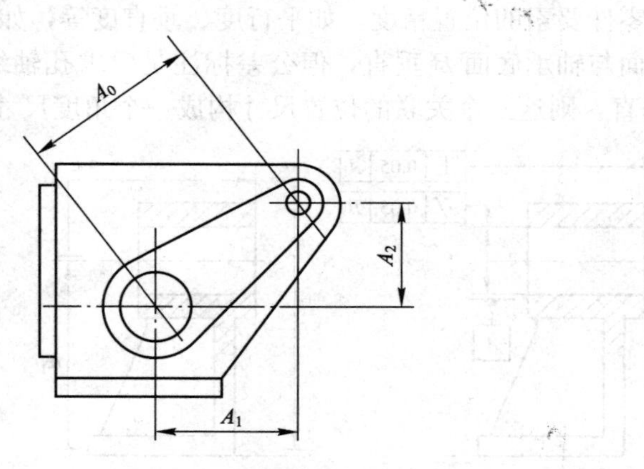


图 1-19　平面尺寸链

③ 空间尺寸链。组成环位于几个不平行平面内的尺寸链。

平面尺寸链或空间尺寸链，均可用投影的方法得到两个或三个方位的直线尺寸链，最后综合求解平面或空间尺寸链。本任务仅研究直线尺寸链。

要进行尺寸链分析和计算，首先必须画出尺寸链图。所谓尺寸链图，就是由封闭环和组成环构成的一个封闭回路图。绘制尺寸链图时，可从某一加工（或装配）基准出发，按加工（或装配）顺序依次画出各个环。环与环之间不得间断，最后用封闭环构成一个封闭回路。用尺寸链图很容易确定封闭环及断定组成环中的增环或减环，如图 1－17（c）所示。

（3）尺寸链的数据处理

计算尺寸链的目的是为了在设计过程中能够正确合理地确定尺寸链中各环的公称尺寸、公差和极限偏差，以便采用最经济的方法达到一定的技术要求。根据不同的需要，尺寸链计算可用于以下几种情况。

① 审核图纸。已知组成环的公称尺寸和极限偏差，求封闭环的公称尺寸和极限偏差，此时的计算称为正计算。正计算常用于审核图纸上标注的各组成环的公称尺寸和上、下极限偏差，在加工后是否能满足总的技术要求，即验证设计的正确性。

② 求组成环的极限偏差。已知封闭环的公称尺寸和极限偏差及各组成环的公称尺寸，求各组成环的公差和极限偏差，也称反计算。反计算常用于设计时根据总的技术要求来确定各组成环的上、下极限偏差，既属于设计工作方面问题，也可理解为解决公差的分配问题。

③ 确定工序公差。已知封闭环及某些组成环的公称尺寸和极限偏差，求某一组成环的公称尺寸和极限偏差，称为中间计算。中间计算多属于工艺尺寸计算方面的问题，如确定工序公差等。

解尺寸链的方法，根据不同的产品设计要求、结构特征、精度等级、生产批量和互换性要求可分别采用完全互换法、概率法、分组互换法、修配补偿法和调整补偿法。具体计算公式如表 1－19 所示。

**表 1－19　尺寸链计算公式（摘自 GB/T 5847—2004）**

| 序号 | 计算内容 | | 计算公式 | 说　明 |
|---|---|---|---|---|
| 1 | 封闭环基本尺寸 | | $L_O=\sum_{i=1}^{m}\zeta_i L_i$ | 下角标“O”表示封闭环，“$i$”表示组成环及其序号，下同 |
| 2 | 封闭环中间偏差 | | $\Delta_O=\sum_{i=1}^{m}\zeta_i\left(\Delta_i+e_i\frac{T_i}{2}\right)$ | 当 $e_i=0$ 时，$\Delta_O=\sum_{i=1}^{m}\zeta_i\Delta_i$ |
| 3 | 封闭环公差 | 极值公差 | $T_{oL}=\sum_{r=1}^{m}\lvert\zeta_i\rvert T_i$ | 在给定各组成环公差的情况下，按此计算的封闭环公差 $T_{oL}$，其公差值最大 |
| | | 统计公差 | $T_{oS}=\frac{1}{k_O}\sqrt{\sum_{i=1}^{m}\zeta_i^2 k_i T_i^2}$ | 当 $k_O=k_i=1$ 时，得平方公差 $T_{oQ}=\sqrt{\sum_{i=1}^{m}\zeta_i^2T_i^2}$，在给定各组成环公差的情况下，按此计算的封闭环平方公差 $T_{oQ}$，其公差值最小。<br>使 $k_O=1$，$k_i=k$ 时，得当量公差 $T_{oE}=k\sqrt{\sum_{i=1}^{m}\zeta_i^2T_i^2}$，它是统计公差 $T_{oS}$ 的近似值。其中，$T_{oL}>T_{oS}>T_{oQ}$ |

续表

| 序号 | 计算内容 | | 计算公式 | 说明 |
|---|---|---|---|---|
| 4 | 封闭环极限偏差 | | $ES_O=\Delta_O+\frac{1}{2}T_O$<br>$EI_O=\Delta_O-\frac{1}{2}T_O$ | |
| 5 | 封闭环极限尺寸 | | $L_{Omax}=L_O+ES_O$<br>$L_{Omin}=L_O+EI_O$ | |
| 6 | 组成环平均公差 | 极值公差 | $T_{av\cdot L}=\frac{T_O}{\sum_{i=1}^{m}\lvert\zeta_i\rvert}$ | 对于直线尺寸链$\lvert\zeta_i\rvert=1$，则$T_{av\cdot L}=\frac{T_O}{m}$。在给定封闭环公差情况下，按此计算的组成环平均公差$T_{av\cdot L}$，其公差值最小 |
| | | 统计公差 | $T_{av\cdot S}=\frac{k_O T_O}{\sqrt{\sum_{i=1}^{m}\zeta_i^2 k_i^2}}$ | 当$k_O=k_i=1$时，得组成环平均平方公差$T_{av\cdot Q}=\frac{T_O}{\sqrt{\sum_{i=1}^{m}\zeta_i^2}}$；直线尺寸链$\lvert\zeta_i\rvert=1$，则$T_{av\cdot Q}=\frac{T_O}{\sqrt{m_a}}$，在给定封闭环公差的情况下，按此计算组成环平均平方公差$T_{av\cdot Q}$，其公差值最大。<br>使$k_O=1$，$k_i=k$时，得组成环平均当量公差$T_{av\cdot E}=\frac{T_O}{k\sqrt{\sum_{i=1}^{m}\zeta_i^2}}$；直线尺寸链$\lvert\zeta_i\rvert=1$，则$T_{av\cdot E}=\frac{T_O}{k\sqrt{m_1}}$，它是统计公差$T_{av\cdot S}$的近似值。其中$T_{av\cdot L}>T_{av\cdot s}>T_{av\cdot Q}$ |
| 7 | 组成环极限偏差 | | $ES_i=\Delta_i+\frac{1}{2}T_i$<br>$EI_i-\Delta_i-\frac{1}{2}T_i$ | |
| 8 | 组成环极限尺寸 | | $L_{imax}=L_i+ES_i$<br>$L_{imin}=L_i+EI_i$ | |

由表1－19可知：封闭环公称尺寸等于所有增环公称尺寸之和减去所有减环公称尺寸之和；封闭环的上偏差等于所有增环的上偏差之和减去所有减环下偏差之和；封闭环的下偏差等于所有增环的下偏差之和减去所有减环上偏差之和。计算公式为

$$A_0=\sum_{i=1}^{m}\overrightarrow{A}_i-\sum_{i=1}^{n}\overleftarrow{A}_i \tag{1-1}$$

$$ES(A_0)=\sum_{i=1}^{m}ES(\overrightarrow{A}_i)-\sum_{i=1}^{n}EI(\overleftarrow{A}_i) \tag{1-2}$$

$$EI(A_0)=\sum_{i=1}^{m}EI(\overrightarrow{A}_i)-\sum_{i=1}^{n}ES(\overleftarrow{A}_i) \tag{1-3}$$

由上面的公式可得出以下结论。

① 尺寸链中封闭环的公差等于所有组成环公差之和，所以封闭环的公差最大，因此在零件工艺尺寸链中一般选择最不重要的环节作为封闭环。

② 在装配尺寸链中，封闭环是装配的最终要求。在封闭环的公差确定后，组成环越多，每一环的公差越小。所以，装配尺寸链的环数应尽量减少，称为最短尺寸链原则。

确定组成环上、下极限偏差的基本原则是“偏差向体内原则”。当组成环为包容面尺寸时，则令其下极限偏差为零；当组成环为被包容面尺寸时，则令其上极限偏差为零。有时，组成环既不是包容面尺寸，也不是被包容面尺寸，如孔距尺寸，此时规定其上极限偏差为 $T_{oL}/2$，下极限偏差为 $-T_{oL}/2$。

---

**【例 1-3】** 如图 1-20（a）所示的一轴套类零件，已知零件的 $A$、$B$、$C$ 面都已经加工完成。现在欲采用调整法加工 $D$ 面，并选择端面 $A$ 为定位基准，且按工序尺寸 $A_3$ 对刀进行加工。为了保证车削 $D$ 面获得的间接尺寸 $A_0$ 符合图纸要求，必须将 $A_3$ 加工误差控制在一定的范围内。试计算工序尺寸 $A_3$ 及其极限偏差。

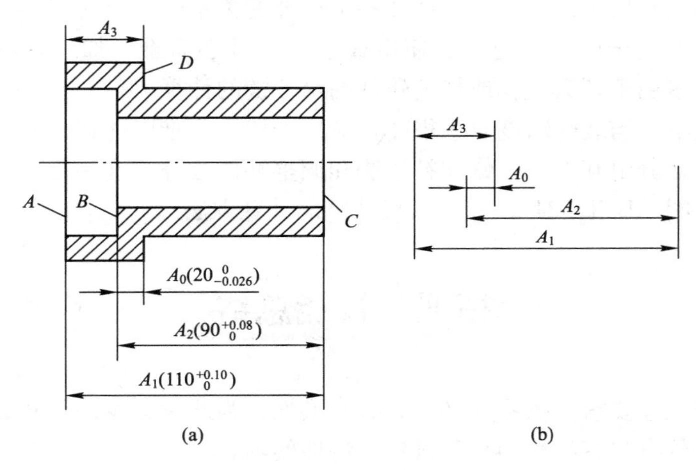


图 1-20 轴套类零件图尺寸链计算

**解** 画出尺寸链图，如图 1-20（b）所示，经分析 $A_0$ 为封闭环，$A_2$、$A_3$ 为增环，$A_1$ 为减环。用完全互换法计算。

（1）计算工序尺寸 $A_3$ 的公称尺寸

由式（1—1）

$$20=(90+A_3)-110$$

所以

$$A_3=20+110-90=40\ \text{mm}$$

（2）计算工序尺寸 $A_3$ 的极限偏差

由式（1-2）推导得

$$\mathrm{ES_O}=\sum_{i=1}^{m}\mathrm{ES}_i-\sum_{j=m+1}^{n}\mathrm{EI}_j$$

故有

$$0=(0.08+\mathrm{ES}_3)-0$$

求得 $\mathrm{ES}_3=0.08$。

由式（1-3）推导得

$$EI_O = \sum_{i=1}^{m} EI_i - \sum_{j=m+1}^{n} ES_j$$

故有

$$-0.26=(0+EI_3)-0.1$$

求得 $EI_3=-0.16$。

由此得工序尺寸 $A_3$ 及其上、下极限偏差为 $A_3=40_{-0.16}^{-0.08}$ mm，按“偏差向体内原则”标注为 $A_3=39.92_{-0.08}^{0}$ mm。

---

此题是利用完全互换法计算尺寸链，其方法简单，能保证产品完全互换性。但它是根据极大极小的极端情况来建立封闭环和各组成环的关系式。当封闭环为既定值时，获得各组成环的公差过于严格，经常会使组成环公差过小而难以加工，经济性不好。因此，完全互换法多用于环数较少或精度较低的尺寸链的计算。

在某些情况下，当装配精度要求很高，应用上述方法难以达到或不经济时，还可以采用其他方法，如分组互换法、修配补偿法和调整补偿法等，这些方法的计算本书未列入，需要时可参阅 GB/T 5847—2004《尺寸链的计算方法》。

## 拓展与技能总结

现代化机械工业要求机械零件必须具有互换性，为此所有零件尺寸必须有公差。本项目涉及零件为具有包容特性的孔和被包容特性的轴。

任何零件的实际提取要素与公称尺寸之间都有一定的差值，此差值即为尺寸偏差。合格零件的尺寸偏差应在一定范围内（由上极限偏差与下极限偏差组成），此范围为公差。

用公差带形象表示零件的公差大小和位置。公差大小由标准公差决定，公差带位置由基本偏差决定。孔和轴的基本偏差系列由 26 个字母合理组合成 28 种，孔、轴公差代号用基本偏差代号与公差等级代号组成。

根据相互结合孔和轴公差带的相对位置关系，可分为间隙配合、过盈配合和过渡配合 3 种配合。

国家标准规定了两种配合制，即基孔制配合和基轴制配合。在实际选用配合制时，在满足零件使用要求的前提下，应兼顾加工设备、加工工艺、生产批量等，选择经济配合制和公差等级。

在车间普通工艺条件下，机床设备可保证的公差（称为一般公差），可不必标出和检验。但当要素的功能允许比一般公差更为经济时，则相应的极限偏差值要在尺寸后注出。在图样标题栏附近或技术文件中，注出本标准号及公差等级代号。

任何机器都是由若干个相互联系的零、部件组成，它们彼此之间存在着尺寸关系，即尺寸链。解尺寸链是对零部件或机器进行精度设计、工艺规程设计的重要技术环节，是合理确定和验证尺寸、公差或偏差的重要技术手段。

# 思考与训练

## 一、填空题

1. 公称尺寸是指________________。

2. 极限偏差________________，包含_____和_____。

3. 公差是________________，公差值的大小表示了工件的_____要求。

4. 孔和轴的公差带由_______决定大小，由_____决定位置。

5. 为了用尽可能少的标准公差带形成最多种的配合，标准规定了_____种配合制，即_____和_____配合。

6. 某一基轴制的轴的公差为 0.021 mm，该轴的上极限偏差为_____，下极限偏差为_____。

7. 某一基孔制的孔的公差为 0.013 mm，则它的上极限偏差为_____，下极限偏差为_____。

8. $\phi40^{+0.021}_{0}$的孔与$\phi40^{-0.009}_{-0.025}$的轴配合，属于_____制_______配合。

9. $\phi50^{+0.012}_{-0.009}$的孔与$\phi50^{0}_{-0.0013}$的轴配合，属于_____制_______配合。

10. 已知孔$\phi65^{-0.042}_{-0.072}$，其公差等级为_____，基本偏差代号为_____。

11. $\phi$50P8 孔，其上极限偏差为_____ mm，下极限偏差为_____ mm。

12. 轴尺寸 $\phi$48j7，其基本偏差是_____ mm，最小极限尺寸是_____ mm。

13. 已知 $\phi$25 mm 的轴，其最小极限尺寸为 $\phi$24.98 mm，公差为 0.01 mm，则它的上极限偏差是_____ mm，下极限偏差是_____ mm。

14. 选择基准制时，从_______考虑，应优先选用_______。

15. $\phi$50 的基孔制孔、轴配合，已知其最小间隙为 0.05 mm，则轴的上极限偏差是_____ mm。

16. $\phi$50H8/h8 孔、轴配合，其最小间隙为_____ mm，最大间隙为_____ mm。

17. 孔、轴配合的最大过盈为 −60 μm，配合公差为 40 μm，可以判断该配合属于_____配合。

18. 国家标准_______对未注公差尺寸的公差等级规定为_______。

19. “工艺等价原则”是指所选用的孔、轴的_____基本相当，高于 IT8 的孔均与_____级的轴相配；低于 IT8 的孔均和_____级的轴相配。

20. 公称尺寸相同的轴上有几处配合，当两端的配合要求紧固而中间的配合要求较松时，宜采用____________制配合。

21. 所谓减环，是指它增大时封闭环_____，它减少时封闭环_____。

22. 零件尺寸链中的_____________应根据加工顺序确定。

23. 封闭环公差等于_______。

## 二、多项选择题

1. 以下各组配合中，配合性质相同的有_____。

A. $\phi$50H7/f6 和 $\phi$50F7/h6
B. $\phi$50P7/h6 和 $\phi$50H8/p7
C. $\phi$50M8/h7 和 $\phi$50H8/m7
D. $\phi$50H8/h7 和 $\phi$50H7/f6

2. 下列配合代号标注不正确的是______。
A. $\phi$30H6/k5
B. $\phi$30H7/p6
C. $\phi$30h7/D8
D. $\phi$30H8/h7

3. 公差带大小是由______决定的。
A. 标准公差
B. 基本偏差
C. 配合公差
D. 基本尺寸

4. 下列配合中是间隙配合的有______。
A. $\phi$30H7/g6
B. $\phi$30H8/f7
C. $\phi$30H8/m7
D. $\phi$100H7/f6

5. 下列关于基本偏差的论述中，正确的有______。
A. 基本偏差数值大小取决于基本偏差代号
B. 轴的基本偏差为下极限偏差
C. 基本偏差的数值与公差等级无关
D. 孔的基本偏差为上极限偏差

6. 下列配合零件应优先选用基轴制的有______。
A. 滚动轴承内圈与轴的配合
B. 同一轴与多孔相配，且有不同的配合性质
C. 滚动轴承外圈与壳体的配合
D. 轴为冷拉圆钢，不需再加工

7. 以下各种情况中，应选用间隙配合的有______。
A. 要求定心精度高
B. 工作时无相对运动
C. 不可拆卸
D. 转动、移动或复合运动

8. 下列有关公差等级的论述中，正确的有______。
A. 公差等级高，则公差带宽
B. 在满足要求的前提下，应尽量选用高的公差等级
C. 公差等级的高低影响公差带的大小，决定配合的精度
D. 孔轴相配合，均为同级配合

9. 下列关于公差与配合的选择的论述中，正确的有______。
A. 从经济上考虑应优先选用基孔制
B. 在任何情况下应尽量选用低的公差等级
C. 配合的选择方法一般有计算法、类比法和调整法
D. 从结构上考虑应优先选用基轴制

10. 对于尺寸链封闭环的确定，下列论述正确的有______。
A. 图样中未注尺寸的一环
B. 在装配过程中最后形成的一环
C. 精度最高的那一环
D. 在零件加工过程中最后形成的一环

11. 如图 1-21 所示尺寸链，封闭环 $N$ 合格的尺寸有______。
A. 50.10 mm
B. 39.75 mm
C. 40.00 mm
D. 39 mm

E. 40.20 mm

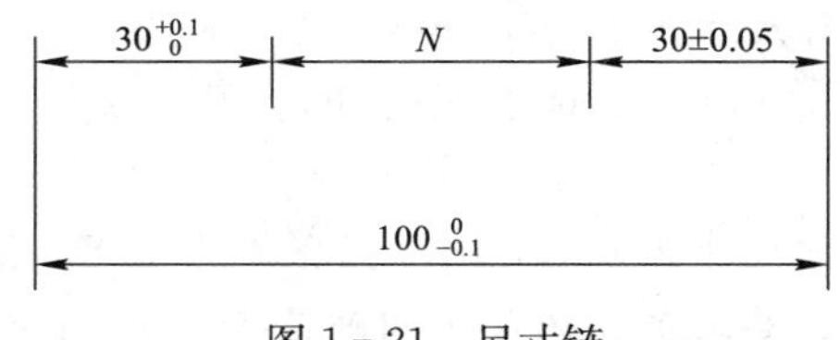


图 1-21　尺寸链

## 三、判断题

1. 国家标准规定，轴只是指圆柱形的外表面。(　　)

2. 公称尺寸不同的零件，只要它们的公差值相同，就可以说明它们的精度要求相同。(　　)

3. 过渡配合可能具有间隙，也可能具有过盈，因此过渡配合可能是间隙配合，也可能是过盈配合。(　　)

4. 图样标注 $\phi30^{+0.033}_{0}$ 的孔，该孔为基孔制的孔。(　　)

5. 某孔要求尺寸为 $\phi30^{-0.046}_{-0.067}$，今测得其实际尺寸为 $\phi29.962$，可以判断该孔合格。(　　)

6. 孔的基本偏差为下极限偏差，轴的基本偏差为上极限偏差。(　　)

7. 孔、轴配合为 $\phi40$H9/n9，可以判断是过渡配合。(　　)

8. 最小间隙为零的配合与最小过盈等于零的配合，二者实质相同。(　　)

9. 从制造角度讲，基孔制的特点就是先加工孔，基轴制的特点就是先加工轴。(　　)

10. 从工艺和经济考虑，应优先选用基轴制。(　　)

11. 未注公差尺寸即对该尺寸无公差要求。(　　)

12. 有相对运动的配合应选用间隙配合，无相对运动的配合均选用过盈配合。(　　)

13. 配合公差是指在各类配合中，允许间隙或过盈的变动量。(　　)

14. 配合公差的大小等于相配合的孔、轴公差之和。(　　)

15. 尺寸链是指在机器装配或零件加工过程中，由相互连接的尺寸形成封闭的尺寸组。(　　)

16. 列入尺寸链中的每一尺寸都称为环。(　　)

17. 封闭环基本尺寸等于各组成环中间偏差的平均值。(　　)

18. 零件工艺尺寸链一般选择最重要的环作为封闭环。(　　)

19. 补偿环是指通过改变其大小和位置，使封闭环达到规定要求的某一组成环。(　　)

20. 在装配尺寸链中，每一独立尺寸的偏差都将影响装配精度。(　　)

## 四、综合题

1. 设基本尺寸为 30 mm 的 N7 孔和 m6 的轴相配合，试计算极限间隙或过盈及配合公差。

2. 设某配合的孔径为 $\phi15^{+0.027}_{0}$ mm，轴径为 $\phi15^{0}_{-0.039}$ mm，试分别计算其极限尺

寸、尺寸公差、极限间隙（或过盈）、平均间隙（或过盈）及配合公差。

3. 有一孔轴配合，公称尺寸为 $L=60$ mm，最大间隙 $S_{max}=+40\ \mu m$，孔公差 $T_D=30\ \mu m$，轴公差 $T_d=20\ \mu m$，es=0。试求 ES、EI、$T_f$、$S_{min}$（或 $\delta_{max}$），并按标准规定标注孔、轴尺寸。

4. 某孔、轴配合，公称尺寸为 $\phi 50$ mm，孔公差为 IT8，轴公差为 IT7，已知孔的上极限偏差为+0.039 mm，要求配合的最小间隙是+0.009 mm，试确定孔轴的尺寸。

5. 某孔轴配合，已知轴的尺寸为 $\phi$10h8，$S_{max}=+0.07$ mm，$\delta_{max}=-0.037$ mm，试计算孔的尺寸并说明该配合是什么基准制，什么配合类型。

6. 计算表 1-20 空格处的数值，并按规定填写在表中。

**表 1-20　第 6 题表格**

| 公称尺寸 | 孔 | | | 轴 | | | $S_{max}$或$\delta_{min}$ | $S_{min}$或$\delta_{max}$ | $T_f$ |
|---|---|---|---|---|---|---|---|---|---|
| | ES | EI | $T_D$ | es | ei | $T_d$ | | | |
| $\phi$25 | | 0 | | | | 0.052 | +0.074 | | 0.104 |

7. 填写表 1-21 中三对配合的异同点。

**表 1-21　第 7 题表格**

| 组别 | 孔公差带 | 轴公差带 | 相同点 | 不同点 |
|---|---|---|---|---|
| 1 | $\phi 20^{+0.021}_{0}$ | $\phi 20^{-0.020}_{-0.033}$ | | |
| 2 | $\phi 20^{+0.021}_{0}$ | $\phi 20\pm 0.0065$ | | |
| 3 | $\phi 20^{+0.021}_{0}$ | $\phi 20^{0}_{-0.013}$ | | |

8. 某与滚动轴承外圈配合的外壳孔尺寸为 $\phi$52J7，今设计与该外壳孔相配合的端盖尺寸，使端盖与外壳孔的配合间隙在+15～125 $\mu$m 之间，试确定端盖的公差等级和选用配合，说明该配合属于何种基准制。

9. 如图 1-22 所示零件 $A_1=30^{0}_{-0.052}$ mm，$A_2=16^{0}_{-0.052}$ mm，$A_3=14\pm 0.021$ mm，$A_4=6^{+0.048}_{0}$ mm，$A_5=24^{0}_{-0.084}$ mm。试分析图示三种尺寸标注中，哪种尺寸标注可使 $N$ 变动范围最小。

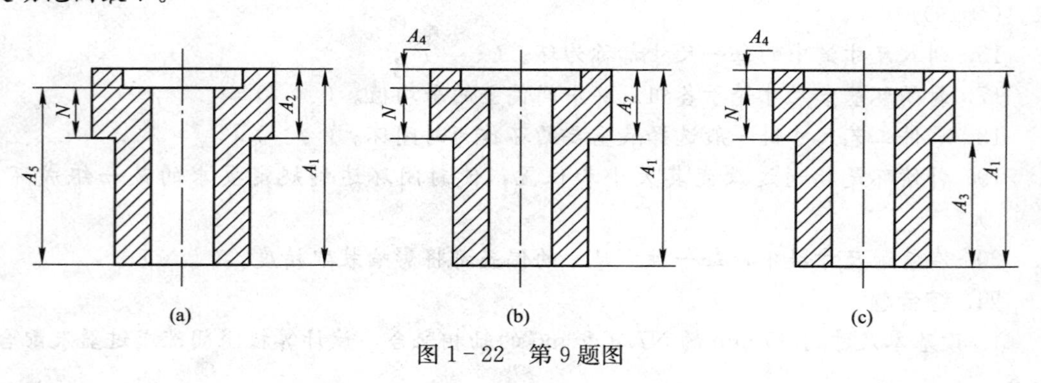

图 1-22　第 9 题图

## 项目二

# 几何量测量

**教学目标：**

- 掌握几何量测量的相关术语；
- 掌握常用量具量块的使用、三坐标测量机的使用方法；
- 掌握光滑工件尺寸验收极限的确定和量具的选择。

## 任务 2.1　了解检测的基本概念

在机械制造中，为保证机械零件的互换性和几何精度，应对其几何精度进行测量，并判断其是否符合设计要求。

**1. 检测的基本概念**

1）测量的定义

测量就是把被测之量与具有计量单位的标准量进行比较，从而确定被测量是计量单位的倍数或分数的实验过程。可用公式表示为 $L=qE$，其中 $L$ 为被测值，$q$ 为比值，$E$ 为计量单位。

2）测量要素

一个完整的几何量测量过程包括被测对象、计量单位、测量方法和测量精度四个要素。

（1）被测对象

在几何量测量中，被测对象是几何量，包括长度、角度、形状、相对位置等、几何误差、表面粗糙度，以及螺纹、齿轮的各个几何参数等。

（2）计量单位

用来度量同类量值的标准量称为计量单位。我国规定采用以国标单位制为基础的"法定计量单位制"，如长度的计量单位是米（m）。

（3）测量方法

测量方法是指测量原理、测量方法、测量器具和测量条件的综合。在测量过程中，应根据被测零件的特点（如材料硬度、外形尺寸、批量大小等）和被测对象的精度要求，拟定测量方案，选择计量器具和规定测量条件。测量条件是指测量时零件和测量器具所处的环境，如温度、湿度、振动和灰尘等。测量时标准温度是 20℃。计量室的相对湿度应以50%～60%为宜，应远离振动，清洁度要高等。

(4) 测量精度

测量精度是指测量结果与真值一致的程度。由于测量过程不可避免出现测量误差，因此测量结果只能在一定范围内近似于真值。测量误差的大小反映测量的精度高低，误差大则测量精度低，误差小则测量精度高。不考虑测量精度而得到的测量结果是没有任何意义的。

3) 检验的定义

检验是指为确定被测几何量是否在规定的极限范围内，从而判定是否合格的过程。此过程不一定能得出具体的量值。

检测是测量与检验的总称，是保证产品精度和实现互换性生产的重要前提，是贯彻质量标准的重要技术手段，是生产过程的重要环节。

**2. 长度单位、基准和尺寸传递**

(1) 长度单位和基准

在我国法定计量单位中，长度单位是米（m），与国际单位制一致。机械制造中常用的单位是毫米（mm），测量技术中常用的单位是微米（μm）。角度的计量单位是度（°）、分（′）、秒（″）。

随着科学技术的进步，人类对“米”的定义也在一个发展和完善的过程中。1983年第十七届国际计量大会通过米的新定义为“光在真空中（1/299 792 458)s时间间隔内所经路径的长度”。

(2) 量值的传递系统

在生产实践中，不便于直接利用光波波长进行长度尺寸的测量，通常要经过中间基准将长度基准逐级传递到生产中使用的各种计量器具上，这就是量值的传递系统。我国量值传递系统如图2-1所示，从最高基准谱线开始，通过两个平行的系统向下传递。

**3. 量块的基本知识**

量块又称块规，它是用耐磨材料制造，横截面为矩形，并具有一对互相平行测量面的实物量具，如图2-2所示。量块的测量面可以和另一量块的测量面相研合而组合使用，也可以和具有类似表面的辅助体表面研合而用于量块长度的测量。

除作为标准器具进行长度量值传递之外，量块还可以作为标准器来调整仪器、机床或直接检测零件。

(1) 量块的材料、形状和尺寸

量块通常由优质钢（线膨胀系数小，性能稳定、耐磨，不易变形如铬锰钢等）或能被加工成容易研合表面的其他类似耐磨材料制成。

它的形状有长方体和圆柱体，但绝大多数是长方体，如图2-2所示。其上有两个相互平行、非常光洁的工作面，称为测量面。量块的工作尺寸是指中心长度$OO'$，即从一个测量面上的中点至与该量块另一测量面相研合的辅助体表面（平晶）之间的距离。

(2) 量块的精度等级

量块的精度可按“级”和“等”两种方法来分。按GB/T 6093—2001的规定，量块按制造精度（即量块长度的极限偏差和长度变动量允许值）分为5级：K、0、1、2和3级。0级最高，3级最低，K为标准级。量块长度的极限偏差是指量块中心长度与

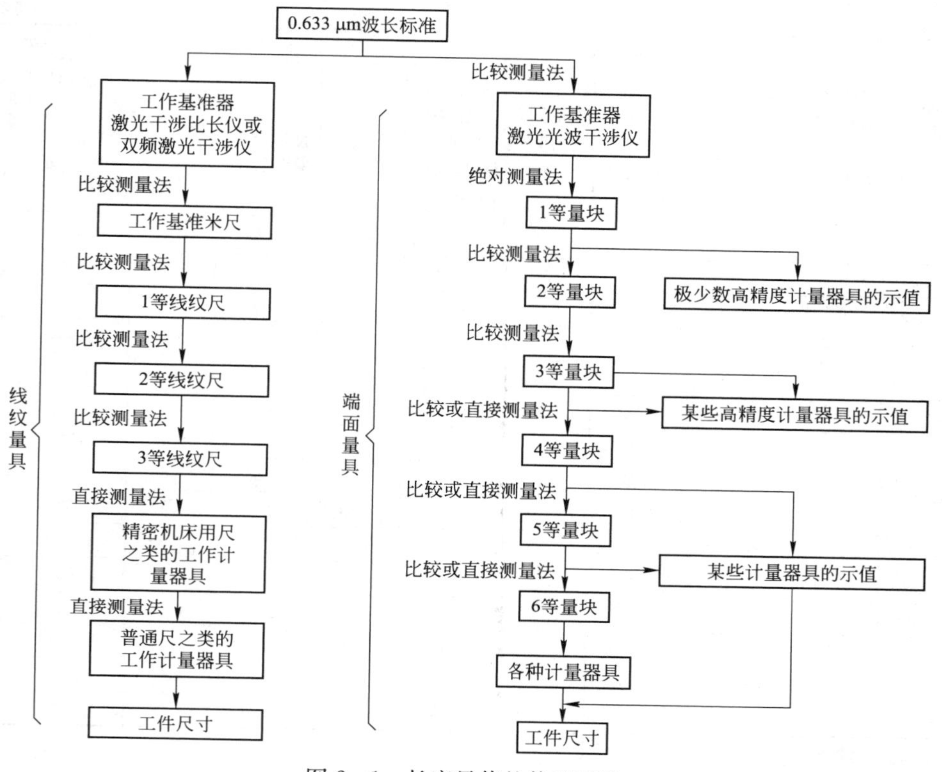


图 2-1　长度量值的传递系统

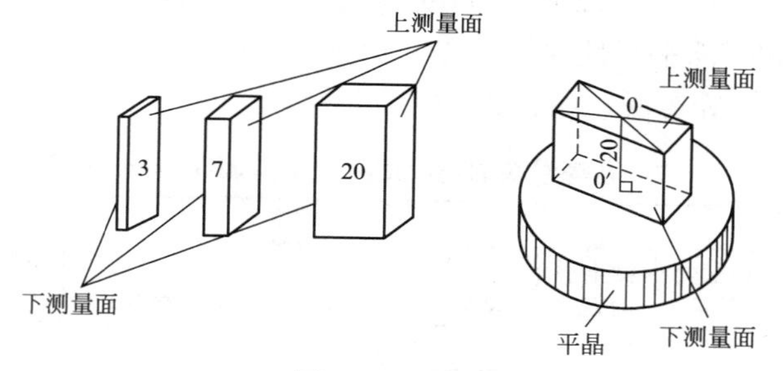


图 2-2　量块

标称长度之间允许的最大偏差，如表 2-1 所示。

**表 2-1　各级量块的精度指标（摘自 GB/T 6093—2001）**

| 标称长度 $l_n$/mm | K级 | | 0级 | | 1级 | | 2级 | | 3级 | |
|---|---|---|---|---|---|---|---|---|---|---|
| | 量块测量面上任意点长度相对于标称长度的极限偏差±$t_0$ | 量块长度变动量最大允许值 $t_v$ | 量块测量面上任意点长度相对于标称长度的极限偏差±$t_0$ | 量块长度变动量最大允许值 $t_v$ | 量块测量面上任意点长度相对于标称长度的极限偏差±$t_0$ | 量块长度变动量最大允许值 $t_v$ | 量块测量面上任意点长度相对于标称长度的极限偏差±$t_0$ | 量块长度变动量最大允许值 $t_v$ | 量块测量面上任意点长度相对于标称长度的极限偏差±$t_0$ | 量块长度变动量最大允许值 $t_v$ |
| | 最大允许值/μm | | | | | | | | | |
| $l_n \leqslant 10$ | 0.20 | 0.05 | 0.12 | 0.10 | 0.20 | 0.16 | 0.45 | 0.30 | 1.00 | 0.50 |
| $10 < l_n \leqslant 25$ | 0.30 | 0.05 | 0.14 | 0.10 | 0.30 | 0.16 | 0.60 | 0.30 | 1.20 | 0.50 |

续表

| 标称长度 $l_n$/mm | K级 | | 0级 | | 1级 | | 2级 | | 3级 | |
|---|---|---|---|---|---|---|---|---|---|---|
| | 量块测量面上任意点长度相对于标称长度的极限偏差 $\pm t_0$ | 量块长度变动量最大允许值 $t_v$ | 量块测量面上任意点长度相对于标称长度的极限偏差 $\pm t_0$ | 量块长度变动量最大允许值 $t_v$ | 量块测量面上任意点长度相对于标称长度的极限偏差 $\pm t_0$ | 量块长度变动量最大允许值 $t_v$ | 量块测量面上任意点长度相对于标称长度的极限偏差 $\pm t_0$ | 量块长度变动量最大允许值 $t_v$ | 量块测量面上任意点长度相对于标称长度的极限偏差 $\pm t_0$ | 量块长度变动量最大允许值 $t_v$ |
| | 最大允许值/μm | | | | | | | | | |
| $25<l_n\leqslant 50$ | 0.40 | 0.06 | 0.20 | 0.10 | 0.40 | 0.18 | 0.80 | 0.30 | 1.60 | 0.55 |
| $50<l_n\leqslant 75$ | 0.50 | 0.06 | 0.25 | 0.12 | 0.50 | 0.18 | 1.00 | 0.35 | 2.00 | 0.55 |
| $75<l_n\leqslant 100$ | 0.60 | 0.07 | 0.30 | 0.12 | 0.60 | 0.20 | 1.20 | 0.35 | 2.50 | 0.60 |
| $100<l_n\leqslant 150$ | 0.80 | 0.08 | 0.40 | 0.14 | 0.80 | 0.20 | 1.60 | 0.40 | 3.00 | 0.65 |
| $150<l_n\leqslant 200$ | 1.00 | 0.09 | 0.50 | 0.16 | 1.00 | 0.25 | 2.00 | 0.40 | 4.00 | 0.70 |
| $200<l_n\leqslant 250$ | 1.20 | 0.10 | 0.60 | 0.16 | 1.20 | 0.25 | 2.40 | 0.45 | 5.00 | 0.75 |
| $250<l_n\leqslant 300$ | 1.40 | 0.10 | 0.70 | 0.18 | 1.40 | 0.25 | 2.80 | 0.50 | 6.00 | 0.80 |
| $300<l_n\leqslant 400$ | 1.80 | 0.12 | 0.90 | 0.20 | 1.80 | 0.30 | 3.60 | 0.50 | 7.00 | 0.90 |
| $400<l_n\leqslant 500$ | 2.20 | 0.14 | 1.10 | 0.25 | 2.20 | 0.35 | 4.40 | 0.60 | 9.00 | 1.00 |
| $500<l_n\leqslant 600$ | 2.60 | 0.16 | 1.30 | 0.25 | 2.60 | 0.40 | 5.00 | 0.70 | 11.00 | 1.10 |
| $600<l_n\leqslant 700$ | 3.00 | 0.18 | 1.50 | 0.30 | 3.00 | 0.45 | 6.00 | 0.70 | 12.00 | 1.20 |
| $700<l_n\leqslant 800$ | 3.40 | 0.20 | 1.70 | 0.30 | 3.40 | 0.50 | 6.50 | 0.80 | 14.00 | 1.30 |
| $800<l_n\leqslant 900$ | 3.80 | 0.20 | 1.90 | 0.35 | 3.80 | 0.50 | 7.50 | 0.90 | 15.00 | 1.40 |
| $900<l_n\leqslant 1\,000$ | 4.20 | 0.25 | 2.00 | 0.40 | 4.20 | 0.60 | 8.00 | 1.00 | 17.00 | 1.50 |

注：距离测量面边缘 0.8 mm 范围内不计。

在计量部门，按 JJG 146—2003《量块检定规程》的规定，量块的检定精度（中心长度测量极限误差和平面平行性允许偏差）分为 5 等：1、2、3、4、5 等。其中 1 等最高，精度依次降低，5 等最低，如表 2-2 所示。

**表 2-2 各等量块的精度指标（摘自 JJG 146—2003）**

| 标称长度 $l_n$/mm | 1等 | | 2等 | | 3等 | | 4等 | | 5等 | |
|---|---|---|---|---|---|---|---|---|---|---|
| | 测量不确定度 | 长度变动量 | 测量不确定度 | 长度变动量 | 测量不确定度 | 长度变动量 | 测量不确定度 | 长度变动量 | 测量不确定度 | 长度变动量 |
| | 最大允许值/μm | | | | | | | | | |
| $l_n\leqslant 10$ | 0.022 | 0.05 | 0.06 | 0.10 | 0.11 | 0.16 | 0.22 | 0.30 | 0.60 | 0.50 |
| $10<l_n\leqslant 25$ | 0.025 | 0.05 | 0.07 | 0.10 | 0.12 | 0.16 | 0.25 | 0.30 | 0.60 | 0.50 |
| $25<l_n\leqslant 50$ | 0.030 | 0.06 | 0.08 | 0.10 | 0.15 | 0.18 | 0.30 | 0.30 | 0.80 | 0.55 |
| $50<l_n\leqslant 75$ | 0.035 | 0.06 | 0.09 | 0.12 | 0.18 | 0.18 | 0.35 | 0.35 | 0.90 | 0.55 |
| $75<l_n\leqslant 100$ | 0.040 | 0.07 | 0.10 | 0.12 | 0.20 | 0.20 | 0.40 | 0.35 | 1.00 | 0.60 |
| $100<l_n\leqslant 150$ | 0.05 | 0.08 | 0.12 | 0.14 | 0.25 | 0.20 | 0.50 | 0.40 | 1.20 | 0.65 |
| $150<l_n\leqslant 200$ | 0.06 | 0.09 | 0.15 | 0.16 | 0.30 | 0.25 | 0.60 | 0.40 | 1.50 | 0.70 |
| $200<l_n\leqslant 250$ | 0.07 | 0.10 | 0.18 | 0.16 | 0.35 | 0.25 | 0.70 | 0.45 | 1.80 | 0.75 |
| $250<l_n\leqslant 300$ | 0.08 | 0.10 | 0.20 | 0.18 | 0.40 | 0.25 | 0.80 | 0.50 | 2.00 | 0.80 |
| $300<l_n\leqslant 400$ | 0.10 | 0.12 | 0.25 | 0.20 | 0.50 | 0.30 | 1.00 | 0.50 | 2.50 | 0.90 |
| $400<l_n\leqslant 500$ | 0.12 | 0.14 | 0.30 | 0.25 | 0.60 | 0.35 | 1.20 | 0.60 | 3.00 | 1.00 |
| $500<l_n\leqslant 600$ | 0.14 | 0.16 | 0.35 | 0.25 | 0.70 | 0.40 | 1.40 | 0.70 | 3.50 | 1.10 |

续表

| 标称长度 $l_n$/mm | 1等 | | 2等 | | 3等 | | 4等 | | 5等 | |
|---|---|---|---|---|---|---|---|---|---|---|
| | 测量不确定度 | 长度变动量 | 测量不确定度 | 长度变动量 | 测量不确定度 | 长度变动量 | 测量不确定度 | 长度变动量 | 测量不确定度 | 长度变动量 |
| | 最大允许值/μm | | | | | | | | | |
| $600<l_n\leqslant700$ | 0.16 | 0.18 | 0.40 | 0.30 | 0.80 | 0.45 | 1.60 | 0.70 | 4.00 | 1.20 |
| $700<l_n\leqslant800$ | 0.18 | 0.20 | 0.45 | 0.30 | 0.90 | 0.50 | 1.80 | 0.80 | 4.5 | 1.30 |
| $800<l_n\leqslant900$ | 0.20 | 0.20 | 0.50 | 0.35 | 1.00 | 0.50 | 2.00 | 0.90 | 5.0 | 1.40 |
| $900<l_n\leqslant1\ 000$ | 0.22 | 0.25 | 0.55 | 0.40 | 1.10 | 0.60 | 2.20 | 1.00 | 5.5 | 1.50 |

注：① 距离测量面边缘 0.8 mm 范围内不计。

② 表内测量不确定度置信概率为 0.99。

值得注意的是，由于量块平面平行性和研合性的要求，一定的级只能检定出一定的等。量块按级使用时，应以量块的标称长度作为工作尺寸，该尺寸包含了量块的制造误差。量块按等使用时，应以检定后所给出的量块中心长度的实际尺寸作为工作尺寸，该尺寸排除量块制造误差的影响，仅包含较小的测量误差。因此，量块按“等”使用比按“级”使用的测量精度高。例如，标称长度为 30 mm 的 0 级量块，其长度的极限偏差为 ±0.000 2 mm，若按“级”使用，不管该量块的实际尺寸如何，均按 30 mm 计，则引起的测量误差就为±0.000 2 mm。但是，若该量块经过检定后，确定为 3 等，其实际尺寸为 30.000 12 mm，测量极限误差为±0.000 15 mm。显然，按“等”使用，即按尺寸为 30.000 12 mm 使用的测量极限误差为±0.000 15 mm，比按“级”使用测量精度高。

(3) 量块的特性和应用

量块的基本特性除稳定性、耐磨性和准确性之外，还有一个重要特性——研合性。所谓研合性，是指量块的一个测量面与另一量块的测量面或另一经精密加工的类似的表面，通过分子吸力作用而黏合的性能。利用这一特性，把量块研合在一起，便可以组成所需要的各种尺寸。GB/T 6093—2001《几何技术规范（GPS） 长度标准 量块》标准共规定了 17 套量块，每套具有一定数量不同尺寸的量块，将其装在特制的木盒内。常用的成套量块如表 2-3 所示。

**表 2-3 成套量块尺寸表（摘自 GB/T 6093—2001）**

| 套别 | 总块数 | 级别 | 尺寸系列/mm | 间隔/mm | 块数 |
|---|---|---|---|---|---|
| 1 | 91 | 0，1 | 0.5 | — | 1 |
| | | | 1 | — | 1 |
| | | | 1.001，1.002，…，1.009 | 0.001 | 9 |
| | | | 1.01，1.02，…，1.49 | 0.01 | 49 |
| | | | 1.5，1.6，…，1.9 | 0.1 | 5 |
| | | | 2.0，2.5，…，9.5 | 0.5 | 16 |
| | | | 10，20，…，100 | 10 | 10 |
| 2 | 83 | 0，1，2 | 0.5 | — | 1 |
| | | | 1 | — | 1 |
| | | | 1.005 | — | 1 |
| | | | 1.01，1.02，…，1.49 | 0.01 | 49 |

续表

| 套别 | 总块数 | 级别 | 尺寸系列/mm | 间隔/mm | 块数 |
|---|---|---|---|---|---|
| 2 | 83 | 0，1，2 | 1.5，1.6，…，1.9 | 0.1 | 5 |
| | | | 2.0，2.5，…，9.5 | 0.5 | 16 |
| | | | 10，20，…，100 | 10 | 10 |
| 3 | 45 | 0，1，2 | 1 | — | 1 |
| | | | 1.001，1.002，…，1.009 | 0.001 | 9 |
| | | | 1.01，1.02，…，1.09 | 0.001 | 9 |
| | | | 1.1，1.2，…，1.9 | 0.1 | 9 |
| | | | 2，3，…，9 | 1 | 8 |
| | | | 10，20，…，100 | 10 | 10 |
| 4 | 38 | 0，1，2 | 1 | — | 1 |
| | | | 1.005 | — | 1 |
| | | | 1.01，1.02，…，1.09 | 0.01 | 9 |
| | | | 1.1，1.2，…，1.9 | 0.1 | 9 |
| | | | 2，3，…，9 | 1 | 8 |
| | | | 10，20，…，100 | 10 | 10 |
| 5 | $10^-$ | 0，1 | 0.991，0.992，…，1 | 0.001 | 10 |
| 6 | $10^+$ | 0.1 | 1，1.001，…，1.009 | 0.001 | 10 |
| 7 | $10^-$ | 0，1 | 1.991，1.992，…，2 | 0.001 | 10 |
| 8 | $10^+$ | 0，1 | 2，2.001，2.002，…，2.009 | 0.001 | 10 |

在使用组合量块时，为了减小量块组合的累积误差，应尽量减少使用的块数，一般不超过4～5块。为了迅速选择量块，应根据所需尺寸的最后一位数字选择量块，每选一块至少减少所需尺寸的一位小数。

**【例2-1】** 从83块一套的量块中选取尺寸为38.935 mm量块组，其选取方法如下。

```
  38.935
− 1.005     第一块量块尺寸为1.005 mm
  37.930
− 1.430     第二块量块尺寸为1.430 mm
  36.500
− 6.500     第三块量块尺寸为6.500 mm
  30.000    第四块量块尺寸为30.000 mm
```

即

$$38.935\ \text{mm}=(1.005+1.43+6.5+30)\text{mm}$$

# 任务2.2 掌握常用的计量器具和测量方法

## 1. 测量器具分类及技术指标

计量器具（或称为测量器具）是指测量仪器和计量工具的总称。按结构特点分为量具、量规、量仪（测量仪器）和计量装置。

1）测量器具的分类

（1）量具

量具是指以固定形式复现量值的计量器具，结构比较简单，没有传动放大系统，如游标卡尺、直角尺、量规和量块等。

量具可分为单值量具和多值量具两种。单值量具是指复现几何量的单个量值的量具，如量块、直角尺等。多值量具是指复现一定范围内的一系列不同量值的量具，如线纹尺等。

（2）量规

量规是指没有刻度的专用计量器具，用以检验零件尺寸或形状、相互位置的专用检验工具。使用量规检验的结果不能得到被检验工件的具体实际尺寸和几何误差值，而只能确定被检验工件是否合格，如使用光滑极限量规、螺纹量规、功能量规等检验。

（3）计量仪器

计量仪器（简称量仪）是指能将被测几何量的量值转换成可直接观测的指示值（示值）或等效信息的计量器具。量仪具有传动放大系统，按原始信号转换的原理可分为以下几种。

① 机械式量仪。机械式量仪是指用机械方法实现原始信号转换的量仪，如指示表、杠杆比较仪等。这种量仪结构简单、性能稳定、使用方便。

② 光学式量仪。光学式量仪是指用光学方法实现原始信号转换的量仪，如光学比较仪、测长仪、工具显微镜、光学分度头、干涉仪等。这种量仪精度高、性能稳定。

③ 电动式量仪。电动式量仪是指将原始信号转换为电量形式的测量信号的量仪，如电感比较仪、电容比较仪、触针式轮廓仪、圆度仪等。这种量仪精度高、测量信号易于与计算机接口，实现测量和数据处理的自动化。

④ 气动式量仪。气动式量仪是指以压缩空气为介质，通过气动系统流量或压力的变化来实现原始信号转换的量仪，如水柱式气动量仪、浮标式气动量仪等。这种量仪结构简单、测量精度和效率都高、操作方便，但示值范围小。

（4）计量装置

计量装置是指为确定被测几何量量值所必需的计量器具和辅助设备的总体。它能够测量同一工件上较多的几何量和形状比较复杂的工件，有助于实现检测自动化或半自动化。

2）计量器具的基本技术性能指标

计量器具的基本技术性能指标是合理选择和使用计量器具的重要依据。计量器具的基本技术指标有以下几种

① 刻度间距。是指计量器具刻度标尺或度盘上两相邻刻线中心线间的距离或圆弧长度。为了便于读，刻度间距不宜太小，一般为 1～2.5 mm。

② 分度值。是指计量器具标尺或分度盘上每刻线间距所代表的被测量的量值。一

般长度计量器其分度值有 0.1 mm、0.05 mm、0.02 mm、0.01 mm、0.005 mm、0.002 mm、0.001 mm 等。如图 2-3 所示，表盘上的分度值为 1 μm。一般来说，分度值越小，则计量器具的精度就越高。

③ 测量范围。是指计量器具在允许的误差限内所能测出的被测几何量量值的下限值到上限值的范围。测量范围上限值与下限值之差称为量程，如图 2-3 所示测量范围是 0～180 mm。

④ 示值范围。是指计量器具所能显示或指示的被测几何量起始值与终止值的范围。图 2-3 所示的示值范围为±20 μm。

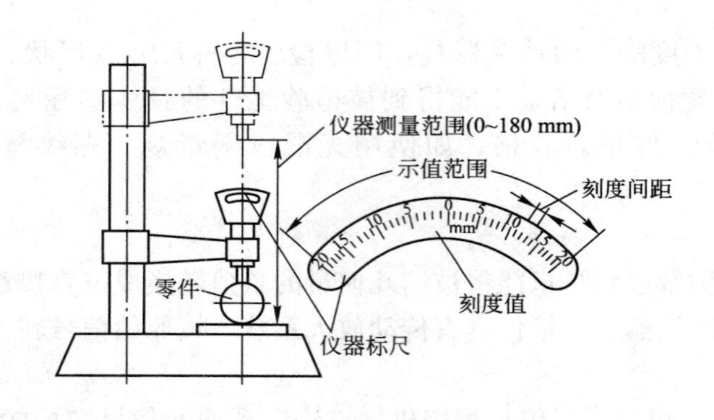


图 2-3　测量器具参数示意图

⑤ 灵敏度。灵敏度是指计量器具对被测几何量变化的相应变化能力。对于给定的被测量值，若被测量的增量 $\Delta x$，该几何量的引起计量器具的相应变化能力为 $\Delta L$，则灵敏度 $S$ 为

$$S=\frac{\Delta L}{\Delta x}$$

当上式分子、分母是同一类量时，灵敏度亦称为放大比或放大倍数。

⑥ 示值误差。是指测量器具示值减去被测量的真值所得的差值。

⑦ 测量的重复性误差。在相同的测量条件下，对同一被测量进行连续多次测量时，所有测得值的分散程度即为重复性误差。通常以测量重复性误差的极限值（正、负偏差）来表示。它是计量器具本身各种误差的综合反映。

⑧ 不确定度。表示由于测量误差的存在而对被测几何量不能肯定的程度。

**2. 常用测量器具的基本结构及原理**

机械加工生产中最常用的量具有卡尺、千分尺、百分尺和千分表等。

1）*游标类量具*

(1) 结构

游标卡尺是车间常用的计量器具之一，测量精度较高、使用方便，可直接测量工件的外径、内径、长度、宽度、深度尺寸，其测量范围有 125 mm、150 mm、200 mm 直至 2 000 mm，结构如图 2-4 所示。

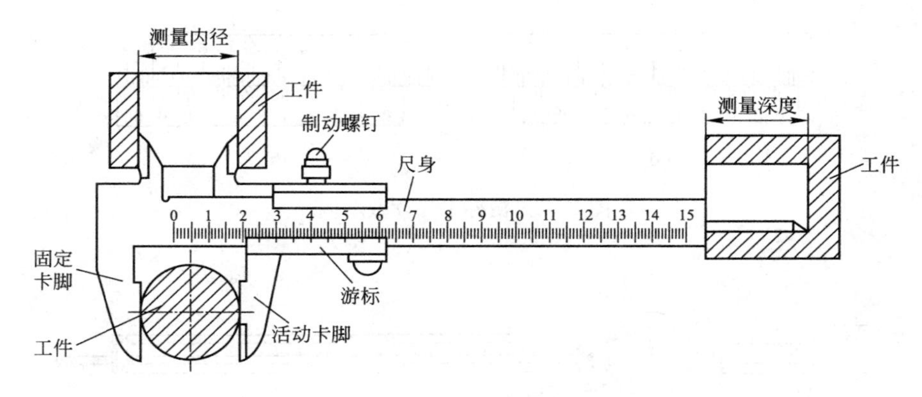


图 2-4 游标卡尺结构及应用

(2) 刻线原理

游标卡尺的刻线由尺身和游标两部分组成，其原理是利用尺身刻线间隔与游标刻线间隔之差来进行小数读数。主尺刻度（$n-1$）格宽度等于游标刻度 $n$ 格的宽度，游标一个刻度间距与主尺一个刻度间距相差一个读数值，即为分度值。游标量具的分度值有 0.1 mm、0.05 mm 和 0.02 mm 三种。最常用的为 0.02 mm（即 1/50），读数原理如图 2-5 所示。主尺上的 49 mm 被游标副尺分为 50 份（49/50=0.98 mm），则分度值为(1-0.98)=0.02mm。

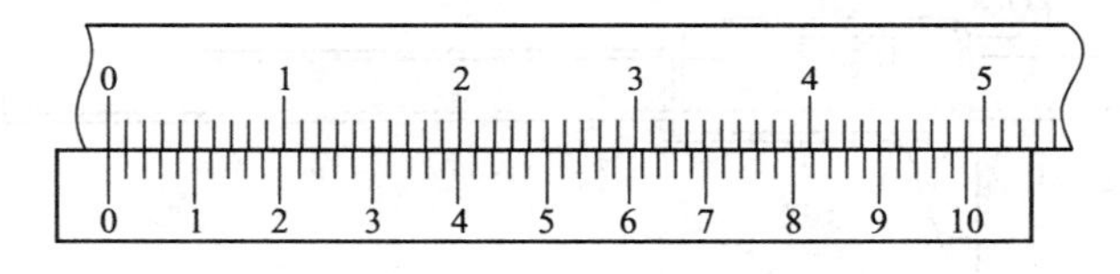


图 2-5 游标卡尺读数原理

(3) 读数方法

用游标卡尺测量工件读数时，首先应知道游标卡尺的分度值和测量范围。游标卡尺上的零线是读数基准，读数时同时看清尺身和游标的刻线，两者结合读。读数方法和步骤如下。

① 读整数。读出游标零线左边靠零线最近的尺身刻线的数值，该数值是被测尺寸的整数值。

② 读小数。找出游标上与主尺刻线对齐的刻线，该游标刻线的序号乘以该游标卡尺的分度值，即可得到小数部分的读数。

③ 求和。将整数部分和小数部分的读数相加，即可得被测尺寸的测量结果。图 2-6 (a) 的读数为：20＋1×0.02＝20.02 mm，图 2-6（b）的读数为：23＋45×0.02＝23.90 mm。

为了读数方便，有的游标卡尺上装有测微表头，图 2-7 所示的是带表卡尺，它是通过机械传动系统，将两测量爪相对移动转变为指示表指针的回转运动，并借助尺身刻度和指示表，对两测量爪相对移动所分隔的距离进行读数。

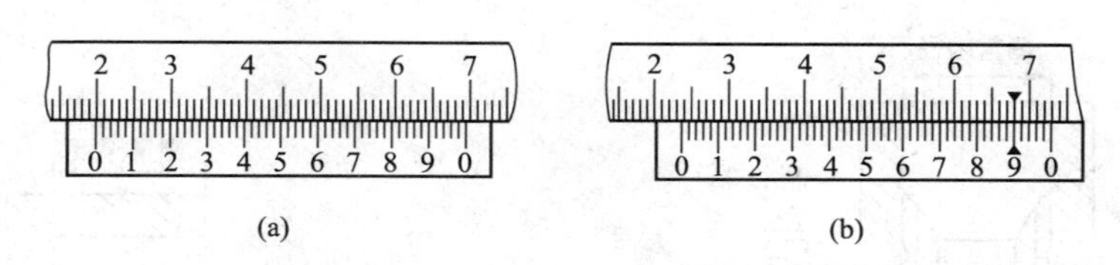


图 2-6 游标卡尺读数示例

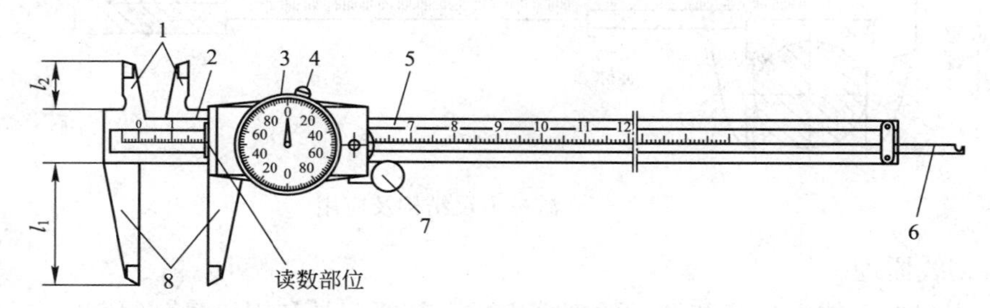


图 2-7 带表卡尺

1—刀口形内测量爪；2—尺框；3—指示表；4—紧定螺钉；5—尺身；6—深度尺；7—微动装置；8—外测量爪

图 2-8 所示的是电子数显卡尺，它具有非接触线性电容式测量系统，由液晶显示器显示，可使用米制或英制。

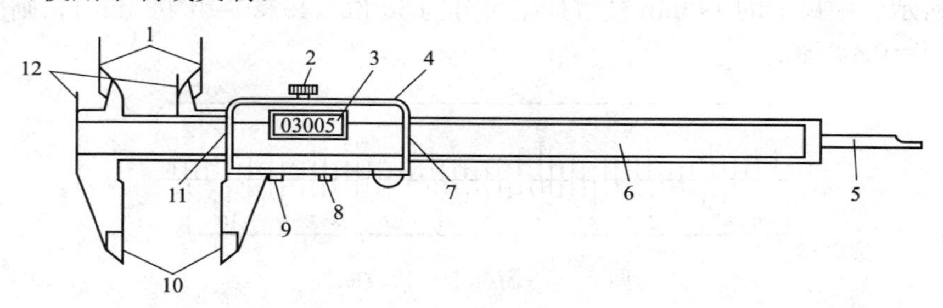


图 2-8 电子数显卡尺

1—内测量面；2—紧定螺钉；3—液晶显示器；4—数据输出端口；5—深度尺；6—容尺

7、11—去尘板；8—置零按钮；9—米/英制换算按钮；10—外测量面；12—台阶测量面

此类量具适用于直接测量轴类零件的外径及槽深等部位的尺寸。游标类量具是车工必备的测量工具，可在加工全过程应用。

2）测微螺旋副类量具

千分尺也是机械加工车间常用的计量器具之一。千分尺类测量器具是利用螺旋副进行的运动原理进行测量的一种机械式读数装置，如图 2-9 所示，比游标卡尺测量精度高，使用方便，主要用于测量中等精度的工件。这类量具除了千分尺外，还有内径千分尺、深度千分尺。

(1) 外径千分尺的结构

外径千分尺的结构如图 2-9 所示，尺架上装有测砧和锁紧装置，固定套筒与尺架结合成一体，测微螺杆与微分筒和测力装置结合在一起。当旋转测力装置，就带动微分筒和测微螺杆一起旋转，并利用螺纹传动副沿轴向移动，使测砧、测微螺杆和两个测量面之间的距离发生变化。千分尺的测微螺杆的移动量一般为 25 mm，少数大型千分尺也有制成 100 mm 的。

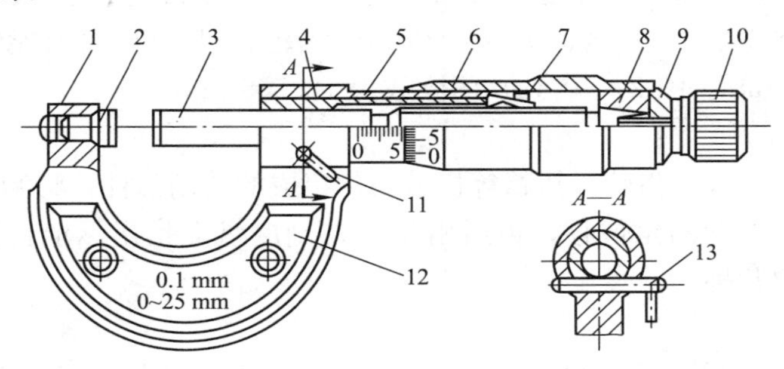


图 2-9 外径千分尺

1—尺架；2—测砧；3—测微螺杆；4—螺纹轴套；5—固定套筒；6—微分筒（活动套筒）
7—调整螺母；8—接头；9—垫片；10—测力装置；11—锁紧机构；12—绝热板；13—锁紧轴

（2）外径千分尺的读数原理

千分尺是利用螺旋副传动原理，将角位移转变成直线位移来进行测量。千分尺的固定套筒上的轴向中线，作为微分筒读数的基准线。在中线的两侧刻有两排刻线，每排刻线的间距为 1 mm，上、下两排互相错开 0.5 mm，如图 2-9 所示。千分尺测微螺杆上的螺纹螺距为 0.5 mm，微分筒外圆周上均匀刻有 50 等分的刻度，当微分筒转一周时，测微螺杆沿轴向移动 0.5 mm。故微分筒每旋转一格，测微螺杆就移动：0.5/50＝0.01 mm，0.01 mm 就是千分尺的分度值。

千分尺的测量范围分为：0～25 mm、25～50 mm、…、475～500 mm 多种，以满足测量不同尺寸圆柱类零件的需要。大型千分尺可达几米。0.01 mm 分度值的千分尺每 25 mm 为一规格档，应根据工件尺寸选择千分尺规格，使工件在其测量范围内。

（3）读数方法

一般千分尺的读数不太方便，图 2-10 所示，由两部分组成，固定套筒上的中线是微分筒分度值的基准线，而微分筒锥面的左端面是固定套筒读数的指示线。读数方法和步骤如下。

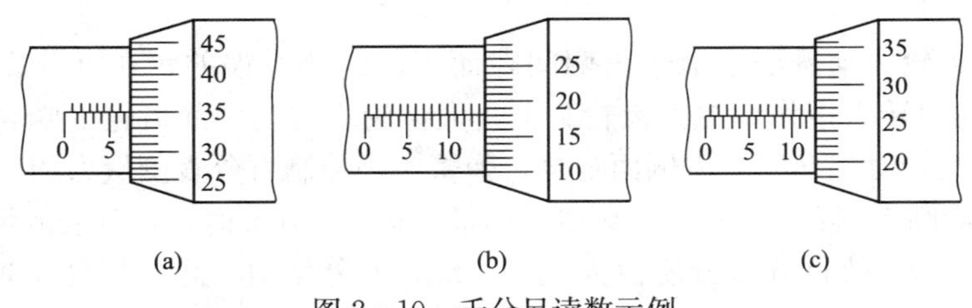


图 2-10 千分尺读数示例

① 读整数。先从微分的边缘向左看固定套筒上距微分筒边缘最近的刻线，从固定套筒中线下侧（或上侧）的刻度读出整数。

② 读小数。从微分筒上找到与固定套筒中线对齐的刻线，将此刻线乘以 0.01 mm 就是被测量的小数部分。如果固定套筒上的 0.5 mm 刻线已经露出来，还要加上 0.5

mm后，才是所求的小数。

③ 求和。将整数部分和小数部分的读数相加，即可得被测尺寸的测量结果。图 2 - 10（a）读数为：7＋35×0.01＝7.35 mm，图 2 - 10（b）的读数为：14＋0.5＋18×0.01＝14.68 mm。图 2 - 10（c）的读数为 12.765 mm。

3）机械量仪

机械量仪是以杠杆、齿轮、扭簧等机械零件组成的传动部件，将测量杆微小的直线位移放大，转变为指针的角位移，最后由指针在刻度盘上指出示值。机械量仪种类很多，下面简要介绍几种。

(1) 百分表

百分表是应用最多的一种机械量仪，图 2 - 11 是它的外形图和传动原理图。从图 2 - 11 可知，当切有齿条的测量杆 5 上下移动时，带动与齿条啮合的小齿轮 1 转动，与小齿轮固联在同轴上的大齿轮 2 也随着转动，大齿轮 2 带动中间齿轮 3 及与中间齿轮固定在同一轴上的指针 6。这样通过齿轮传动系统可将测量杆的微小位移经放大并转变为指针的偏转，在刻度盘上指示出相应的示值。

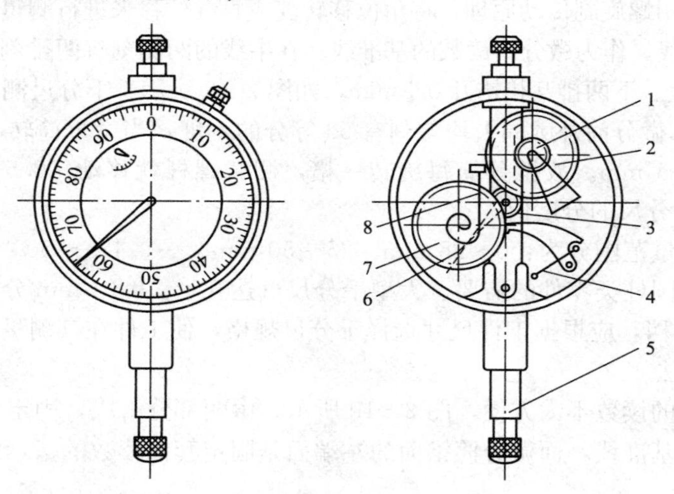


图 2 - 11 百分表

为了消除齿轮传动系统中由于齿侧间隙而引起的测量误差，在百分表内装有游丝 8，游丝产生的扭转力矩作用在大齿轮 7 上，大齿轮 7 也与中间齿轮 3 啮合，这样可以保证齿轮在正反转时都在同一齿侧面啮合，弹簧 4 是控制百分表测量力的。

由于表盘沿圆周刻有 100 条等分刻线，测量杆移动 1 mm 时，百分表的齿轮传动系统带动指针回转一圈，故百分表分度值为 0.01 mm。若分度值（测量精度）为 0.001 mm，称为千分表。

百分表的测量范围通常有：0～3 mm、0～5 mm、0～10 mm 和 0～20 mm 四种。

(2) 内径百分表

内径百分表是一种用相对测量法测量孔径的常用量仪，它可测量 6～1 000 mm 的内尺寸，特别适宜于测量深孔。

内径百分表的结构如图 2 - 12 所示，它由百分表和表架组成。图中百分表 7 的测量杆与传动杆 5 始终接触，弹簧 6 是控制测量力的，并经传动杆 5、杠杆 8 向外顶着活动测量头 1。测量时，活动测量头 1 的移动使杠杆 8 回转，通过传动杆 5 推动百分表的测量杆，使百分表的指针偏转。由于杠杆 8 是等臂的，当活动测量头移动 1 mm 时，传动杆 5 也移动 1 mm，推动百分表指针回转一圈。所以，活动测量头的移动量，可以在百分表上读出来。

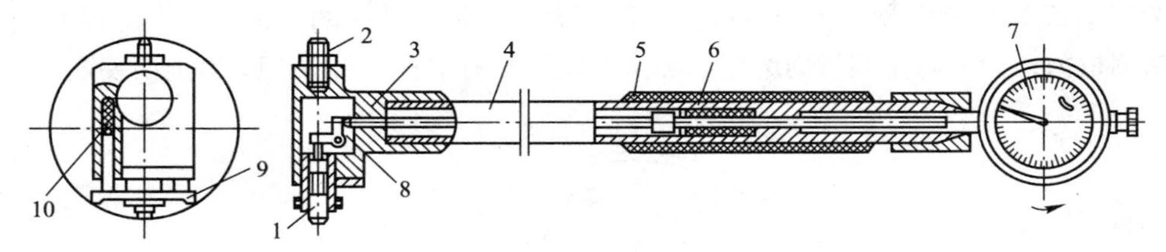


图 2 - 12　内径百分表

定位装置 9 起找正直径位置的作用，因为可换测量头 2 和活动测量头 1 的轴线实为定位装置的中垂线，此定位装置保证了可换测量头和活动测量头的轴线位于被测孔的直径位置上。内径百分表活动测量头允许的移动量很小，它的测量范围是由更换或调整可换测量头的长度而达到的。

（3）杠杆百分表

杠杆百分表是把杠杆测头的位移，通过机械传动系统，转变为指针在表盘上的角位移。沿表盘圆周上有均匀的刻度，分度值为 0.01 mm，示值范围一般为±0.4 mm。杠杆百分表的外形与传动原理如图 2 - 13 所示，它是由杠杆、齿轮传动机构组成。将杠杆测头 5 移动，使扇形齿轮 4 绕其轴摆动，并传动与它啮合的小齿轮 1，使固定在小齿轮同一轴上的指针 3 偏转。当杠杆测头的位移为 0.01 mm 时，杠杆齿轮传动机构使指针正好偏转一小格，从而通过表的指针读取杠杆测头的位移。

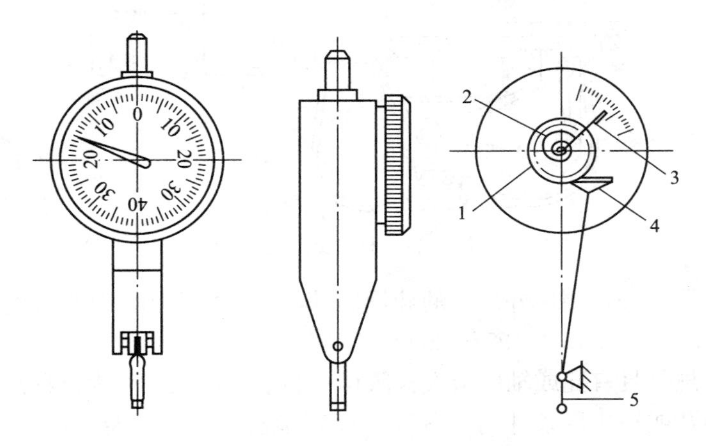


图 2 - 13　杠杆百分表

杠杆百分表的分度值有：0.01 mm、0.002 mm 或 0.001 mm，后者也称为杠杆千分表。

杠杆百分表的体积较小，杠杆测头方向可以改变，在校正工件和测量工件时都很方便，尤其对于小孔的测量和在机床上校正零件时，由于地位限制，百分表放不进去，这时使用杠杆百分表就显得比较方便。

*(4) 杠杆式卡规

杠杆式卡规是一种相对法测量工件尺寸的量仪，它的工作原理是利用杠杆齿轮变换装置，将测量杆的位移，经变换放大为指针在刻度盘上的读数。如图 2-14 所示，当测量杆 2 移动时使杠杆 3 转动，在杠杆的另一端为扇形齿轮，可使小齿轮 6 和固定在小齿轮轴上的指针 7 转动，在刻度盘 8 上便可读出示值。为了消除传动中的空程，装有游丝 9、弹簧 4 控制测量力；为了防止测量面磨损和测量方便，装有退让杠杆 5，10 为止动装置。

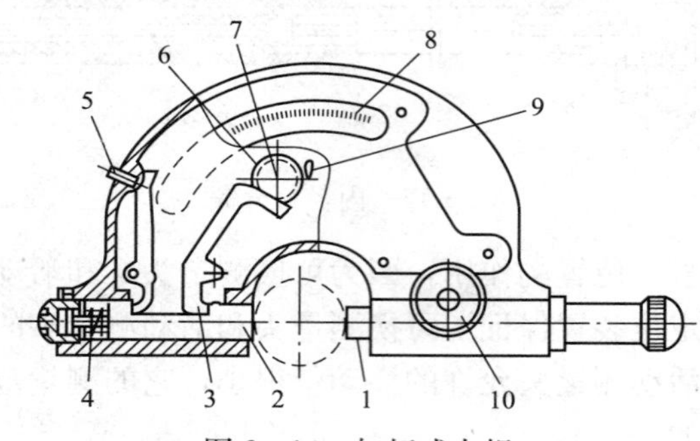


图 2-14 杠杆式卡规

杠杆式卡规的分度值有 0.002 mm 和 0.001 mm 两种，其测量范围有 0～25 mm、25～50 mm、…、125～150 mm 六种。

*(5) 杠杆式千分尺

杠杆式千分尺相当于外径千分尺与杠杆式卡规组合而成，其外形如图 2-15 所示，螺旋测微部分的分度值为 0.01 mm，杠杆齿轮部分的分度值为 0.001 mm 或 0.002 mm，用指示表指示读数。表盘的示值范围为±0.02 mm，测量范围为 0～25 mm、25～50 mm。

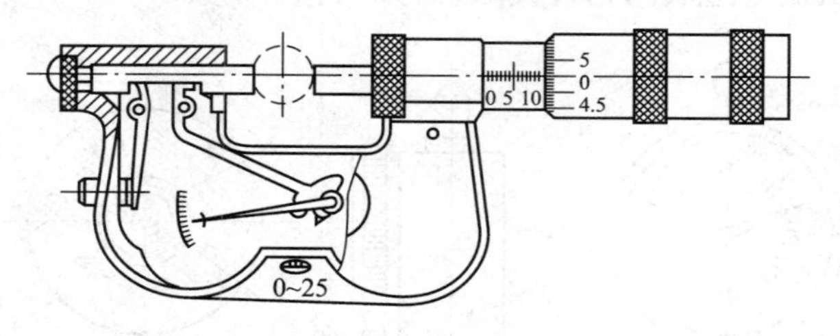


图 2-15 杠杆式千分尺

杠杆式千分尺是一种测量外尺寸的计量器具，可以用作相对测量或绝对测量。

4) 光滑极限量规（GB/T 1957—2006）

光滑极限量规是具有孔或轴的最大极限尺寸和最小极限尺寸为公称尺寸的标准测量面，能反映控制孔或轴边界条件的无刻线长度测量器具。它不能确定工件的实际尺寸，只能确定工件尺寸是否处于规定的极限尺寸范围内。因量规结构简单，制造容易，使用方便，因此广泛应用于成批、大量生产中。

由于量规需要判断孔、轴是否在规定的两个极限尺寸范围内，所以应成对使用。其中一个是通规，另一个是止规。检验时，如通规能通过，止规不能通过，则零件合格。

光滑极限量规有塞规和卡规两种。塞规是用于检验孔径极限尺寸的光滑极限量规，其测量面为外圆柱面，其中圆柱直径具有被检验孔径最小极限尺寸的为孔用通规，具有被检验孔径最大极限尺寸的为孔用止规，如图 2-16（a）所示。

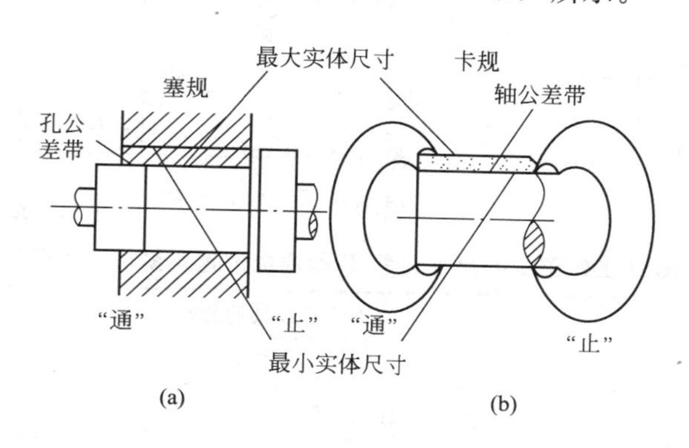


图 2-16　量规

环规（又称卡规）是用于检验轴径极限尺寸的光滑极限量规，其测量面为内圆柱面，其中圆柱直径具有被检验孔径最大极限尺寸的为轴用通规，具有被检验孔径最小极限尺寸的为轴用止规，如图 2-16（b）所示。

光滑极限量规的标准是 GB 1957—2006，适用于检测国标 GB/T 1800《极限与配合》规定的基本尺寸至 500 mm、公差等级 IT6 至 IT16 的采用包容要求的孔与轴。

（1）量规按用途分类

① 工作量规。工作量规是工人在生产过程中检验工件用的量规，它的通规和止规分别用代号 T 和 Z 表示。

② 验收量规。验收量规是检验部门或用户验收产品时使用的量规。

③ 校对量规。校对量规是校对轴用工作量规的量规，以检验其是否符合制造公差和在使用中是否达到磨损极限。

（2）量规尺寸公差带

① 工作量规的公差带。量规在制造过程中，不可避免地会产生误差，因而必须给定尺寸公差加以限制。通规在检验零件时，要经常通过被检零件，其工作表面会逐渐磨损以致报废。为了使通规有一个合理的使用寿命，还必须留有适当的磨损量。因此通规偏差由工作量规尺寸公差（$T_1$）和通端工作量规公差带的中心线至工件最大实体之间的距离（$Z_1$）两部分组成。止规由于不经常通过零件，磨损极少，所以只规定了制造公差。量规设计时，以被检零件的极限尺寸作为量规的公称尺寸。图 2-17 所示为光滑极限量规公差带图。标准规定公差带以不超越工件极限尺寸为原则。通规的公差带对称于 $Z_1$ 值（称为通端的位置要素），其允许磨损量以工件的最大实体尺寸为极限；止规的制造公差带是从工件的最小实体尺寸算起，分布在尺寸公差带之内。

制造公差 $T$ 和通规公差带位置要素 $Z$ 是综合考虑了量规的制造工艺水平和一定的使用寿命，按工件的公称尺寸、公差等级给出的。工作量规的尺寸公差值及其通端位置要素按表 2-4 规定。

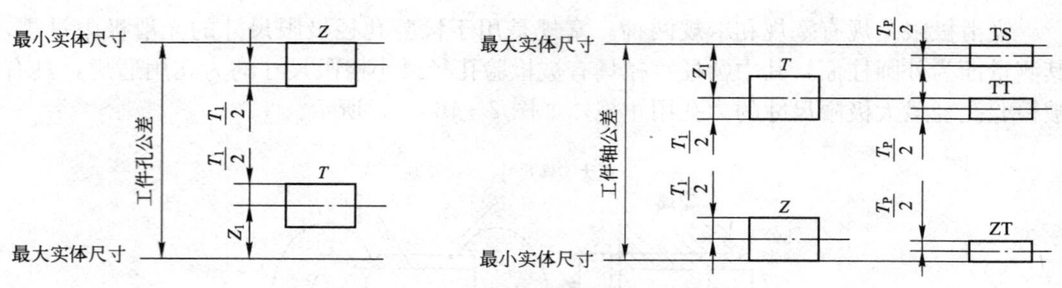


图 2-17　量规尺寸公差带及其位置

**表 2-4　IT6～IT16 级工作量规的尺寸公差 $T_1$ 和通端位置要素值 $Z_1$（摘自 GB 1957—2006）**

| 工件孔或轴的基本尺寸/mm | | 工件孔或轴的公差等级 | | | | | | | | |
|---|---|---|---|---|---|---|---|---|---|---|
| | | IT6 | | | IT7 | | | IT8 | | |
| | | 孔或轴的公差值 | $T_1$ | $Z_1$ | 孔或轴的公差值 | $T_1$ | $Z_1$ | 孔或轴的公差值 | $T_1$ | $Z_1$ |
| 大于 | 至 | μm | | | | | | | | |
| — | 3 | 6 | 1.0 | 1.0 | 10 | 1.2 | 1.6 | 14 | 1.6 | 2.0 |
| 3 | 6 | 8 | 1.2 | 1.4 | 12 | 1.4 | 2.0 | 18 | 2.0 | 2.6 |
| 6 | 10 | 9 | 1.4 | 1.6 | 15 | 1.8 | 2.4 | 22 | 2.4 | 3.2 |
| 10 | 18 | 11 | 1.6 | 2.0 | 18 | 2.0 | 2.8 | 27 | 2.8 | 4.0 |
| 18 | 30 | 13 | 2.0 | 2.4 | 21 | 2.4 | 3.4 | 33 | 3.4 | 5.0 |
| 30 | 50 | 16 | 2.4 | 2.8 | 25 | 3.0 | 4.0 | 39 | 4.0 | 6.0 |
| 50 | 80 | 19 | 2.8 | 3.4 | 30 | 3.6 | 4.6 | 46 | 4.6 | 7.0 |
| 80 | 120 | 22 | 3.2 | 3.8 | 35 | 4.2 | 5.4 | 54 | 5.4 | 8.0 |
| 120 | 180 | 25 | 3.8 | 4.4 | 40 | 4.8 | 6.0 | 63 | 6.0 | 9.0 |
| 180 | 250 | 29 | 4.4 | 5.0 | 46 | 5.4 | 7.0 | 72 | 7.0 | 10.0 |
| 250 | 315 | 32 | 4.8 | 5.6 | 52 | 6.0 | 8.0 | 81 | 8.0 | 11.0 |
| 315 | 400 | 36 | 5.4 | 6.2 | 57 | 7.0 | 9.0 | 89 | 9.0 | 12.0 |
| 400 | 500 | 40 | 6.0 | 7.0 | 63 | 8.0 | 10.0 | 97 | 10.0 | 14.0 |

| 工件孔或轴的基本尺寸/mm | | 工件孔或轴的公差等级 | | | | | | | | |
|---|---|---|---|---|---|---|---|---|---|---|
| | | IT9 | | | IT10 | | | IT11 | | |
| | | 孔或轴的公差值 | $T_1$ | $Z_1$ | 孔或轴的公差值 | $T_1$ | $Z_1$ | 孔或轴的公差值 | $T_1$ | $Z_1$ |
| 大于 | 至 | μm | | | | | | | | |
| — | 3 | 25 | 2.0 | 3 | 40 | 2.4 | 4 | 60 | 3 | 6 |
| 3 | 6 | 30 | 2.4 | 4 | 48 | 3.0 | 5 | 75 | 4 | 8 |
| 6 | 10 | 38 | 2.8 | 5 | 58 | 3.6 | 6 | 90 | 5 | 9 |
| 10 | 18 | 43 | 3.4 | 6 | 70 | 4.0 | 8 | 110 | 6 | 11 |
| 18 | 30 | 52 | 4.0 | 7 | 84 | 5.0 | 9 | 130 | 7 | 13 |
| 30 | 50 | 62 | 6.0 | 8 | 100 | 6.0 | 11 | 160 | 8 | 10 |

续表

| 工件孔或轴的基本尺寸/mm | | 工件孔或轴的公差等级 | | | | | | | | |
|---|---|---|---|---|---|---|---|---|---|---|
| | | IT9 | | | IT10 | | | IT11 | | |
| | | 孔或轴的公差值 | $T_1$ | $Z_1$ | 孔或轴的公差值 | $T_1$ | $Z_1$ | 孔或轴的公差值 | $T_1$ | $Z_1$ |
| 大于 | 至 | μm | | | | | | | | |
| 50 | 80 | 74 | 6.0 | 9 | 120 | 7.0 | 13 | 190 | 9 | 19 |
| 80 | 120 | 87 | 7.0 | 10 | 140 | 8.0 | 15 | 220 | 10 | 22 |
| 120 | 180 | 100 | 8.0 | 12 | 160 | 9.0 | 18 | 250 | 12 | 25 |
| 180 | 250 | 115 | 9.0 | 14 | 185 | 10.0 | 20 | 290 | 14 | 29 |
| 250 | 315 | 130 | 10.0 | 16 | 210 | 12.0 | 22 | 320 | 16 | 32 |
| 315 | 400 | 140 | 11.0 | 18 | 230 | 14.0 | 25 | 350 | 18 | 36 |
| 400 | 500 | 155 | 12.0 | 20 | 250 | 16.0 | 28 | 400 | 20 | 40 |

| 工件孔或轴的基本尺寸/mm | | 工件孔或轴的公差等级 | | | | | | | | |
|---|---|---|---|---|---|---|---|---|---|---|
| | | IT12 | | | IT13 | | | IT14 | | |
| | | 孔或轴的公差值 | $T_1$ | $Z_1$ | 孔或轴的公差值 | $T_1$ | $Z_1$ | 孔或轴的公差值 | $T_1$ | $Z_1$ |
| 大于 | 至 | μm | | | | | | | | |
| — | 3 | 100 | 4 | 9 | 140 | 6 | 14 | 250 | 9 | 20 |
| 3 | 6 | 120 | 5 | 11 | 180 | 7 | 16 | 300 | 11 | 25 |
| 6 | 10 | 150 | 6 | 13 | 220 | 8 | 20 | 360 | 13 | 30 |
| 10 | 18 | 180 | 7 | 15 | 270 | 10 | 24 | 430 | 15 | 35 |
| 18 | 30 | 210 | 8 | 18 | 330 | 12 | 28 | 520 | 18 | 40 |
| 30 | 50 | 250 | 10 | 22 | 390 | 14 | 34 | 620 | 22 | 50 |
| 50 | 80 | 300 | 12 | 26 | 460 | 16 | 40 | 740 | 26 | 60 |
| 80 | 120 | 350 | 14 | 30 | 540 | 20 | 46 | 870 | 30 | 70 |
| 120 | 180 | 400 | 16 | 35 | 630 | 22 | 52 | 1 000 | 35 | 80 |
| 180 | 250 | 460 | 18 | 40 | 720 | 26 | 60 | 1 150 | 40 | 90 |
| 250 | 315 | 520 | 20 | 45 | 810 | 28 | 66 | 1 300 | 45 | 100 |
| 315 | 400 | 570 | 22 | 50 | 890 | 32 | 74 | 1 400 | 50 | 110 |
| 400 | 500 | 630 | 24 | 55 | 970 | 36 | 80 | 1 550 | 55 | 120 |

| 工件孔或轴的基本尺寸/mm | | 工件孔或轴的公差等级 | | | | | |
|---|---|---|---|---|---|---|---|
| | | IT15 | | | IT16 | | |
| | | 孔或轴的公差值 | $T_1$ | $Z_1$ | 孔或轴的公差值 | $T_1$ | $Z_1$ |
| 大于 | 至 | μm | | | | | |
| — | 3 | 400 | 14 | 30 | 600 | 20 | 40 |
| 3 | 6 | 480 | 16 | 35 | 750 | 25 | 50 |

续表

| 工件孔或轴的基本尺寸/mm | | 工件孔或轴的公差等级 | | | | | |
|---|---|---|---|---|---|---|---|
| | | IT15 | | | IT16 | | |
| | | 孔或轴的公差值 | $T_1$ | $Z_1$ | 孔或轴的公差值 | $T_1$ | $Z_1$ |
| 大于 | 至 | μm | | | | | |
| 6 | 10 | 580 | 20 | 40 | 900 | 30 | 60 |
| 10 | 18 | 700 | 24 | 50 | 1 100 | 35 | 75 |
| 18 | 30 | 840 | 28 | 60 | 1 300 | 40 | 90 |
| 30 | 50 | 1 000 | 34 | 75 | 1 600 | 50 | 110 |
| 50 | 80 | 1 200 | 40 | 90 | 1 900 | 60 | 130 |
| 80 | 120 | 1 400 | 46 | 100 | 2 200 | 70 | 150 |
| 120 | 180 | 1 600 | 52 | 120 | 2 500 | 80 | 180 |
| 180 | 250 | 1 850 | 60 | 130 | 2 900 | 90 | 200 |
| 250 | 315 | 2 100 | 66 | 150 | 3 200 | 100 | 220 |
| 315 | 400 | 2 300 | 74 | 170 | 3 600 | 110 | 250 |
| 400 | 500 | 2 500 | 80 | 190 | 4 000 | 120 | 280 |

② 验收量规。验收量规是指检验部门或用户验收产品时所用的量规。在量规国家标准中，没有单独规定验收量规公差带，但规定工厂检验工件时，工人应使用新的或磨损较少的工作量规“通规”；检验部门应使用与加工工人用的量规型式相同但已磨损较多的通规。用户所使用的验收量规，通规尺寸应接近被检工件的最大实体尺寸，止规尺寸应接近被检工件的最小实体尺寸。

③ 校对量规公差带。轴用通规的“校通—通”塞规 TT 的作用是防止轴用通规发生变形而尺寸过小，检验时，应通过被校对的轴用通规，它的公差带从通规的下偏差算起，向通规公差带内分布。轴用通规的“校通—损”塞规 TS 的作用是检验轴用通规是否达到磨损极限，它的公差带从通规的磨损极限算起，向轴用通规公差带内分布。轴用止规的“校止—通”塞规 ZT 的作用是防止止规尺寸过小，检验时，应通过被校对的轴用止规，它的公差带从止规的下偏差算起，向止规的公差带内分布。校对量规的公差规定等于工作量规公差的 50%。校对塞规测量面的表面粗糙度 Ra 值不大于表 2-5 的规定。

**表 2-5 校对塞规测量面的表面粗糙度 Ra 值**

<table>
<tr><th rowspan="3">校对塞规</th><th colspan="3">校对塞规的基本尺寸/mm</th></tr>
<tr><th>小于或等于 120</th><th>大于 120、小于或等于 315</th><th>大于 315、小于或等于 500</th></tr>
<tr><th colspan="3">校对量规测量面的表面粗糙度 Ra 值/μm</th></tr>
<tr><td>IT6 级～IT9 级轴用工作环规的校对塞规</td><td>0.05</td><td>0.10</td><td>0.20</td></tr>
<tr><td>IT10 级～IT12 级轴用工作环规的校对塞规</td><td>0.10</td><td>0.20</td><td rowspan="2">0.40</td></tr>
<tr><td>IT13 级～IT16 级轴用工作环规的校对塞规</td><td>0.20</td><td>0.40</td></tr>
</table>

（3）量规设计

① 量规设计原则及其结构。

光滑极限量规的设计应符合极限尺寸判断原则（泰勒原则），即孔或轴的作用尺寸不允许超过最大实体尺寸，且在任何位置上的实际尺寸不允许超过最小实体尺寸。根据这一原则，通规应设计成全形的，即其测量面应具有与被测孔或轴相应的完整表面，其尺寸应等于被测孔或轴的最大实体尺寸，其长度应与被测孔或轴的配合长度一致，止规应设计成两点式的，其尺寸应等于被测孔或轴的最小实体尺寸。

但在实际应用中，极限量规常偏离上述原则。如为了用已标准化的量规，允许通规的长度小于结合面的全长；对于尺寸大于 100 mm 的孔，用全形塞规通规很笨重，不便使用，允许用不全形塞规；环规通规不能检验正在顶尖上加工的工件及曲轴，允许用卡规代替；检验小孔的塞规止规，常用便于制造的全形塞规；刚性差的工件，由于考虑受力变形，也常用全形塞规或环规。

只有在保证被检验工件的形状误差不致影响配合性质的前提下，才允许使用偏离极限尺寸判断原则的量规。选用量规结构型式时，必须考虑工件结构、大小、产量和检验效率等，图 2－18 给出了量规的型式及其应用。

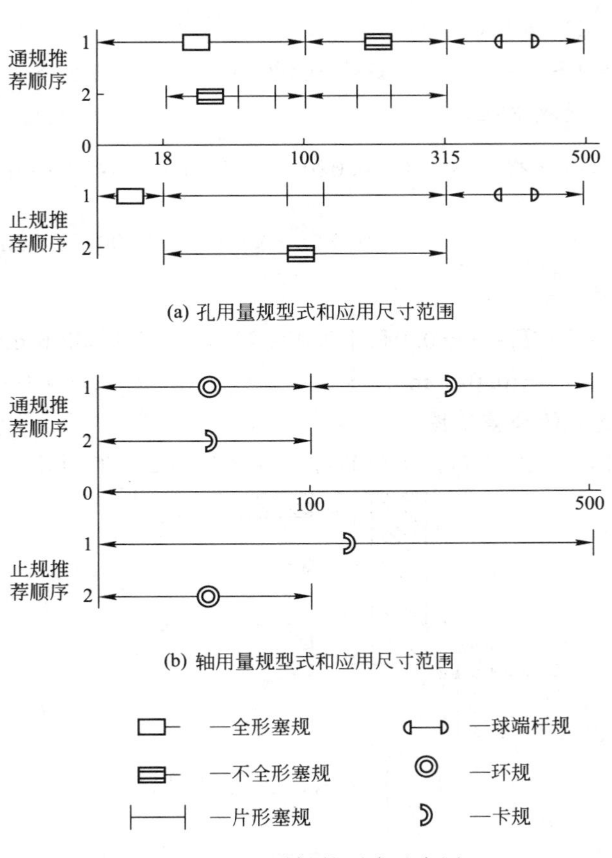


图 2－18　量规的型式及应用

② 量规极限偏差的计算。

【例 2-2】 计算 $\phi$25H8/f7 孔、轴用工作量规的极限偏差。

**解** 首先确定被测孔、轴的极限偏差。查表 1-6 和表 1-1 得，$\phi$25H8 的上偏差 ES=+0.033 mm；下偏差 EI=0；查表 1-5 和表 1-1 得，轴 $\phi$25f7 的上偏差为 es=0.020 mm，下偏差 ei=-0.041 mm。

(1) 确定工作量规制造公差和位置要素值

由表 2-4 查得 IT8，尺寸为 $\phi$25 mm 的量规公差 $T_1$=0.003 4 mm，位置要素 $Z_1$=0.005 mm；IT7，尺寸为 $\phi$25 的量规公差为 $T_1$=0.002 4 mm，位置要素 $Z_1$=0.003 4 mm。

(2) 计算工作量规的极限偏差

① $\phi$25H8 孔用塞规 $\phi$25H8/f7。

通规：上偏差 $=\mathrm{EI}+Z_1+\frac{T_1}{2}=(0+0.005+0.001\,7)\mathrm{mm}=+0.006\,7\ \mathrm{mm}$

下偏差 $=\mathrm{EI}+Z_1-\frac{T_1}{2}=(0+0.005-0.001\,7)\mathrm{mm}=+0.003\,3\ \mathrm{mm}$

磨损极限=EI=0

止规：上偏差=ES=+0.033 mm

下偏差 $=\mathrm{ES}-T_1=(+0.033-0.003\,4)=+0.029\,6\ \mathrm{mm}$

② $\phi$25f7 轴用环规或卡规。

通规：上偏差 $=\mathrm{es}-Z_1+\frac{T_1}{2}=(-0.020-0.003\,4+0.001\,2)\mathrm{mm}=-0.022\,2\ \mathrm{mm}$

下偏差 $=\mathrm{es}-Z_1-\frac{T_1}{2}=(-0.020-0.003\,4-0.001\,2)\mathrm{mm}=-0.024\,6\ \mathrm{mm}$

磨损极限=es=-0.020

止规：上偏差 $=\mathrm{ei}+T_1=(-0.041+0.002\,4)\mathrm{mm}=-0.038\,6\ \mathrm{mm}$

下偏差=ei=-0.041 mm

(3) 绘制工作量规的公差带图

其公差带图如图 2-19 所示，量规的标注方法如图 2-20 所示。

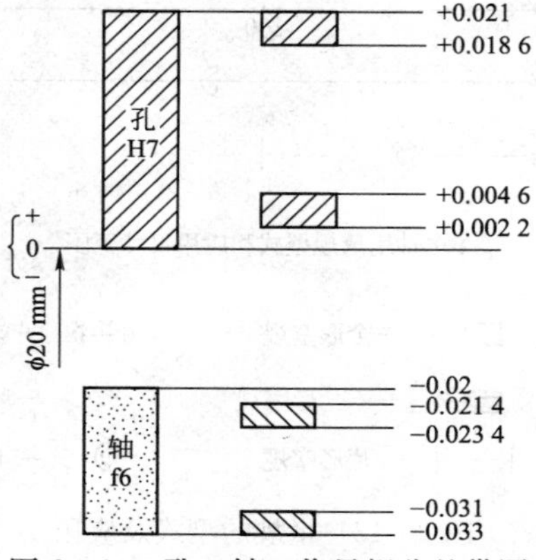


图 2-19 孔、轴工作量规公差带图

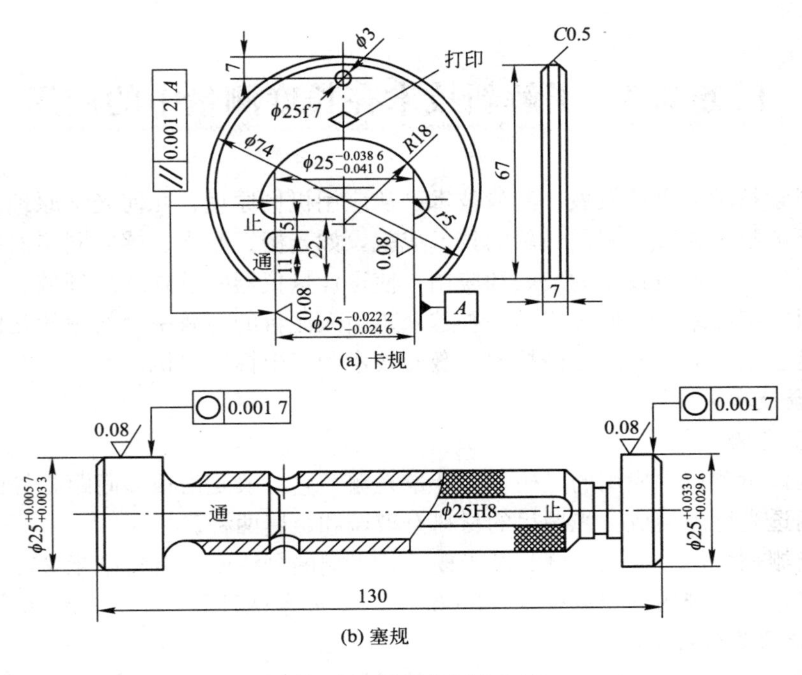


图 2-20 量规的标注方法

③ 量规其他技术要求（此部分知识点在项目三介绍）。

工作量规的形状误差应在量规的尺寸公差带内，形状公差为尺寸公差的 50%，但形状公差小于 0.001 mm 时，由于制造和测量都比较困难，形状公差都规定选为 0.001 mm。量规测量面的材料可用淬硬钢（合金工具钢、碳素工具钢等）和硬质合金，也可在测量面上镀耐磨材料，测量面的硬度应为 HRC 58～65。

量规测量面的粗糙度，主要是从量规使用寿命、工件表面粗糙度及量规制造的工艺水平考虑。一般量规工作面的粗糙度要求比被检工件的粗糙度要求要严格些，量规测量面粗糙度要求可参照表 2-6 选用。

**表 2-6 量规测量表面粗糙度（摘自 GB 1957—2006）**

| 工作量规 | 工作量规的基本尺寸/mm | | |
|---|---|---|---|
| | 小于或等于 120 | 大于 120、小于或等于 315 | 大于 315、小于或等于 500 |
| | 工作量规测量面的表面粗糙度 Ra 值/μm | | |
| IT6 级孔用工作塞规 | 0.05 | 0.10 | 0.20 |
| IT7 级～IT9 级孔用工作塞规 | 0.10 | 0.20 | 0.40 |
| IT10 级～IT12 级孔用工作塞规 | 0.20 | 0.40 | 0.80 |
| IT13 级～IT16 级孔用工作塞规 | 0.40 | 0.80 | |
| IT6 级～IT9 级轴用工作环规 | 0.10 | 0.20 | 0.40 |
| IT10 级～IT12 级轴用工作环规 | 0.20 | 0.40 | 0.80 |
| IT13 级～IT16 级轴用工作环规 | 0.40 | 0.80 | |

# 任务 2.3 了解新技术在长度测量中的应用

随着科学技术的迅速发展，测量技术已从应用机械原理、几何光学原理发展到应用更多的、新的物理原理，引用最新的技术成就，如光栅、激光、感应同步器、磁栅及射线技术。特别是计算机技术的发展和应用，使得计量仪器跨越到新的领域。三坐标测量机和计算机完美的结合，使之成为一种越来越引人注目的高效率、新颖的几何量精密测量设备。这里主要简单介绍光栅技术、激光技术和三坐标测量机。

**1. 光栅技术**

1）计量光栅

在长度计量测试中应用的光栅称为计量光栅。它一般是由很多间距相等的不透光刻线和刻线间透光缝隙构成。光栅尺的材料有玻璃和金属两种。

计量光栅一般可分为长光栅和圆光栅。长光栅的刻线密度有每毫米 25、50、100 条和 250 条等，圆光栅的刻线数有 10 800 条和 21 600 条两种。

2）光栅的莫尔条纹的产生

如图 2-21（a）所示，将两块具有相同栅距（$W$）的光栅的刻线面、平行地叠合在一起，中间保持 0.01～0.1 mm 间隙，并使两光栅刻线之间保持一个很小的夹角（$\theta$）。于是在 $a$—$a$ 线上，两块光栅的刻线相互重叠，而缝隙透光（或刻线间的反射面反光），形成一条亮条纹；而在 $b$—$b$ 线上，两块光栅的刻线彼此错开，缝隙被遮住，形成一条暗条纹，由此产生的一系列明暗相间的条纹称为莫尔条纹，如图 2-21（b）所示。图 2-21（b）中莫尔条纹近似地垂直于光栅刻线，故称为横向莫尔条纹。两亮条纹或暗条纹之间的宽度 $B$ 称为条纹间距。

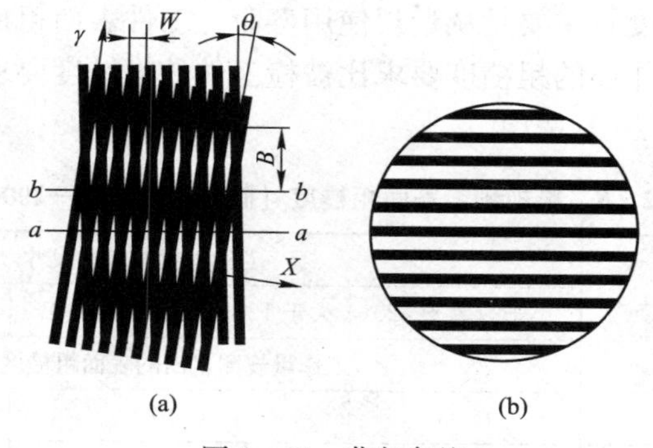


图 2-21 莫尔条纹

3）莫尔条纹的特征

（1）对光栅栅距的放大作用

由图 2-21 的几何关系可知，当两光栅刻线的交角 $\theta$ 很小时

$$B \approx W/\theta$$

式中，$\theta$ 以弧度为单位。此式说明，适当调整夹角 $\theta$，可使条纹间距 $B$ 比光栅栅距 $W$ 放

大几百倍甚至更大，这对莫尔条纹的光电接收器接收非常有利。

（2）对光栅刻线误差的平均效应

由图 2-21（a）可以看出，每条莫尔条纹都是由许多光栅刻线的交点组成，所以个别光栅刻线的误差和疵病在莫尔条纹中得到平均。设 $\delta_0$ 为光栅刻线误差，$n$ 为光电接收器所接收的刻线数，则经莫尔条纹读出系统后的误差为

$$\delta=\delta_0/\sqrt{\delta_n}$$

由于 $n$ 一般可以达几百条刻线，所以莫尔条纹的平均效应可使系统测量精度提高很多。

（3）莫尔条纹运动与光栅副运动的对应性

在图 2-21（a）中，当两光栅尺沿 $X$ 方向相对移动一个栅距 $W$ 时，莫尔条纹在 $Y$ 方向也随之移动一个莫尔条纹间距 $B$，即保持着运动周期的对应性；当光栅尺的移动方向相反时，莫尔条纹的移动方向也随之相反，即保持了运动方向的对应性。利用这个特性，可实现数字式的光电读数和判别光栅副的相对运动方向。

（4）光栅传感器的工作原理

光栅传感器可分为线位移传感器和角位移传感器。图 2-22 所示为测量长度的线位移式传感器的原理图。

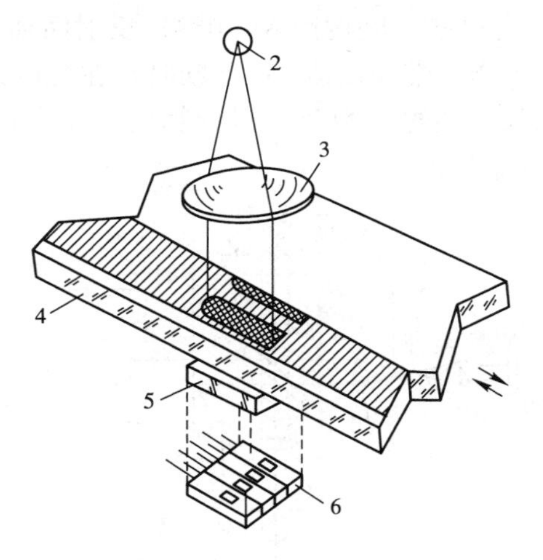


图 2-22　线位移式传感器原理

1—光源　2—照明系统　3—主光栅

4—指示光栅　5—光电接收器

当主光栅 3 相对于指示光栅 4 移过一个光栅栅距 $W$ 时，由光栅副产生的莫尔条纹也移动一个条纹间距 $B$，从光电接收器 5 输出的光电转换信号也完成一个周期。光电接收器 5 由 4 个硅光电池组成，分别输出相邻相位差为 90°的四路信号，经电路放大、整形，后经处理成计数脉冲，并用电子计数器计数，最后由显示器显示光栅移动的位移，从而实现数字化的自动测量。电路原理如图 2-23 所示。

**2. 激光技术**

激光是一种新型的光源，它具有其他光源所无法比拟的优点，即很好的单色性、方

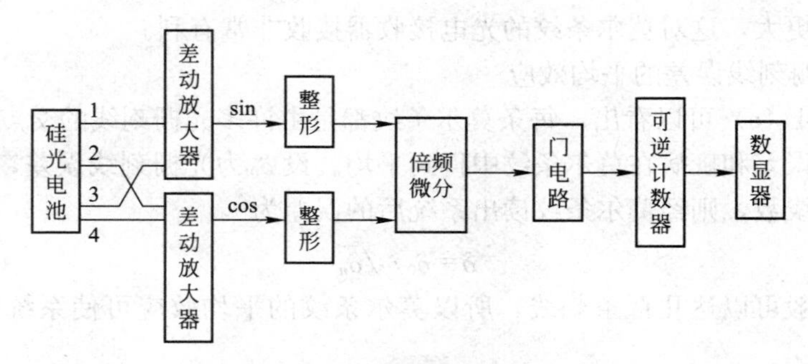


图 2-23 光栅电路原理

向性、相干性和能量高度集中性，所以在科学研究、工业生产、医学、国防等许多领域中获得广泛的应用。激光技术现已成为建立长度计量基准和精密测试的重要手段，它不但可以用干涉法测量线位移，还可以用双频激光干涉法测量小角度，环形激光测量圆周分度，以及用激光准直技术来测量直线度误差等。下面介绍应用广泛的激光干涉测长仪的基本原理。

常用的激光测长仪实质上就是以激光作为光源的迈克尔逊干涉仪，如图 2-24 所示。从激光器发出的激光束，经透镜 L、$L_1$ 和光阑 $P_1$ 组成的准直光管束成一束平行光，经分光镜 M 被分成两路，分别被角隅棱镜 $M_1$ 和 $M_2$ 反射回到 M 重叠，被透镜 $L_2$ 聚集到光电计数器 PM 处。当工作台带动棱镜 $M_2$ 移动时，在光电计数器处由于两路光束聚集产生干涉，形成明暗条纹，通过计数就可以计算出工作台移动的距离 $S=N\lambda/2$（式中，$N$ 为干涉条纹数，$\lambda$ 为激光波长）。

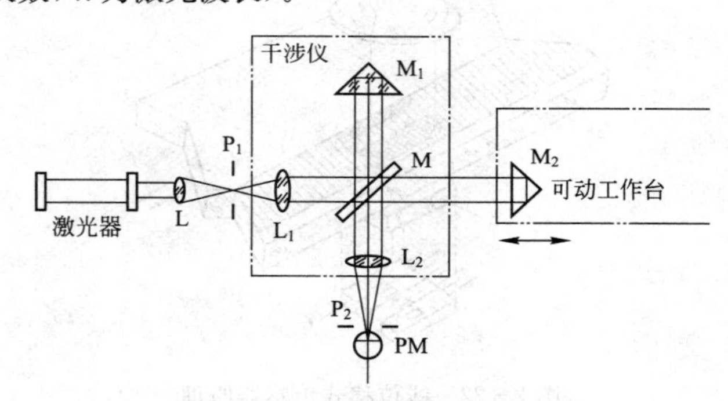


图 2-24 激光干涉测长仪基本原理

### 3. 三坐标测量机

(1) 三坐标测量机的组成及分类

如图 2-25 所示，三坐标测量机由底座 1、工作台 2、导轨系统、测头 7、计算机 10、打印机 11 和绘图仪 12 等组成。

三坐标测量机按检测精度分为精密万能测量机和生产型测量机。前者用于计量室，精密测量，分辨率有 0.1 μm、0.2 μm、0.5 μm 和 1 μm 几种规格；后者用于生产车间，用于加工过程检测，分辨率为 5 μm 或 10 μm，小型测量机分辨率为 1 μm 或 2 μm。

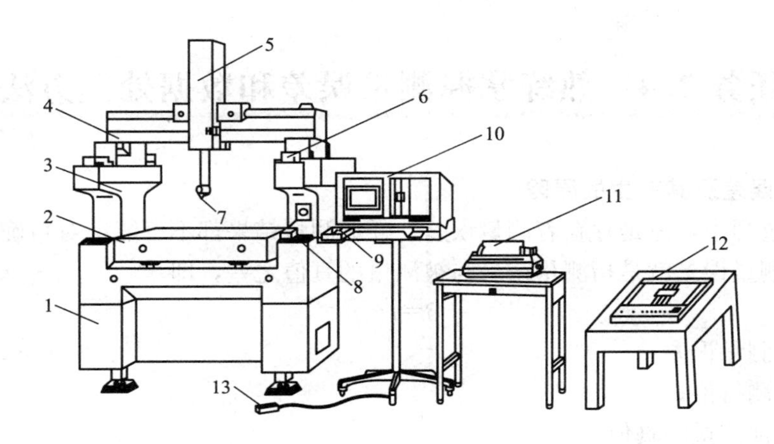


图 2-25　三坐标测量机

1—底座；2—工作台；3—立柱；4、5、6—导轨；7—测头；8—驱动开关

9—键盘；10—计算机；11—打印机；12—绘图仪；13—脚开关

此外，按操作方式分为手动、机动和自动测量机三种；按结构形式分为悬臂式、桥式、龙门式和水平臂式；按检测零件的尺寸范围，可分为大、中、小三类（大型机的 $x$ 轴测量范围大于 2 000 mm，中型机的 $x$ 轴测量范围在 600～2 000 mm，小型机的 $x$ 轴测量范围一般小于 600 mm）。

（2）三坐标测量机测量原理

三坐标测量机选用的三个坐标轴在空间方向自由移动，测量头在测量空间可达任意处测点，获得被测物体上各测量点的坐标位置（由测球中心点表示），在计算机屏幕上立即显示出 $x$、$y$、$z$ 方向的精确坐标值。测量时，零件置于工作台上，使测头与零件表面接触，三坐标测量机的检测系统即时计算出测球中心点的精确位置，当测球沿工件的几何表面移动时各点的坐标值被输入计算机，经专业测量软件处理后，就可精确地计算出零件的几何尺寸和形状误差，根据不同需要可实现多种几何量测量、实物编程、设计制造一体化、柔性测量中心等功能。

（3）三坐标测量机的应用

三坐标测量机集精密机械、电子技术、传感器技术、电子计算机等现代技术之大成，任何复杂的几何表面与几何形状，只要三坐标测量机的测头能感受（或瞄准）到的地方，就可以测出它们的几何尺寸和相互位置关系，并借助于计算机完成数据处理。如果在三坐标测量机上设置分度头、回转台（或数控转台），除采用直角坐标系外，还可采用极坐标、圆柱坐标系测量，使测量范围更加扩大。

三坐标测量机与“加工中心”相配合，具有“测量中心”的功能。在现代化生产中，三坐标测量机已成为 CAD/CAM 系统中的一个测量单元，它将测量信息反馈到系统主控计算机，进一步控制加工过程，提高产品质量。多台测量机联机使用，组成柔性测量中心，可实现生产过程的自动检测，提高生产率。因此，三坐标测量机越来越广泛地应用于机械制造、电子、汽车和航空航天等工业领域。

# 任务 2.4　熟练掌握测量误差和数据处理方法

## 1. 测量误差及其产生的原因

在测量过程中，总是存在着测量误差。任何测量结果都不可能绝对精确，只是近似接近真值。测量误差就是指测量结果与被测量的真值之差，即

$$\delta=l-\mu$$

式中，$\delta$——测量误差；

$l$——测得值；

$\mu$——被测量的真值。

上式所表达的测量误差，是反映测量结果偏离真值大小的程度，称之为绝对误差。但是被测量的真值是难以得知的。在实际工作中，常以较高精度的测得值作为相对真值。如用千分尺或比较仪的测得值作为相对真值，以确定游标卡尺测得值的测量误差。可见，测量误差 $\delta$ 的绝对值越小，测得值越接近于真值 $\mu$，测量的精确程度就越高；反之，精确程度就越低。

测量误差的第二种表示方法是相对误差。式中的 $\delta$ 即为绝对误差，相对误差为

$$f=\frac{|\delta|}{l}\times 100\%$$

当被测量值相等或相近时，$\delta$ 的大小可反映测量的精确程度；当被测量值相差较大时，则用相对误差较为合理。在长度测量中，相对误差应用较少，通常所说的测量误差一般是指绝对误差。产生测量误差的因素是很多的，归纳起来主要有以下几个方面。

(1) 测量器具（或基准件）的误差

测量器具（或基准件）的误差是指其本身的误差，是因为测量器具（或基准件）在设计、制造、装配和使用调整中存在缺陷和问题而引起的。这种误差最终集中反映在测量器具的示值误差和稳定性上。

(2) 测量方法误差

这是由于选择的测量方法本身不完善而引起的误差。如在接触测量中，测量力引起的接触变形会带来较大的误差。

方法误差可以通过选择更合理的方法或采用更合理的操作加以减小或消除，但有时难以避免。如接触测量被大量采用，因而接触变形带来的误差普遍存在，难以消除。

(3) 测量环境误差

测量环境误差是指测量时由于环境条件变化或不符合标准要求而引起的测量误差，如温度、湿度、振动的影响等。其中，温度变化引起的误差是最主要的环境误差。因此，高精度的测量，必须在严格的恒温条件下进行（即以 20 ℃为标准温度的某变动范围，如±0.5 ℃或±1 ℃等）。对于车间或小型计量室来说，应尽量做到测量时被测件、计量器具及标准器等温，或采取措施，在测量时尽量少受外界的影响（如手的接触等），造成温度的较大变动。温度变化引起的误差在较大工件的测量中尤为严重，应引起重视。

## 2. 测量误差的分类

测量误差按其性质可分为三类，即系统误差、随机误差和粗大误差。

1）系统误差

在相同条件下多次重复测量同量值时，误差的数值和符号保持不变，或在条件改变时，按某一确定规律变化的误差称为系统误差。

可见，系统误差有定值系统误差和变值系统误差两种。例如，在立式光学比较仪上用相对法测量工件直径，调整仪器零点所用量块的误差，对每次测量结果的影响都相同，属于定值系统误差；在测量过程中，若温度产生均匀变化，则引起的误差为线性系统变化，属于变值系统误差。从理论上讲，当测量条件一定时，系统误差的大小和符号是确定的，因而也是可以被消除的。但在实际工作中，系统误差不能完全消除，只能减少到一定的限度。定值系统误差是符号和绝对值均已确定的系统误差。对于定值系统误差应予以消除或修正，即将测得值减去定值性系统误差作为测量结果。例如，0～25 mm 千分尺两测量面合拢时读数不对准零位，而是＋0.005 mm。用此千分尺测量零件时，每个测得值都将大于 0.005 mm。此时可用修正值－0.005 mm 对每个测量值进行修正。

变值系统误差是指符号和绝对值未确定的系统误差。对变值系统误差应在分析原因、发现规律或采用其他手段的基础上，估计误差可能出现的范围，并尽量减少或消除。在精密测量技术中，误差补偿和修正技术已成为提高仪器测量精度的重要手段之一，并越来越广泛地被采用。

2）随机误差（偶然误差）

在相同条件下，多次测量同一量值时，误差的绝对值和符号以不可预定的方式变化着，但误差出现的整体是服从统计规律的，这种类型的误差叫随机误差。

（1）随机误差的性质及分布规律

大量的测量实践证明，多数随机误差，特别是在各不占优势的独立随机因素综合作用下的随机误差是服从正态分布规律的。其概率密度函数为

$$y=\frac{1}{\sigma\sqrt{2\pi}}e^{-\frac{\delta^2}{2\sigma^2}}$$

式中，$y$——概率密度；

$\delta$——随机误差；

$\sigma$——均方根误差，又称标准偏差，可按下式计算。

$$\sigma=\sqrt{\frac{\delta_1^2+\delta_2^2+\cdots+\delta_n^2}{n}}=\sqrt{\frac{\sum_{i=1}^{n}\delta_i^2}{n}}$$

式中，$n$ 为测量次数。

正态分布曲线如图 2－26 所示，不同的标准偏差对应不同的正态分布曲线。图中三条正态分布曲线 $\delta_1<\delta_2<\delta_3$，则 $y_{1\max}>y_{2\max}>y_{3\max}$，表明 $\sigma$ 越小曲线就越陡，随机误差分布也越集中，测量的可靠性也越高。

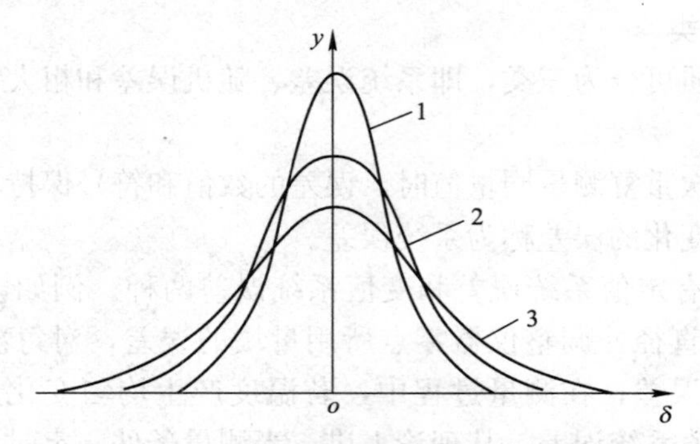

图 2-26 标准偏差对随机误差分布特性的影响

由图 2-26 可知，随机误差有如下特性。

① 对称性。绝对值相等的正、负误差出现的概率相等。

② 单峰性。绝对值小的随机误差比绝对值大的随机误差出现的机会多。

③ 有界性。在一定测量条件下，随机误差的绝对值不会大于某一界限值。

④ 抵偿性。当测量次数 $n$ 无限增多时，随机误差的算术平均值趋向于零。

(2) 随机误差与标准偏差之间的关系

根据概率论知，正态分布曲线下所包含的全部面积等于随机误差 $\delta_i$ 出现的概率 $P$ 的总和，即

$$P=\int_{-\infty}^{+\infty} y\mathrm{d}\delta=\frac{1}{\sigma\sqrt{2\pi}}\int_{-\infty}^{+\infty}\mathrm{e}^{\frac{-\delta^2}{2\sigma^2}}\mathrm{d}\delta=1$$

上式说明全部随机误差出现的概率为 100%，大于零的正误差与小于零的负误差各为 50%。

设

$$z=\frac{\delta}{\sigma},\quad \mathrm{d}z=\mathrm{d}\,\frac{\delta}{\sigma}$$

则

$$P=\frac{1}{\sqrt{2\pi}}\int_{-\infty}^{+\infty}\mathrm{e}^{\frac{z^2}{2}}\mathrm{d}z=1$$

图 2-27 中，阴影部分的面积表示随机误差 $\delta$ 落在 0～$\delta$ 范围内的概率，可表示为

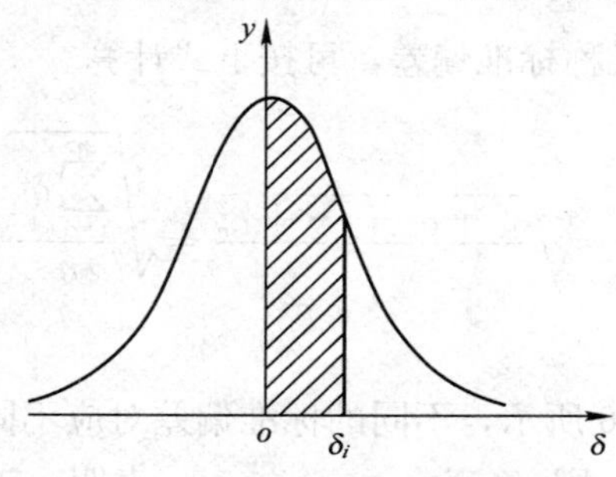

图 2-27 0～$\delta_i$ 范围内的概率

$$P(\delta_i) = \frac{1}{\sigma\sqrt{2\pi}}\int_0^{\delta_i} e^{-\frac{\delta^2}{2\sigma^2}} d\delta$$

或写为

$$\phi(z) = \frac{1}{\sqrt{2\pi}}\int_0^{z} e^{\frac{z^2}{2}} dz$$

式中，$\phi(z)$叫做概率函数积分。$z$值所对应的积分值$\phi(z)$，可由正态分布的概率积分表查出。表2-7列出了特殊$z$值和$\phi(z)$值。

**表2-7　$z$值和$\phi(z)$的一些对应值**

| $Z=\frac{\delta}{\sigma}$ | $\delta$ | 不超出$\delta$的概率$2\phi(z)$ | 超出$\delta$的概率$1-2\phi(z)$ | 测量次数$n$ | 超出$\delta$的次数 |
|---|---|---|---|---|---|
| 0.67 | 0.67$\sigma$ | 0.497 2 | 0.502 8 | 2 | 1 |
| 1 | 1$\sigma$ | 0.682 6 | 0.317 4 | 3 | 1 |
| 2 | 2$\sigma$ | 0.954 4 | 0.045 6 | 22 | 1 |
| 3 | 3$\sigma$ | 0.997 3 | 0.002 7 | 370 | 1 |
| 4 | 4$\sigma$ | 0.999 9 | 0.000 1 | 15 625 | 1 |

表2-7中，$\pm1\sigma$范围内的概率为68.26%，即约有1/3的测量次数的误差要超过$\pm1\sigma$的范围；$\pm3\sigma$范围内的概率为99.73%，则只有0.27%测量次数的误差要超过$\pm3\sigma$范围，可认为不会发生超过现象。所以，通常评定随机误差时就以$\pm3\sigma$作为单次测量的极限误差，即

$$\delta_{\lim} = \pm 3\sigma$$

可认为$\pm3\sigma$是随机误差的实际分布范围，即有界性的界限为$\pm3\sigma$。

3）*粗大误差*

粗大误差的数值较大，它是由测量过程中各种错误造成的，对测量结果有明显的歪曲，如已存在，应予剔除。常用的方法为：当$|\delta_i|>3\sigma$时，测得值$l_i$就含有粗大误差，应予以剔除。$3\sigma$即作为判别粗大误差的界限，此方法称$3\sigma$准则。

**3. 直接测量列的数据处理**

（1）算术平均值$\overline{l}$

现对同一量进行多次等精度测量，其值分别为$l_1$，$l_2$，…，$l_n$，则

$$\overline{l} = \frac{l_1 + l_2 + \cdots + l_n}{n} = \frac{\sum_{i=1}^{n} l_i}{n}$$

随机误差为

$$\delta_1 = l_1 - \mu,\quad \delta_2 = l_2 - \mu,\quad \cdots,\quad \delta_n = l_n - \mu$$

相加则为

$$\delta_1 + \delta_2 + \cdots + \delta_n = (l_1 + l_2 + \cdots + l_n) - n\mu$$

即

$$\sum_{i=1}^{n} \delta_i = \sum_{i=1}^{n} l_i - n\mu$$

其真值

$$\mu = \frac{\sum_{i=1}^{n} l_i}{n} - \frac{\sum_{i=1}^{n} \delta_i}{n} = \overline{l} - \frac{\sum_{i=1}^{n} \delta_i}{n}$$

由随机误差抵偿性知，当 $n \to \infty$ 时

$$\frac{\sum_{i=1}^{n} \delta_i}{n} = 0, \quad \overline{l} = \mu$$

在消除系统误差的情况下，当测量次数很多时，算术平均值就趋近于真值。即用算术平均值来代替真值不仅是合理的，而且也是可靠的。

当用算术平均值 $\overline{l}$ 代替真值 $\mu$ 所计算的误差，称为残差 $\nu_i$，$\nu_i = l_i - \overline{l}$。残差具有下述两个特性。

① 残差的代数和等于零，即

$$\sum_{i=1}^{n} \nu_i = 0$$

② 残差的平方和为最小，即

$$\sum_{i=1}^{n} \nu_i^2 = \min$$

当误差平方和为最小时，按最小二乘法原理知，测量结果是最佳值，这也说明了 $\overline{l}$ 是 $\mu$ 的最佳估值。

(2) 测量列中任一测得值的标准偏差

由于真值不可知，随机误差 $\delta_i$ 也未知，从而标准偏差 $\sigma$ 无法计算。在实际测量中，标准偏差 $\sigma$ 用残差来估算，常用贝塞尔公式计算，即

$$S = \sqrt{\frac{\sum_{i=1}^{n} \nu_i^2}{n-1}}$$

式中，$S$——标准偏差 $\sigma$ 的估算值；

$\nu_i$——残差；

$n$——测量次数。

任一测得值 $l$，其落在 $\pm 3\sigma$ 范围内的概率（称为置信概率，代号 $P$）为 99.73%，常表示为

$$l = \overline{l} \pm 3S \quad (P = 99.73\%)$$

(3) 测量列算术平均值的标准偏差

在多次重复测量中，是以算术平均值作为测量结果的，因此要研究算术平均值的可靠性程度。根据误差理论，在等精度测量时

$$\sigma_{\overline{l}} = \sqrt{\frac{\sigma^2}{n}} = \sqrt{\frac{\sum_{i=1}^{n} \nu_i^2}{n(n-1)}} = \frac{S}{\sqrt{n}}$$

式中，$n$——重复测量次数。

上式表明，在一定的测量条件下（即 $\sigma$ 一定），重复测量 $n$ 次的算术平均值的标准

偏差为单次测量的标准偏差的$\sqrt{n}$分之一，即它的测量精度最高。

但是，算术平均值的测量精度$\sigma_i$与测量次数$n$的平方根成反比，要显著提高测量精度，势必大大增加测量次数。当测量次数过大时，恒定的测量条件难以保证，可能会引起新的误差。因此一般情况下，取$n \leqslant 10$为宜。

由于多次测量的算术平均值的极限误差为

$$\lambda_{\lim} = \pm 3\sigma_i$$

则测量结果表示为

$$L = \bar{l} \pm \lambda_{\lim} = \bar{l} \pm 3\sigma_i$$

**4. 测量精度**

为了说明测量过程中的随机误差和系统误差，以及二者综合对测量结果的影响，需了解下面几个概念。

① 精密度。表示测量结果中随机误差大小的程度，是指在一定的条件下进行多次测量，所得测量结果彼此之间符合的程度。精密度可简称“精度”。

② 正确度。表示测量结果中系统误差大小的程度，是所有系统误差的综合。

③ 精确度（准确度）。指测量结果受系统误差与随机误差综合影响的程度，也就是说，它表示测量结果与真值的一致程度，精确度亦称为准确度。

在具体测量中，精密度高，正确度不一定高；正确度高，精密度也不一定高。精密度和正确度都高，则精确度就高。

## 任务 2.5　掌握光滑工件尺寸的检验（GB/T 3177—2009）

国标 GB/T 3177—2009 规定“应只接受位于规定尺寸极限之内的工件”原则，从而建立了在规定尺寸极限基础上的验收极限，有效地解决了“误收”和“误废”现象。

**1. 检验范围**

使用普通计量器具，如游标卡尺、千分尺及车间使用的比较仪和投影仪等，对图样上注出的公差等级为 6～18 级（IT6～IT18），公称尺寸至 500 mm 的光滑工件尺寸的检验。本标准也适用于对一般公差尺寸工件的检验。

**2. 验收原则及方法**

所用验收方法应只接收位于规定尺寸极限之内的工件。但由于计量器具和计量系统都存在误差，故不能测得真值。多数计量器具通常只用于测量尺寸，而不测量工件存在的形状误差。对遵循包容要求的尺寸，应把对尺寸及形状测量的结果综合起来，以判定工件是否超出最大实体边界。

为了保证验收质量，标准规定了验收极限、计量器具的测量不确定度允许值和计量器具的选用原则（但对温度、压陷效应等不进行修正）。

**3. 验收极限**

验收极限是检验工件尺寸时判断合格与否的尺寸界限。

1）验收极限方式的确定

验收极限可按下列方式之一确定。

（1）内缩方式

验收极限是从规定的最大实体尺寸（MMS）和最小实体尺寸（LMS）分别向工件公差带内移动一个安全裕度（$A$）来确定，如图 2－28 所示。$A$ 值按工件公差（$T$）的 1/10 确定，其数值如表 2－8 所示。

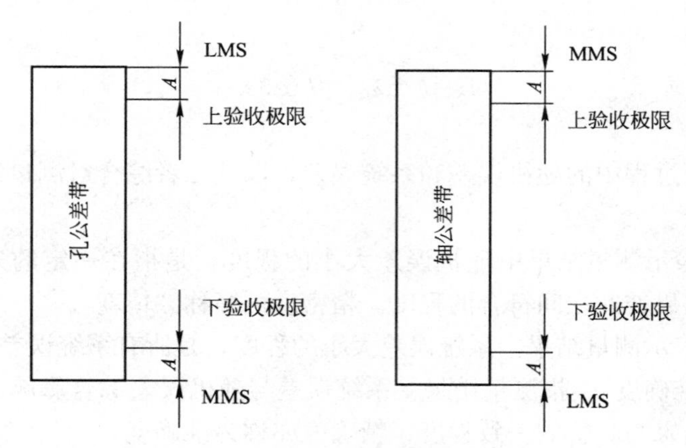


图 2－28　验收极限与工件公差带关系图

孔尺寸的验收极限为

上验收极限＝最小实体尺寸(LMS)－安全裕度($A$)

下验收极限＝最大实体尺寸(MMS)＋安全裕度($A$)

轴尺寸的验收极限为

上验收极限＝最大实体尺寸(MMS)－安全裕度($A$)

下验收极限＝最小实体尺寸(LMS)＋安全裕度($A$)

（2）不内缩方式

规定验收极限等于工件的最大实体尺寸（MMS）和最小实体尺寸（LMS），即 $A$ 值等于零。

2）验收极限方式的选择

验收极限方式的选择要结合尺寸功能要求及其重要程度、尺寸公差等级、测量不确定度和过程能力等因素综合考虑。

① 对遵循包容要求的尺寸、公差等级高的尺寸，其验收极限要选内缩方式。

② 对过程能力指数 $C_P \geqslant 1$ 时，其验收极限按不内缩方式确定，但对遵循包容要求的尺寸，其最大实体尺寸一边的验收极限仍按内缩方式。

③ 对偏态分布的尺寸，其验收极限可以仅对尺寸偏向的一边按内缩方式。

④ 对非配合和一般公差的尺寸，其验收极限则选不内缩方式。

**4. 计量器具的选择**

按照计量器具的测量不确定度允许值($u_1$)选择计量器具。选择时，应使所选用的计量器具的测量不确定度数值等于或小于选定的 $u_1$ 值。

表 2-8　安全裕度（A）与计量器具的测量不确定度允许值（$u_1$）

| 公差等级 | | 6 | | | | | 7 | | | | | 8 | | | | | 9 | | | | | 10 | | | | | 11 | | | | |
|---|---|---|---|---|---|---|---|---|---|---|---|---|---|---|---|---|---|---|---|---|---|---|---|---|---|---|---|---|---|---|---|
| 公称尺寸/mm | | $T$ | $A$ | $u_1$ | | | $T$ | $A$ | $u_1$ | | | $T$ | $A$ | $u_1$ | | | $T$ | $A$ | $u_1$ | | | $T$ | $A$ | $u_1$ | | | $T$ | $A$ | $u_1$ | | |
| 大于 | 至 | | | Ⅰ | Ⅱ | Ⅲ | | | Ⅰ | Ⅱ | Ⅲ | | | Ⅰ | Ⅱ | Ⅲ | | | Ⅰ | Ⅱ | Ⅲ | | | Ⅰ | Ⅱ | Ⅲ | | | Ⅰ | Ⅱ | Ⅲ |
| — | 3 | 6 | 0.6 | 0.6 | 0.9 | 1.4 | 10 | 1.0 | 0.9 | 1.5 | 2.3 | 14 | 1.4 | 3.3 | 2.1 | 3.2 | 25 | 2.5 | 2.3 | 3.8 | 5.6 | 40 | 4.0 | 3.6 | 6.0 | 9.0 | 60 | 6.0 | 5.4 | 9.0 | 14 |
| 3 | 6 | 8 | 0.8 | 0.7 | 1.2 | 1.8 | 12 | 1.2 | 1.1 | 1.8 | 2.7 | 18 | 1.8 | 1.5 | 2.7 | 4.1 | 30 | 3.0 | 2.7 | 4.5 | 6.8 | 48 | 4.8 | 4.3 | 7.2 | 11 | 76 | 7.5 | 6.8 | 11 | 17 |
| 6 | 10 | 9 | 0.9 | 0.8 | 1.4 | 2.0 | 15 | 1.5 | 1.4 | 2.3 | 3.4 | 22 | 2.2 | 2.0 | 3.3 | 5.0 | 36 | 3.6 | 3.3 | 5.4 | 8.1 | 58 | 5.8 | 5.2 | 8.7 | 13 | 90 | 9.0 | 8.1 | 14 | 20 |
| 10 | 18 | 11 | 1.1 | 1.0 | 1.7 | 2.5 | 18 | 1.8 | 1.7 | 2.7 | 4.1 | 27 | 2.7 | 2.4 | 4.1 | 6.1 | 43 | 4.3 | 3.9 | 6.5 | 9.7 | 70 | 7.0 | 6.3 | 11 | 16 | 110 | 11 | 10 | 17 | 25 |
| 18 | 30 | 13 | 1.3 | 1.2 | 2.0 | 2.9 | 21 | 2.1 | 1.9 | 3.2 | 4.7 | 33 | 3.3 | 3.0 | 5.0 | 7.4 | 52 | 5.2 | 4.7 | 7.8 | 12 | 84 | 8.4 | 7.6 | 13 | 19 | 130 | 13 | 12 | 20 | 29 |
| 30 | 50 | 16 | 1.6 | 1.4 | 2.4 | 3.6 | 25 | 2.5 | 2.3 | 3.8 | 5.6 | 39 | 3.9 | 3.5 | 5.9 | 8.8 | 62 | 6.2 | 5.6 | 9.3 | 14 | 100 | 10 | 9.0 | 15 | 23 | 150 | 16 | 14 | 24 | 36 |
| 50 | 80 | 19 | 1.9 | 1.7 | 2.9 | 4.3 | 30 | 3.0 | 2.7 | 4.5 | 5.8 | 46 | 4.6 | 4.1 | 6.9 | 10 | 74 | 7.4 | 6.7 | 11 | 17 | 120 | 12 | 11 | 18 | 27 | 190 | 19 | 17 | 29 | 43 |
| 80 | 120 | 22 | 2.2 | 2.0 | 3.3 | 5.0 | 35 | 3.5 | 3.2 | 5.3 | 7.9 | 54 | 5.4 | 4.9 | 8.1 | 12 | 87 | 8.7 | 7.8 | 13 | 20 | 140 | 14 | 13 | 21 | 32 | 220 | 22 | 20 | 33 | 50 |
| 120 | 180 | 25 | 2.5 | 2.3 | 3.8 | 5.6 | 40 | 4.0 | 3.6 | 6.0 | 9.0 | 63 | 6.3 | 5.7 | 9.5 | 14 | 100 | 10 | 9.0 | 15 | 23 | 160 | 16 | 15 | 24 | 36 | 250 | 25 | 23 | 38 | 56 |
| 180 | 280 | 29 | 2.9 | 2.6 | 4.4 | 0.6 | 46 | 4.6 | 4.7 | 6.9 | 10 | 72 | 7.2 | 5.5 | 11 | 16 | 115 | 12 | 10 | 17 | 26 | 185 | 19 | 17 | 28 | 42 | 290 | 29 | 26 | 44 | 65 |
| 250 | 315 | 32 | 3.2 | 2.9 | 4.8 | 7.2 | 52 | 5.2 | 4.7 | 7.8 | 12 | 81 | 8.1 | 7.3 | 12 | 18 | 130 | 13 | 12 | 19 | 29 | 210 | 21 | 19 | 32 | 47 | 320 | 32 | 29 | 48 | 72 |
| 315 | 400 | 36 | 3.6 | 3.2 | 5.4 | 8.1 | 57 | 5.7 | 5.1 | 8.4 | 13 | 89 | 8.9 | 8.0 | 13 | 20 | 140 | 14 | 13 | 21 | 32 | 230 | 23 | 21 | 35 | 52 | 360 | 36 | 32 | 54 | 81 |
| 400 | 500 | 40 | 4.0 | 3.6 | 6.0 | 9.0 | 63 | 6.3 | 5.7 | 9.5 | 14 | 97 | 9.7 | 8.7 | 15 | 22 | 155 | 16 | 14 | 23 | 35 | 250 | 25 | 23 | 38 | 56 | 400 | 40 | 36 | 60 | 90 |

| 公差等级 | | 12 | | | | 13 | | | | 14 | | | | 15 | | | | 16 | | | | 17 | | | | 18 | | | |
|---|---|---|---|---|---|---|---|---|---|---|---|---|---|---|---|---|---|---|---|---|---|---|---|---|---|---|---|---|---|
| 公称尺寸/mm | | $T$ | $A$ | $u_1$ | | $T$ | $A$ | $u_1$ | | $T$ | $A$ | $u_1$ | | $T$ | $A$ | $u_1$ | | $T$ | $A$ | $u_1$ | | $T$ | $A$ | $u_1$ | | $T$ | $A$ | $u_1$ | |
| 大于 | 至 | | | Ⅰ | Ⅱ | | | Ⅰ | Ⅱ | | | Ⅰ | Ⅱ | | | Ⅰ | Ⅱ | | | Ⅰ | Ⅱ | | | Ⅰ | Ⅱ | | | Ⅰ | Ⅱ |
| — | 3 | 100 | 10 | 9.0 | 15 | 140 | 14 | 13 | 21 | 250 | 25 | 23 | 38 | 400 | 40 | 36 | 60 | 600 | 60 | 554 | 90 | 1 000 | 100 | 90 | 150 | 1 400 | 140 | 135 | 21 |
| 3 | 6 | 120 | 12 | 11 | 118 | 180 | 18 | 16 | 27 | 300 | 30 | 27 | 45 | 480 | 48 | 43 | 72 | 75 | 75 | 68 | 110 | 1 200 | 120 | 110 | 180 | 1 800 | 180 | 160 | 270 |
| 6 | 10 | 150 | 15 | 14 | 23 | 220 | 22 | 20 | 33 | 360 | 36 | 32 | 54 | 580 | 58 | 52 | 87 | 900 | 90 | 81 | 140 | 1 500 | 150 | 140 | 230 | 2 200 | 220 | 200 | 330 |
| 10 | 18 | 180 | 18 | 16 | 27 | 270 | 27 | 24 | 41 | 430 | 43 | 39 | 65 | 700 | 70 | 63 | 110 | 1 100 | 110 | 100 | 170 | 1 800 | 180 | 160 | 270 | 2 700 | 270 | 240 | 400 |
| 18 | 30 | 210 | 21 | 19 | 32 | 230 | 33 | 30 | 50 | 520 | 52 | 47 | 78 | 840 | 84 | 75 | 130 | 1 300 | 130 | 120 | 200 | 2 100 | 210 | 190 | 320 | 3 300 | 330 | 300 | 490 |
| 30 | 50 | 250 | 25 | 23 | 38 | 390 | 39 | 35 | 59 | 620 | 62 | 56 | 93 | 1 000 | 100 | 90 | 150 | 1 600 | 160 | 140 | 240 | 2 500 | 250 | 220 | 380 | 3 900 | 390 | 350 | 530 |
| 50 | 80 | 300 | 30 | 27 | 45 | 460 | 46 | 41 | 69 | 740 | 74 | 67 | 110 | 1 200 | 120 | 110 | 180 | 1 900 | 190 | 170 | 290 | 3 000 | 300 | 270 | 450 | 4 600 | 460 | 410 | 690 |
| 80 | 120 | 350 | 35 | 38 | 53 | 540 | 54 | 49 | 81 | 870 | 87 | 78 | 130 | 1 400 | 140 | 130 | 210 | 2 200 | 220 | 200 | 330 | 3 500 | 350 | 320 | 530 | 5 400 | 540 | 480 | 810 |
| 120 | 180 | 400 | 40 | 36 | 60 | 630 | 63 | 57 | 95 | 1 000 | 100 | 90 | 150 | 1 600 | 160 | 150 | 240 | 2 500 | 250 | 230 | 330 | 4 000 | 400 | 360 | 600 | 6 300 | 630 | 570 | 940 |
| 180 | 250 | 460 | 46 | 41 | 69 | 720 | 72 | 65 | 110 | 1 150 | 115 | 100 | 170 | 1 800 | 180 | 170 | 280 | 2 900 | 290 | 260 | 440 | 4 600 | 460 | 410 | 690 | 7 200 | 720 | 650 | 1 060 |
| 250 | 315 | 520 | 52 | 47 | 78 | 810 | 81 | 73 | 120 | 1 300 | 130 | 120 | 190 | 2 100 | 210 | 190 | 320 | 3 200 | 320 | 290 | 480 | 5 200 | 520 | 470 | 780 | 8 100 | 810 | 730 | 1 210 |
| 315 | 400 | 570 | 57 | 51 | 86 | 890 | 89 | 80 | 130 | 1 400 | 140 | 130 | 210 | 2 300 | 230 | 210 | 350 | 3 600 | 360 | 320 | 540 | 5 700 | 570 | 510 | 850 | 8 900 | 890 | 800 | 1 330 |
| 400 | 500 | 630 | 63 | 57 | 95 | 970 | 97 | 87 | 150 | 1 500 | 150 | 140 | 230 | 2 500 | 250 | 230 | 380 | 4 000 | 400 | 360 | 600 | 6 300 | 630 | 570 | 950 | 9 700 | 970 | 870 | 1 450 |

计量器具的测量不确定度允许值（$u_1$）按测量不确定度（$u$）与工件公差的比值分档。对 IT6～T11 级分为Ⅰ、Ⅱ、Ⅲ 三档，分别为工件公差的 1/10、1/6、1/4，如表 2－8 所示；对 IT12～IT18 级分为 Ⅰ、Ⅱ两档，一般情况下应优先选用Ⅰ档，其次选用Ⅱ、Ⅲ档。

计量器具的测量不确定度允许值（$u_1$）约为测量不确定度（$u$）的 0.9 倍，即 $u_1=0.9u$。选择计量器具时，应保证其不确定度不大于其允许值 $u_1$。有关常用量仪 $u_1$ 值见表 2－9～表 2－11。

**表 2－9　千分尺和游标卡尺的不确定度**　　单位：mm

<table>
<tr><th rowspan="3">尺寸范围</th><th colspan="4">计量器具类型</th></tr>
<tr><th>分度值 0.01 千分尺</th><th>分度值 0.01 内径千分尺</th><th>分度值 0.02 游标卡尺</th><th>分度值 0.05 游标卡尺</th></tr>
<tr><th colspan="4">不确定度值</th></tr>
<tr><td>0～50</td><td>0.004</td><td rowspan="3">0.008</td><td rowspan="6">0.020</td><td rowspan="4">0.050</td></tr>
<tr><td>50～100</td><td>0.005</td></tr>
<tr><td>100～150</td><td>0.006</td></tr>
<tr><td>150～200</td><td>0.007</td><td rowspan="3">0.013</td></tr>
<tr><td>200～250</td><td>0.008</td><td rowspan="8">0.100</td></tr>
<tr><td>250～300</td><td>0.009</td></tr>
<tr><td>300～350</td><td>0.010</td><td rowspan="3">0.020</td><td rowspan="7"></td></tr>
<tr><td>350～400</td><td>0.011</td></tr>
<tr><td>400～450</td><td>0.012</td></tr>
<tr><td>450～500</td><td>0.013</td><td>0.025</td></tr>
<tr><td>500～600</td><td rowspan="3"></td><td rowspan="3">0.030</td></tr>
<tr><td>600～700</td></tr>
<tr><td>700～1 000</td><td>0.150</td></tr>
</table>

注：本表仅供参考。

**表 2－10　比较仪的不确定度**　　单位：mm

<table>
<tr><th rowspan="3">尺寸范围</th><th colspan="4">所使用的计量器具</th></tr>
<tr><th>分度值 0.000 5<br>（相当于放大倍数<br>2 000 倍）的比较仪</th><th>分度值 0.001<br>（相当于放大倍数<br>1 000 倍）的比较仪</th><th>分度值 0.002<br>（相当于放大倍数<br>400 倍）的比较仪</th><th>分度值 0.005<br>（相当于放大倍数<br>250 倍）的比较仪</th></tr>
<tr><th colspan="4">不确定度值</th></tr>
<tr><td>～25</td><td>0.000 6</td><td rowspan="2">0.001 0</td><td>0.001 7</td><td rowspan="6">0.003 0</td></tr>
<tr><td>25～40</td><td>0.000 7</td><td rowspan="3">0.001 8</td></tr>
<tr><td>40～65</td><td>0.000 8</td><td rowspan="2">0.001 1</td></tr>
<tr><td>65～90</td><td>0.000 8</td></tr>
<tr><td>90～115</td><td>0.000 9</td><td>0.001 2</td><td rowspan="2">0.001 9</td></tr>
<tr><td>115～165</td><td>0.001 0</td><td>0.001 3</td></tr>
<tr><td>165～215</td><td>0.001 2</td><td>0.001 4</td><td>0.002 0</td><td rowspan="3">0.003 5</td></tr>
<tr><td>215～265</td><td>0.001 4</td><td>0.001 6</td><td>0.002 1</td></tr>
<tr><td>265～315</td><td>0.001 6</td><td>0.001 7</td><td>0.002 2</td></tr>
</table>

注：测量时，使用的标准器具由 4 块 1 级（或 4 等）量块组成。本表仅供参考。

表 2-11　指示表的不确定度　　单位：mm

<table>
<tr><th colspan="2" rowspan="2">尺寸范围</th><th colspan="4">所使用的计量器具</th></tr>
<tr><th>分度值为 0.001 mm 的千分表（0 级在全程范围内，1 级在 0.2 mm 内）分度值为 0.002 mm 的千分表（在一转范围内）</th><th>分度值为 0.001、0.002、0.005 mm 的千分表（1 级在全程范围内）分度值为 0.01 mm 的百分表（0 级在任意 1 mm 内）</th><th>分度值为 0.01 mm 的百分表（0 级在全程范围内，1 级在任意 1 mm 内）</th><th>分度值为 0.01 mm 的百分表（1 级在全程范围内）</th></tr>
<tr><th>大于</th><th>至</th><th colspan="4">不确定度</th></tr>
<tr><td></td><td>25</td><td rowspan="5">0.005</td><td rowspan="9">0.010</td><td rowspan="9">0.018</td><td rowspan="9">0.030</td></tr>
<tr><td>25</td><td>40</td></tr>
<tr><td>40</td><td>65</td></tr>
<tr><td>65</td><td>90</td></tr>
<tr><td>90</td><td>115</td></tr>
<tr><td>115</td><td>165</td><td rowspan="4">0.006</td></tr>
<tr><td>165</td><td>215</td></tr>
<tr><td>215</td><td>265</td></tr>
<tr><td>265</td><td>315</td></tr>
</table>

注：测量时，使用的标准器由 4 块 1 级（或 4 等）量块组成，本表仅供参考。

**【例 2-3】** 试确定 $\phi$30h7 的验收极限，并选择相应的计量器具。

**解**　查表 2-7 得 $\phi$30h7 的公差值 $T_1$=0.021 mm，安全裕度 $A$=0.002 mm，则计量器具不确定度允许值 $u_1$=0.001 8 mm。按内缩方式确定验收极限为

上验收极限=最大实体尺寸(MMS)－安全裕度($A$)=(30－0.002)mm
=29.998 mm

下验收极限=最小实体尺寸(LMS)＋安全裕度($A$)=(30－0.021＋0.002)mm
=29.981 mm

由表 2-10 可知，在工件尺寸 $\phi$30 mm、分度值为 0.002 mm 的比较仪不确定度为 0.001 8 mm，可满足要求。

# 实训——常用测量器具的使用

圆柱形孔、轴检测，在长度测量中占很大的比例。根据生产批量的大小、直径精度的高低和直径尺寸的大小等因素，可用不同的检测方法。成批生产的孔、轴一般用光滑极限量规检测；中、低精度的孔、轴通常采用游标卡尺，内、外径千分尺，杠杆千分尺等进行绝对测量，或用百分表、千分表、内径百分表等进行相对测量；高精度孔、轴，则用机械比较仪、万能测长仪、电感测微仪或接触式干涉仪等仪器进行测量。

**1. 学习目标**

① 了解常用测量器具的结构、原理及读数方法。

② 掌握常用测量器具的用途及应用场合。

③ 会用游标卡尺，内、外径千分尺测量外径、内径、槽宽等。

**2. 实训过程**

① 熟悉测量工具（如游标卡尺，内、外径千分尺，有条件者也可用其他测量工具或仪器）的结构及读数原理，并检查其灵敏程度。

② 对所给样件绘出草图，标出所需测量的尺寸线。

③ 正确使用测量工具对样件进行测量。反复进行三次，取平均值，并记录在草图上。

④ 与教师样图（图 2－29 和图 2－30）比较，找出产生误差及产生的原因。

⑤ 擦干净测量工具并按规定放回原址（盒或箱内）。

⑥ 填写检测评分表（表 2－12 和表 2－13）。

**3. 技能检验**

① 文明测量情况（是否按规程使用、维护测量工具）。

② 测量技能，使用工具的程序、姿势等。

③ 测量练习完成的质量。

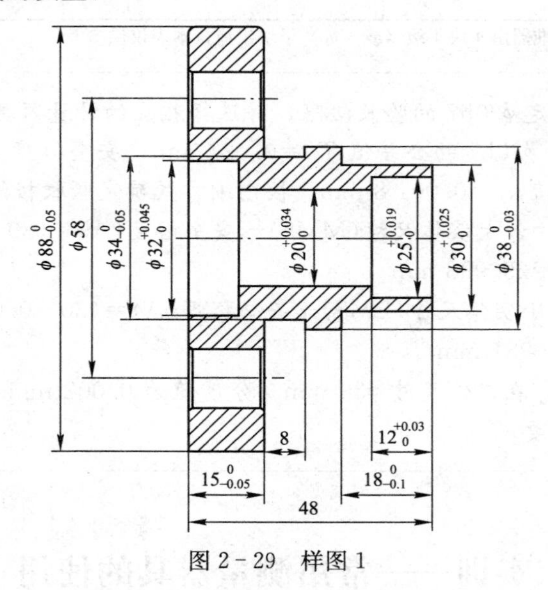


图 2－29 样图 1

**表 2－12 游标卡尺检测评分表**

| 项次 | 考核项目 | | 配分 | 测量记录（3 次） | | | 扣分 | 得分 |
|---|---|---|---|---|---|---|---|---|
| 1 | $\phi 88_{-0.05}^{0}$ | 外圆直径 | | | | | | |
| 2 | | | | | | | | |
| | | | | | | | | |
| | | | | | | | | |
| 14 | | | | | | | | |
| 15 | 安全文明测量情况 | | 5 | | | | 总分 | |

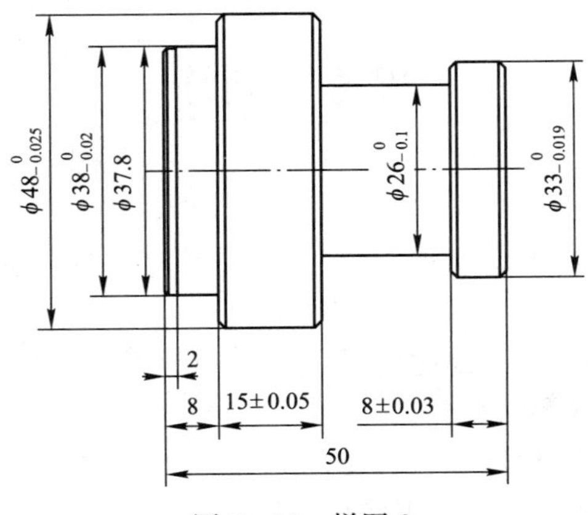


图 2 - 30　样图 2

**表 2 - 13　外径千分尺检测评分表**

| 项次 | 考核项目 | | 配分 | 测量记录（3 次） | | | 扣分 | 得分 |
|---|---|---|---|---|---|---|---|---|
| 1 | $\phi48_{-0.025}^{0}$ | 外圆直径 | | | | | | |
| 2 | | | | | | | | |
| | | | | | | | | |
| | | | | | | | | |
| | | | | | | | | |
| 8 | | | | | | | | |
| 9 | 安全文明测量情况 | | 5 | | | | 总分 | |

## 拓展与技能总结

本项目主要学习了技术测量的基本知识，测量就是以确定被测对象量值为目的的全部操作。为保证测量单位稳定、可靠和统一，且使用方便、提高测量精度，我国使用了长度量值的传递系统。

测量长度可以用量块和测量器具。量块可作为标准器具进行长度量值，也可以作为标准器来调整仪器、机床或直接检测零件。按 GB/T 6093—2001 的规定，量块按“级”和“等”分，成套设置，合理组合应用。

常用测量器具有卡尺、千分尺、百分尺、千分表和光滑极限量规。卡尺、千分尺、百分尺和千分表等能确定工件的实际尺寸；光滑极限量规不能确定工件的实际尺寸，只能确定工件尺寸是否处于规定的极限尺寸范围内。

随着科学的发展，新的测量技术也在实际中得到应用，如光栅技术、激光技术和三坐标测量机等。

根据测量误差的类型进行科学合理地处理、分析，从而得到所需的测量精度。

# 思考与训练

## 一、填空题

1. 所谓测量，就是把被测量与________进行比较，从而确定被测量的______过程。

2. 零件几何量需要通过____或______，才能判断其合格与否。

3. 三坐标测量机按检测精度分________和________。

4. 一个完整的测量过程包括______、______、______和______四个要素。

5. 百分表的分度值是______，千分尺的分度值是______。

6. 计量器具的示值范围是指计量器具标尺或度盘内全部刻度代表的______的范围。

7. 测量误差有______和______两种表示方法。

8. 量块的研合性是指______，并在不大的压力下作一些切向相对滑动就能______的性质。

9. 对遵守包容要求的尺寸，公差等级高的尺寸，其验收方式要选________。

10. 光滑极限量规的设计应符合极限尺寸判断原则（泰勒原则），即孔或轴的____不允许超过______，且在任何位置上的____不允许超过______。

11. 止规由于__________，磨损极少，所以只规定了________。

12. 验收量规是检验部门或用户__________时使用的量规。

13. 选用量规结构型式时，必须考虑______、______、______和______等。

14. 通规的公称尺寸等于______，止规的公称尺寸等于______。

15. 通规的测量面应具有与被测孔或轴相应的________。

## 二、选择题（单选或多选）

1. 由于测量零位不准而出现的误差属于______。

A. 随机误差　　B. 系统误差

C. 绝对误差　　D. 相对误差

2. 关于量块，正确的论述有______。

A. 量块按“等”使用比按“级”使用精度高

B. 量块具有研合性

C. 量块的形状大多为圆柱形

D. 量块只能用作标准器具进行长度量值的传递

3. 由于测量误差的存在，而对被测几何量不能肯定的程度称为______。

A. 灵敏度　　B. 精确度

C. 不确定度　　D. 精密度

4. 下列因素中引起系统误差的有______。

A. 测量人员的视差　　B. 测量仪器的示值误差

C. 测量过程中温度的波动　　D. 千分尺测微螺杆的螺距误差

5. 应按仪器的______来选择计量器具。

A. 示值范围　　B. 分度值

C. 灵敏度　　D. 不确定度

6. 产生测量误差的因素主要有______。

A. 测量器具的误差　　B. 测量方法的误差

C. 安装定位误差　　D. 环境条件所引起的误差

7. 为了提高测量精度，应选用______。

A. 间接测量　　B. 绝对测量

C. 相对测量　　D. 非接触式测量

8. 检验 $\phi$30g6Ⓔ轴用量规是______。

A. 属于止规　　B. 属于卡规

C. 属验收量规　　D. 属于塞规

E. 该量规通端可防止轴的作用尺寸大于轴的最大极限尺寸

9. 量规通规规定了位置要素是为了______。

A. 防止量规在制造时的误差超差

B. 防止量规在使用时表面磨损而报废

C. 防止使用不当造成浪费

D. 防止通规和止规混淆

10. 以下论述正确的有______。

A. 验收量规是用来验收工作量规的

B. 验收量规一般不单独制造，而用同一形式且已磨损较多的量规代替

C. 用户在用量规验收工件时，通规应接近工件的最大实体尺寸

D. 量规尺寸公差带采用“内缩工件极限”时，不利于被检工件的互换性，因为它实际上缩小了被检工件的尺寸公差

11. 关于量规的作用，正确的论述是______。

A. 塞规通端是防止孔的作用尺寸小于孔的最小极限尺寸

B. 塞规止端是防止孔的作用尺寸小于孔的最小极限尺寸

C. 卡规通端是防止轴的作用尺寸小于轴的最大极限尺寸

D. 卡规止端是防止轴的作用尺寸小于轴的最小极限尺寸

**三、判断题**

1. 我国法定计量单位中，长度单位是米（m），与国际单位不一致。（　　）

2. 量规只能用来判断零件是否合格，不能得出具体尺寸。（　　）

3. 计量器具的示值范围即测量范围。（　　）

4. 间接测量就是相对测量。（　　）

5. 使用的块规越多，组合的尺寸越精确。（　　）

6. 测量所得的值即为零件的真值。（　　）

7. 通常所说的测量误差，一般是指相对误差。（　　）

8. 多数随机误差是服从正态分布规律的。(　　)

9. 选择计量器具时，应保证其不确定度不大于其允许值 $u_1$。(　　)

10. 光滑量规止规的公称尺寸等于工件的最大极限尺寸。(　　)

11. 给出量规的磨损公差是为了增加量规的制造公差，使量规容易加工。(　　)

12. 通规公差由制造公差和磨损公差两部分组成。(　　)

13. 检验孔的尺寸是否合格的量规是通规，检验轴的尺寸是否合格的量规是止规。(　　)

14. 光滑极限量规是一种没有刻度线的专用量具，但不能确定工件的实际尺寸。(　　)

**四、综合题**

1. 试用 91 块一套的量块组合尺寸 51.987 mm 和 27.354 mm。

2. 在 83（或 46）块成套量块中，选择组成 $\phi$35f6 的两极限尺寸的量块组。

3. 某计量器具在示值为 40 mm 处的示值误差为 ±0.004 mm。若用该计量器具测量工件时，读数正好为 40 mm，试确定工件的实际尺寸是多少?

4. 用两种测量方法分别测量 100 mm 和 200 mm 两段长度，前者和后者的绝对测量误差分别为 +6 μm 和 −8 μm，试确定两者的测量精度中何者较高?

5. 试从 83 块一套的 2 级量块中组合出尺寸为 75.695 mm 的量块组，并确定该量块组按“级”使用时的尺寸的测量极限偏差。

# 项目三

# 几何公差及误差的检测

**教学目标：**

- 掌握各项几何公差的符号及公差带的含义，正确选用几何公差；
- 掌握公差原则、应用要素、功能要素、控制边界及检测方法；
- 掌握几何公差的检测原则及应用。

## 任务 3.1　掌握几何公差的相关术语及标注

零件在加工过程中不仅产生尺寸误差，还要产生几何误差。完工后的零件，由于各种误差的共同作用将对其配合性质、使用功能、互换性造成影响。因此，还需制定相应的几何公差（包含形状、方向、位置和跳动公差）加以限制。

**1. 几何公差的相关术语（GB/T 18780.1—2002）**

1）零件的要素

(1) 要素（feature）

构成零件几何特征的点、线、面称为要素，如图 3－1 所示。

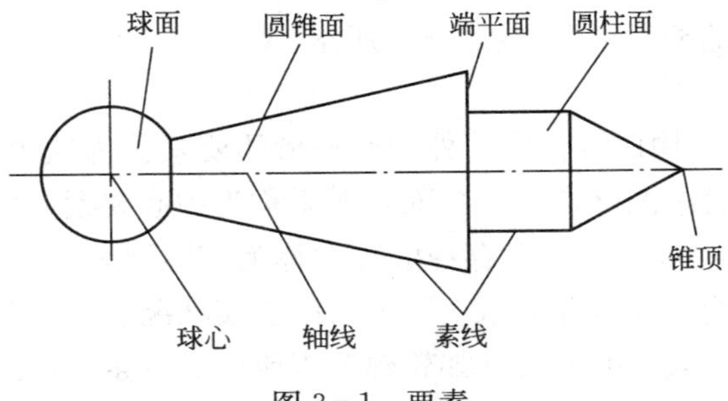


图 3－1　要素

(2) 组成要素（integral feature）

构件上面或面上的线称为组成要素。

(3) 导出要素 (derived feature)

由一个或几个组成要素得到的中心点、中心线或中心面称为导出要素。例如，球心是由球面得到的导出要素。

(4) 尺寸要素 (feature of size)

尺寸要素是指由一定大小的线性尺寸或角度尺寸确定的几何形状。尺寸要素可以是圆柱形、球形、两平行对应面等。

(5) 公称组成要素 (nominal integral feature)

公称组成要素是指由技术制图或其他方法确定的理论正确组成要素。

(6) 公称导出要素 (nominal derived feature)

公称导出要素是指由一个或几个公称组成要素导出的中心点、轴线或中心平面。

(7) 实际 (组成) 要素 (real (integral) feature)

实际 (组成) 要素是指由接近实际 (组成) 要素所限定的工件实际表面的组成要素部分。

(8) 提取组成要素 (extracted integral feature)

提取组成要素是指按规定方法，由实际 (组成) 要素提取有限数目的点所形成的实际 (组成) 要素的近似替代，该替代 (的方法) 由要素所要求的功能确定，每个实际 (组成) 要素可以有几个这种替代。

(9) 提取组成要素的局部尺寸 (local size of an extracted integral feature)

提取组成要素的局部尺寸是一切提取组成要素上两对应点之间距离的统称。为方便起见，可将提取组成要素的局部尺寸简称为提取要素的局部尺寸。

(10) 提取导出要素 (extracted derived feature)

提取导出要素是指由一个或几个提取组成要素得到的中心点、中心线或中心面。为方便起见，提取圆柱面的中心线称为提取中心线；两相对提取平面的导出中心面称为提取中心面。

(11) 拟合组成要素 (associated integral feature)

拟合组成要素是指按规定方法由提取组成要素形成的并具有理想形状的组成要素。

(12) 拟合导出要素 (associated derived feature)

拟合导出要素是指由一个或几个拟合组成要素导出的中心点、轴线或中心平面。

几何元素定义间的相互关系如图 3-2 所示。

按几何要素分类如下。

① 按结构特征分。构成零件内、外表面外形的要素称为轮廓要素，属于组成要素。轮廓要素对称中心所表示的 (点、线、面) 要素称为中心要素，属于导出要素。

② 按存在状态分。零件上实际存在的要素称为实际要素，测量时由测得要素代替。由于存在测量误差，测得要素并非该实际要素的真实状况。具有几何学意义的要素称为公称要素。设计图样所表示的要素 (如轮廓要素或中心要素) 均为公称要素。

③ 按所处地位分。图样上给出了形状或 (和) 位置公差要求的要素称为被测要素。用来确定被测要素方向或 (和) 位置的要素称为基准要素，理想基准要素简称基准。

④ 按功能要求分。仅对其本身给出形状公差要求，或仅涉及其形状公差要求时的要素称为单一要素。相对其他要素有功能要求而给出位置公差的要素称为关联要素。

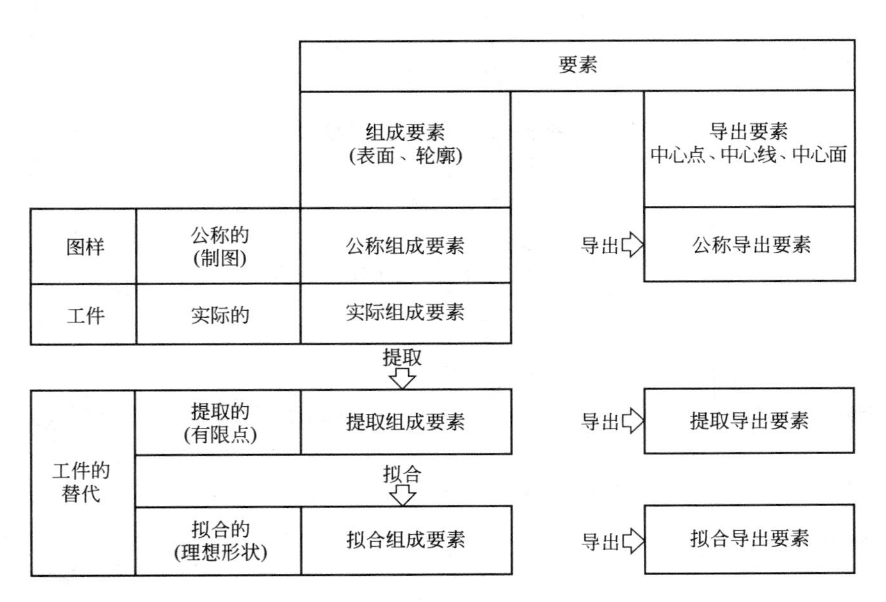


图 3-2　几何元素定义间的相互关系

2）几何公差项目及符号（GB/T 1182—2008）

国家标准规定了 19 项几何公差，其名称、符号及分类如表 3-1 所示。

**表 3-1　几何公差的名称、分类和基本符号**

| 公差类型 | 几何特征 | 符号 | 有无基准 | 公差类型 | 几何特征 | 符号 | 有无基准 |
|---|---|---|---|---|---|---|---|
| 形状公差 | 直线度 | — | 无 | 位置公差 | 位置度 | ⌖ | 有或无 |
| | 平面度 | ▱ | 无 | | | | |
| | 圆度 | ○ | 无 | | 同心度（用于中心点） | ◎ | 有 |
| | 圆柱度 | ⌭ | 无 | | | | |
| | 线轮廓度 | ⌒ | 无 | | 同轴度（用于轴线） | ◎ | 有 |
| | 面轮廓度 | ⌓ | 无 | | | | |
| 方向公差 | 平行度 | // | 有 | | 对称度 | ⌯ | 有 |
| | 垂直度 | ⊥ | 有 | | 线轮廓度 | ⌒ | 有 |
| | 倾斜度 | ∠ | 有 | | 面轮廓度 | ⌓ | 有 |
| | 线轮廓度 | ⌒ | 有 | 跳动公差 | 圆跳动 | ↗ | 有 |
| | 面轮廓度 | ⌓ | 有 | | 全跳动 | ⌰ | 有 |

## 2. 几何公差的含义和特征

随着产品的使用功能不同，除尺寸公差外，还要对产品的几何公差提出要求。几何公差是图样中对要素的形状和位置的最大允许变动量，即公差带。

所谓公差带（tolerance zone）是指由一个或几个理想的几何线或面所限定的、由线性公差值表示其大小的区域。由此可知，几何公差通常具有两个含义：区域性和长度值。即以理想要素为边界的平面或空间区域，要求该要素处处不得超出该区域。任何区域都具有四方面特征：形状、大小、方向和位置。几何公差是一个长度值，要求实际要素的误差不超出该值。公差带的形状主要有 9 种，如表 3 - 2 所示。

**表 3 - 2　公差带的形状**

| 特　征 | 公差带 | 特　征 | 公差带 |
| --- | --- | --- | --- |
| 圆内的区域 | 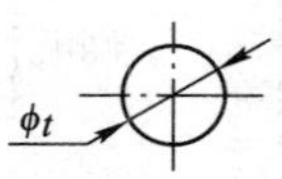 $\phi t$ | 两平行平面之间的区域 | 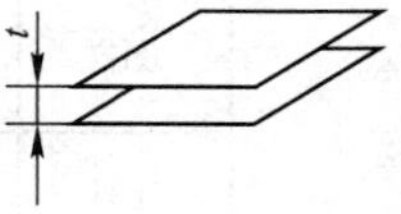 $t$ |
| 两个同心圆之间的区域 | 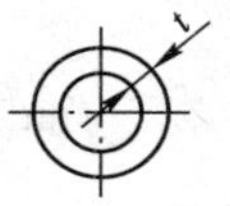 $t$ | 两个等距面之间的区域 |  $t$ |
| 两个同轴圆柱面之间的区域 | 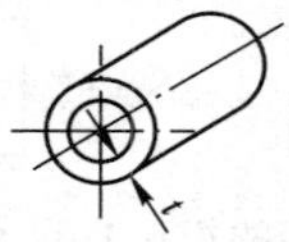 $t$ | 球面内的区域 | 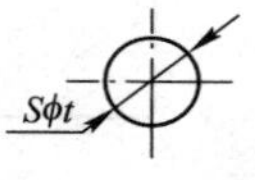 $S\phi t$ |
| 两平行直线之间的区域 | 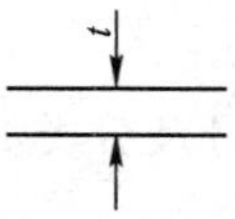 $t$ | 圆柱面内的区域 | 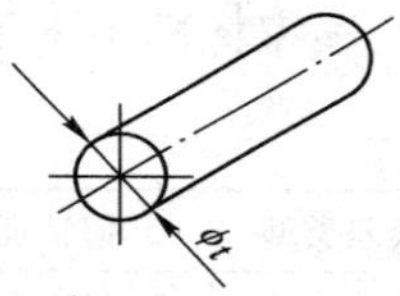 $\phi t$ |
| 两等距线之间的区域 | 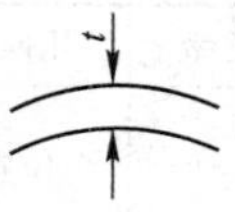 $t$ | | |

公差带的大小是指公差带的宽度 $t$ 或直径 $\phi t$，如表 3 - 2 所示，$t$ 即公差值，取值大小取决于被测要素的形状和功能要求。

公差带的方向即评定被测要素误差的方向。对于位置公差带，其方向由设计给出，被测要素应与基准保持设计给定的关系。对于形状公差带，设计不作出规定，其方向应遵守评定形状误差的基本原则（最小条件原则）。

公差带的位置，形状公差带没有位置要求，对于位置公差带，其位置是由相对基准的尺寸公差或理论正确尺寸确定。

**3. 几何公差的标注（GB/T 1182—2008）**

在技术图样上，几何公差应采用代号标注。只有在无法采用代号标注或者采用代号标注过于复杂时，才允许用文字说明几何公差要求。几何公差代号包括：有关项目的符号、框格和指引线、数值和其他有关符号、基准符号及基准代号。

几何公差框格有两格或多格，它可以水平放置，也可以垂直放置，自左至右依次填写几何特征符号、公差数值（单位为 mm）、基准代号字母。第 2 格及其后各格中还可能填写其他有关符号。

用指引线连接被测要素和公差框格。指引线可从框格的任一端引出，终端带一箭头。引出段必须垂直框格，引向被测要素时允许弯折，但不得多于两次，如图 3 - 3（a）所示。如需就某个要素给出几何特征公差，可将一个公差框格放在另一个的下面，如图 3 - 3（b）所示。

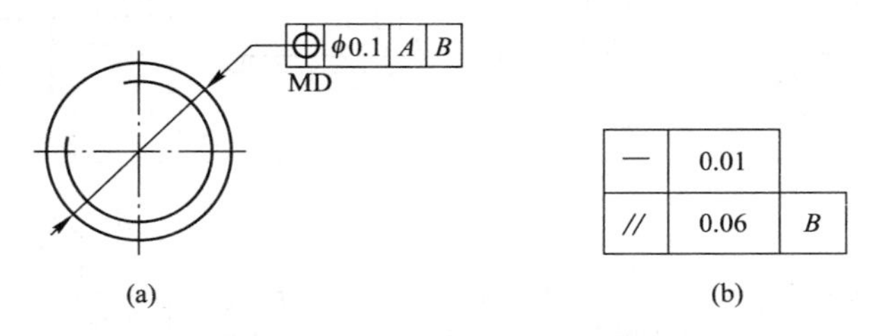


图 3 - 3　公差框格标注示例

当某项公差应用于几个相同要素时，应在公差框格的上方被测要素的尺寸之前注明要素的个数，并在两者之间加上符号“×”，如图 3 - 4 所示。

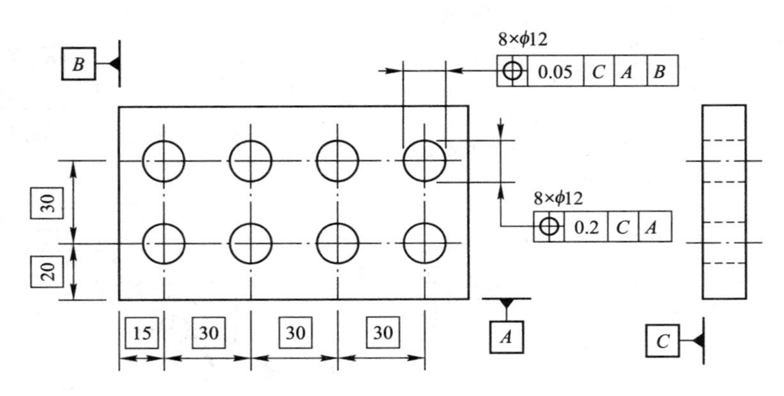


图 3 - 4　几何公差的标注方法示例

（1）被测要素的标注

被测要素的标注如表 3 - 3 所示。

**表 3 - 3　被测要素的标注**

| 序号 | 解　　释 | 图　　例 |
|---|---|---|
| 1 | 当公差涉及轮廓或轮廓面时，箭头指向该要素的轮廓线或其延长线，应与尺寸线明显地错开 |  |
| 2 | 受图形限制，需表示图样中某要素的几何公差时，箭头也可指向引出线的水平线，引出线引自被测面 |  |

续表

| 序号 | 解　释 | 图　例 |
| --- | --- | --- |
| 3 | 当被测要素涉及中心线、中心面或中心点时，箭头应位于相应尺寸线的延长线上，即与该要素的尺寸线对齐 | 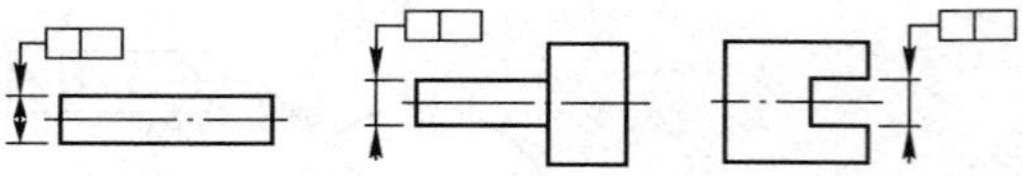 |
| 4 | 需要指明被测要素的形式（是线而不是面，需要规定被测线素所在截面的方向）时，应在公差框格附近注明 | 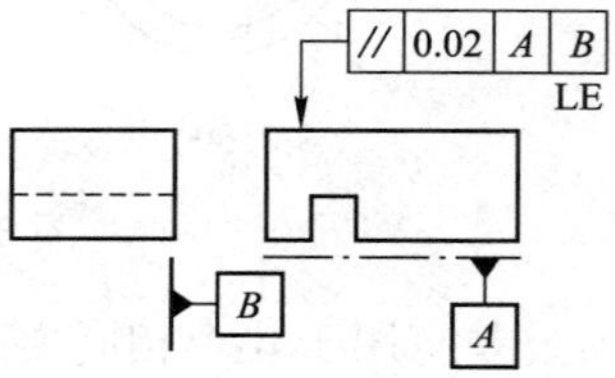 // 0.02 A B<br>LE<br>B<br>A |
| 5 | 需要对整个被测要素上任意限定范围内标注同样几何特征的公差时，可在公差值后面加注限定范围的线性尺寸值，并在两者间用斜线隔开，如图（a）所示；如果标注的是两项或两项以上同样几何特征的公差，可直接在整个要素公差框格的下方放置另一个公差框格，如图（b）所示 | — 0.05/200<br>(a)<br>— 0.1<br>0.05/200<br>(b) |
| 6 | 如果给出的公差仅适用于要素的某一指定局部，应采取粗点画线示出该局部的范围，并加注尺寸 | 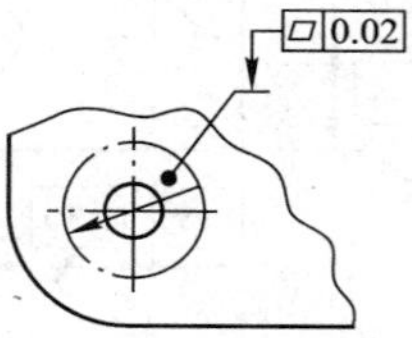 ▱ 0.02 |

(2) 基准的标注

基准的标注方法如表 3-4 所示。

**表 3-4　基准的标注方法**

| 序号 | 解　释 | 图　例 |
| --- | --- | --- |
| 1 | 与被测要素相关的基准用一个大写字母表示，字母标注在基准方格内，与一个涂黑的或空白的三角形相连表示基准，同时表示基准的字母还应标注在公差框格内 | 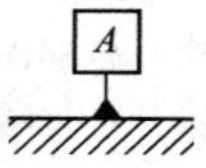 A　或　A  |
| | 注意：以单个要素作基准时，用一个大写字母表示，如图（a）所示；以两个要素建立公共基准时，字母中间用连字符相连，如图（b）所示；以两个或三个基准建立基准体系时，表示基准的字母按基准的优先顺序自左至右填在各框格内，如图（c）所示 | // 0.1 A<br>(a)<br>◎ φ0.1 A—B<br>(b)<br>⌖ φ0.1 A C B<br>(c) |

续表

| 序号 | 解释 | 图例 |
| --- | --- | --- |
| 2 | 当基准为轮廓要素时，基准三角形放置在要素的轮廓线或其延长线上，并应明显地与尺寸线错开，如图（a）所示；基准三角形也可放置在该轮廓面引出线的水平线上，如图（b）所示 | 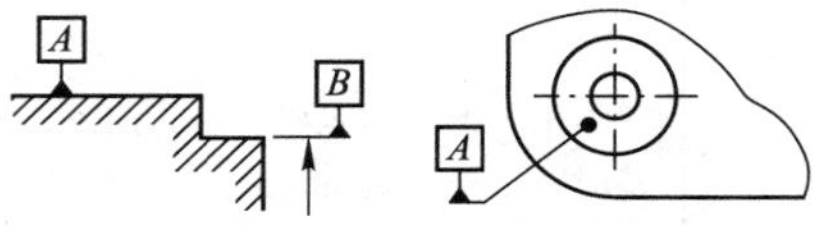 A B A (a) (b) |
| 3 | 当基准是尺寸要素确定的轴线、中心平面或中心点时，基准三角形应放置在该尺寸线的延长线上，如果没有足够的位置标注基准要素的两个尺寸箭头时，可用基准三角形代替 | 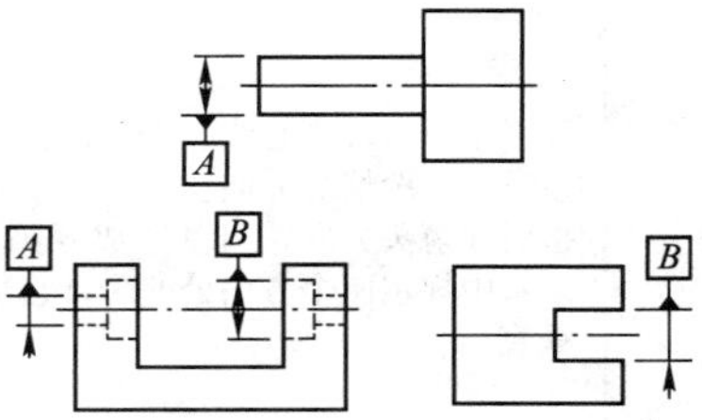 A A B B |
| 4 | 如果只以要素的某一局部作基准，则应用粗点画线示出该部分并加注尺寸 | 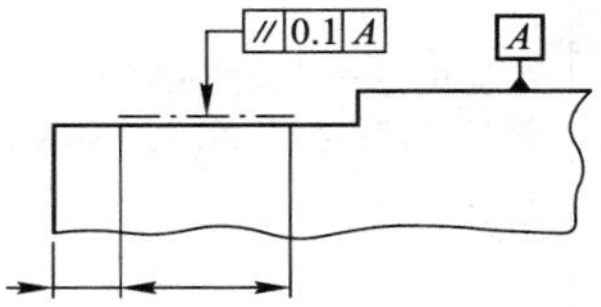 // 0.1 A A |

（3）公差带的标注

公差带的含义及标注方法如表 3-5 所示。

**表 3-5 公差带的含义及标注方法**

| 序号 | 解释 | 图例 |
| --- | --- | --- |
| 1 | 公差带的宽度方向为被测要素的法向，如图（a）所示，特殊情况另行标注，如图（b）所示 | 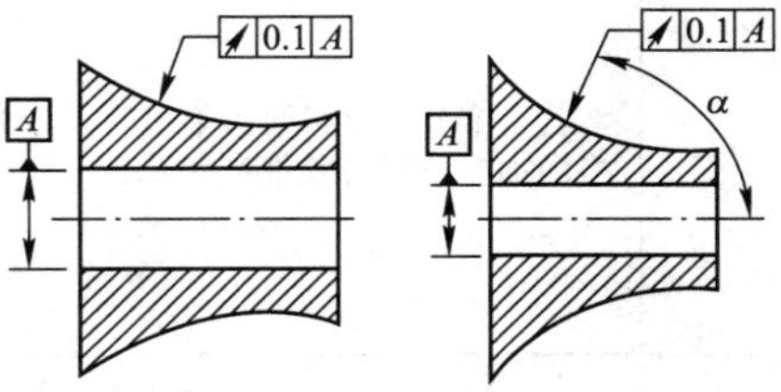 ↗ 0.1 A A ↗ 0.1 A α A (a) (b) |

续表

| 序号 | 解　释 | 图　例 |
| --- | --- | --- |
| 2 | 当中心点、中心线、中心面在一个方向给定公差时，一般公差带的宽度方向为理论正确尺寸（图中方框尺寸）图框的方向，特殊情况另行说明 | |
| 3 | 当中心点、中心线、中心面在一个方向给定公差时，一般情况方向公差的公差带的宽度方向为指引线箭头方向，与基准成 0°或 90°，同一基准体系中规定两个方向公差时，它们的公差带互相垂直 | |
| 4 | 如果公差带为圆形或圆柱形，公差值前应加注符号“$\phi$”；如公差带为圆球形，公差值前应加注符号“$S\phi$” | |
| 5 | 一个公差框格可以用于具有相同几何特征和公差值的若干个分离要素 | |
| 6 | 若干个分离要素给出单一公差带时，在公差框格内加注公共公差带符号 CZ | |

（4）附加标记的标注

附加标记的标注如表 3－6 所示。

表 3-6　几何公差的附加标记的注法

| 序号 | 解　释 | 图　例 |
|---|---|---|
| 1 | 如果轮廓度特征适用于横截面的整周轮廓或由该轮廓所示的整周表面时，应采用“全周”符号表示，“全周”符号并不包括整个工件的所有表面，只包括由轮廓和公差标注所表示的各个表面。<br>(a) 图为外轮廓线的全周同一要求；(b) 图为外轮廓面的全周同一要求，如图中 $a$ 面和 $b$ 面不在要求范围内 | 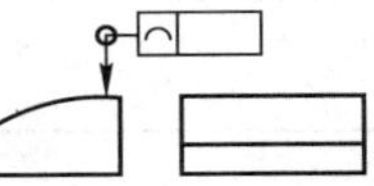 (a) 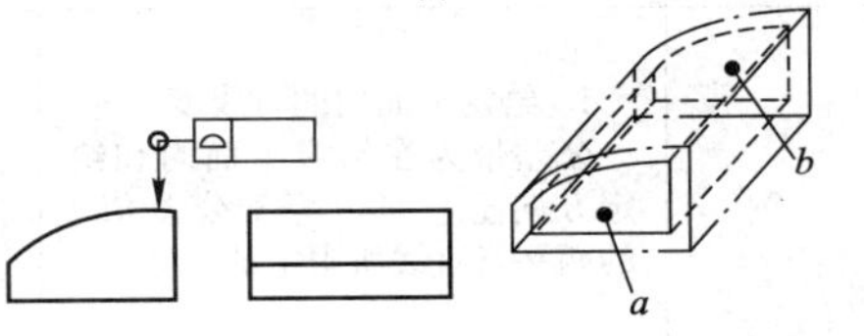<br>a b<br>(b) |
| 2 | 以螺纹轴线为被测要素或基准要素时，默认为螺纹中经圆柱的轴线，否则应另有说明。例如用“MD”表示大径，用“LD”表示小径。<br>以齿轮、花键轴线为被测要素或基准要素时，需说明所指的要素，如用“PD”表示节径 | 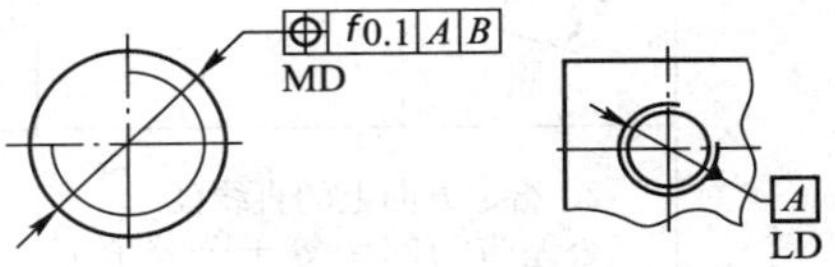 f0.1 A B<br>MD<br>A<br>LD |
| 3 | 延伸公差带用规范的附加符号Ⓟ表示；最大实体要求用规范的附加符号Ⓜ表示；最小实体要求用规范的附加符号Ⓟ表示；非刚性零件自由状态下的公差要求应该用在相应公差值的后面加注规范的附加符号Ⓛ的方法表示。各附加符号Ⓟ、Ⓜ、Ⓛ、Ⓕ和 CZ，可以同时用于一个公差框格中 | 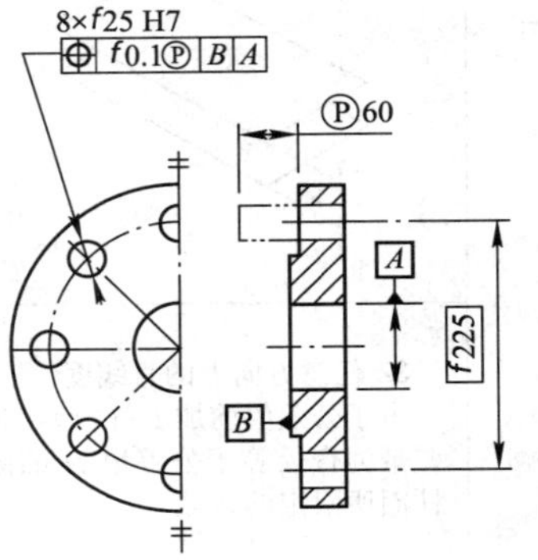 8×f25 H7<br>f0.1Ⓟ B A<br>Ⓟ60<br>A<br>f225<br>B |

# 任务 3.2　掌握几何公差的含义（GB/T 1182—2008）

## 1. 形状公差

### 1）形状公差带定义

形状公差是指单一实际要素的形状所允许的变动全量。形状公差带是限制实际被测要素变动的一个区域。形状公差（包括没有基准要求的线、面轮廓度）共有 6 项。随被测要素的结构特征和对被测要素的要求不同，直线度、线轮廓度、面轮廓度都有多种类型。表3－7列出了类型及其含义、标注和解释。学习几何公差最重要的是理解其“含义”，只有理解了“含义”，才能在设计中正确采用或正确地理解设计并为之制定正确的工艺、正确的检测方案。

表3－7　形状公差项目的含义、标注和解释

| 项目及符号 | 公差带定义 | 标注及解释 | 读图说明 |
|---|---|---|---|
| 直线度 — | 1. 给定平面内的直线度<br>公差带为在给定平面内和给定方向上，间距等于公差值 $t$ 的两平行直线所限定的区域 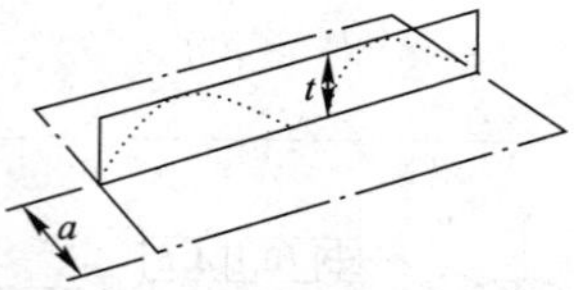 | 在任一平行于图示投影面的平面内，上平面的提取（实际）线应限定在间距等于0.1的两平行直线之间 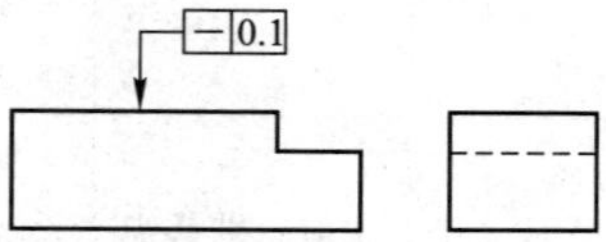<br>— 0.1 | 箭头所指处无尺寸线，可知被测素线为表面素线<br>读法：平面表面素线的直线度公差为0.1 mm |
| | 2. 给定方向上的直线度<br>公差带为间距等于公差值 $t$ 的两平行平面所限定的区域 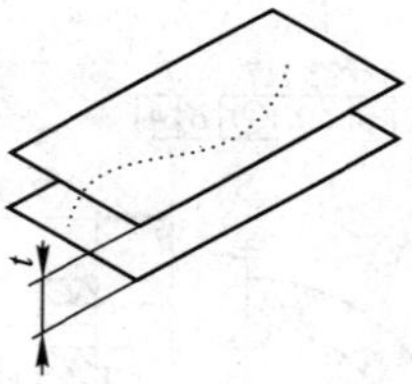 | 提取（实际）的棱边应限定在间距等于0.1的两平行平面之间 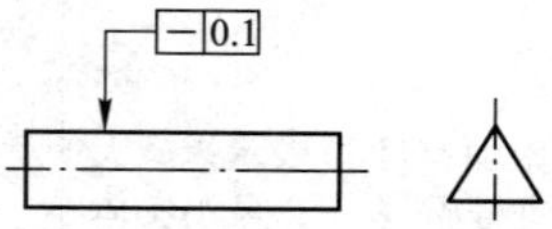<br>— 0.1 | 箭头所指处无尺寸线，可知被测素线为棱柱的棱线<br>读法：棱线的直线度公差为0.1 mm |
| | 3. 任意方向上的直线度<br>由于公差值前加了符号 $\phi$，公差带为直径等于公差值 $\phi t$ 的圆柱面所限定的区域 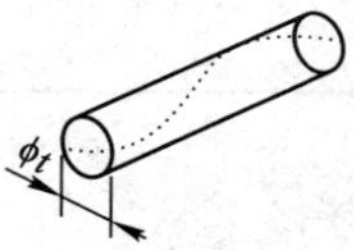 | 外圆柱面的提取（实际）中心线应限定在直径等于 $\phi$0.08的圆柱面内 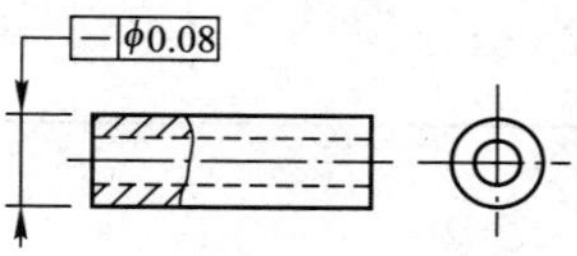<br>— $\phi$0.08 | 箭头与尺寸线对齐，可知被测素线为圆柱中心线（导出要素）<br>读法：圆柱中心线的直线度公差为0.08 mm |
| 平面度 ▱ | 公差带为间距等于公差值 $t$ 的两平行平面所限定的区域 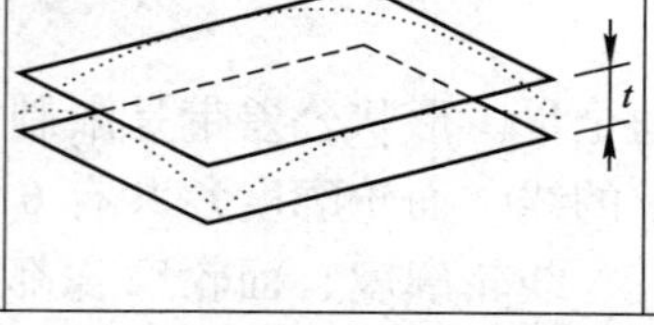 | 提取（实际）表面应限定在间距等于0.08的两平行平面之间 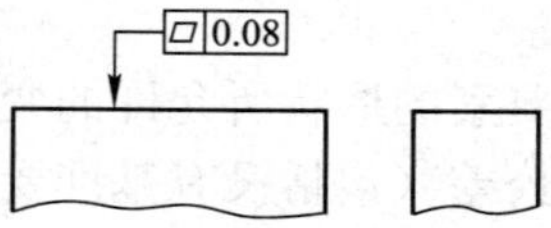<br>▱ 0.08 | 显而易见被测表面是上表面<br>读法：上表面的平面度公差为0.08 mm |

续表

| 项目及符号 | 公差带定义 | 标注及解释 | 读图说明 |
| --- | --- | --- | --- |
| 圆度 ○ | 公差带为在给定横截面内、半径差等于公差值 $t$ 的两同心圆所限定的区域 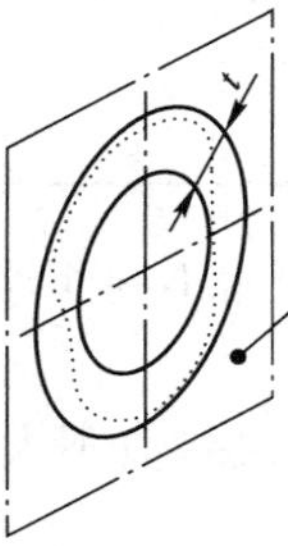 | 在圆柱面和圆锥面的任意横截面内，提取（实际）圆周应限定在半径差等于 0.03 的两共面同心圆之间 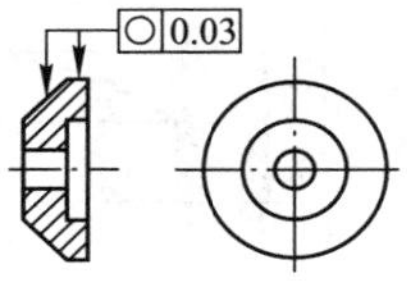 | 此公差引线箭头必须画在主视图，且不能垂直表面素线，不能画在侧视图上<br>读法：圆柱或圆锥的任意截面圆的圆度公差为 0.03 mm |
| | | 在圆锥面的任意横截面内，提取（实际）圆周应限定在半径等于 0.1 的两同心圆之间 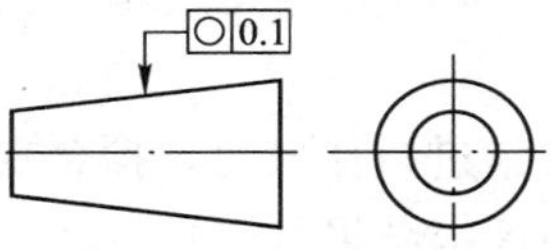 | 此公差引线箭头必须画在主视图，且不能垂直表面素线<br>读法：圆锥的任意截面圆的圆度公差为 0.1 mm |
| 圆柱度 ⌭ | 公差带半径差等于公差值 $t$ 的两同轴圆柱面所限定的区域 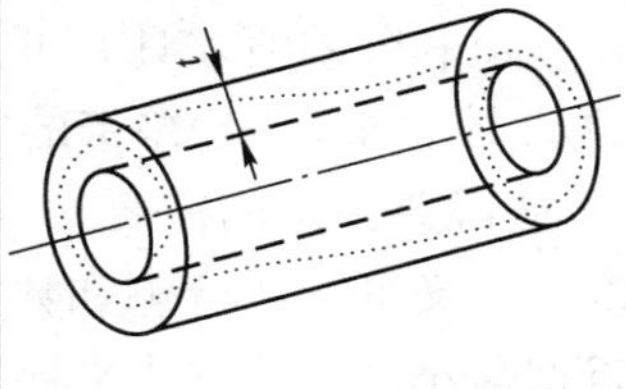 | 提取（实际）圆柱面应限定在半径差等于 0.1 的两同轴圆柱面之间 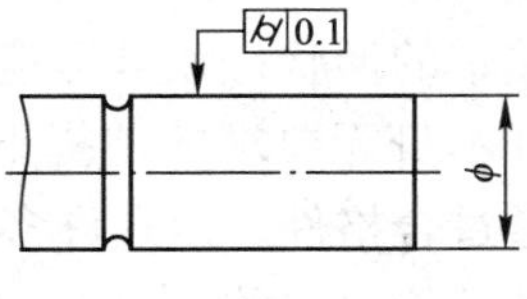 | 箭头所指处无尺寸线，可知被测要素为圆柱表面<br>读法：圆柱面的圆柱度公差为 0.1 mm |
| 线轮廓度（无基准）⌒ | 公差带为直径差等于公差值 $t$ 圆心位于具有理论正确几何形状上的一系列圆的两包络线所限定的区域 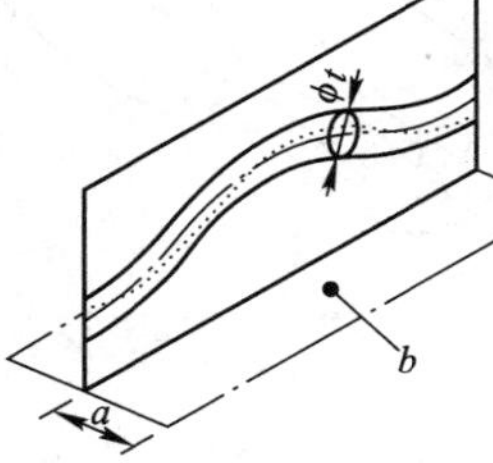 | 在任一平行于图示投影面的截面内，提取（实际）轮廓线应限定在直径等于 0.04、圆心位于被测要素理论正确几何形状上的一系列圆的两包络线之间 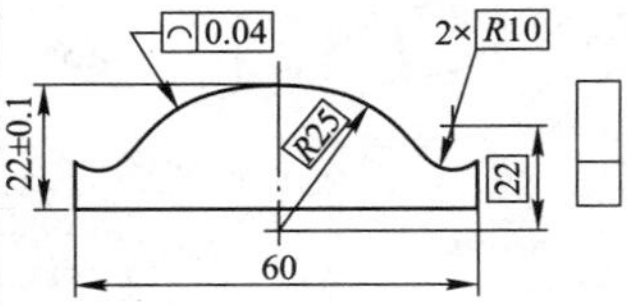 | 图中带方框的尺寸为理论正确尺寸，用来确定被测要素的理想形状、方向或（和）位置，本身不带公差。公差带形状为两等距曲线，其法向距离为公差值<br>读法：任一正截面的曲线的线轮廓度公差为 0.04 mm |

续表

| 项目及符号 | 公差带定义 | 标注及解释 | 读图说明 |
|---|---|---|---|
| 面轮廓度（无基准）⌓ | 公差带为直径差等于公差值 $t$ 球心位于被测要素理论正确几何形状上的一系列圆球的两包络面所限定的区域 | 提取（实际）轮廓面应限定在直径等于 0.02、球心位于被测要素理论正确几何形状上的一系列圆球的两等距包络面之间 | 理论轮廓曲面仍由理论正确尺寸确定。公差带形状为两等距曲面，其法向距离为公差值<br>读法：所指表面的面轮廓度公差为 0.02 mm |

形状公差带的特点是不涉及基准，其方向和位置随实际要素不同而浮动。

2）形状误差的评定

形状误差是被测提取要素对其拟合要素是变动量，形状误差值不大于相应的公差值，则认为合格。

被测提取要素与其拟合要素进行比较时，拟合要素相对于提取要素的位置不同，评定的形状误差值也不同。为了使评定结果具有唯一性，国家标准规定最小条件是评定形状误差的基本准则。所谓最小条件，是指被测提取要素对其拟合要素的最大变动量为最小。

形状误差值用最小包容区域（简称最小区域）的宽度或直径表示。最小区域是指包容被测要素，具有最小宽度 $f$ 或直径 $\phi f$ 的包容区域，如图 3-5 所示。显然，各项公差带和相应误差的最小区域，除宽度或直径（即大小）分别由设计给定和由被测提取要素本身决定外，其他三个特征应对应相同，只有这样，误差值和公差值才具有可比性。因此，最小区域的形状应与公差带的形状一致（即应服从设计要求）；公差带的方向和位置则应与最小区域一致（设计本身无要求的前提下应服从误差评定的需要）。遵守最小条件原则，可以最大限度地通过合格件。但在许多情况下，又可能使检测和数据处理复杂化。因此，允许在满足零件功能要求的前提下，用近似最小区域的方法来评定形状误差值。近似方法得到的误差值，只要小于公差值，零件在使用中会更趋可靠；但若大于公差值，则在仲裁时应按最小条件原则。

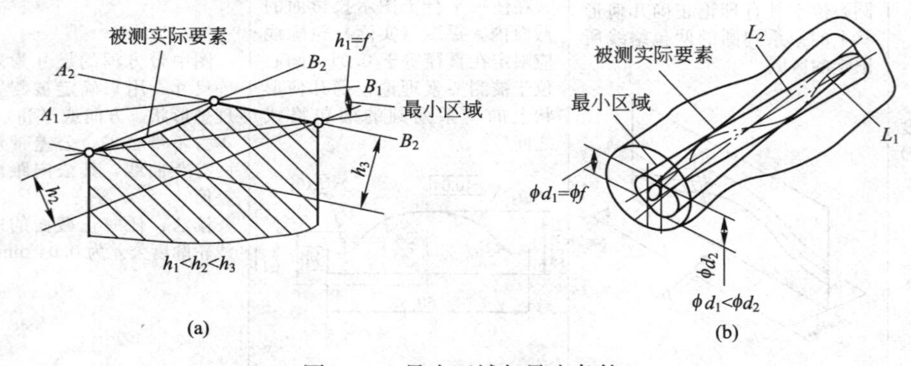


图 3-5 最小区域与最小条件

## 2. 方向公差

1）基准

与被测要素有关且用来确定其几何位置关系的一个拟合要素（如轴线、直线、平面等）称为基准，它可由零件上的一个或多个要素构成。由两个或三个单独的基准构成的组合，称为基准体系，用来确定被测要素几何位置关系。基准和基准体系是确定被测要素间几何位置关系的基础。根据关联被测要素所需基准的个数及构成某基准的零件上要素的个数，图样上标出的基准可归纳为以下 3 种。

① 单一基准。由单个要素构成、单独作为某被测要素的基准，这种基准称为单一基准。

② 组合基准（或称公共基准）。由两个或两个以上要素（理想情况下这些要素共线或共面）构成、起单基准作用的基准称为组合基准。见表 3-9 同轴度示例中的基准轴线即是由两端轴颈的轴线构成。在公差框格中标注时，将各个基准字母用短横线相连并写在同一格内，以表示作为单一基准使用。

③ 基准体系。若某被测要素需由两个或三个相互间具有确定关系的基准共同确定，这种基准称为基准体系。常见形式有：相互垂直的两平面基准或三平面基准，相互垂直的一直线基准和一平面基准。基准体系中的各个基准，可以由单个要素构成，也可由多个要素构成。若由多个要素构成，按组合基准的形式标注。应用基准体系时，要特别注意基准的顺序。填在框格第三格的称作第一基准，填在其后的依次称作第二、第三（如果有）基准。基准顺序重要性的原因在于实际基准要素自身存在形状误差和方向误差。改变基准顺序，就可能造成零件加工工艺（包括工装）的改变，当然也会影响到零件的功能。

2）方向公差带的定义

方向公差是关联提取要素对具有确定方向的拟合要素允许的变动量。拟合要素的方向由基准及理论正确尺寸（角度）确定。根据理论正确角度的变化，方向公差有平行度、垂直度、倾斜度、线轮廓度和面轮廓度（有基准要求的线、面轮廓度）5 个项目。根据被测要素和基准要素为直线或平面之分，可有“线对线”、“线对面”、“面对线”和“面对面”4 种形式。表 3-8 给出了方向公差项目的含义、标注及解释。

**表 3-8　方向公差项目的含义、标注和解释**

| 项目及符　号 | 公差带定义 | 标注及解释 | 读图说明 |
| --- | --- | --- | --- |
| 平行度<br>// | 1. 线对基准体系的平行度公差<br>公差带为间距等于公差值 $t$、平行于两基准的平行平面所限定的区域<br>$t$　A　B | 提取（实际）中心线应限定在间距等于 0.1、平行于基准轴线 $A$ 和基准面 $B$ 的两平行平面之间<br>// 0.1 A B<br>B　A | 线对线和线对面组成的基准体系。<br>读法：所指中心线的平行度公差为 0.1 mm |

续表

| 项目及符号 | 公差带定义 | 标注及解释 | 读图说明 |
| --- | --- | --- | --- |
| 平行度 // | 公差带为间距等于公差值 $t$、平行于基准线 $A$ 且垂直于平面 $B$ 的两平行平面所限定的区域 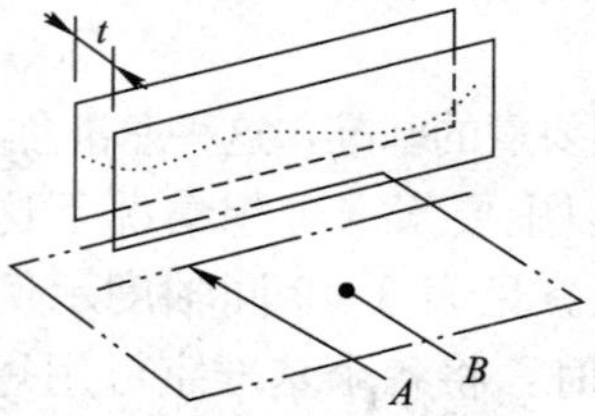 | 提取（实际）中心线应限定在间距等于 0.1 的两平行平面之间。该两平行平面平行于基准轴线 $A$ 且垂直于基准平面 $B$ 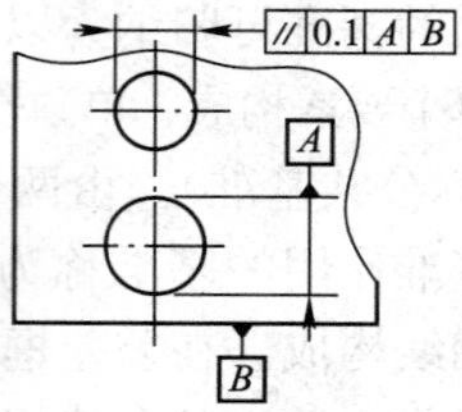 | 线对线和线对面组成的基准体系。<br>读法：所指中心线的平行度公差为 0.1 mm |
| | 公差带为平行于基准轴线和平行或垂直于基准面间距，分别等于公差值 $t_1$ 和 $t_2$ 且相互垂直的两组平行平面所限定的区域 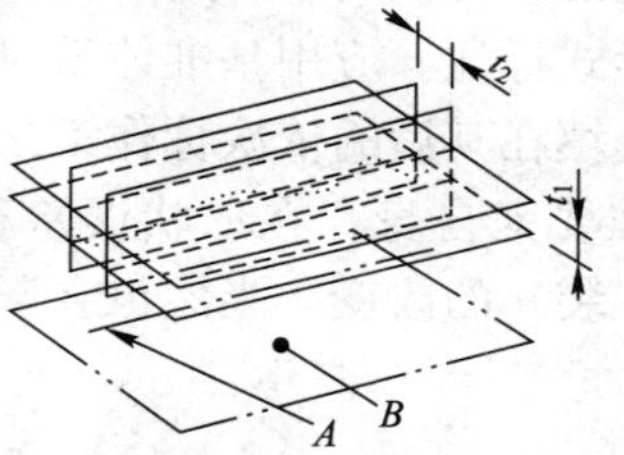 | 提取（实际）中心线应限定在平行于基准轴线 $A$ 和平行或垂直于基准平面 $B$、间距分别等于公差值 0.1 和 0.2，且相互垂直的两平行平面之间 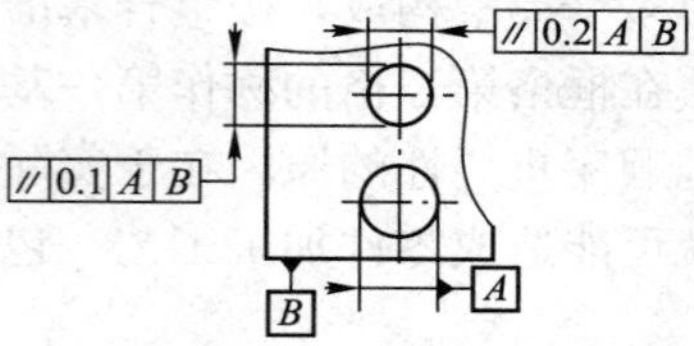 | 线对线和线对面组成的基准体系。<br>读法：所指中心线在互相垂直方向的平行度公差分别为 0.1 mm 和 0.2 mm |
| | 公差带为间距等于公差值 $t$ 的两平行直线所限定的区域，该两平行直线平行于基准平面 $A$ 且处于平行于基准平面 $B$ 的平面内 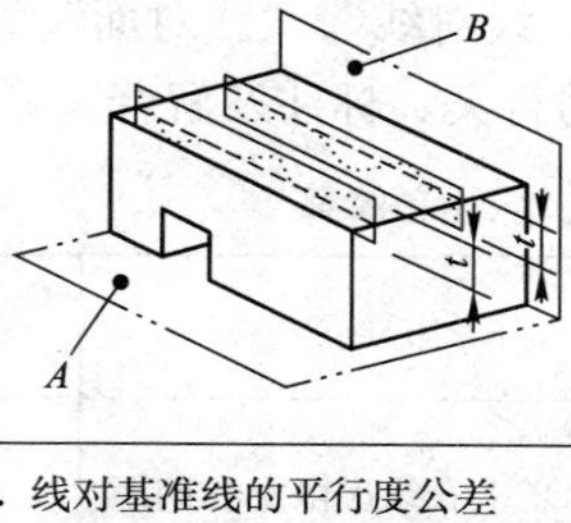 | 提取（实际）线应限定在间距等于 0.02 的两平行直线之间。该两平行直线平行于基准平面 $A$ 且处于平行于基准平面 $B$ 的平面内 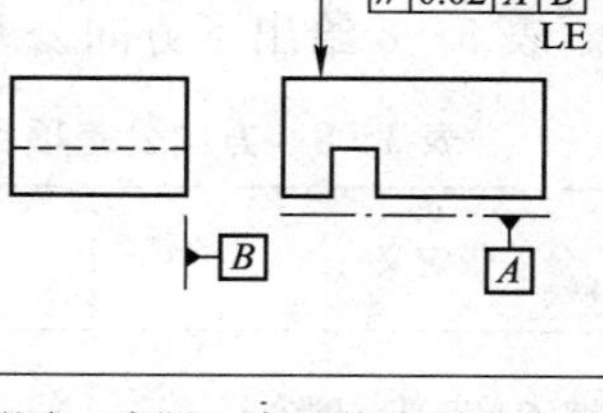 | 线对线和线对线组成的基准体系。<br>读法：所指中心线在互相垂直方向的平行度公差分别为 0.1 mm 和 0.2 mm |
| | 2. 线对基准线的平行度公差<br>若公差值前加注符号 $\phi$，公差带为平行于基准轴线，直径等于公差值 $\phi t$ 的圆柱面所限定的区域 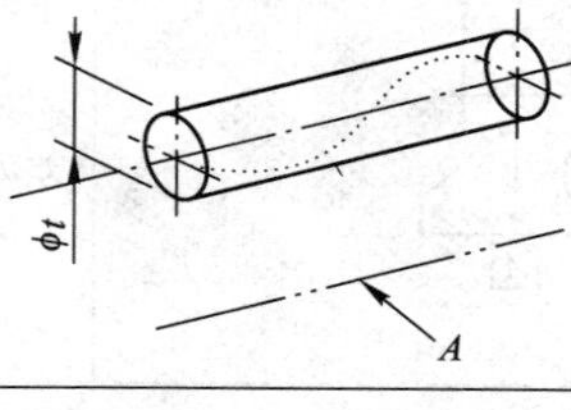 | 提取（实际）中心线应限定在平行于基准轴线 $A$，直径等于 $\phi$0.03 的圆柱面内 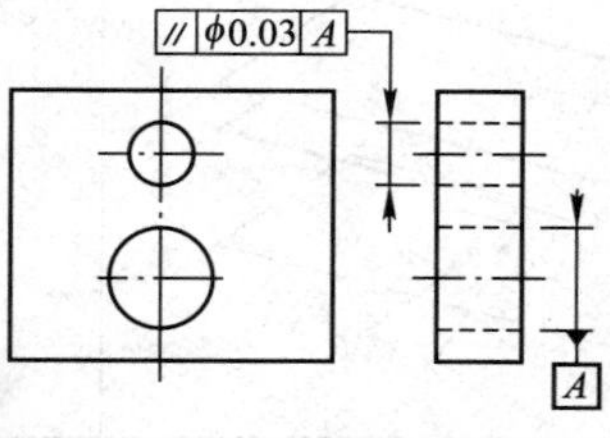 | 单一基准：线对线，公差形状为圆柱面。<br>读法：指引轴线对基准轴线 $A$ 中心距方向的平行度公差为 0.03 mm |

续表

| 项目及符号 | 公差带定义 | 标注及解释 | 读图说明 |
| --- | --- | --- | --- |
| 平行度 // | 3. 线对基准面的平行度公差<br>公差带为平行于基准平面，间距等于公差值 $t$ 的两平行平面所限定的区域 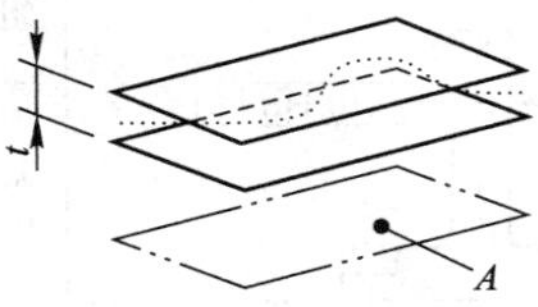 | 提取（实际）中心线应限定在平行于基准平面 $B$、间距等于 0.01 的两平行平面之间 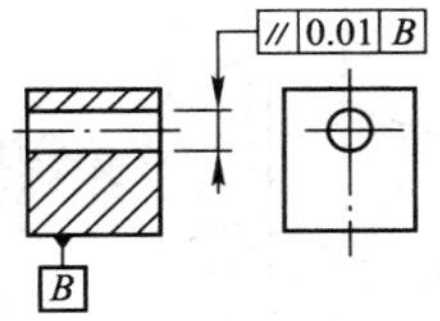 | 单一基准：线对面<br>读法：指引线对基准面 $B$ 的平行度公差 0.01 mm |
| | 4. 面对基准线的平行度公差<br>公差带为间距等于公差值 $t$、平行于基准轴线的两平行平面所限定的区域 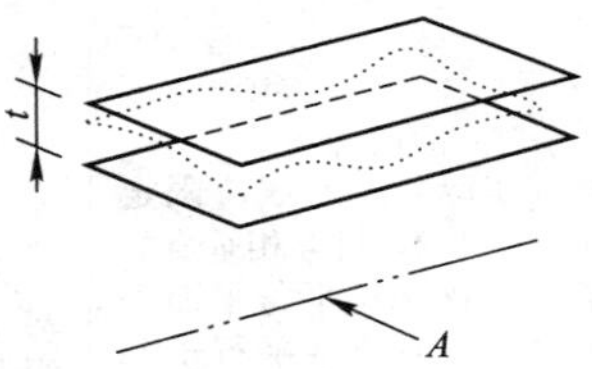 | 提取（实际）表面应限定在间距等于 0.1、平行于基准轴线 $C$ 两平行平面之间 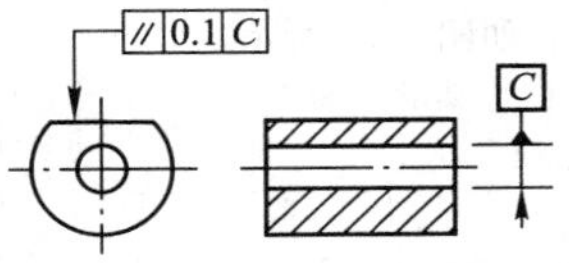 | 单一基准：面对线<br>读法：指引线所指平面对基准轴线 $C$ 的平行度公差 0.1 mm |
| | 5. 面对基准面平行度公差<br>公差带为间距等于公差值 $t$、平行于基准面的两平行平面所限定的区域 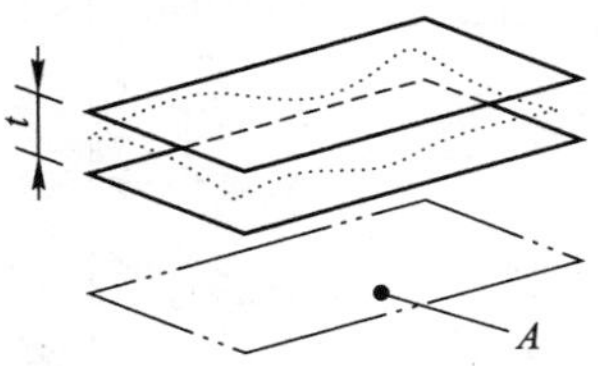 | 提取（实际）表面应限定在间距等于 0.01、平行于基准面 $D$ 的两平行平面之间 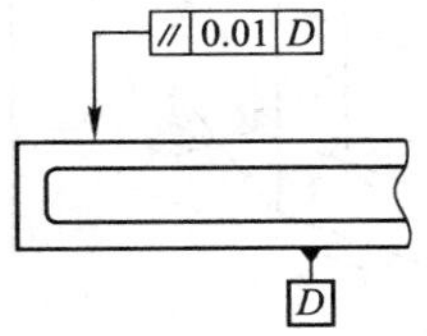 | 单一基准：面对面<br>读法：上表面对基准平面 $D$ 的平行度公差为 0.01 mm |
| 垂直度 ⊥ | 1. 线对基准线的垂直度公差<br>公差带为间距等于公差值 $t$、垂直于基准线的两平行平面所限定的区域 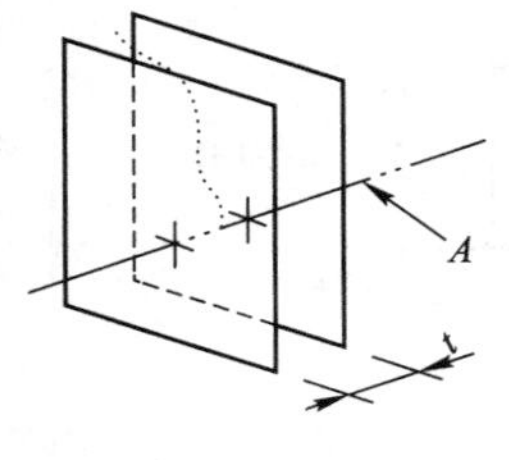 | 提取（实际）中心线应限定在间距等于 0.06、垂直于基准轴线 $A$ 的两平行平面之间 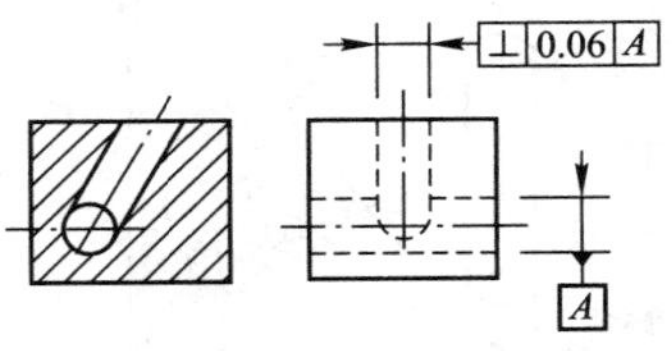 | 单一基准：线对线<br>读法：指引孔的轴线对基准轴线 $A$ 的垂直度公差为 0.06 mm |

续表

| 项目及符号 | 公差带定义 | 标注及解释 | 读图说明 |
|---|---|---|---|
| | 2. 线对基准体系垂直度公差<br>公差带为间距等于公差值 $t$ 的两平行平面所限定的区域。该两平行平面垂直于基准平面 $A$，且平行于基准平面 $B$ 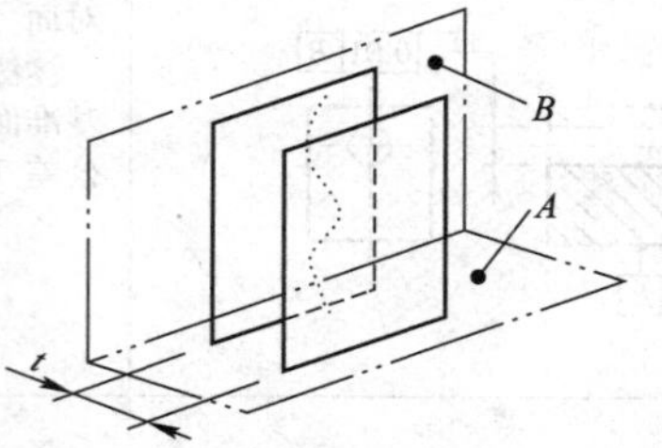 | 圆柱面的提取（实际）中心线应限定在间距等于 0.1 的两平行平面之间。该两平行平面垂直于基准平面 $A$，且平行于基准平面 $B$ 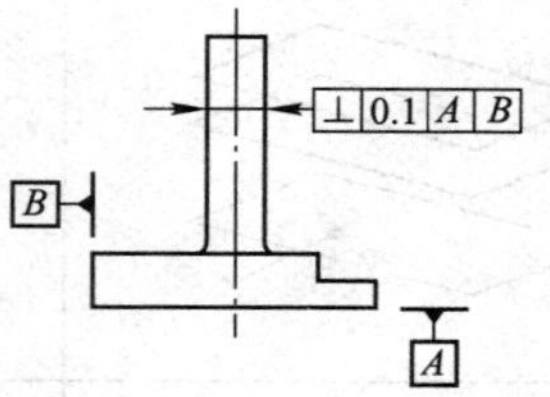 | 基准体系：线对面和线对面组合<br>读法：指引线所指圆柱轴线对基准 $A$、$B$ 的垂直度公差为 0.1 mm |
| 垂直度<br>⊥ | 公差带为间距分别等于公差值 $t_1$ 和 $t_2$，且互相垂直的两组平行平面所限定的区域。该两组平行平面都垂直于基准平面 $A$，其中一组平行平面垂直于基准平面 $B$，如图（a）所示，另一组平行平面平行于基准平面 $B$ 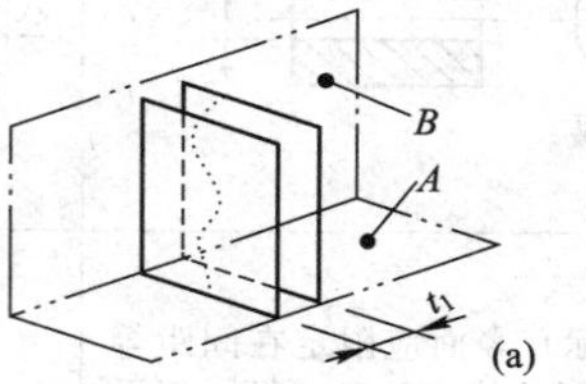<br>(a) 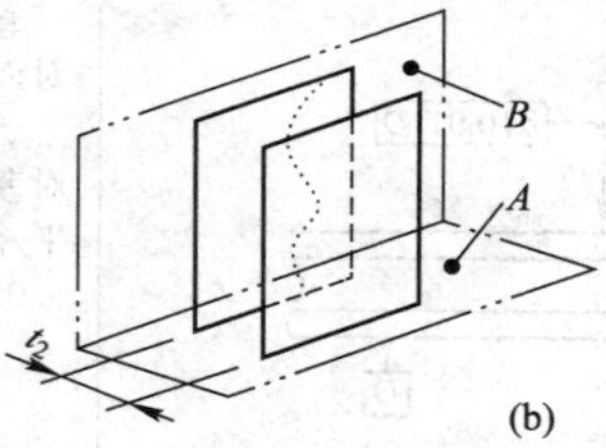<br>(b) | 圆柱的提取（实际）中心线应限定在间距等于 0.1 和 0.2，且互相垂直的两组平行平面内。该两组平行平面垂直于基准平面 $A$，且垂直或平行于基准平面 $B$。 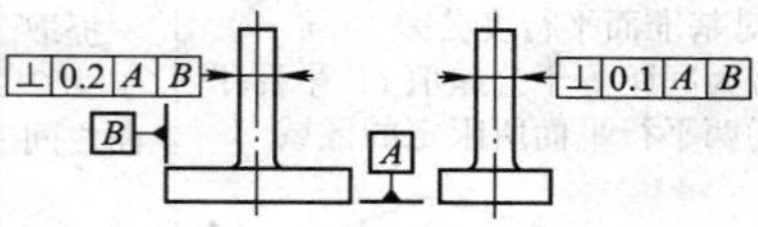 | 基准体系：线对面和线对面组合<br>读法：指引线所指圆柱轴线对基准 $A$、$B$ 的垂直度公差分别为 0.1 mm和 0.2 mm |
| | 3. 线对基准面的垂直度公差<br>若公差带前加注符号 $\phi$，公差带为直径等于公差值 $\phi t$、轴线垂直于基准平面的圆柱面所限定的区域 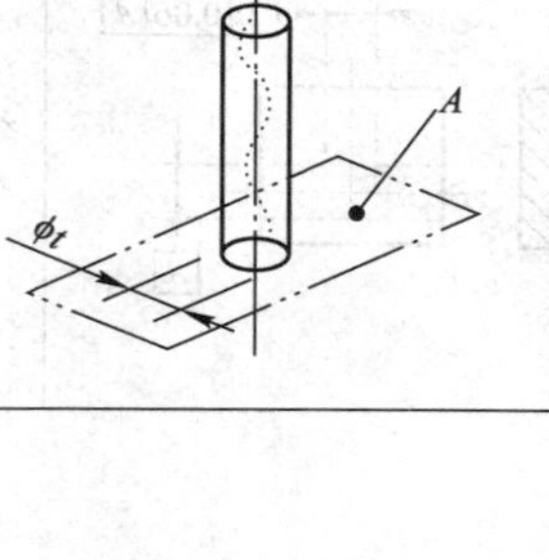 | 圆柱面的提取（实际）中心线应限定在直径等于 $\phi 0.01$ 且垂直于基准平面 $A$ 的圆柱面内 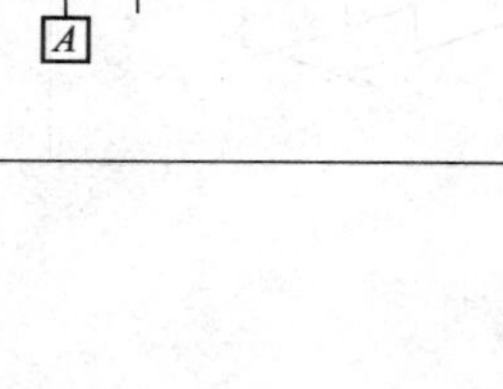 | 单一基准：线对面，公差形状为圆柱面<br>读法：指引线所指圆柱轴线对基准 $A$ 的垂直度公差为 0.01 mm |

**续表**

| 项目及符号 | 公差带定义 | 标注及解释 | 读图说明 |
| --- | --- | --- | --- |
| 垂直度 ⊥ | 4. 面对基准线的垂直度公差<br>公差带为间距等于公差值 $t$ 且垂直于基准轴线的两平行平面所限定的区域 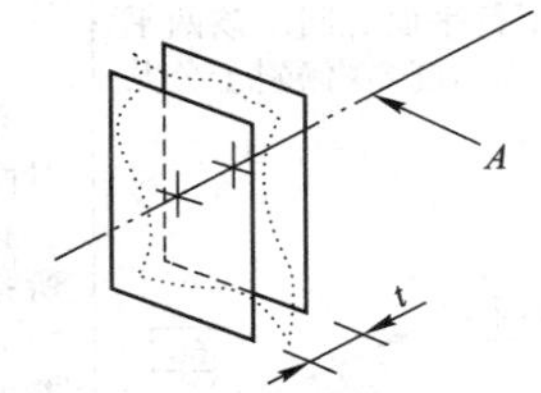 | 提取（实际）表面应限定在间距等于 0.08 的两平行平面之间。该两平行平面垂直于基准轴线 $A$ 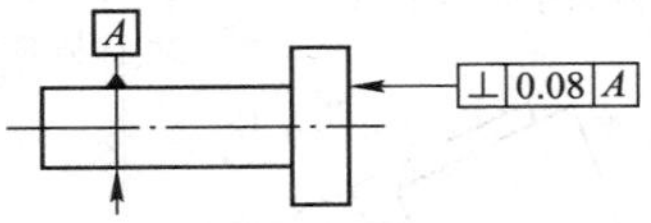 | 单一基准：面对线<br>读法：指引线所指平面对基准轴线 $A$ 的垂直度为 0.08 mm |
| | 5. 面对基准面的垂直度公差<br>公差带为间距等于公差值 $t$、垂直于基准平面的两平行平面所限定的区域 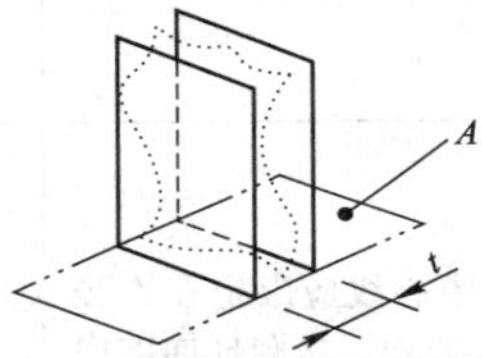 | 提取（实际）表面应限定在间距等于 0.08 且垂直于基准面 $A$ 的两平行平面之间 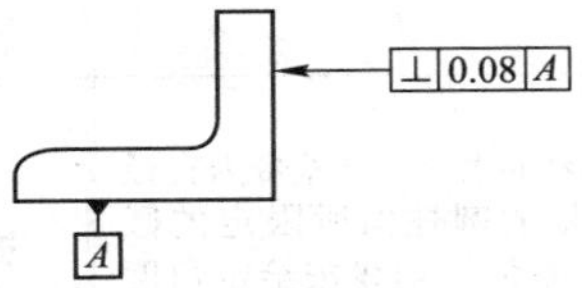 | 单一基准：面对面<br>读法：指引线所指平面对基准平面 $A$ 的垂直度为 0.08 mm |
| 倾斜度 ∠ | 1. 线对基准线的倾斜度公差<br>① 被测线与基准线在同一平面上<br>公差带为间距等于公差值 $t$ 的两平行平面所限定的区域。该两平行平面按给定角度倾斜于基准轴线 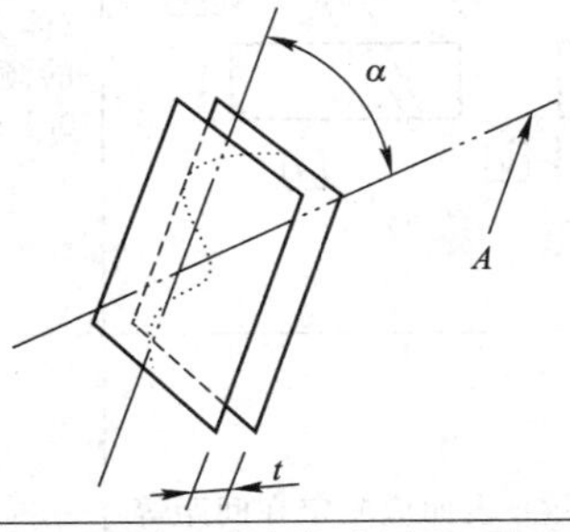 | 提取（实际）中心线应限定在间距等于 0.08 的两平行平面之间。该两平行平面按理论正确角度 60°倾斜于公共基准轴线 $A—B$ 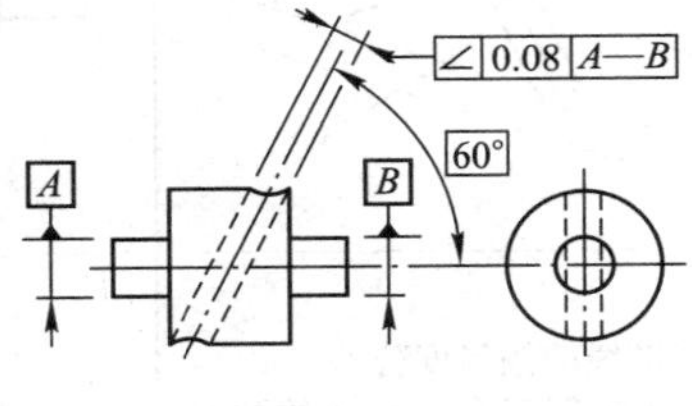 | 单一基准：线对线<br>读法：指引线所指轴线对公共基准轴线 $A—B$ 的倾斜度公差为 0.08 mm |
| | ② 被测线与基准线不在同一平面上<br>公差带为间距等于公差值 $t$ 的两平行平面所限定的区域。该两平行平面按给定角度倾斜于基准轴线 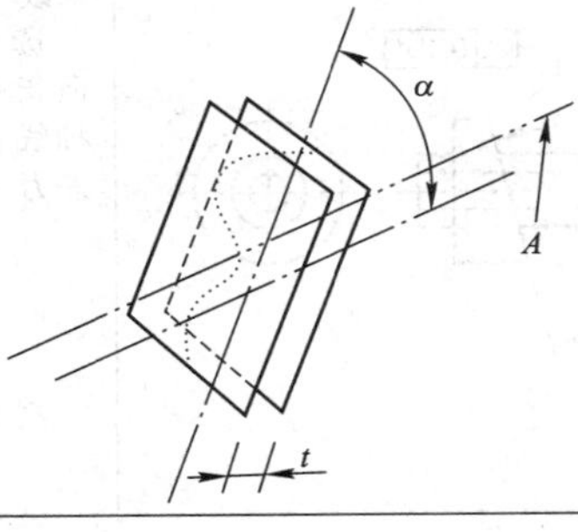 | 提取（实际）中心线应限定在间距等于 0.08 的两平行平面之间。该两平行平面按理论正确角度 60°倾斜于公共基准轴线 $A—B$ 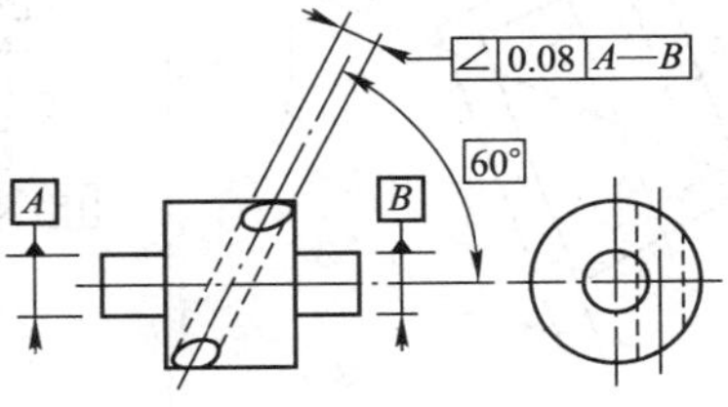 | 单一基准：线对线<br>读法：指引线所指轴线对公共基准轴线 $A—B$ 的倾斜度公差为 0.08 mm |

续表

| 项目及符号 | 公差带定义 | 标注及解释 | 读图说明 |
| --- | --- | --- | --- |
| 倾斜度 ∠ | 2. 线对基准面的倾斜度公差<br>公差带为间距等于公差值 $t$ 的两平行平面所限定的区域。该两平行平面按给定角度倾斜于基准平面 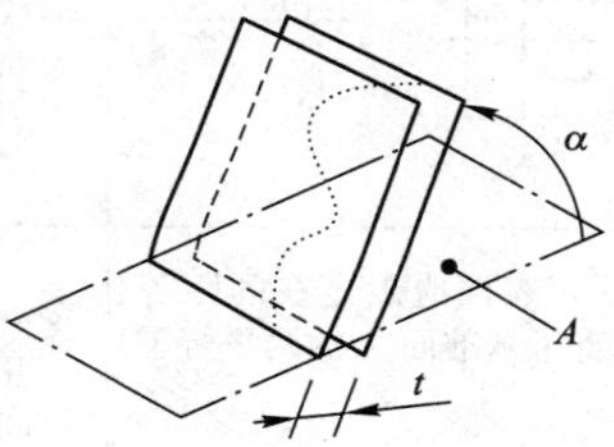 | 提取（实际）中心线应限定在间距等于 0.08 的两平行平面之间。该两平行平面按理论正确角度 60°倾斜于公共基准平面 $A$ 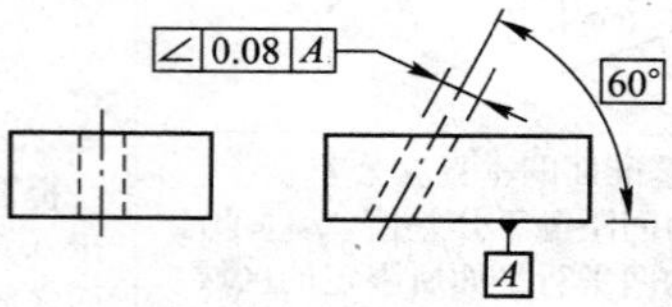 | 单一基准：线对面<br>读法：指引线所指轴线对基准面 $A$ 的倾斜度公差为 0.08 mm |
| | 公差带前加注符号 $\phi$，公差带为直径等于公差值 $\phi t$ 的圆柱面所限定的区域。该圆柱公差带的轴线按给定角度倾斜于基准平面 $A$ 且平行于基准平面 $B$ 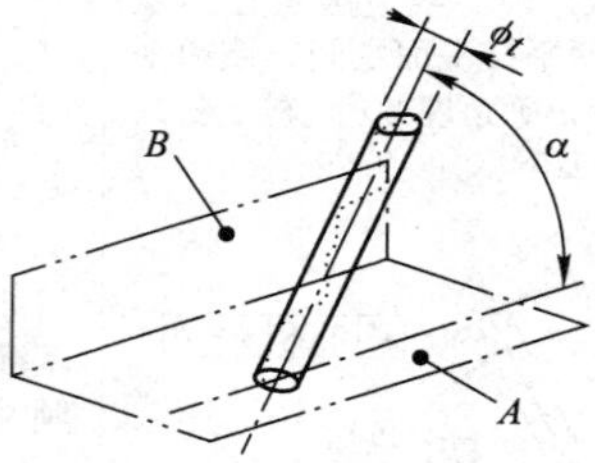 | 提取（实际）中心线应限定在直径等于 $\phi 0.1$ 的圆柱面内。该圆柱面的中心线按理论正确角度 60°倾斜于基准平面 $A$ 且平行于基准面 $B$ 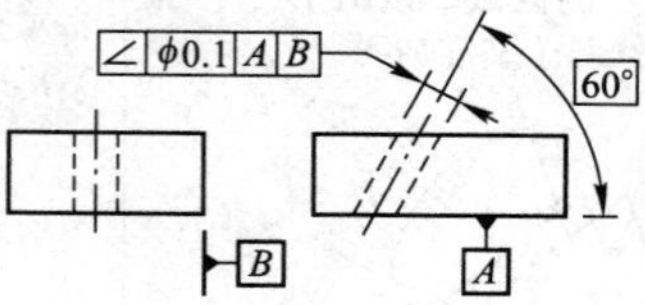 | 基准体系：线对面和线对面组合，公差形状为圆柱形<br>读法：指引线所指轴线对基准（体系）面 $A$、$B$ 的倾斜度公差为 0.1 mm |
| | 3. 面对基准线的倾斜度公差<br>公差带为间距等于公差值 $t$ 的两平行平面所限定的区域。该两平行平面按给定角度倾斜于基准直线 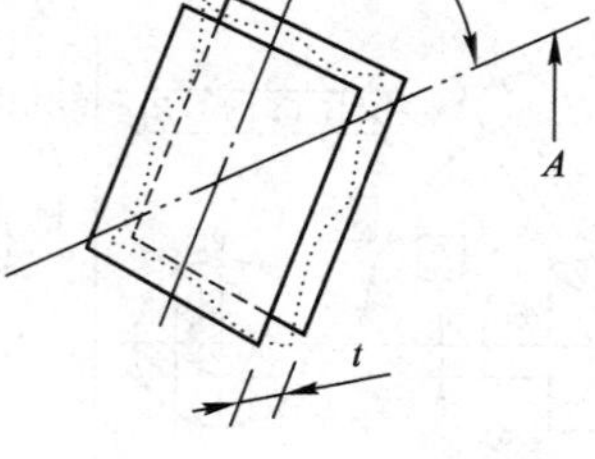 | 提取（实际）表面应限定在间距等于 0.1 的两平行平面之间。该两平行平面按理论正确角度 75°倾斜于基准轴线 $A$ 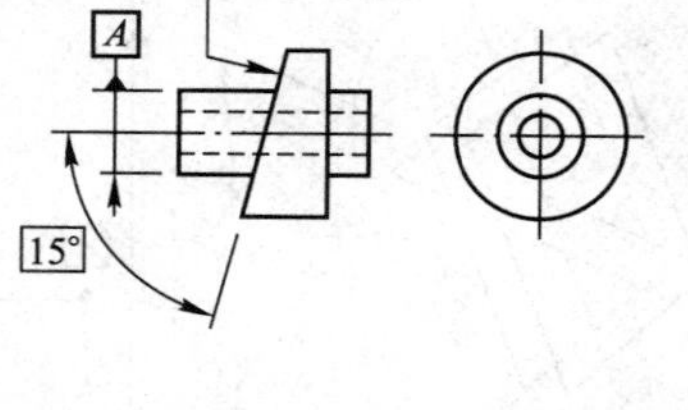 | 单一基准：面对线<br>读法：指引线所指平面对基准轴线的倾斜度公差为 0.1 mm |

续表

| 项目及符　号 | 公差带定义 | 标注及解释 | 读图说明 |
| --- | --- | --- | --- |
| 倾斜度<br>∠ | 4. 面对基准面的倾斜度公差<br>公差带为间距等于公差值 $t$ 的两平行平面所限定的区域。该两平行平面按给定角度倾斜于基准平面 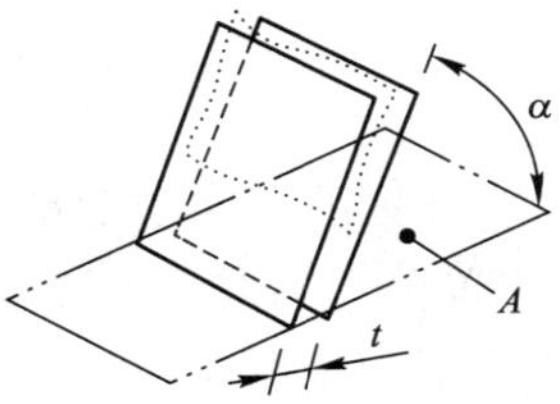<br>α　A　t | 提取（实际）表面应限定在间距等于 0.08 的两平行平面之间。该两平行平面按理论正确角度 40°倾斜于基准平面 $A$<br>∠ 0.08 A　40°　A 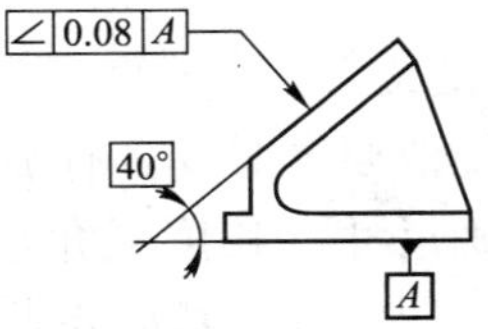 | 单一基准：面对面<br>读法：指引线所指平面对基准平面 $A$ 的倾斜度公差为 0.08 mm |
| 线轮廓度<br>⌒ | 相对于基准体系的线轮廓度公差<br>公差带为直径等于公差值 $t$、圆心位于由基准平面 $A$ 和基准平面 $B$ 确定的被测要素理论正确几何形状上的一系列圆的包络线所限定的区域 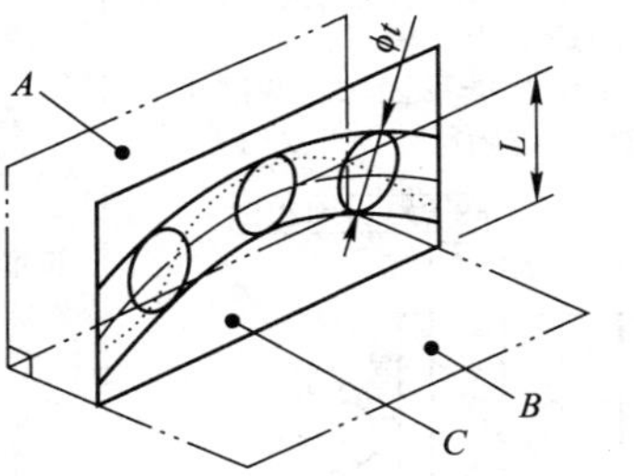<br>A　ϕt　L　B　C | 在任一平行于图示投影面的截面内，提取（实际）轮廓线应限定在直径等于 0.04、圆心位于由基准平面 $A$ 和基准平面 $B$ 确定的被测要素理论正确几何形状上的一系列圆的等距包络线之间 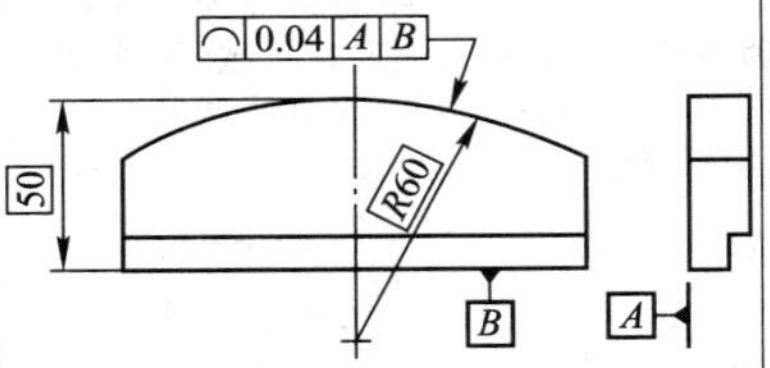<br>⌒ 0.04 A B　50　R60　B　A | 读法：任一正截面的截面曲线对基准体系的线轮廓度公差为 0.04 mm |
| 面轮廓度<br>⌓ | 相对于基准体系的面轮廓度公差<br>公差带为直径等于公差值 $t$、球心位于由基准平面 $A$ 确定的被测要素理论正确几何形状上的一系列圆球的两包络面所限定的区域 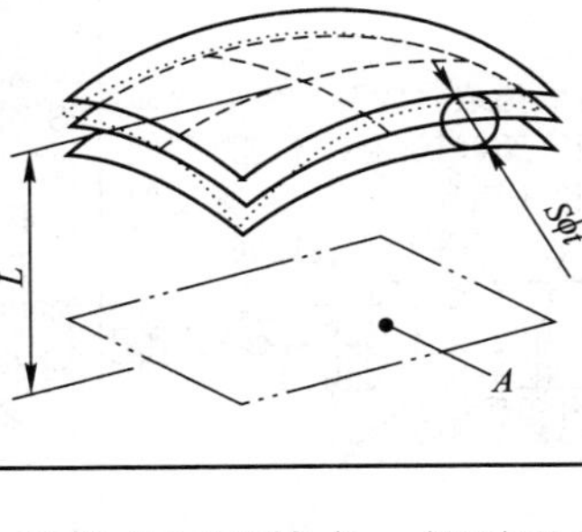<br>Sϕt　L　A | 提取（实际）轮廓面应限定在直径等于 0.1、球心位于由基准平面 $A$ 确定的被测要素理论正确几何形状上的一系列圆球的两等距包络面所限定的区域 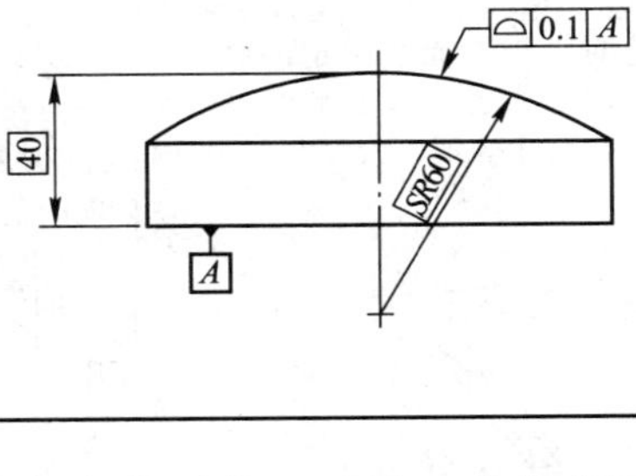<br>⌓ 0.1 A　40　SR60　A | 读法：任一正截面的截面曲线对基准体系的面轮廓度公差为 0.1 mm |

方向公差带有如下特点：相对于基准有方向要求（平行、垂直或倾斜、理论正确角度）；在满足方向要求的前提下，公差带的位置可以浮动；能综合控制被测要素的形状

误差，因此，当对某一被测要素给出定向公差后，通常不再对该要素给出形状公差，如果在功能上需要对形状精度有进一步要求，则可同时给出形状公差，当然形状公差值一定要小于方向公差值。

3）方向误差的评定

方向误差值用定向最小包容区域（简称定向最小区域）的宽度或直径表示。定向最小区域是指按公差带要求的方向来包容被测提取要素时，具有最小宽度 $f$ 或直径 $\phi f$ 的包容区域，它的形状与公差带一致，宽度或直径由被测提取要素本身决定。

### 3. 位置公差

1）位置公差带的定义

位置公差是关联提取要素对其具有确定位置的拟合要素的允许变动量。拟合要素的位置由基准及理论正确尺寸（长度或角度）确定。位置公差有位置度、同心度、同轴度、对称度和线、面轮廓度（有基准要求的线、面轮廓度，见表 3－8）六个项目。

表 3－9 列出了位置公差项目的含义、标注及解释。

**表 3－9　位置公差项目的含义、标注和解释**

| 项目及符号 | 公差带定义 | 标注及解释 | 读图说明 |
| --- | --- | --- | --- |
| 位置度 ⌖ | 1. 点的位置度公差<br>公差值前加注 $S\phi$，公差带为直径等于公差值 $S\phi t$ 的圆球面所限定的区域。该圆球面中心的理论正确位置由基准 $A$、$B$、$C$ 和理论正确尺寸确定 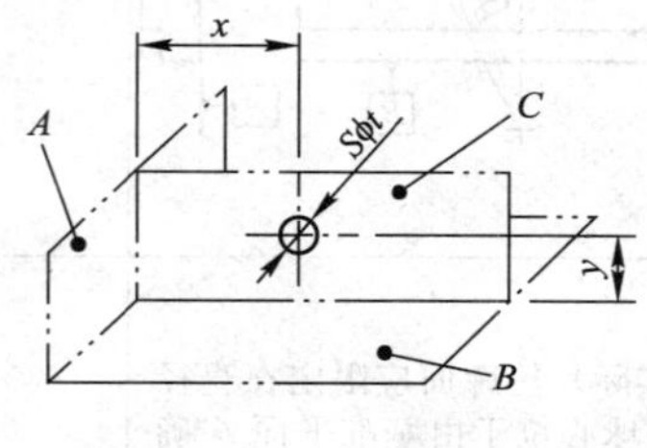<br>x A C Sφt y B | 提取（实际）球心应限定在直径等于 $S\phi0.3$ 的球面内。该球面的中心由基准平面 $A$、基准平面 $B$、基准中心平面 $C$ 和理论正确尺寸 30、25 确定。 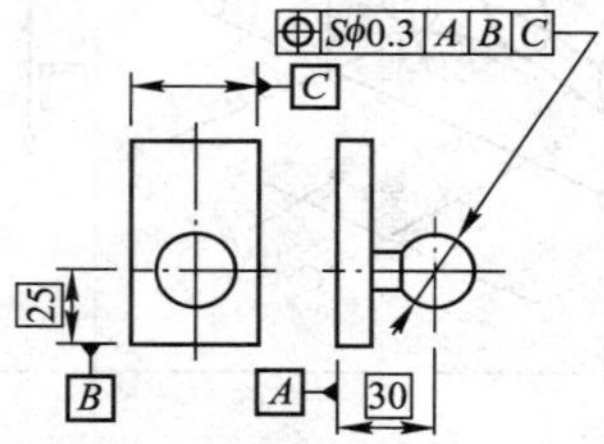<br>⌖ Sφ0.3 A B C<br>C 25 B A 30<br>注意：提取（实际）球心的定义尚未标准化 | 基准体系，$A$、$B$、$C$ 分别为第一、第二、第三基准，公差形状为球面。<br>读法：指引线所指球心位置相对于基准 $A$、$B$、$C$ 的位置度公差为 0.3 mm |
| | 2. 线的位置度公差<br>给定一个方向的公差时，公差带为距离等于公差值 $t$、对称于线的理论正确位置的两平行平面所限定的区域。线的理论正确位置由基准平面 $A$、$B$ 和理论正确尺寸确定。公差只在一个方向上给定 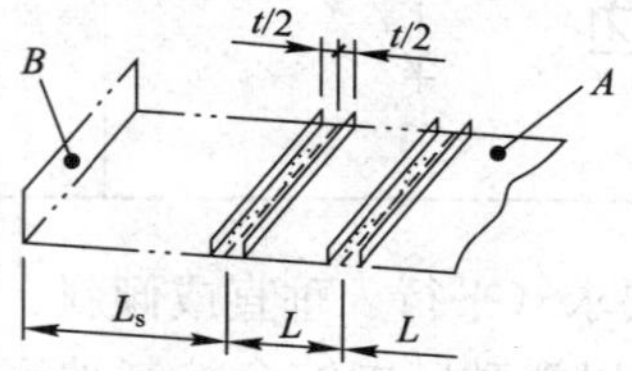<br>t/2 t/2 B A $L_s$ L L | 各条刻线的提取（实际）中心线应限定在间距等于 0.1、对称于基准平面 $A$、$B$ 和理论正确尺寸 25、10 确定的理论正确位置的两平行平面之间 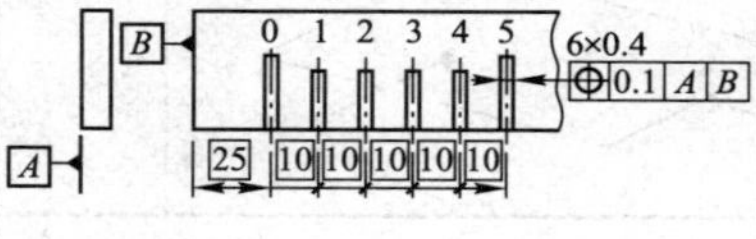<br>B 0 1 2 3 4 5 6×0.4 ⌖ 0.1 A B<br>A 25 10 10 10 10 10 | 基准体系，$A$、$B$ 分别为第一、第二基准，公差形状为平行平面。<br>读法：指引线所指刻线位置相对于基准 $A$、$B$ 的位置度公差为 0.1 mm |

续表

| 项目及符号 | 公差带定义 | 标注及解释 | 读图说明 |
|---|---|---|---|
| 位置度 ⌖ | 给定两个方向公差时，公差带为间距分别等于公差值 $t_1$ 和 $t_2$、对称于线的理论正确（理想）位置的两对互相垂直的平行平面所限定的区域。线的理论正确位置由基准平面 *C*、*A* 及 *B* 理论正确尺寸确定。该公差在基准体系的两个方向给定 | 各孔的测得（实际）中心线在给定方向上应各自限定在间距分别等于 0.05 和 0.2 且互相垂直的两对平面内。每对平行平面对称于基准平面 *C*、*A*、*B* 和理论正确尺寸 20、15、30 确定的各孔轴线的理论正确位置 | 基准体系，*C*、*A*、*B* 分别为第一、第二、第三基准，公差形状为两对互相垂直的平行平面<br>读法：指引线所指孔中心线位置相对于基准 *C*、*A*、*B* 的位置度公差分别为 0.05 mm 和 0.2 mm |
| | 公差值前加注符号 $\phi$，公差带为直径等于公差值 $\phi t$ 的圆柱面所限定的区域。该圆柱面的轴线的位置由基准平面 *C*、*A* 及 *B* 理论正确尺寸确定。 | 提取（实际）中心线应限定在直径等于 $\phi$0.08 的圆柱面内。该圆柱面的轴线的位置处于由基准平面 *C*、*A*、*B* 和理论正确尺寸 100、68 确定的理论正确位置。<br>提取（实际）中心线应限定在直径等于 $\phi$0.1 的圆柱面内。该圆柱面的轴线应处于由基准平面 *C*、*A*、*B* 和理论正确尺寸 20、15、30 确定的各孔轴线的理论正确位置上。 | 基准体系，*C*、*A*、*B* 分别为第一、第二、第三基准，公差形状为圆柱面。<br>读法：指引线所指孔中心线位置相对于基准 *C*、*A*、*B* 的位置度公差为 0.08 mm<br>读法：$\phi$12 孔中心线位置相对于基准 *C*、*A*、*B* 的位置度公差为 0.1 mm |

续表

| 项目及符号 | 公差带定义 | 标注及解释 | 读图说明 |
| --- | --- | --- | --- |
| 位置度 ⌖ | 3. 轮廓面或中心面的位置度公差<br>公差带为间距等于公差值 $t$，且对称于被测面理论正确位置的两平行平面所限定的区域。面的理论正确位置由基准平面、基准轴线和理论正确尺寸确定 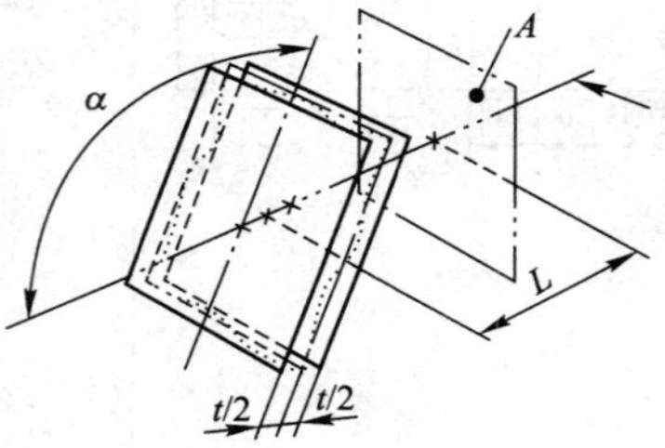<br>α A L t/2 t/2 | 提取（实际）表面应限定在间距等于 0.05 且对称于被测面的理论正确位置的两平行平面之间。该两平行平面对称于由基准平面 A、基准轴线 B 和理论正确尺寸 15、105°确定的被测面的理论正确位置 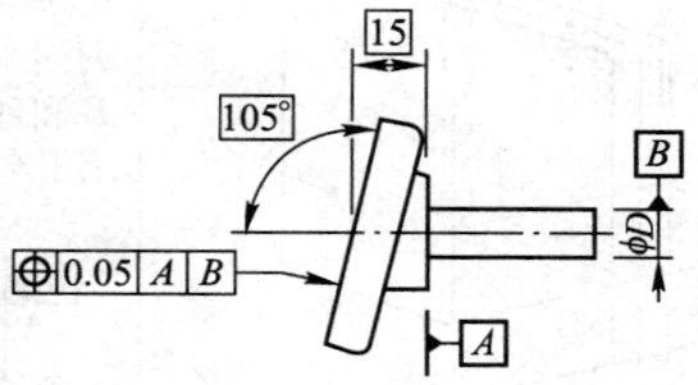<br>15 105° B ϕD ⌖0.05 A B A<br>提取（实际）中心面应限定在间距等于 0.05 的两平行平面之间。该两平行平面对称于由基准轴线 A 和理论正确角度 45°确定的各被测面的理论正确位置 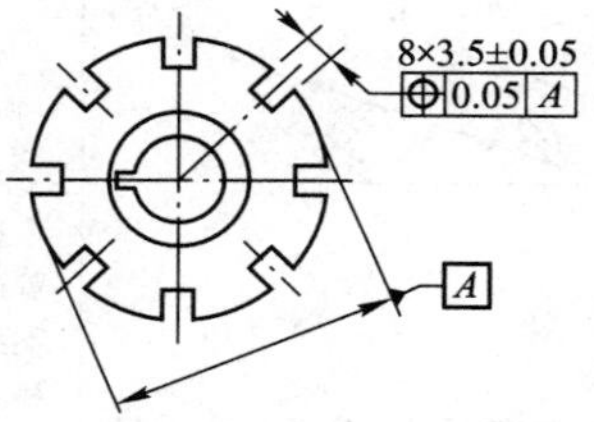<br>8×3.5±0.05 ⌖0.05 A A<br>注：有关 8 个缺口之间理论正确角度的默认规定见 GB/T 13319 | 公共基准 A、B 分别为第一、第二基准<br>读法：指引线所指轮廓面相对基准 A、B 的位置度公差为 0.05 mm。<br>单一基准 A，公差带为两平行平面<br>读法：指引线所指中心面相对基准 A 的位置度公差为 0.05 mm。 |
| 同心度、同轴度 ◎ | 1. 同心度公差<br>公差值前加注符号 ϕ，公差带为直径等于公差值 ϕt 的圆周所限定的区域。该圆周的圆心与基点重合 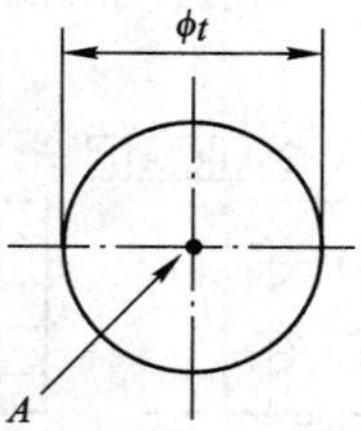<br>ϕt A | 在任意横截面内，内圆的提取（实际）中心应限定在直径等于 ϕ0.1，以基准点 A 为圆心的圆周内 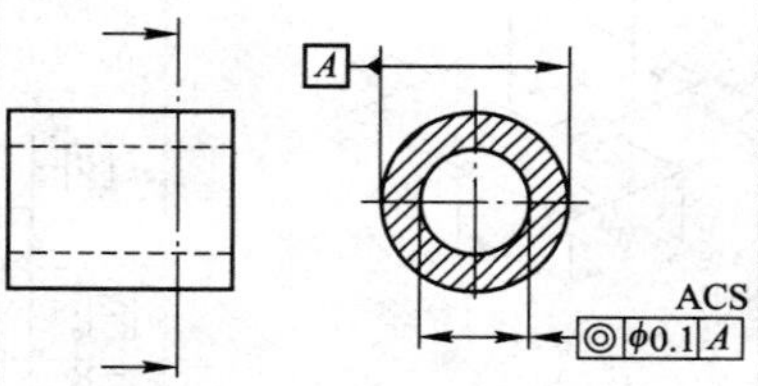<br>A ACS ◎ϕ0.1 A | 单一基准 A，公差带为圆柱面<br>读法：内孔中心相对于基准 A 的同心度公差为 0.1 mm |

续表

| 项目及符号 | 公差带定义 | 标注及解释 | 读图说明 |
|---|---|---|---|
| 同心度、同轴度 ◎ | 2. 轴线的同轴度公差<br>公差值前加注符号 $\phi$，公差带为直径等于公差值 $\phi t$ 的圆柱面所限定的区域。该圆柱面的轴线与基准轴线重合 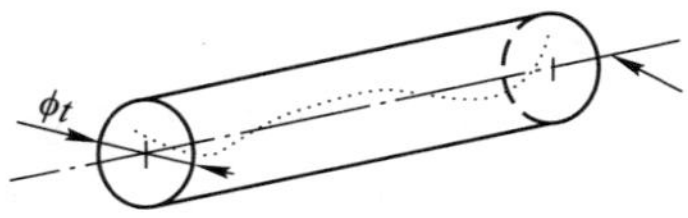<br>$\phi t$ | 大圆柱面的提取（实际）中心线应限定在直径等于 $\phi$0.08、以公共基准轴线 $A$—$B$ 为轴线的圆柱面内，如图（a）所示 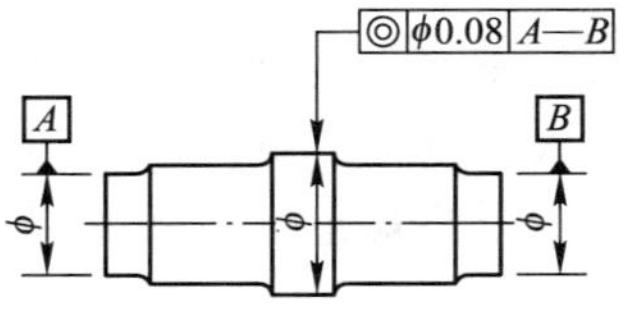<br>◎ $\phi$0.08 $A$—$B$；$A$；$B$<br>(a)<br>大圆柱面的提取（实际）中心线应限定在直径等于 $\phi$0.1、以基准轴线 $A$ 为轴线的圆柱面内，如图（b）所示。<br>大圆柱面的提取（实际）中心线应限定在直径等于 $\phi$0.1、以垂直于基准面 $A$ 的基准轴线、$B$ 为轴线的圆柱面内，如图（c）所示 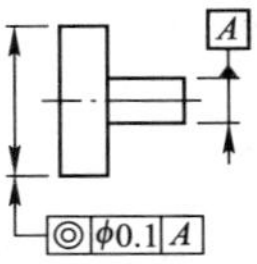<br>$A$；◎ $\phi$0.1 $A$；◎ $\phi$0.1 $A$ $B$；$A$；$B$<br>(b) 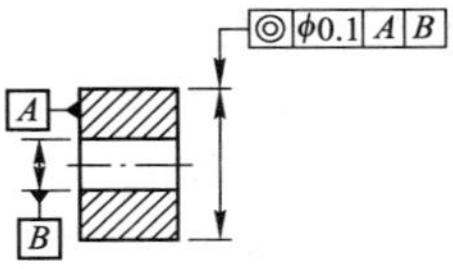 (c) | （a）图公共基准，公差带圆柱面<br>读法：指引线所指轴线对公共基准轴线 $A$—$B$ 的同轴度公差为 0.08 mm<br>（b）图单一基准 $A$ 公差带圆柱面<br>读法：指引线所指轴线对基准轴线 $A$ 的同轴度公差为 0.1 mm<br>（c）图基准体系 $A$、$B$ 分别为第一、第二基准，公差形状为圆柱面<br>读法：指引线所指轴线对基准轴线 $A$、$B$ 的同轴度公差为 0.1 mm |
| 对称度 ═ | 中心平面的对称度公差<br>公差带为间距等于公差值 $t$，对称于基准中心平面的两平行平面所限定的区域 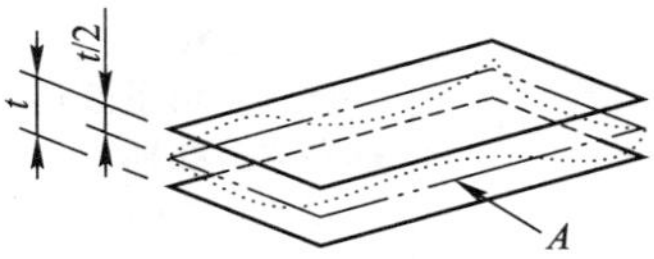<br>$t$；$t/2$；$A$ | 提取（实际）中心面应限定在间距等于 0.08、对称于基准中心平面 $A$ 的两平行平面之间。 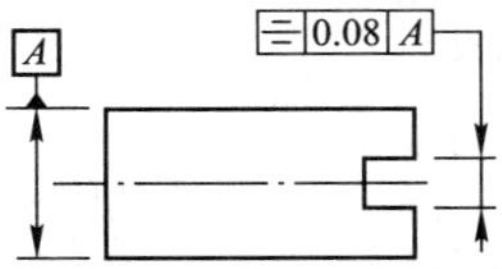<br>$A$；═ 0.08 $A$<br>提取（实际）中心面应限定在间距等于 0.08、对称于公共基准中心平面 $A$—$B$ 的两平行平面之间。 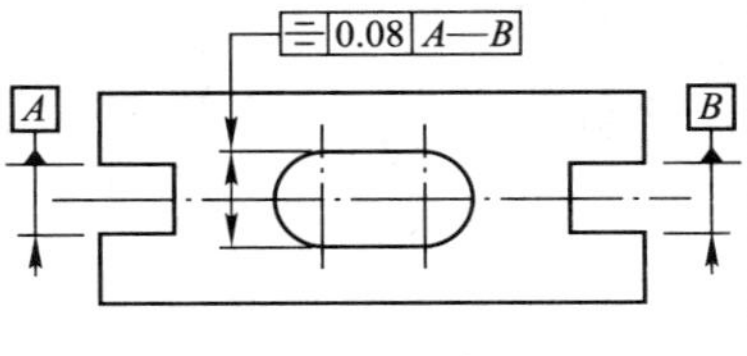<br>═ 0.08 $A$—$B$；$A$；$B$ | 单一基准；公差带有确定的形状、大小、位置<br>读法：槽的中心面对基准中心平面 $A$ 的对称度公差为 0.08 mm<br>读法：槽的中心面对公共基准中心平面 $A$—$B$ 的对称度公差为 0.08 mm |

位置公差带有如下特点：相对于基准位置要求，方向要求包含在位置要求之中；能综合控制被测要素的方向和形状误差，当对被测要素给出位置公差后，通常不再对该要素给出方向和形状公差，如果在功能上对方向和形状有进一步要求，则可同时给出方向或形状公差。

2）位置误差的评定

位置误差是关联提取要素对其拟合要素的变动量，拟合要素的方向或位置由基准确定。位置误差值用定位最小包容区域（简称定位最小区域）的宽度或直径表示。定位最小区域是指按要求的位置来包容被测要素时，具有最小宽度 $f$ 或直径 $\phi f$ 的包容区域，它的形状与公差带一致，宽度或直径由被测实际要素本身决定。当最小包容区的宽度或直径小于公差值时，被测要素是合格的。

**4. 跳动公差**

跳动公差是针对特定的检测方式而定义的公差特征项目。它是被测要素绕基准要素回转过程中所允许的最大跳动量，也是指示器在给定方向上指示的最大示值与最小示值之差的允许值。跳动公差分为圆跳动公差和全跳动公差。

圆跳动公差是指被测（实际）要素在某种测量截面内相对于基准轴线的最大允许变动量。根据测量截面的不同，圆跳动分为径向圆跳动（测量截面为垂直于轴线的正截面）、轴向圆跳动（也称端面圆跳动，测量截面为与基准同轴的圆柱面）和斜向圆跳动（测量截面为素线与被测锥面的素线垂直或成一指定角度、轴线与基准轴线重合的圆锥面）三种。

全跳动公差是指整个被测（实际）表面相对于基准轴线的最大允许变动量。被测表面为圆柱面的全跳动称为径向全跳动，被测表面为平面的全跳动称为轴向全跳动。表 3－10 列出了跳动公差的若干类型及其含义、标注和解释。

**表 3－10　跳动公差项目的含义、标注和解释**

| 项目及符号 | 公差带定义 | 标注及解释 | 读图说明 |
| --- | --- | --- | --- |
| 圆跳动公差 ↗ | 径向圆跳动公差<br>公差带为任一垂直于基准轴线的横截面内、半径差等于公差值 $t$、圆心在基准轴线上的两同心圆所限定的区域<br>B t A | 在任一垂直于基准轴线 A 的横截面内，提取（实际）圆应限定在半径差等于 0.8，圆心在基准轴线 A 上的两同心圆之间<br>↗ 0.8 A<br>A | 单一基准 A<br>读法：指引线所指方向截面内圆对基准轴线 A 的径向跳动公差为 0.8 mm |

续表

| 项目及符　号 | 公差带定义 | 标注及解释 | 读图说明 |
|---|---|---|---|
| 圆跳动公差 ↗ | 径向圆跳动公差<br>公差带为任一垂直于基准轴线的横截面内、半径差等于公差值 $t$、圆心在基准轴线上的两同心圆所限定的区域 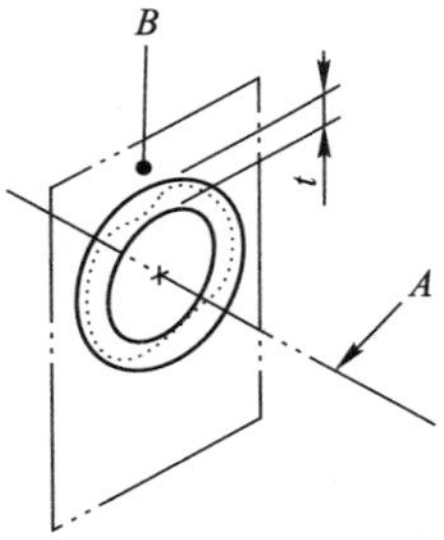 | 在任一平行于基准平面 $B$、垂直于基准轴线 $A$ 的截面上，提取（实际）圆应限定在半径差等于 0.1，圆心在基准轴线 $A$ 上的两同心圆之间 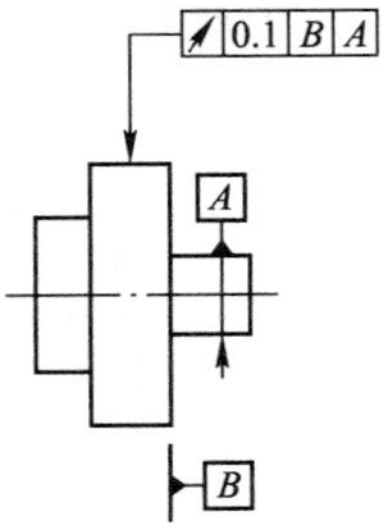 | 由基准平面 $B$ 和基准轴线 $A$ 组成的基准体系<br>读法：指引线所指方向截面内圆对基准 $A$、$B$ 的径向跳动公差为 0.1 mm |
| | | 在任一垂直于公共基准轴线 $A—B$ 的横截面内，提取（实际）圆应限定在半径差等于 0.1，圆心在基准轴线 $A—B$ 上的两同心圆之间 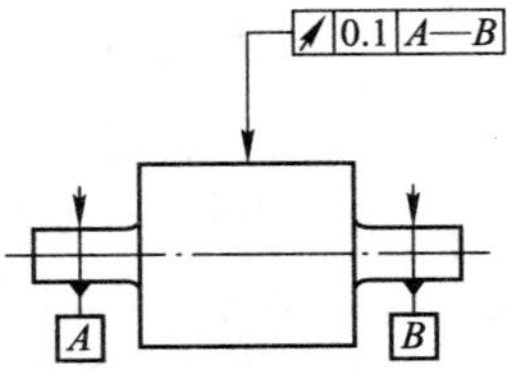 | 公共基准 $A—B$<br>读法：指引线所指方向截面内圆对公共基准轴线 $A—B$ 的径向跳动公差为 0.1 mm |
| | 跳动公差通常适用于整个要素，但亦可规定只适用于局部要素的某一指定部分 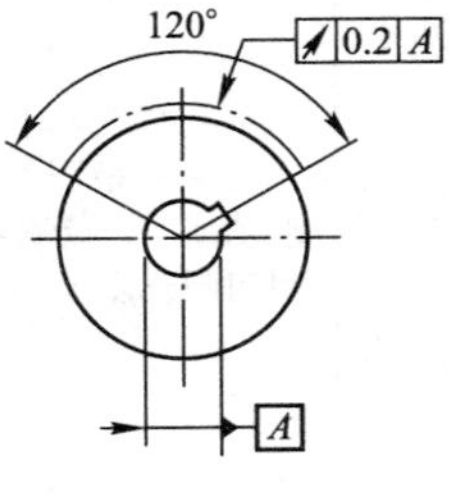 | 在任一垂直于基准轴线 $A$ 的横截面内，提取（实际）圆弧应限定在半径等于 0.2、圆心在基准轴线 $A$ 上的两同心圆弧之间 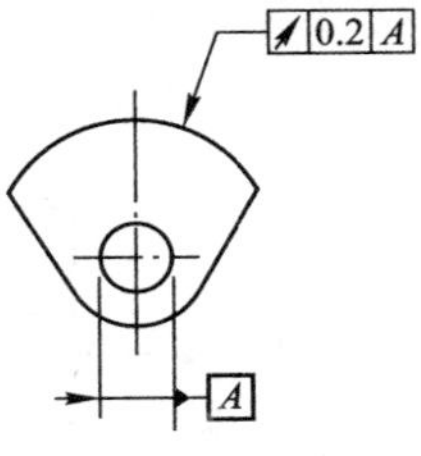 | 单一基准 $A$<br>读法：指引线所指方向截面内全部（或部分）圆弧对基准轴线 $A$ 的径向跳动公差为 0.2 mm |

续表

| 项目及符号 | 公差带定义 | 标注及解释 | 读图说明 |
|---|---|---|---|
| 圆跳动公差 ↗ | 轴向圆跳动公差<br>公差带为与基准轴线同轴的任一半径的圆柱截面上，间距等于公差值 $t$ 的两圆所限定的圆柱面区域 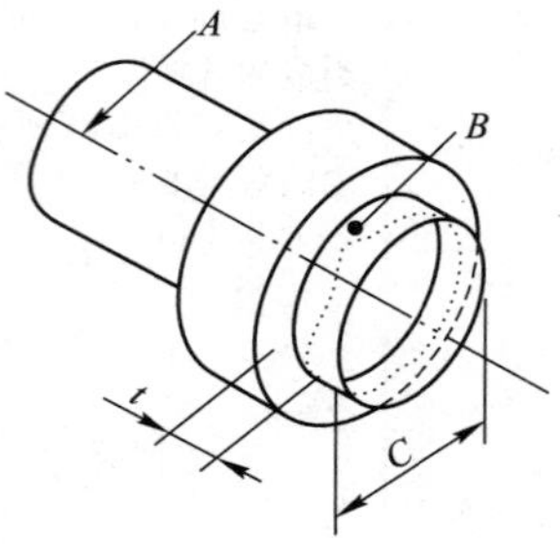 | 在与基准轴线 $D$ 同轴的任一圆柱形截面上，提取（实际）圆应限定在轴向距离等于 0.1 的两个等圆之间 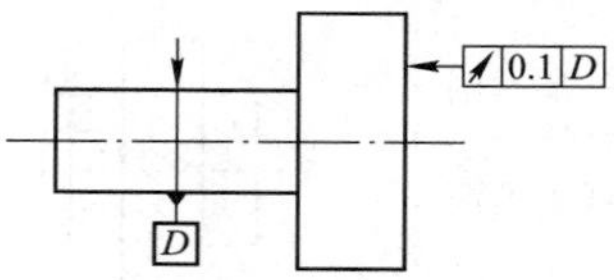<br>↗ 0.1 D | 单一基准 $D$<br>读法：指引线所指方向截面对基准轴线 $D$ 的轴向圆跳动公差为 0.1 mm |
| | 斜向圆跳动公差<br>公差带为与基准轴线同轴的某一圆锥截面上，间距等于公差值 $t$ 的两圆所限定的圆锥面区域，除非另有规定，测量方向应沿被测表面的法向。 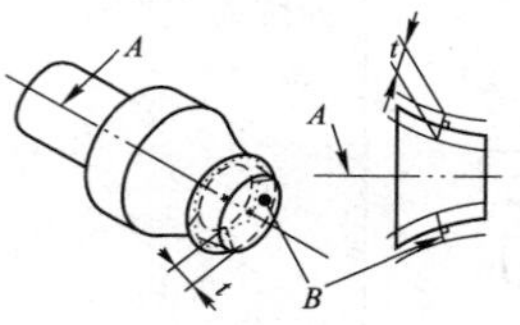 | 在与基准轴线 $C$ 同轴的任一圆锥截面上，提取（实际）线应限定在素线方向间距等于 0.1 的两不等圆之间。 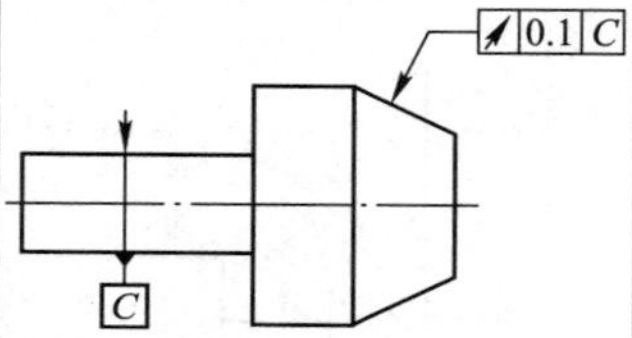<br>↗ 0.1 C<br>注意，当标注公差的素线不是直线时，圆锥截面的锥角要随所测圆的实际位置而改变 | 单一基准 $C$<br>读法：指引线所指截面对基准轴线 $C$ 的斜向圆跳动公差为 0.1 mm |
| | 给定方向的斜向圆跳动公差<br>公差带为在与基准轴线同轴的、具有给定锥角的任一圆锥截面上，间距等于公差值 $t$ 的两不等圆所限定的区域 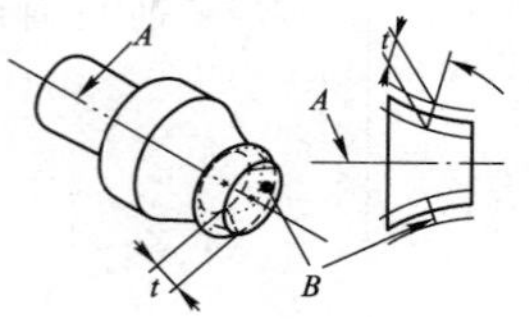 | 在与基准轴线 $C$ 同轴且具有给定角度 60°的任一圆锥截面上，提取（实际）圆应限定在素线方向间距等于 0.1 的两不等圆之间 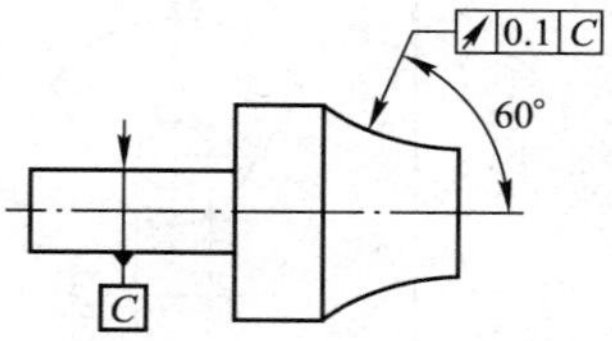<br>↗ 0.1 C<br>60° | 单一基准 $C$<br>读法：指引线所指截面对基准轴线 $C$、具有给定角度 60°的斜向圆跳动公差为 0.1 mm |

续表

| 项目及符号 | 公差带定义 | 标注及解释 | 读图说明 |
| --- | --- | --- | --- |
| 全跳动公差 ⌰ | 径向全跳动公差<br>公差带为半径等于公差值 $t$，与基准轴线同轴的两圆柱面所限定的区域 | 提取（实际）表面应限定在半径差等于0.1，与公共基准轴线 $A—B$ 同轴的两圆柱面之间 | 公共基准 $A—B$<br>读法：指引线所指截面对公共基准轴线 $A—B$ 的径向全跳动公差为0.1 mm |
| | 轴向全跳动公差<br>公差带为间距等于公差值 $t$，垂直于基准轴线的两平行平面所限定的区域（$A$ 基准轴线、$B$ 提取表面） | 提取（实际）表面应限定在间距等于0.1、垂直于基准轴线 $D$ 的两平行平面之间 | 单一基准 $D$<br>读法：指引线所指端面对基准轴线 $D$ 的轴向全跳动公差为0.1 mm |

跳动公差带有如下特点：跳动公差带的位置具有固定和浮动双重特点，一方面公差带的中心（或轴线）始终与基准轴线同轴，另一方面公差带的半径又随提取要素的变动而变动；跳动公差带具有综合控制被测要素的位置、方向和形状的作用。例如，轴向全跳动公差可同时控制轴向对基准轴线的垂直度和它的平面度误差；径向全跳动公差可控制同轴度、圆柱度误差。

## 任务3.3　熟练掌握选择几何公差的原则（GB/T 4249—2009、GB/T 16671—2009）

任何提取要素都同时存在几何误差（被测提取要素对其拟合要素的变动量）和尺寸误差。有些几何误差和尺寸误差密切相关，有些几何误差和尺寸误差又相互无关，而影响零件使用性能的，有时主要是几何误差，有时主要是尺寸误差，有时则是它们的综合结果而不必区分出它们各自的大小。因而在设计上，为简明扼要地表达设计意图并为工艺提供便利，应根据需要赋予要素的几何公差和尺寸公差以不同的关系。把确定尺寸公差和几何公差之间的相互关系的原则称为公差原则，它包括独立原则和相关要求。其中相关要求又包括包容要求和最大实体要求、最小实体要求及可逆要求。限于篇幅，本书仅介绍独立原则和相关要求中的包容要求、最大实体要求，以及最大实体要求与可逆要求的叠用。

**1. 术语及其意义**

（1）最大实体状态（Maximum Material Condition，MMC）与最大实体尺寸（Maximum Material Size，MMS）（GB/T 16671—2009）

孔或轴具有允许材料量为最多时的状态称为最大实体状态（MMC），此时零件具有的材料量最多。在最大实体下的极限尺寸，称为最大实体尺寸（MMS）或最大实体极限（MML）。它是孔的下极限尺寸和轴的上极限尺寸的统称。

（2）最大实体实效尺寸（Maximum Material Virtual Size，MMVS）与最大实体实效状态（Maximum Material Virtual Condition，MMVC）（以下分别简称实效状态、实效边界和实效尺寸）

尺寸要素的最大实体尺寸与其导出要素的几何公差共同作用产生的尺寸称为最大实体实效尺寸。对外尺寸要素，MMVS＝MMS＋几何公差；对内尺寸要素，MMVS＝MMS－几何公差。

（3）最小实体状态（Least Material Condition，LMC）与最小实体尺寸（Least Material Size，LMS）

孔或轴具有允许材料量为最少时的状态称为最小实体状态（LMC），此时零件具有的材料量最少。在最小实体下的极限尺寸称为最小实体尺寸（LMS）或最小实体极限（LML）。它是孔的上极限尺寸（upper limit of size）和轴的下极限尺寸（lower limit of size）的统称。

最大实体状态是对装配最不利的状态，即可能获得最紧的装配结果的状态，也是工件强度最高的状态；最小实体状态是对装配最有利的状态，即可能获得最松的装配结果的状态，也是工件强度最低的状态。

拟合要素的尺寸为其最大实体实效尺寸时的状态称为最大实体实效状态。最大实体实效状态对应的极限包容面称为最大实体实效边界（Maximum Material Virtual Boundary，MMVB）。当几何公差是方向公差时，最大实体实效状态和最大实体实效边界受其方向所约束；当几何公差为位置公差时，最大实体实效状态和最大实体实效边界受其位置所约束。

**2. 独立原则**

1）独立原则的含义

独立原则是指给出的尺寸公差和几何公差相互独立，彼此无关，分别满足要求的公差原则。如果对尺寸公差和几何公差之间的相互关系有特定要求，应在图样上标出。极限尺寸只控制提取组成要素局部尺寸，不控制要素本身的几何误差。不论要素的提取组成要素尺寸大小如何，被测要素均应在给定的几何公差带内，并且其几何误差允许达到最大值。遵守独立原则时，提取组成要素的局部尺寸一般用两点法测量，几何误差使用通用量仪测量。

2）独立原则的识别

凡是对给出的尺寸公差和几何公差未用特定符号或文字说明它们有联系者，就表示它们遵守独立原则，或在图样或技术文件中注明："公差原则按 GB/T 4249—2009"。

3）独立原则的应用

独立原则是确定尺寸公差和形位公差关系的基本原则，使用时注意以下几点。

① 影响要素使用性能的主要是几何误差或尺寸误差，这时采用独立原则能经济合理地满足要求。印刷机滚筒如图 3－6 所示，圆柱度误差与其直径的尺寸误差、测量平板的平面度误差与其厚度的尺寸误差，都对前者有决定性影响；油道或气道孔轴线的直线度误差与其直径的尺寸误差，一般对前者的影响较小。

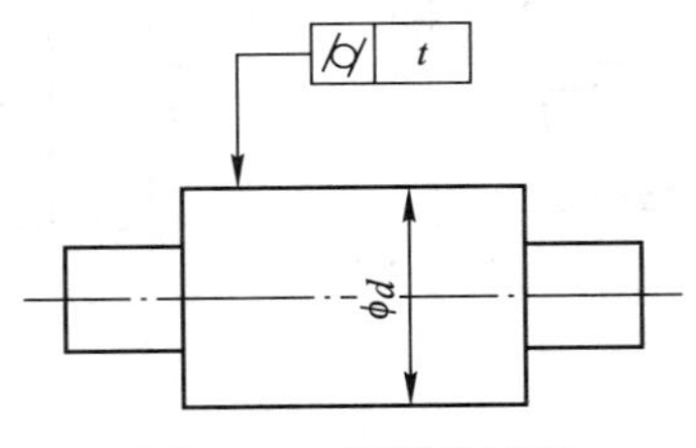


图 3－6　印刷机滚筒

② 要素的尺寸公差和其某方面的几何公差直接满足的功能不同，需要分别满足要求。例如，齿轮箱上孔的尺寸公差（满足与轴承的配合要求）和相对其他孔的位置公差（满足齿轮的啮合要求，如合适的侧隙、齿面接触精度等）就应遵守独立原则。

③ 在制造过程中需要对要素的尺寸作精确度量以进行选配或分组装配时，要素的尺寸公差和几何公差之间应遵守独立原则。

**3. 相关要求**

相关要求是指图样上给定的几何公差和尺寸公差相互有关的公差原则。

1）包容要求（GB/T 4249—2009）

（1）包容要求的含义

包容要求表示提取组成要素不得超越其最大实体边界（MMB），其局部尺寸不得超出最小实体尺寸（LMS）的一种尺寸要素要求，适用于圆柱表面或两平行对应面。按照此要求，如果提取组成要素达到最大实体状态，就不得有任何几何误差；只有在提取组成要素偏离最大实体状态时，才允许存在与偏离量相关的几何误差。显然，遵守包容要求时提取组成要素的局部尺寸不能超出（对孔不大于，对轴不小于）最小实体尺寸，如图 3－7 所示。

由图 3－7 可见，提取圆柱面应在最大实体边界（MMB）之内，该边界的尺寸为最大实体尺寸（MMS）$\phi$150 mm，其局部尺寸不得小于 149.96 mm。要素遵守包容要求时，应该用光滑极限量规检验。

（2）包容要求的标注

采用包容要求的尺寸要素应在其尺寸极限偏差或公差带代号之后加注符号Ⓔ，如图 3－8 所示 。

若遵守包容要求且对几何公差需要进一步要求时，需另用框格注出几何公差，当然几何公差值一定小于尺寸公差，如图 3－9 所示。

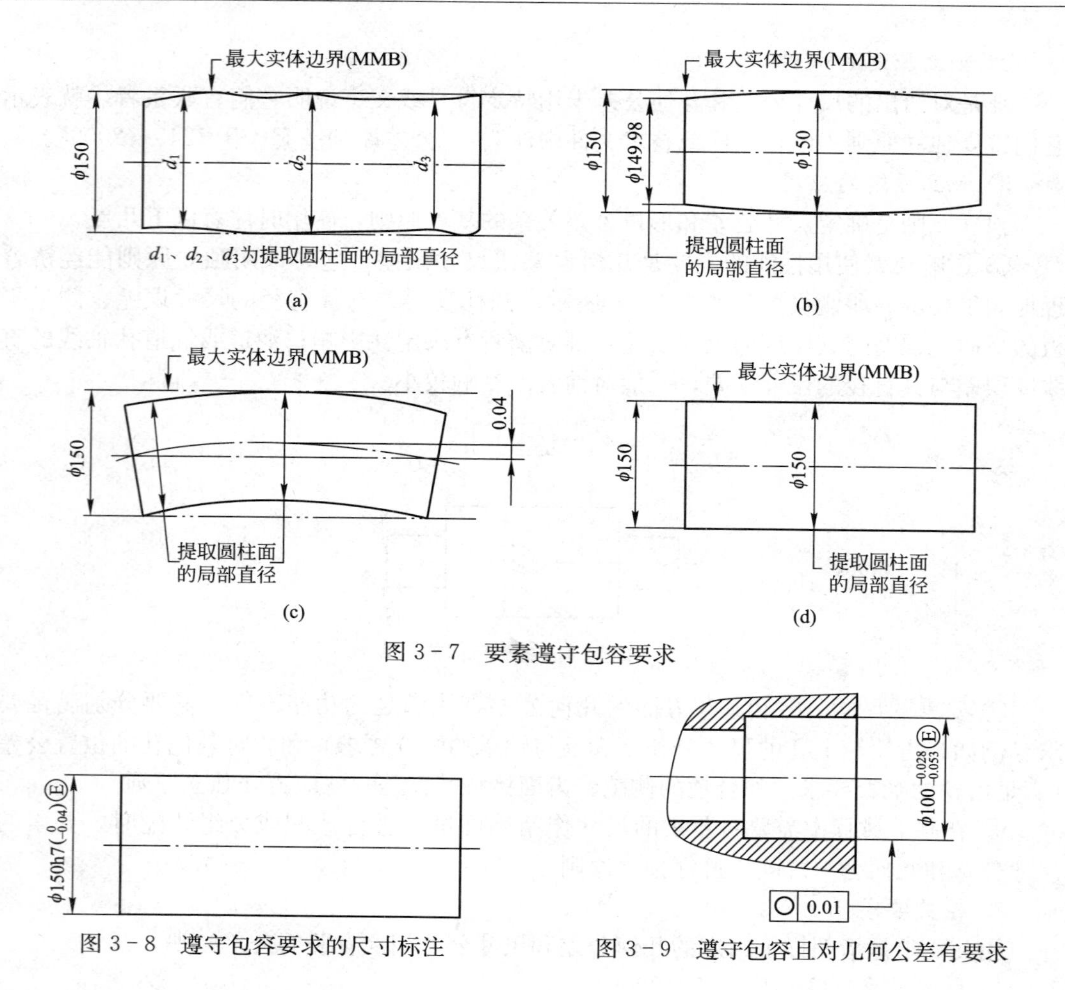


图 3－7　要素遵守包容要求

图 3－8　遵守包容要求的尺寸标注

图 3－9　遵守包容且对几何公差有要求

(3) 包容要求的应用

包容要求常常用于有配合要求的场合。例如 $\phi20H7\ (^{+0.021}_{0})$Ⓔ孔与 $\phi20h6\ (^{0}_{-0.013})$Ⓔ轴的间隙配合中，所需要的间隙是通过孔和轴各自遵守最大实体边界来保证的，这样才不会因孔和轴的形状误差在装配时产生过盈。

2) **最大实体要求** (Maximum Material Requirement，MMR)(GB/T 16671—2009)

(1) 最大实体要求的含义

最大实体要求是尺寸要素的非理想要素不得违反最大实体实效状态 (MMVC) 的一种尺寸要素要求，也即尺寸要素的非理想要素不得超越其最大实体实效边界 (MMVB) 的一种尺寸要求。最大实体要求不仅可以用于被测要素，也可以用于基准要素。

最大实体要求用于注有公差的要素时，对尺寸要素的表面规定了以下规则。

① 规则 A。注有公差的要素的提取局部尺寸要：外尺寸要素等于或小于最大实体尺寸；内尺寸要素等于或大于最大实体尺寸，但当标有可逆要求，即在Ⓜ之后加注Ⓡ时，此规则可以改变。

② 规则 B。注有公差的要素的提取局部尺寸要：外尺寸要素等于或大于最小实体尺

寸；内尺寸要素等于或小于最小实体尺寸。

③ 规则 C。注有公差的要素的提取局部尺寸不得违反最大实体实效尺寸或最大实体实效边界。但当几何公差为形状公差时，标注Ⓜ与Ⓡ意义相同。

④ 规则 D。当一个以上注有公差的要素用同一公差标注，或者注有公差的要素的导出要素标注方向或位置公差时，其最大实体实效状态或最大实体实效边界与各自基准的理论正确方向或位置一致。

最大实体要求用于被测要素时，被测要素的几何公差值是在该要素处于最大实体状态时给定的。如被测要素偏离最大实体状态，即其提取组成要素偏离最大实体尺寸时，几何公差值允许增大，其最大增大量为该要素的尺寸公差，如图 3－10 所示。

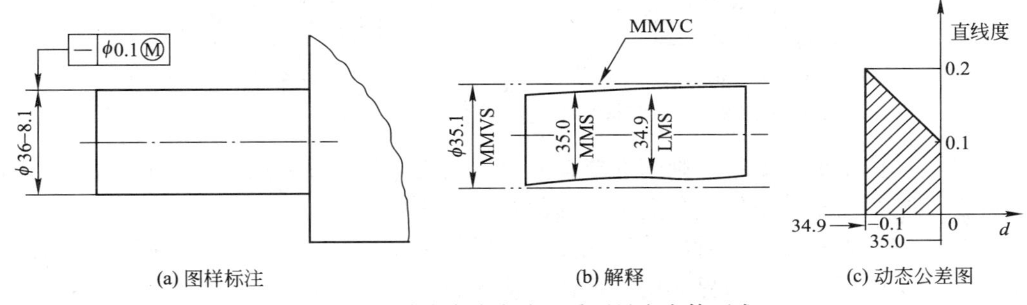


图 3－10　轴线直线度公差采用最大实体要求

最大实体要求之下关联要素的几何公差值亦可为零，称之为零形位公差。此时，被测要素的实效边界同于最大实体边界，实效尺寸等于最大实体尺寸，如图 3－11 所示。

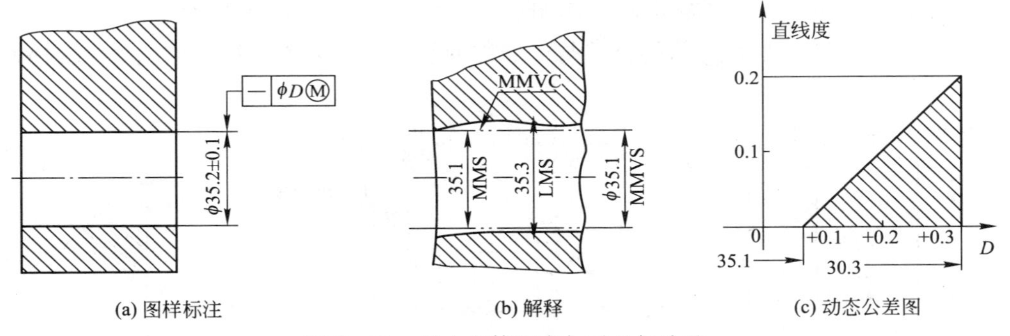


图 3－11　最大实体要求与零几何公差

最大实体要求用于基准要素时，对尺寸基准要素的表面规定了以下规则。

① 规则 E。基准要素的提取组成要素不得违反基准要素的最大实体实效状态或最大实体实效边界。

② 规则 F。当基准要素的导出要素没有标注几何公差要求，或者注有几何公差但其后没有符号Ⓜ时，基准要素的最大实体实效尺寸（MMVS）为最大实体实效尺寸（MMS）。

③ 规则 G。当基准要素的导出要素注有形状公差，且其后有符号Ⓜ时，基准要素的最大实体实效尺寸由 MMS 加上（对外部要素）或减去（对内部要素）该形状公差值。

最大实体要求用于基准要素而基准要素本身也采用最大实体要求时，被测要素的位置公差值是在基准要素处于实效状态时给定的。如基准要素偏离实效状态，即基准要素的提取组成要素偏离实效尺寸时，被测要素的定向或定位公差值允许增大，如图 3-12 所示。

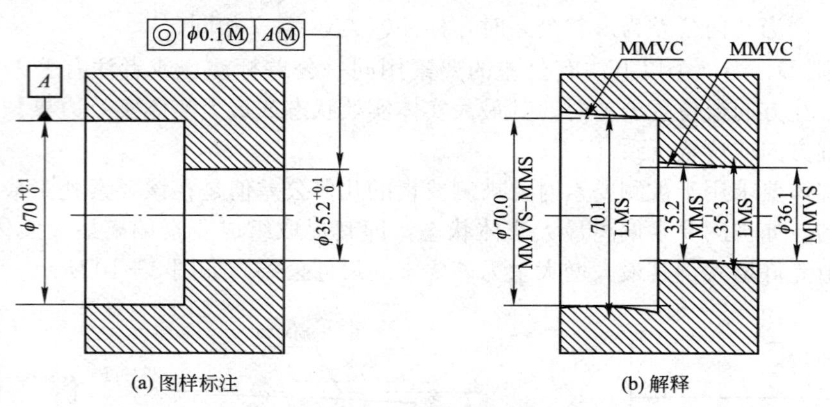


图 3-12 最大实体要求同时用于被测要素和基准要素

若被测部位是成组要素，则基准要素偏离最大实体状态或实效状态所获得的增加量只能补偿给整组要素，不能使各要素间的位置公差值扩大。

要素遵守最大实体要求时，其提取要素的局部尺寸是否在极限尺寸之间，用两点法测量；实体是否超越实效边界，用位置量规检验。

（2）最大实体要求的标注

按最大实体要求给出几何公差值时，在公差框格中几何公差值后面加注符号Ⓜ；最大实体要求用于基准要素时，在公差框格中的基准字母后面加注符号Ⓜ。遵守最大实体要求而需要对几何公差的增加量加以限制时，另用框格注出同项目几何公差，且公差值应大于Ⓜ前的公差、小于Ⓜ前的公差与可能被补偿的尺寸公差之和，如图 3-13 所示。

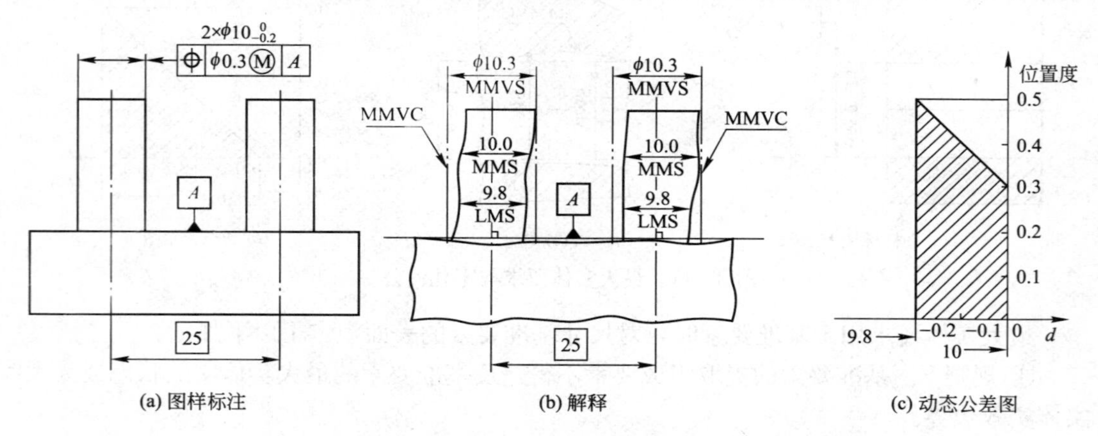


图 3-13 位置度公差采用最大实体要求示例

（3）最大实体要求的应用

最大实体要求常用于只要求可装配性的场合，如图 3-13 所示，零件的预期功能是两销柱要与一个有两个公称尺寸为 $\phi10$ mm 的孔相距 25 mm 的板类零件装配，且要与平面 A 相垂直。

3）*可逆要求*（reciprocity requirement，RPR）*用于最大实体要求*（GB/T 16671—2009）

可逆要求是最大实体要求（MMR）和最小实体要求（LMR）的附加要求，表示尺寸公差可以在实际几何误差小于几何公差之间的差值范围内增大。当提取导出要素（中心线）的几何误差值小于给出的几何公差值时，允许在满足零件功能要求的前提下扩大该中心线的提取组成要素的尺寸公差。

不存在单独使用可逆要求的情况。当它叠用于最大实体要求时，保留了最大实体要求时由于实际组成要素对最大实体尺寸的偏离而对几何公差的补偿，允许实际组成要素有条件地超出最大实体尺寸（以实效尺寸为限），如图 3-14 所示。

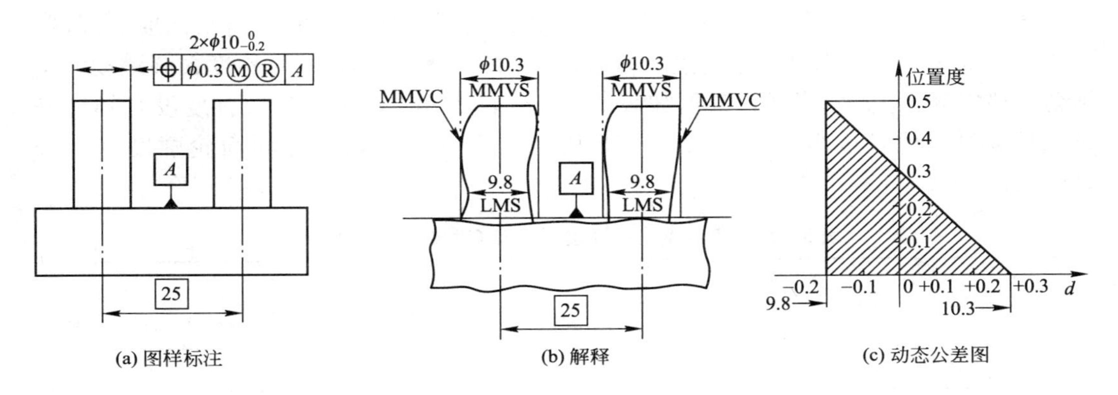


图 3-14 可逆要求用于最大实体要求示例

此时，被测要素的实体是否超越实效边界，仍用位置量规检验；而其提取局部组成要素不能超出（对孔不能大于，对轴不能小于）最小实体尺寸，用两点法测量。可逆要求叠用于最大实体要求的标注是：将表示可逆要求的符号Ⓡ置于框格中几何公差值后表示最大实体要求的符号Ⓜ之后，如图 3-14 所示。

图 3-14 中两销柱的轴线位置度公差（ϕ0.3 mm）是这两销柱均为最大实体状态时给定的；若这两销柱均为其最小实体状态（LMC），其轴线位置度公差允许达到最大值，即为销柱尺寸公差（0.2 mm）与轴线位置度公差（ϕ0.3 mm）之和（ϕ0.5 mm）；当两销柱的轴线处于最大实体状态与最小实体状态之间时，其轴线位置度公差在 ϕ0.3 mm～ϕ0.5 mm变化。若附加了可逆要求（RPR），因此如果两销柱的轴线位置度误差小于给定的公差（ϕ0.3 mm）时，两销柱的尺寸公差允许大于 0.2 mm，即其提取要素各处的局部直径均可大于它们的最大实体尺寸（10 mm）；如果两销柱的轴线位置度误差为零，则两销柱的提取组成要素允许增大至 10.3 mm，图 3-14（c）给出了动态公差图。

在保证功能要求的前提下，力求最大限度地提高工艺性和经济性，是正确运用公差原则的关键所在。

**4. 几何公差的选择**

几何公差的选择包括几何公差项目的确定、基准要素的选择、几何公差值的确定及采用何种公差原则四方面。

(1) 几何公差项目的确定

根据零件在机器中所处的地位和作用，确定该零件必须控制的几何误差项目。特别是对装配后在机器中起传动、导向或定位等重要作用的或对机器的各种动态性能，如噪声、振动有重要影响的，在设计时必须逐一分析认真确定其几何公差项目。

(2) 基准要素的选择

基准要素的选择包括基准部位、基准数量和基准顺序的选择，力求使设计、工艺和检测三者基准一致，基准选择的合理能提高零件的精度。

(3) 几何公差值的确定

设计产品时，应按国家标准提供的统一数系选择几何公差值。国家标准对圆度、圆柱度、直线度、平面度、平行度、垂直度、倾斜度、同轴度、对称度、圆跳动、全跳动，都划分为 12 个等级，数值如表 3－11～表 3－14 所示；对位置度没有划分等级，只提供了位置度数系，如表 3－15 所示。没有对线轮廓度和面轮廓度规定公差值。

**表 3－11　直线度、平面度（摘自 GB/T 1184—1996）**

| 主参数 $L$/mm | 公差等级 | | | | | | | | | | | |
|---|---|---|---|---|---|---|---|---|---|---|---|---|
| | 1 | 2 | 3 | 4 | 5 | 6 | 7 | 8 | 9 | 10 | 11 | 12 |
| | 公差值/μm | | | | | | | | | | | |
| ≤10 | 0.2 | 0.4 | 0.8 | 1.2 | 2 | 3 | 5 | 8 | 12 | 20 | 30 | 60 |
| >10～16 | 0.25 | 0.5 | 1 | 1.5 | 2.5 | 4 | 6 | 10 | 15 | 25 | 40 | 80 |
| >16～25 | 0.3 | 0.6 | 1.2 | 2 | 3 | 5 | 8 | 12 | 20 | 30 | 50 | 100 |
| >25～40 | 0.4 | 0.8 | 1.5 | 2.5 | 4 | 6 | 10 | 15 | 25 | 40 | 60 | 120 |
| >40～63 | 0.5 | 1 | 2 | 3 | 5 | 8 | 12 | 20 | 30 | 50 | 80 | 150 |
| >63～100 | 0.6 | 1.2 | 2.5 | 1 | 6 | 10 | 15 | 25 | 40 | 60 | 100 | 200 |
| >100～160 | 0.8 | 1.5 | 3 | 5 | 8 | 12 | 20 | 30 | 50 | 80 | 120 | 250 |
| >160～250 | 1 | 2 | 4 | 6 | 10 | 15 | 25 | 40 | 60 | 100 | 150 | 300 |
| >250～400 | 1.2 | 2.5 | 5 | 8 | 12 | 20 | 30 | 50 | 80 | 120 | 200 | 400 |
| >400～630 | 1.5 | 3 | 6 | 10 | 15 | 25 | 40 | 60 | 100 | 150 | 250 | 500 |
| >630～1 000 | 2 | 4 | 8 | 12 | 20 | 30 | 50 | 80 | 120 | 200 | 300 | 600 |
| >1 000～1 600 | 2.5 | 5 | 10 | 15 | 25 | 40 | 60 | 100 | 150 | 250 | 400 | 800 |
| >1 600～2 500 | 3 | 6 | 12 | 20 | 30 | 50 | 80 | 120 | 200 | 300 | 500 | 1 000 |
| >2 500～4 000 | 4 | 8 | 15 | 25 | 40 | 60 | 100 | 150 | 250 | 400 | 600 | 1 200 |
| >4 000～6 300 | 5 | 10 | 20 | 30 | 50 | 80 | 120 | 200 | 300 | 500 | 800 | 1 500 |
| >6 300～10 000 | 6 | 12 | 25 | 40 | 60 | 100 | 150 | 250 | 400 | 600 | 1 000 | 2 000 |

注：$L$ 为被测要素的长度。

表 3-12 圆度、圆柱度（摘自 GB/T 1184—1996）

| 主参数 d（D）/mm | 公差等级 | | | | | | | | | | | | |
|---|---|---|---|---|---|---|---|---|---|---|---|---|---|
| | 0 | 1 | 2 | 3 | 4 | 5 | 6 | 7 | 8 | 9 | 10 | 11 | 12 |
| | 公差值/μm | | | | | | | | | | | | |
| ≤3 | 0.1 | 0.2 | 0.3 | 0.5 | 0.8 | 1.2 | 2 | 3 | 4 | 6 | 10 | 14 | 25 |
| >3～6 | 0.1 | 0.2 | 0.4 | 0.6 | 1 | 1.5 | 2.5 | 4 | 5 | 8 | 12 | 18 | 30 |
| >6～10 | 0.12 | 0.25 | 0.4 | 0.6 | 1 | 1.5 | 2.5 | 4 | 6 | 9 | 15 | 22 | 36 |
| >10～18 | 0.15 | 0.25 | 0.5 | 0.8 | 1.2 | 2 | 3 | 5 | 8 | 11 | 18 | 27 | 43 |
| >18～30 | 0.2 | 0.3 | 0.6 | 1 | 1.5 | 2.5 | 4 | 6 | 9 | 13 | 21 | 33 | 52 |
| >30～50 | 0.25 | 0.4 | 0.6 | 1 | 1.5 | 2.5 | 4 | 7 | 11 | 16 | 25 | 39 | 62 |
| >50～80 | 0.3 | 0.5 | 0.8 | 1.2 | 2 | 3 | 5 | 8 | 13 | 19 | 30 | 46 | 74 |
| >80～120 | 0.4 | 0.6 | 1 | 1.5 | 2.5 | 4 | 6 | 10 | 15 | 22 | 35 | 54 | 87 |
| >120～180 | 0.6 | 1 | 1.2 | 2 | 3.5 | 5 | 8 | 12 | 18 | 25 | 40 | 63 | 100 |
| >180～250 | 0.8 | 1.2 | 2 | 3 | 4.5 | 7 | 10 | 14 | 20 | 29 | 46 | 72 | 115 |
| >250～315 | 1.0 | 1.6 | 2.5 | 4 | 6 | 8 | 12 | 16 | 23 | 32 | 52 | 81 | 130 |
| >315～400 | 1.2 | 2 | 3 | 5 | 7 | 9 | 13 | 18 | 25 | 36 | 57 | 89 | 140 |
| >400～500 | 1.5 | 2.5 | 4 | 6 | 8 | 10 | 15 | 20 | 27 | 40 | 63 | 97 | 155 |

注：*d*（*D*）为被测要素的直径。

表 3-13 平行度、垂直度、倾斜度（摘自 GB/T 1184—1996）

| 主参数 L，d（D）/mm | 公差等级 | | | | | | | | | | | |
|---|---|---|---|---|---|---|---|---|---|---|---|---|
| | 1 | 2 | 3 | 4 | 5 | 6 | 7 | 8 | 9 | 10 | 11 | 12 |
| | 公差值/μm | | | | | | | | | | | |
| ≤10 | 0.4 | 0.8 | 1.5 | 3 | 5 | 8 | 12 | 20 | 30 | 50 | 80 | 120 |
| >10～16 | 0.5 | 1 | 2 | 4 | 6 | 10 | 15 | 25 | 40 | 60 | 100 | 150 |
| >16～25 | 0.6 | 1.2 | 2.5 | 5 | 8 | 12 | 20 | 30 | 50 | 80 | 120 | 200 |
| >25～40 | 0.8 | 1.5 | 3 | 6 | 10 | 15 | 25 | 40 | 60 | 100 | 150 | 250 |
| >40～63 | 1 | 2 | 4 | 8 | 12 | 20 | 30 | 50 | 80 | 120 | 200 | 300 |
| >63～100 | 1.2 | 2.5 | 5 | 10 | 15 | 25 | 40 | 60 | 100 | 150 | 250 | 400 |
| >100～160 | 1.5 | 3 | 6 | 12 | 20 | 30 | 50 | 80 | 120 | 200 | 300 | 500 |
| >160～250 | 2 | 4 | 8 | 15 | 25 | 40 | 60 | 100 | 150 | 250 | 400 | 600 |
| >250～400 | 2.5 | 5 | 10 | 20 | 30 | 50 | 80 | 120 | 200 | 300 | 500 | 800 |
| >400～630 | 3 | 6 | 12 | 25 | 40 | 60 | 100 | 150 | 250 | 400 | 600 | 1 000 |
| >630～1 000 | 4 | 8 | 15 | 30 | 50 | 80 | 120 | 200 | 300 | 500 | 800 | 1 200 |
| >1 000～1 600 | 5 | 10 | 20 | 40 | 60 | 100 | 150 | 250 | 400 | 600 | 1 000 | 1 500 |
| >1 600～2 500 | 6 | 12 | 25 | 50 | 80 | 120 | 200 | 300 | 500 | 800 | 1 200 | 2 000 |

续表

| 主参数 $L$，$d$（$D$）/mm | 公差等级 | | | | | | | | | | | |
|---|---|---|---|---|---|---|---|---|---|---|---|---|
| | 1 | 2 | 3 | 4 | 5 | 6 | 7 | 8 | 9 | 10 | 11 | 12 |
| | 公差值/μm | | | | | | | | | | | |
| >2 500～4 000 | 8 | 15 | 30 | 60 | 100 | 150 | 250 | 400 | 600 | 1 000 | 1 500 | 2 500 |
| >4 000～6 300 | 10 | 20 | 40 | 80 | 120 | 200 | 300 | 500 | 800 | 1 200 | 2 000 | 3 000 |
| >6 300～10 000 | 12 | 25 | 50 | 100 | 150 | 250 | 400 | 600 | 1 000 | 1 500 | 2 500 | 4 000 |

注：$L$为被测要素的长度。

**表 3-14　同轴度、对称度、圆跳动、全跳动（摘自 GB/T 1184—1996）**

| 主参数 $d$（$D$），$B$，$L$ /mm | 公差等级 | | | | | | | | | | | |
|---|---|---|---|---|---|---|---|---|---|---|---|---|
| | 1 | 2 | 3 | 4 | 5 | 6 | 7 | 8 | 9 | 10 | 11 | 12 |
| | 公差值/μm | | | | | | | | | | | |
| ≤1 | 0.4 | 0.6 | 1.0 | 1.5 | 2.5 | 4 | 6 | 10 | 15 | 25 | 40 | 60 |
| >1～3 | 0.4 | 0.6 | 1.0 | 1.5 | 2.5 | 4 | 6 | 10 | 20 | 40 | 60 | 120 |
| >3～6 | 0.5 | 0.8 | 1.2 | 2 | 3 | 5 | 8 | 12 | 25 | 50 | 80 | 150 |
| >6～10 | 0.6 | 1 | 1.5 | 2.5 | 4 | 6 | 10 | 15 | 30 | 60 | 100 | 200 |
| >10～18 | 0.8 | 1.2 | 2 | 3 | 5 | 8 | 12 | 20 | 40 | 80 | 120 | 250 |
| >18～30 | 1 | 1.5 | 2.5 | 4 | 6 | 10 | 15 | 25 | 50 | 100 | 150 | 300 |
| >30～50 | 1.2 | 2 | 3 | 5 | 8 | 12 | 20 | 30 | 60 | 120 | 200 | 400 |
| >50～120 | 1.5 | 2.5 | 4 | 6 | 10 | 15 | 25 | 40 | 80 | 150 | 250 | 500 |
| >120～250 | 2 | 3 | 5 | 8 | 12 | 20 | 30 | 50 | 100 | 200 | 300 | 600 |
| >250～500 | 2.5 | 4 | 6 | 10 | 15 | 25 | 40 | 60 | 120 | 250 | 400 | 800 |
| >500～800 | 3 | 5 | 8 | 12 | 20 | 30 | 50 | 80 | 150 | 300 | 500 | 1 000 |
| >800～1 250 | 4 | 6 | 10 | 15 | 25 | 40 | 60 | 100 | 200 | 400 | 600 | 1 200 |
| >1 250～2 000 | 5 | 8 | 12 | 20 | 30 | 50 | 80 | 120 | 250 | 500 | 800 | 1 500 |
| >2 000～3 150 | 6 | 10 | 15 | 25 | 40 | 60 | 100 | 150 | 300 | 600 | 1 000 | 2 000 |
| >3 150～5 000 | 8 | 12 | 20 | 30 | 50 | 80 | 120 | 200 | 400 | 800 | 1 200 | 2 500 |
| >5 000～8 000 | 10 | 15 | 25 | 40 | 60 | 100 | 150 | 250 | 500 | 1 000 | 1 500 | 3 000 |
| >8 000～10 000 | 12 | 20 | 30 | 50 | 80 | 120 | 200 | 300 | 600 | 1 200 | 2 000 | 4 000 |

注：$B$为被测要素的宽度。

**表 3-15　位置度系数（摘自 GB/T 1184—1996）**

| 1 | 1.2 | 1.5 | 2 | 2.5 | 3 | 4 | 5 | 6 | 8 |
|---|---|---|---|---|---|---|---|---|---|
| $1\times10^n$ | $1.2\times10^n$ | $1.5\times10^n$ | $2\times10^n$ | $2.5\times10^n$ | $3\times10^n$ | $4\times10^n$ | $5\times10^n$ | $6\times10^n$ | $8\times10^n$ |

注：$n$为正整数。

在保证零件功能的前提下，尽可能选用最经济的公差值，通过类比或计算，并考虑加工的经济性和零件的结构、刚性等情况确定几何公差值。各种公差值之间要协调合理，比如同一要素上给出的形状公差值应小于位置公差值；圆柱形零件的形状公差值

（轴线的直线度除外）一般情况下应小于其尺寸公差值；平行度公差值应小于被测要素和基准要素之间的距离公差值等。

位置度公差通常需要计算后确定。对于用螺栓或螺钉连接两个或两个以上的零件，被连接零件的位置度公差按下列方法计算。

用螺栓连接时，被连接零件上的孔均为光孔，孔径大于螺栓的直径，位置度公差的计算公式为

$$t=X_{min}$$

用螺钉连接时，有一个零件上的孔是螺孔，其余零件上的孔都是光孔，且孔径大于螺钉直径，位置度公差的计算公式均为

$$t=0.5X_{min}$$

式中，$t$——位置度公差计算值；

$X_{min}$——通孔与螺栓（钉）间的最小间隙。

计算值经圆整后按表 3－15 选择标准公差值。若被连接零件之间需要调整，位置度公差应适当减小。

为了获得简化制图及其他好处，对一般机床加工能够保证的几何精度，不必将几何公差逐一在图样上注出。实际要素的误差，由未注几何公差控制。国家标准对直线度与平面度、垂直度、对称度、圆跳动分别规定了未注公差值表，都分为 H、K、L 三种公差等级，如表 3－16～表 3－19 所示。对其他项目的未注公差说明如下。圆度未注公差值等于其尺寸公差值，但不能大于径向圆跳动的未注公差值；圆柱度的未注公差未作规定。实际圆柱面的质量由其构成要素（截面圆、轴线、素线）的注出公差或未注公差控制；平行度的未注公差值等于给出的尺寸公差值或是直线度（平面度）未注公差值中取较大者；同轴度的未注公差未作规定，可考虑与径向圆跳动的未注公差相等。其他项目（线轮廓度、面轮廓度、倾斜度、位置度、全跳动）由各要素注出或未注的几何公差、线性尺寸公差或角度公差控制。

**表 3－16　直线度、平面度未注公差值（摘自 GB/T 1184—1996）**

| 公差等级 | 基本长度范围 | | | | | |
| --- | --- | --- | --- | --- | --- | --- |
| | ≤10 | >10～30 | >30～100 | >100～300 | >300～1 000 | >1 000～3 000 |
| H | 0.02 | 0.05 | 0.1 | 0.2 | 0.3 | 0.4 |
| K | 0.05 | 0.1 | 0.2 | 0.4 | 0.6 | 0.8 |
| L | 0.1 | 0.2 | 0.4 | 0.8 | 1.2 | 1.6 |

**表 3－17　垂直度未注公差值（摘自 GB/T 1184—1996）**

| 公差等级 | 基本长度范围 | | | |
| --- | --- | --- | --- | --- |
| | ≤100 | >100～300 | >300～1 000 | >1 000～3 000 |
| H | 0.2 | 0.3 | 0.4 | 0.5 |
| K | 0.4 | 0.6 | 0.8 | 1 |
| L | 0.6 | 1 | 1.5 | 2 |

表 3-18　对称度未注公差值（摘自 GB/T 1184—1996）

| 公差等级 | 基本长度范围 | | | |
|---|---|---|---|---|
| | ≤100 | >100～300 | >300～1 000 | >1 000～3 000 |
| H | 0.5 | | | |
| K | 0.6 | | 0.8 | 1 |
| L | 0.6 | 1 | 1.5 | 2 |

表 3-19　圆跳动未注公差值（摘自 GB/T 1184—1996）

| 公差等级 | 圆跳动公差值 | 公差等级 | 圆跳动公差值 |
|---|---|---|---|
| H | 0.1 | L | 0.5 |
| K | 0.2 | | |

图样上的要素都应有几何公差要求，对高于 9 级的几何公差值和低于 12 级的几何公差值都应在图样上进行标注。而几何公差值在 9～12 级的可不在图样上进行标注，称为未注公差。

若采用标准规定的未注公差值，如采用 K 级，应在标题栏附近或在技术要求、技术文件（如企业标准）中注出标准号及公差等级代号，如 GB/T 1184—K。

(4) 公差原则的选择

根据零部件的装配及性能要求进行选择，独立原则主要应用于以下场合。

① 尺寸精度和位置精度要求都较严，并需分别满足要求。如齿轮箱体上的孔，为保证与轴承的配合和齿轮的正确啮合，要分别保证孔的尺寸精度和孔心线的平行度要求。

② 尺寸精度和位置精度要求相差较大。如印刷机滚筒、轧钢机轧辊等零件，尺寸精度要求低，圆柱度要求高；平板的尺寸精度要求低，平面度要求高，应分别满足。

③ 为保证运动精度、密封性等特殊要求，单独提出与尺寸精度无关的几何公差要求。如机床导轨为保证运动精度，提出直线度要求，与尺寸精度无关；汽缸套内孔与活塞配合，为保证内、外圆柱面均匀接触并有良好的密封性能，在保证尺寸精度的同时，还要单独保证很高的圆度、圆柱度要求。

④ 零件上的未注几何公差一律遵循独立原则。运用独立原则时，需用通用记录器具分别检测零件的尺寸和几何误差，检测较不方便。如果要求保证配合零件间的最小间隙及采用量规检验的零件均可采用包容原则；如果只要求可装性的配合零件可采用最大实体原则。可逆要求与最大（或最小）实体要求连用，能充分利用公差带，扩大了被测要素尺寸范围，使实际（组成）要素超过了最大（或最小）实体尺寸而拟合尺寸未超过最大（或最小）实体实效边界，变废品为合格品，提高了经济性，在不影响使用要求的前提下可以选用。

(5) 几何公差选用、标注举例

图 3-15 所示为减速器的输出轴，根据对该轴的功能要求，给出了有关几何公差。

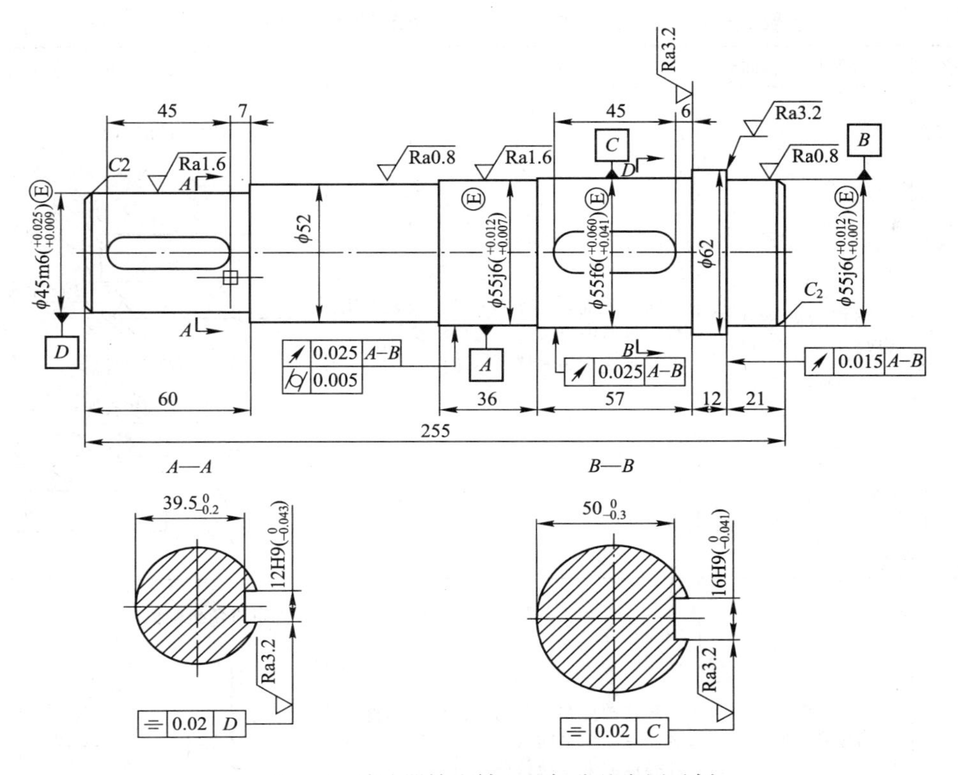


图 3 - 15　减速器输出轴上几何公差应用示例

说明：① 两个 φ55j6 轴颈与 P0 级滚动轴承内圈配合，为保证配合性质，采用包容要求；按 GB/T 275—1993《滚动轴承与轴和外壳孔的配合》规定，与 P0 级滚动轴承配合的轴颈，为保证轴承套圈的几何精度，在遵守包容要求的情况下，进一步提出圆柱度公差为 0. 005 mm 的要求；该两轴承安装上滚动轴承后，分别与减速器箱体的两孔配合，需限制两轴的同轴度误差，以免影响轴承外圈与箱体的配合，故提出了两轴颈径向圆跳动公差 0. 02 5mm。

② φ62 处左、右两轴肩为齿轮、轴承的定位面，应与轴线垂直，提出两轴肩相对于基准轴线 A—B 的轴向圆跳动公差 0. 015 mm。

③ φ56r6 和 φ45m6 分别与齿轮和带轮配合，为保证配合性质，采用包容要求；为保证齿轮的准确啮合，对 φ56r6 圆柱还提出了对基准 A—B 的径向圆跳动公差 0. 025 mm。

④ 键槽对称度常用 7～9 级，此处选 8 级，查表 3 - 14 为 0. 02 mm。

# 任务 3. 4　了解几何误差的检测原则和检测方法（GB/T 1958—2004）

### 1. 几何误差的检测原则

形位误差的项目很多，为了能正确合理地选择检测方案，国家标准规定了形位误差的 5 个检测原则，并附有一些检测方法。本任务仅介绍这 5 个检测原则，如表 3 - 20 所示。依据这些原则，可以进行多种检测方法。

表 3-20　几何误差的检测原则（摘自 GB/T 1958—2004）

| 编号 | 检测原则名称 | 说　明 | 示　例 |
|---|---|---|---|
| 1 | 与拟合要素比较原则 | 将被测提取要素与其拟合要素相比较，量值由直接法或间接法获得。<br>拟合要素用模拟方法获得 | 1. 量值由直接法获得 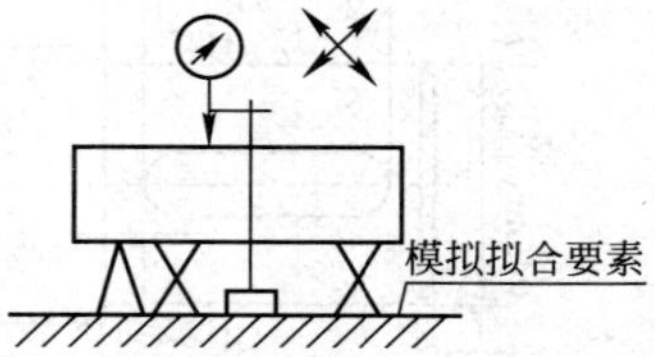<br>模拟拟合要素<br>2. 量值由间接法获得 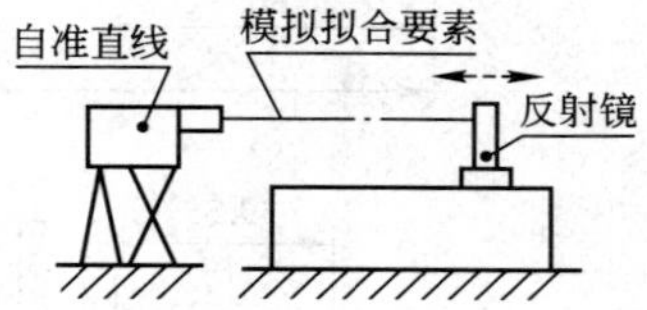<br>自准直线　模拟拟合要素　反射镜 |
| 2 | 测量坐标值原则 | 测量被提取要素的坐标值（如直角坐标值、极坐标值、圆柱面坐标值），并经过数据处理获得几何误差值 | 测量直角坐标值 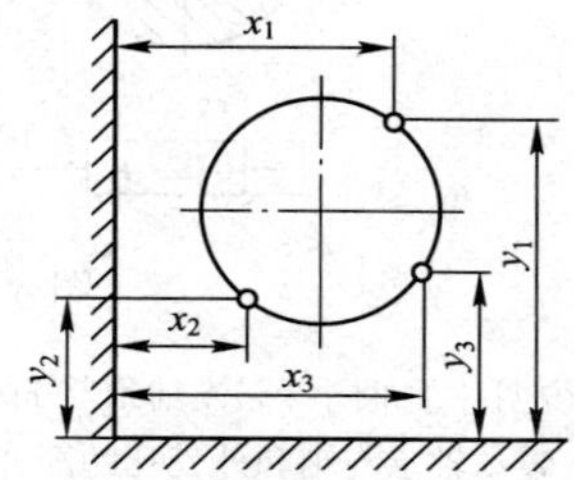<br>$x_1$ $x_2$ $x_3$ $y_1$ $y_2$ $y_3$ |
| 3 | 测量特征参数原则 | 测量被提取要素上具有代表性的参数（即特征参数）来表示几何误差值 | 两点法测量圆度特征参数 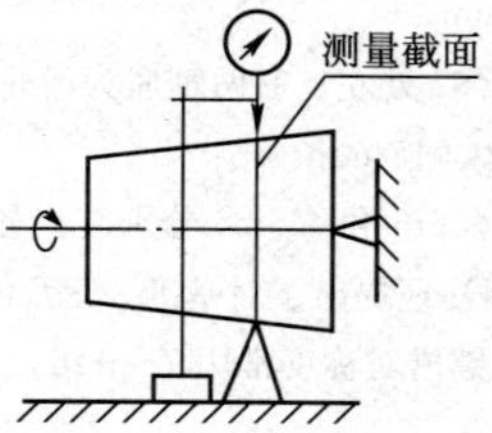<br>测量截面 |
| 4 | 测量跳动原则 | 被提取要素绕基准轴线回转过程中，沿给定方向测量其对某参考点或线的变动量。<br>变动量是指指示计最大与最小值之差 | 测量径向跳动 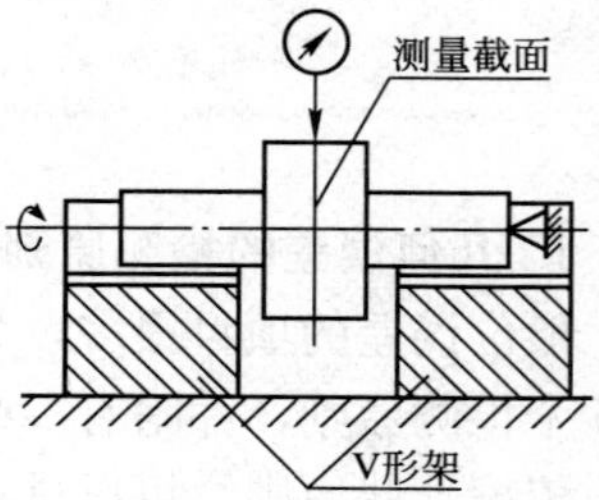<br>测量截面<br>V形架 |

续表

| 编号 | 检测原则名称 | 说　明 | 示　例 |
|---|---|---|---|
| 5 | 控制实效边界原则 | 检验被测提取要素是否超过实效边界，以判断合格与否 | 用综合量规检验同轴度误差 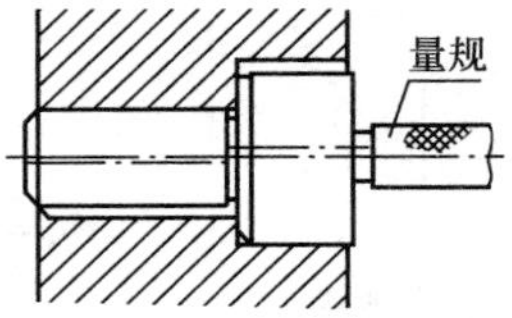<br>量规 |

2. 几何误差的检测方法

几何误差的检测方法有多种，主要取决于被测工件的数量、精度高低、使用量仪的性能及种类、测量人员的技术水平和素质等方面。所采取的检测方案，要在满足测量要求的前提下，经济且高效地完成检测工作。

（1）直线度误差测量方法

如表 3 - 21 所示。

**表 3 - 21　直线度误差测量方法（部分）**

| 序号 | 测量设备 | 公差带与应用示例 | 检测方法 | 检查说明 |
|---|---|---|---|---|
| 1. 比较法 | 平尺（或刀口尺），厚薄规（塞规） | 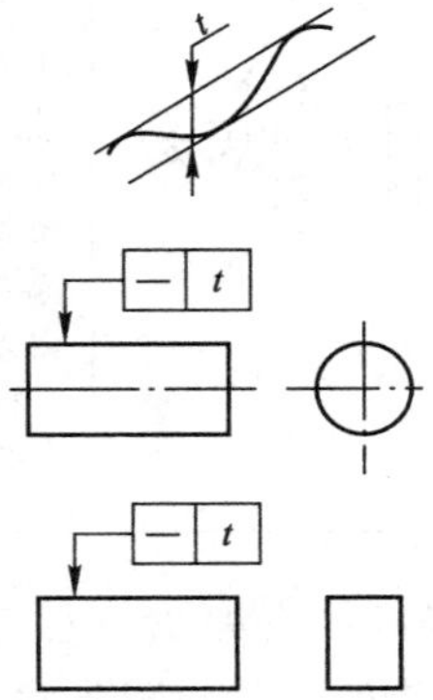 t<br>— t<br>— t | 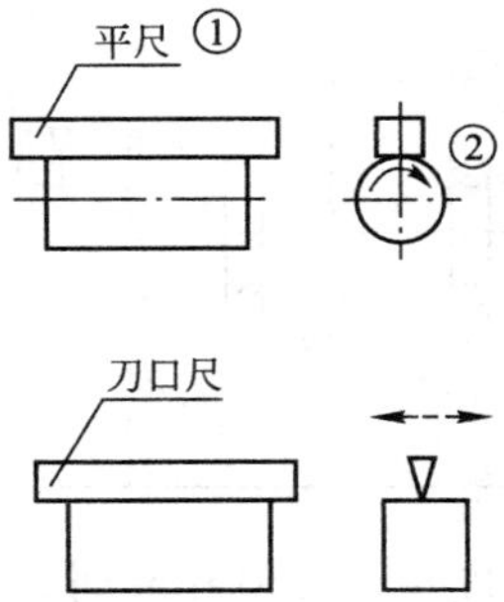 平尺 ①<br>②<br>刀口尺 | ① 将平尺（或刀口尺）与被测素线直接接触，并使两者之间的最大间隙为最小，此时的最大间隙即为该条被测素线的直线度误差，误差的大小应根据光隙测定。当光隙较小时，可按标准光隙来估读；当光隙较大时，则可用厚薄规（塞尺）测量。<br>② 按上述方法测量若干条素线，取其中最大的误差值作为该被测零件的直线度误差 |
| 2. 指示表测量法 | 平板，固定和可调支承，带指示计的测量架 | 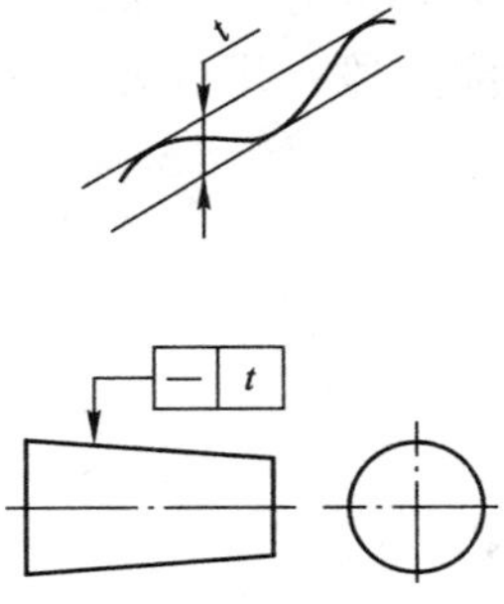 t<br>— t | 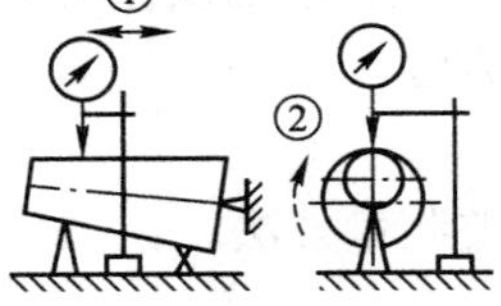 ①<br>② | 将被测素线的两端点调整到与平板等高。<br>① 在被测素线的全长范围内测量，同时记录示值。根据记录的读数用计算法（或图解法）按最小条件（也可按两端点连线法）计算直线度误差。<br>② 按上述方法测量若干条素线，取其中最大的误差值作为该被测零件的直线度误差 |

续表

| 序号 | 测量设备 | 公差带与应用示例 | 检测方法 | 检查说明 |
|---|---|---|---|---|
| 3. 节距法 | 水平仪，桥板 |  | 水平仪 ① ② t | 将被测零件调整到水平位置。<br>① 水平仪按节距 $l$ 沿被测素线移动，同时记录水平仪的读数；根据记录的读数用计算法（或图解法）按最小条件（也可按两端点连线法）计算该条素线的直线度误差。<br>② 按上述方法，测量若干条素线，取其中最大的误差值作为该被测零件的直线度误差。<br>此方法适用于测量较大的零件 |
|  | 准直望远镜、瞄准靶 |  | 准直望远镜 瞄准靶 | 将瞄准靶放在前后端两孔中，调整准直望远镜使其光轴与两端孔的中心连线同轴。<br>将瞄准靶分别放在被测零件的各孔中，同时记录水平和垂直方向的示值，然后用计算法（或图解法）得到被测零件的提取轴线，再按最小条件（也可按两端点连线法）求解直线度误差。<br>此方法适用于测量大型的孔类零件 |

比较法适用于工件长度小于 300 mm 时，用模拟拟合要素（如刀口尺、平尺、平板等）与被测表面贴切后，估读光隙大小，判别直线度。光隙颜色与间隙大小的关系为：不透光时，间隙值小于 0.5 μm；蓝光隙，间隙值约 0.8 μm；红色光隙，间隙值在 1.25～1.75 μm；色花光隙，间隙值大于 2.5 μm，当间隙大于 20 μm 时用塞尺测量。

节距法用于较长表面（如导轨），将被测长度分段，用仪器（水平仪、自准直仪）逐段测取数值，进行数据处理，求出误差值。

(2) 平面度误差测量方法

如表 3－22 所示。

(3) 圆度和圆柱度误差测量方法

如表 3－23 所示。

(4) 平行度误差测量方法

如表 3－24 所示。

表 3-22 平面度误差测量方法（部分）

| 序号 | 测量设备 | 公差带与应用示例 | 检测方法 | 检查说明 |
| --- | --- | --- | --- | --- |
| 1. 光波干涉法 | 平晶 | 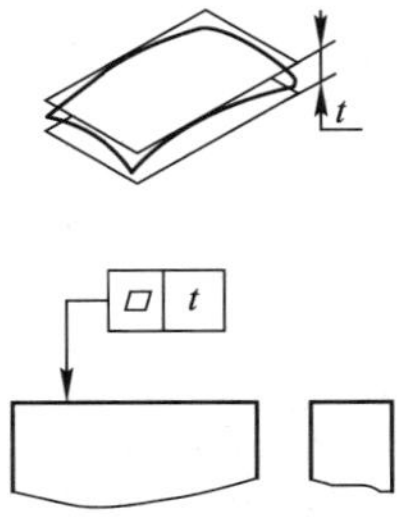 | 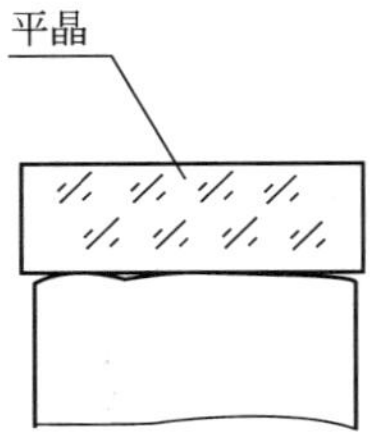 平晶 | 平晶贴在被测表面上，观察干涉条纹。<br>被测表面的平面度误差为封闭的干涉条纹数乘以光波波长之半，对不封闭的干涉条纹，为条纹的弯曲度与相邻两条纹间距之比再乘以光波波长之半。<br>此方法适用于测量高精度的小平面 |
| 2. 三点法 | 平板、带指示计的测量架、固定和可调支承 | 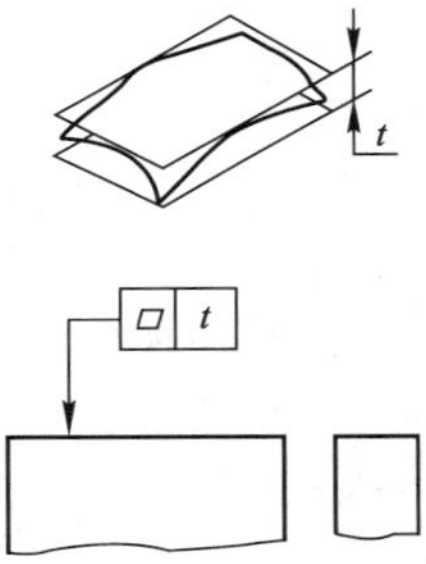 | 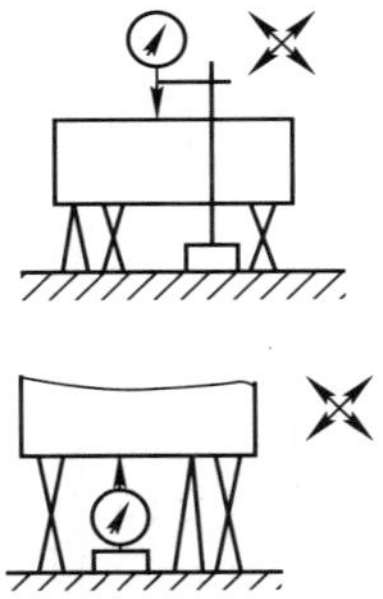 | 将被测零件支承在平板上，调整被测表面最远三点，使其与平板等高。<br>按一定的布点测量被测表面，同时记录示值。<br>一般可用指示计最大与最小示值的差值近似地作为平面度误差。必要时，可根据记录的示值用计算法（或图解法）按最小条件计算平面度误差 |
| 3. 对角线法 | 平板、水平仪、固定和可调支承 | 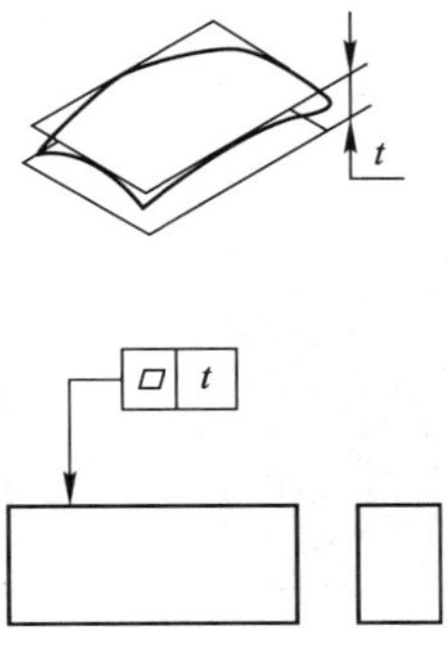 | 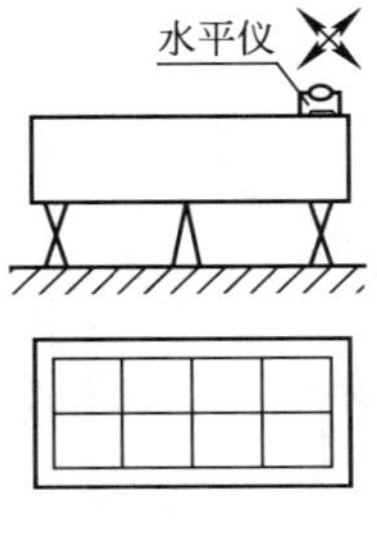 水平仪 | 将被测表面调水平。用水平仪按一定的布点和方向逐点地测量被测表面。同时记录示值，并换算成线值。<br>根据各线值，用计算法（或图解法）按最小条件（也可按对角线法）计算平面度误差 |

表 3-23 圆度和圆柱度误差测量方法（部分）

| 序号 | 测量设备 | 公差带与应用示例 | 检测方法 | 检查说明 |
| --- | --- | --- | --- | --- |
| 1. 三点法 | 平板、带指示计测量架、V形铁、固定和可调支架 | 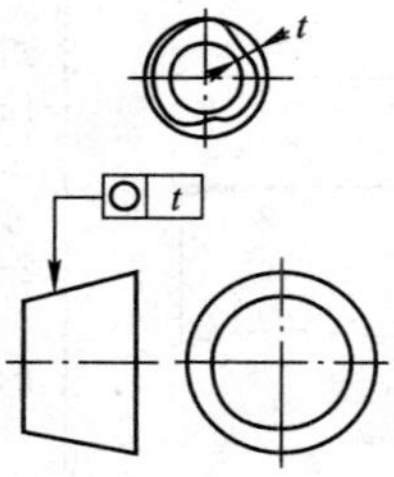 | 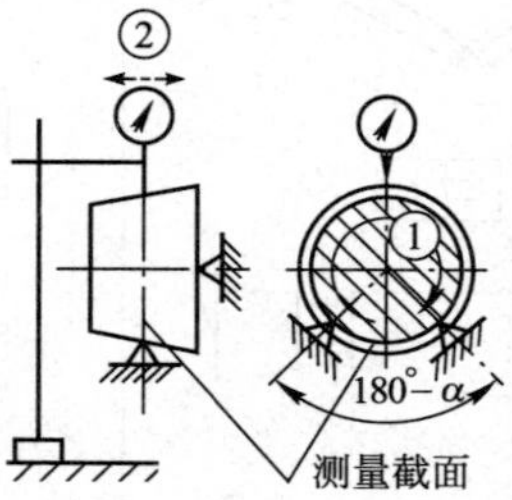 测量截面<br>180°−α | 将被测零件放在V形块上，使其轴线垂直于测量截面，同时固定轴向位置。<br>① 在被测零件回转一周过程中，指示计示值的最大差值与反映系数$K$之商，作为单个截面的圆度误差。<br>② 按上述方法测量若干个截面，取其中最大的误差值作为该零件的圆度误差。<br>此方法测量结果的可靠性取决于截面形状误差和V形块夹角的综合效果。常以夹角$\alpha=90°$和120°或72°和108°两块V形块分别测量。<br>此方法适用于测量内外表面的奇数菱形状误差。使用时可以转动被测零件，也可转动量具。 |
| 2. 用圆度仪 | 圆度仪（或类似量仪） | 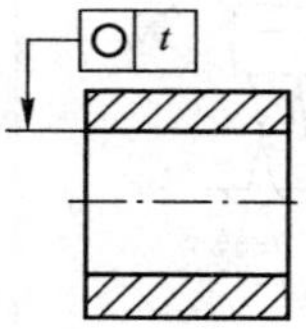 | 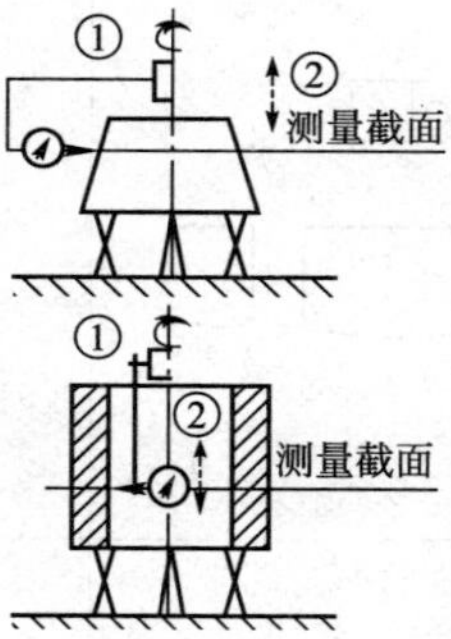 测量截面<br>测量截面 | 将被测零件放置在量仪上，同时调整被测零件的轴线，使它与量仪的回（旋）转轴线同轴。<br>① 记录被测零件在回转一周过程中测量截面上各点的半径差。<br>由极坐标图（或用电子计算机）按最小条件［也可按最小二乘圆中心或最小外接圆中心（只适用于外表面）或最大内接圆中心（只适用于内表面）］计算该截面的圆度误差。<br>② 按上述方法测量若干截面，取其中最大的误差值作为该零件的圆度误差。 |
| 3. 坐标测量仪 | 配备电子计算机的三坐标测量装置 | 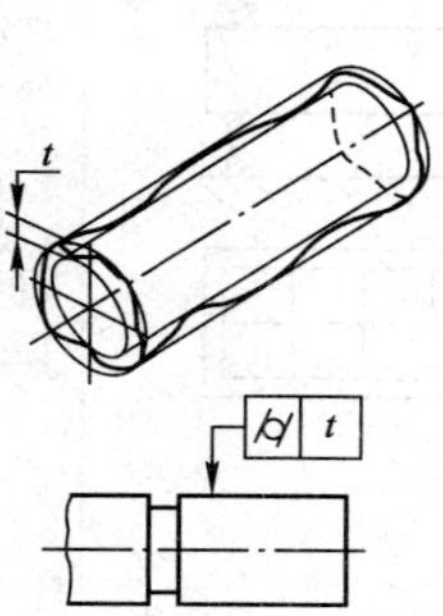 | 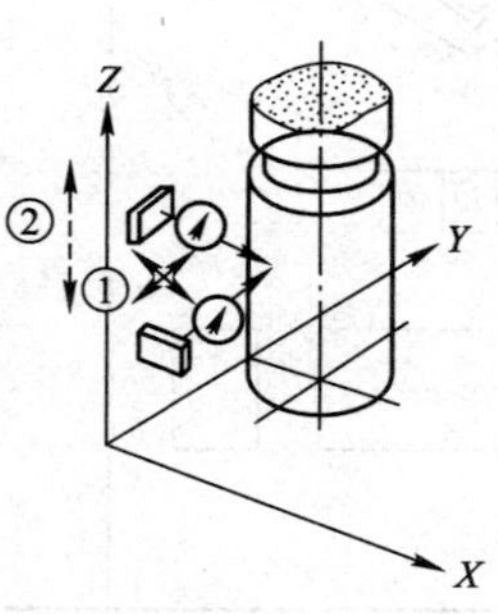 | 把被测零件放置在测量装置上，并将其轴线调整到与$Z$轴平行。<br>① 在被测表面的横截面上测取若干个点的坐标值。<br>② 按需要测量若干个横截面。<br>由电子计算机根据最小条件确定该零件的圆柱度误差 |

表 3-24　平行度误差测量方法（部分）

| 序号 | 测量设备 | 公差带与应用示例 | 检测方法 | 检查说明 |
| --- | --- | --- | --- | --- |
| 1 | 平板、带指示计的测量架 | 面对面 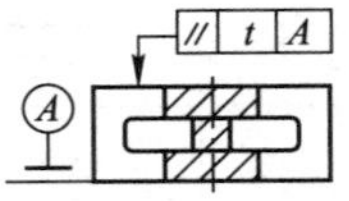<br>(a) 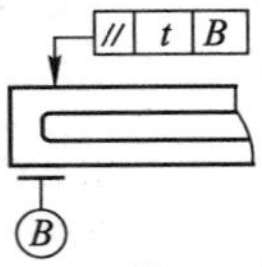<br>(b) | 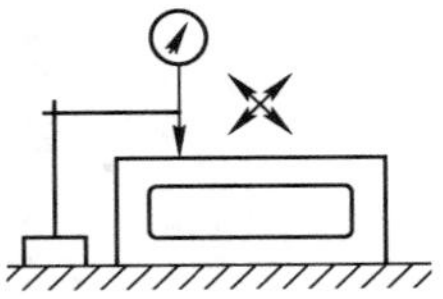 | 将被测零件放置在平板上。<br>在整个被测表面上按规定测量线进行测量。<br>① 取指示计的最大与最小示值之差作为该零件的平行度误差。<br>② 取各条测量线上任意给定 $l$ 长度内指示计的最大与最小示值之差，作为该零件的平行度误差 |
| 2 | 平板等高支承，心轴，带指示计的测量架 | 面对线 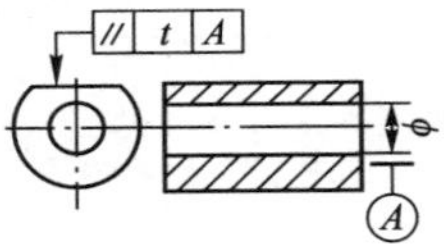 | 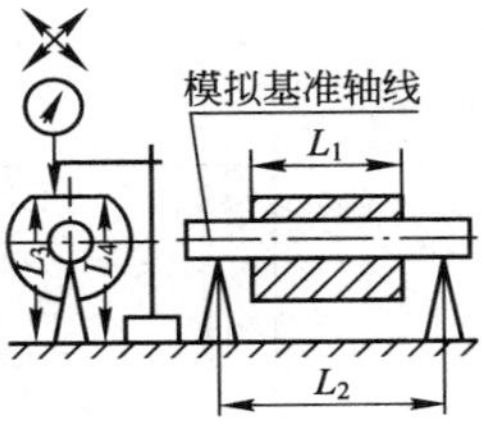 模拟基准轴线 | 基准轴线由心轴模拟。<br>将被测零件放在等高支承上，调整（转动）该零件使 $L_3=L_4$，然后测量整个被测表面并记录示值。<br>取整个测量过程中指示计的最大与最小示值之差作为该零件的平行度误差。<br>必要时，可按定向最小区域评定平行度误差。<br>测量时，应选用可胀式（或与孔成无间隙配合的）心轴 |
| 3 | 平板，等高支承，心轴，带指示计的测量架 | 线对线 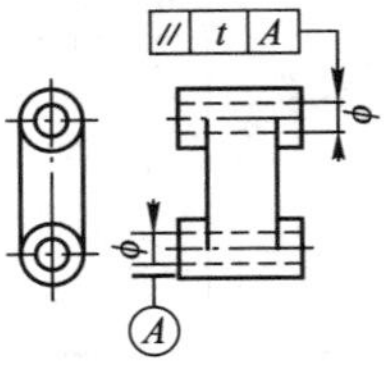 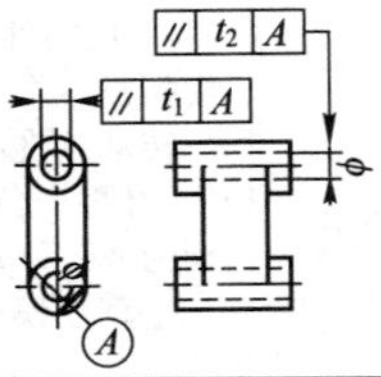 | 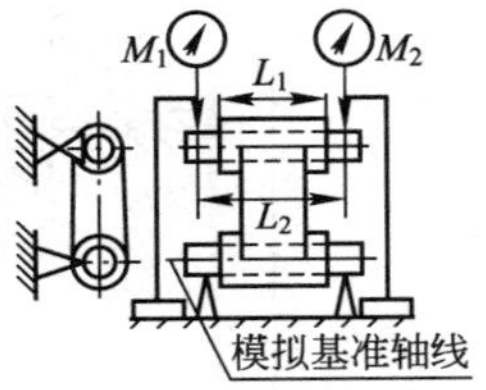 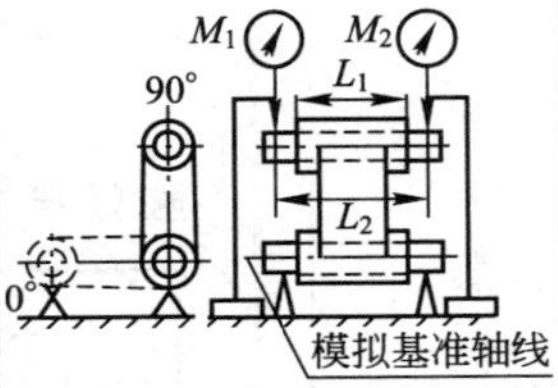 模拟基准轴线<br>模拟基准轴线 | 基准轴线和被测轴线均由心轴模拟，将被测零件放在等高支承上，在测量距离为 $L_2$ 的两个位置上测得的数值分别为 $M_1$ 和 $M_2$。<br>平行度误差为<br>$f=\frac{L_1}{L_2}\lvert M_1-M_2\rvert$<br>其中：$L_1$ 为被测轴线的长度。<br>当被测零件在互相垂直的两个方向上给定公差要求时，则可按上述方法在两个方向上分别测量。<br>测量时，应选用可胀式（或与孔成无间隙配合的）心轴 |
| 4 | 平板，带指示计的测量架，心轴 | 线对面 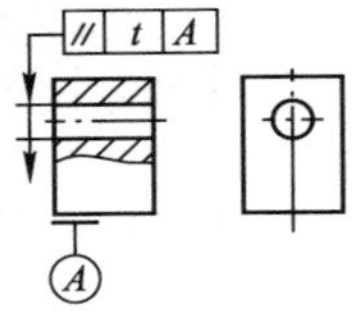 | 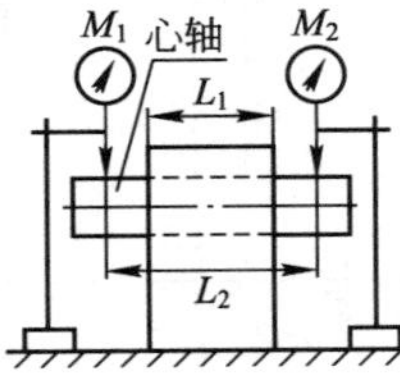 心轴 | 将被测零件直接放置在平板上，被测轴线由心轴模拟。在测量距离为 $L_2$ 的两个位置上测得的示值分别为 $M_1$ 和 $M_2$。<br>平行度误差为<br>$f=\frac{L_1}{L_2}\lvert M_1-M_2\rvert$<br>其中：$L_1$ 为被测轴线的长度。<br>测量时应选用可胀式（或与孔成无间隙配合的）心轴 |

（5）垂直度误差测量方法

如表 3－25 所示。

**表 3－25　垂直度误差测量方法（部分）**

| 序号 | 测量设备 | 公差带与应用示例 | 检测方法 | 检查说明 |
|---|---|---|---|---|
| 1 | 水平仪，固定和可调支承 | 面对面 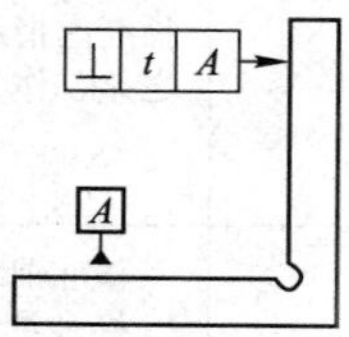 | 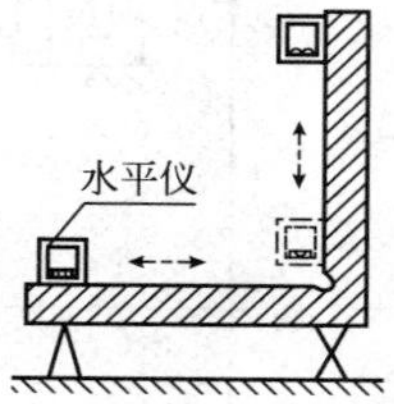 | 用水平仪粗调基准表面到水平。<br>分别在基准表面和被测表面上用水平仪分段逐步测量并记录换算成线值的示值。<br>用图解法（或计算法）确定基准方位，然后求出被测表面相对于基准的垂直度误差。<br>此方法适用于测量大型零件 |
| 2 | 平板，导向块，固定支承，带指示计的测量架 | 面对线 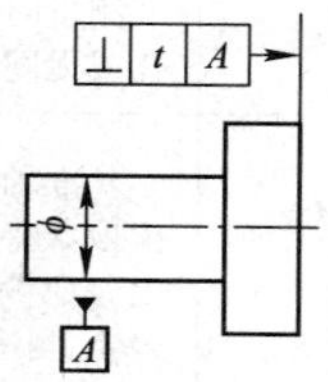 | 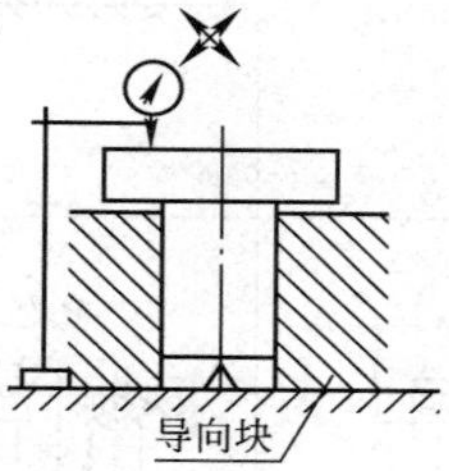 | 将被测零件放置在导向块内（基准轴线由导向块模拟）然后测量整个被测表面，并记录示值。取最大示值差作为该零件的垂直度误差 |
| 3 | 心轴，支承，带指示计的测量架 | 线对线 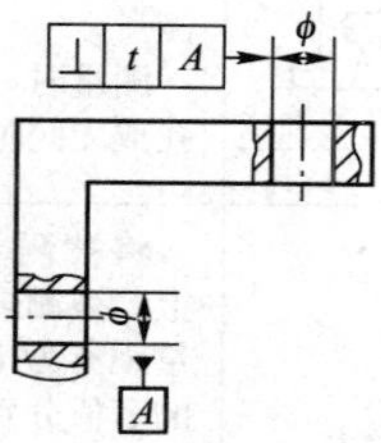 | 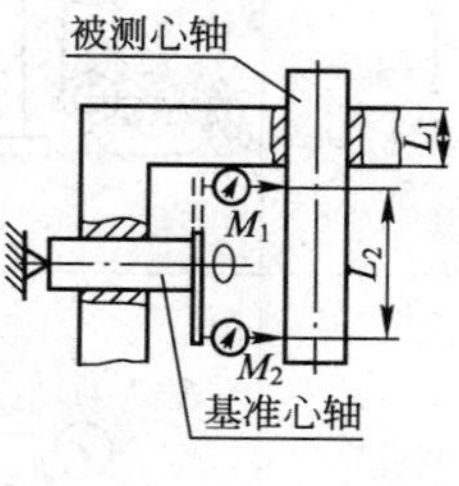 | 基准轴线和被测轴线由心轴模拟。<br>转动基准心轴，在测量距离为 $L_2$ 的两个位置上测得的数值分别为 $M_1$ 和 $M_2$。<br>垂直度误差为<br>$f=\frac{L_1}{L_2}\left\|M_1-M_2\right\|$<br>测量时被测心轴应选用可胀式（或与孔成无间隙配合的）心轴，而基准心轴应选用可转动但配合间隙小的心轴 |

（6）倾斜度误差测量方法

如表 3－26 所示。

表 3-26　倾斜度误差测量方法（部分）

| 序号 | 测量设备 | 公差带与应用示例 | 检测方法 | 检查说明 |
|---|---|---|---|---|
| 1 | 平板，定角座，固定支承，带指示计的测量架 | 面对面 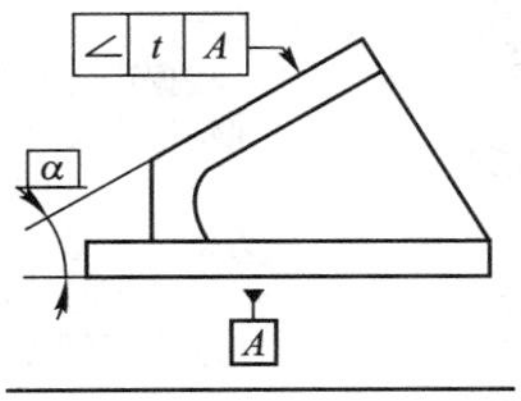 | 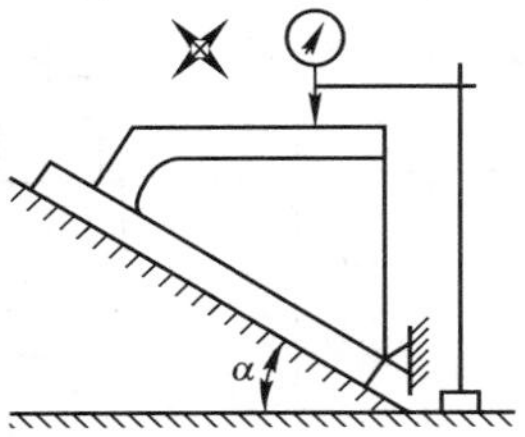 | 将被测零件放置在定角座上。<br>调整被测件，使指示计在整个被测表面的示值差为最小值。<br>取指示计的最大与最小示值之差作为该零件的倾斜度误差。<br>定角座可用正弦尺（或精密转台）代替 |
| 2 | 平板，直角座，定角垫块，固定支承，心轴，带指示计的测量架 | 线对面 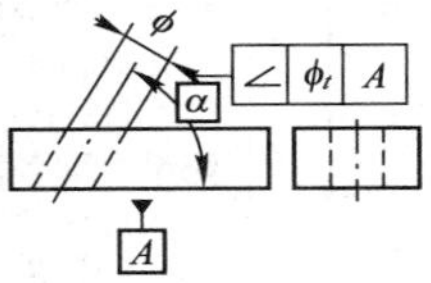 | 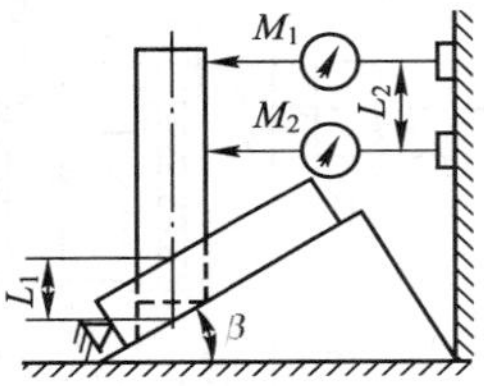 | 被测轴线由心轴模拟。<br>调整被测零件。使指示计示值 $M_1$ 为最大（距离最小）。<br>在测量距离为 $L_2$ 的两个位置上测得示值分别为 $M_1$ 和 $M_2$。<br>倾斜度误差为<br>$f=\frac{L_1}{L_2}\lvert M_1-M_2\rvert$<br>测量时应选用可胀式（或与孔成无间隙配合的）心轴，若选用 $L_2$ 等于 $L_1$，则示值差值即为该零件的倾斜度误差。<br>定角垫块可由正弦尺（或精密转台）代替 |
| 3 | 心轴，定角锥体，支承，带指示计的装置 | 线对线 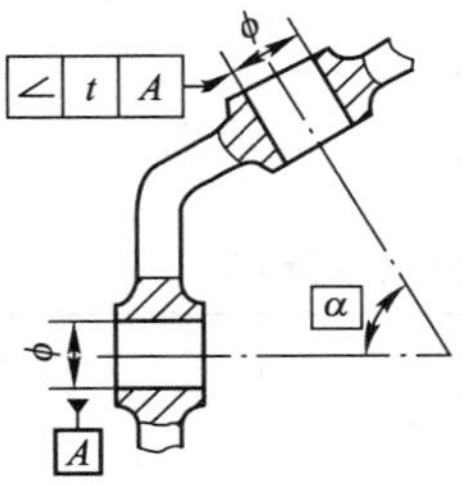 | 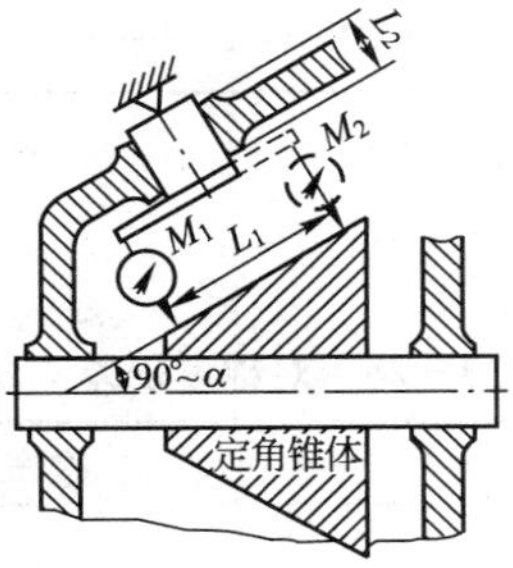 | 在测量距离为 $L_2$ 的两个位置上测得的数值分别为 $M_1$ 和 $M_2$。<br>倾斜误差为<br>$f=\frac{L_1}{L_2}\lvert M_1-M_2\rvert$ |

（7）同轴度误差测量方法

如表 3-27 所示。

表 3-27　同轴度误差测量方法（部分）

| 序号 | 测量设备 | 公差带与应用示例 | 检测方法 | 检查说明 |
|---|---|---|---|---|
| 1 | 圆度仪（或其他类似仪器） | 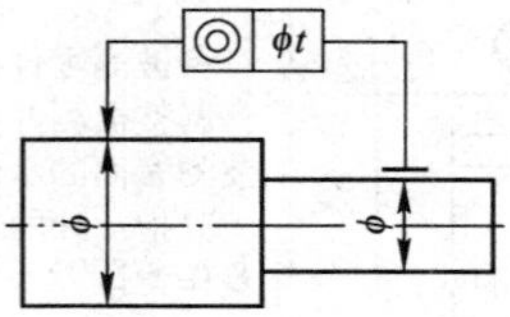 ◎ φt | 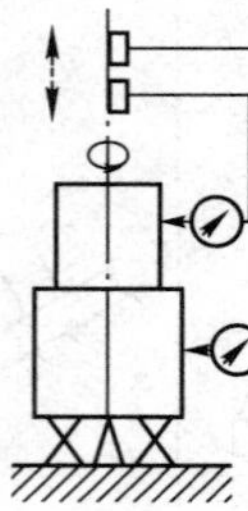 | 调整被测零件，使其基准轴线与仪器主轴的回转轴线同轴。<br>在被测零件的基准要素和被测要素上测量若干截面并记录轮廓图形。<br>根据图形按定义求出该零件的同轴度误差。<br>按照零件的功能要求也可对轴类零件用最小外接圆柱面（对孔类零件用最大内接圆柱面）的轴线求出同轴度误差 |
| 2 | 平板、刃口状V形架、带指示计的测量架 | 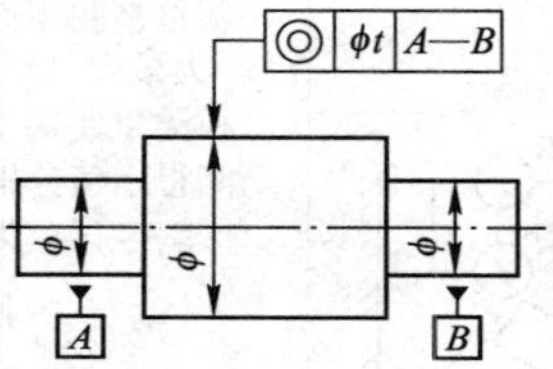 ◎ φt A—B<br>A　B | 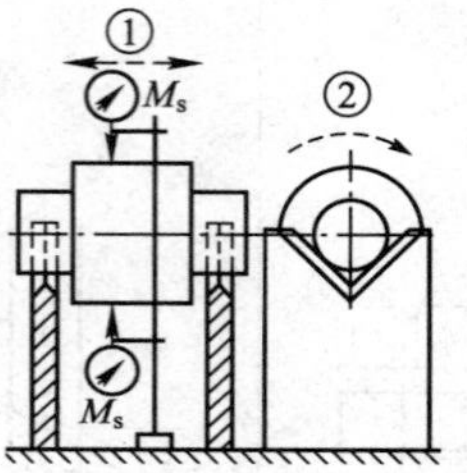 ①　②<br>$M_s$<br>$M_s$ | 公共基准轴线由V形架体现。<br>将被测零件基准要素的中截面放置在两个等高的刃口状V形架上。将两指示计分别在铅垂轴截面内相对于基准轴线对称地分别调零。<br>① 在轴向测量，取指示计在垂直基准轴线的正截面上测得各对应点的示值差值$\lvert M_1-M_2\rvert$作为在该截面上的同轴度误差。<br>② 按上述方法在若干截面内测量，取各截面测得的示值之差中的最大值（绝对值）作为该零件的同轴度误差。<br>此方法适用于测量形状误差较小的零件 |
| 3 | 综合量规 | 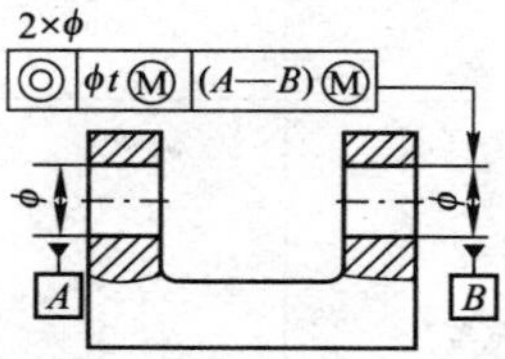 2×φ<br>◎ φtⓂ (A—B)Ⓜ<br>A　B | 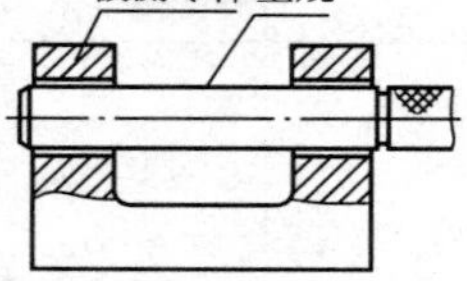 被测零件 量规 | 量规销的直径为孔的实效尺寸。综合量规应通过被测零件 |

（8）对称度误差测量方法

如表 3-28 所示。

表 3-28　对称度误差测量方法（部分）

| 序号 | 测量设备 | 公差带与应用示例 | 检测方法 | 检查说明 |
|---|---|---|---|---|
| 1 | 平板、带指示计的测量架 | 面对面 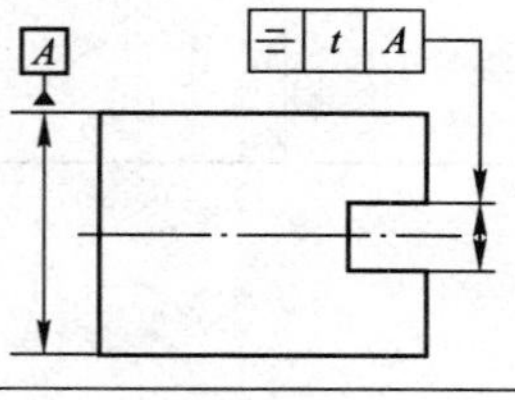<br>A<br>⌯ t A | 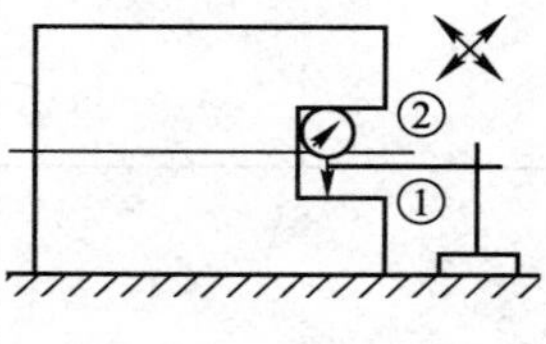 ②<br>① | 将被测零件放置在平板上。<br>① 测量被测表面与平板之间的距离。<br>② 将被测件翻转后，测量另一被测表面与平板之间的距离。<br>取测量截面内对应两测点的最大差值作为对称度误差 |

续表

| 序号 | 测量设备 | 公差带与应用示例 | 检测方法 | 检查说明 |
| --- | --- | --- | --- | --- |
| 2 | 平板，V形块，定位块、带指示计的测量架 | 面对线 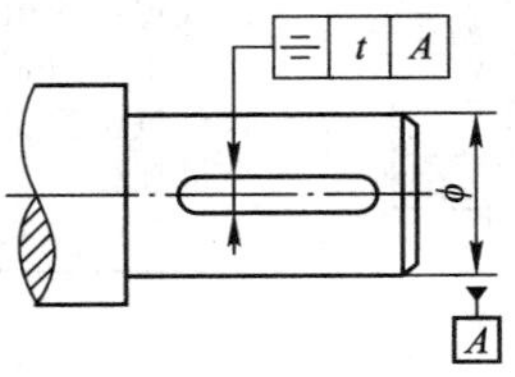 | 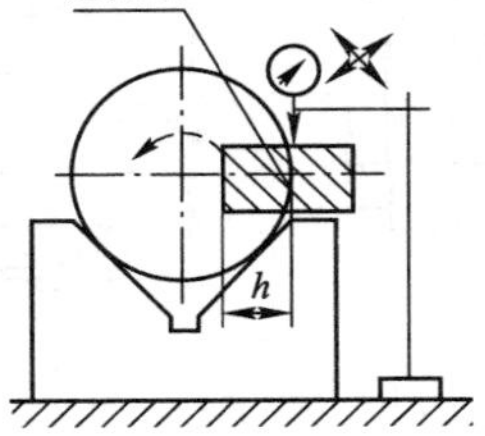 定位块 | 基准轴线由V形块模拟，被测中心平面由定位块模拟，调整被测零件使定位块沿径向与平板平行。在键槽长度两端的径向截面内测量定位块至平板的距离。再将被测零件旋转180°后重复上述测量，得到两径向测量截面内的距离差之半 $\Delta_1$ 和 $\Delta_2$，对称度误差按下式计算：<br>$f=\dfrac{2\Delta_2 h+d(\Delta_1-\Delta_2)}{d-h}$<br>式中：$d$——轴的直径；<br>$h$——键槽深度。<br>注：以绝对值大者为 $\Delta_1$；小者为 $\Delta_2$。 |
| 3 | 卡尺 | 线对面 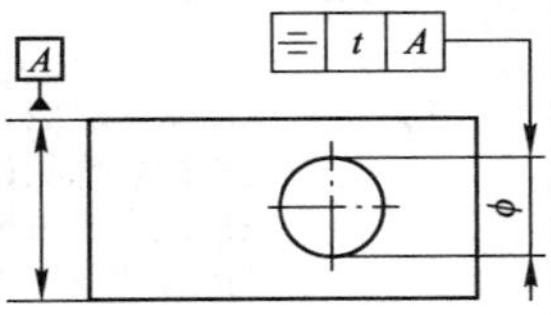 | 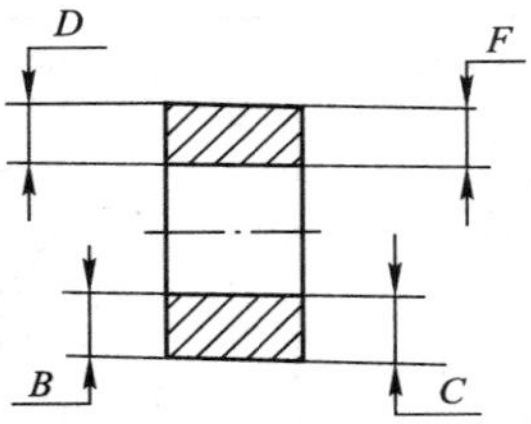  | 在B、D和C、F处测量壁厚，取两个壁厚差中较大的值作为该零件的对称度误差。<br>此方法适用于测量形状误差较小的零件 |

(9) 位置度误差测量方法

如表3-29所示。

**表3-29　位置度误差测量方法（部分）**

| 序号 | 测量设备 | 公差带与应用示例 | 检测方法 | 检查说明 |
| --- | --- | --- | --- | --- |
| 1 | 分度和坐标测量装置、指示计和心轴 | 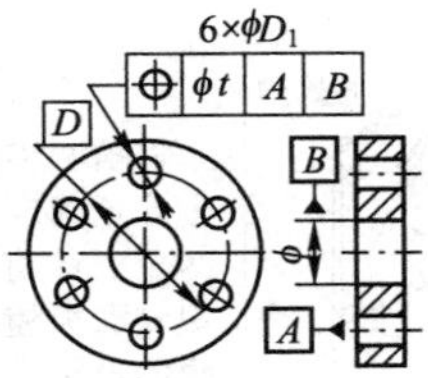 6×$\phi D_1$ | 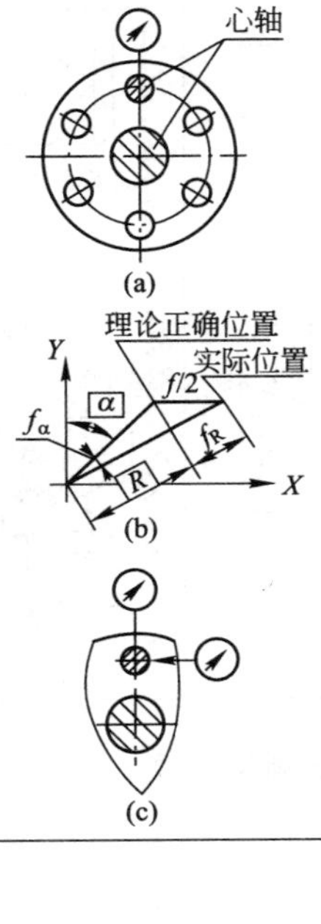 心轴<br>(a)<br>理论正确位置<br>实际位置<br>(b)<br>(c) | 调整被测零件，使基准轴线与分度装置的回转轴线同轴。<br>任选一孔，以其中心作角向定位，测出各孔的径向误差 $f_R$ 和角度误差 $f_\alpha$ [图(a)和图(b)]。位置度误差为<br>$f=2\sqrt{f_R^2+(R\cdot f_\alpha)^2}$<br>式中：$f_\alpha$ 取弧度值。<br>该零件也可用两个指示计[图(c)]分别测出各孔径向误差 $f_y$ 和切向误差 $f_x$，位置度误差：$f=2\sqrt{f_x^2+f_y^2}$，必要时，位置度误差可用定位最小区域法求出。<br>当被测轴线较长时，应同时测量被测轴线的两端，并取其中较大值作为该要素的位置度误差。<br>测量时应选用可胀式（或与孔成无间隙配合的）心轴，若孔的形状误差对测量结果的影响可忽略时，则可在实际孔壁上直接测量 |

续表

| 序号 | 测量设备 | 公差带与应用示例 | 检测方法 | 检查说明 |
| --- | --- | --- | --- | --- |
| 2 | 综合量规 | 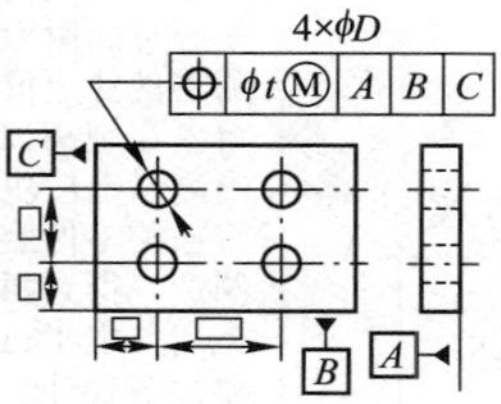 4×$\phi D$ | 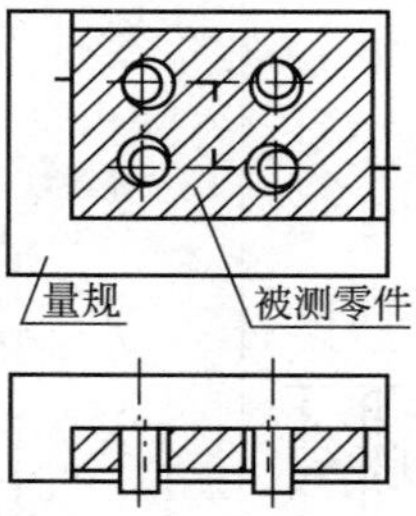 量规 被测零件 | 量规应通过被测零件，并与被测零件的基准面相接触。<br>量规销的直径为被测孔的实效尺寸，量规各销的位置与被测孔的理想位置相同。<br>对于小型薄板零件，可用投影仪测量位置度误差，其原理与综合量规相同 |

(10) 线、面轮廓度误差测量方法

如表 3-30 所示。

**表 3-30 线、面轮廓度误差测量方法（部分）**

| 序号 | 测量设备 | 公差带与应用示例 | 检测方法 | 检查说明 |
| --- | --- | --- | --- | --- |
| 1. 投影法 | 投影仪 | 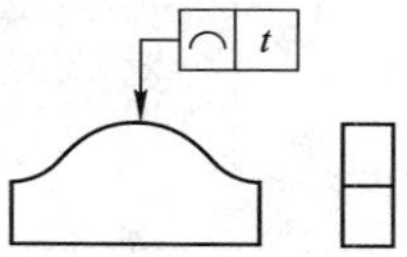  | 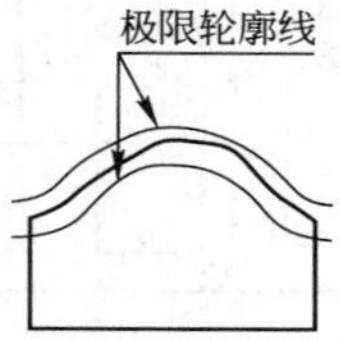 极限轮廓线 | 将被测轮廓，投影在投影屏上与极限轮廓相比较，实际轮廓的投影应在极限轮廓线之间。<br>此方法适用于测量尺寸较小和薄的零件 |
| 2. 样板法 | 截面轮廓样板 | 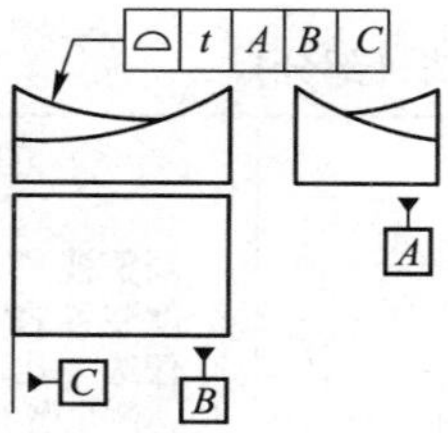  | 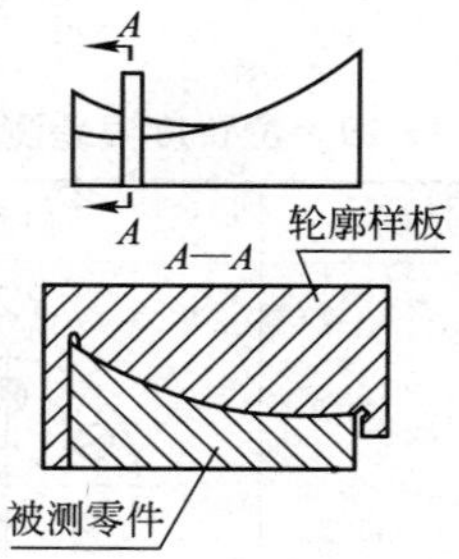 A—A 轮廓样板 被测零件 | 将若干截面轮廓样板放置在各指定的位置上，根据光隙法估读间隙的大小，取最大间隙作为该零件的面轮廓度误差 |
| 3. 跟踪法 | 光学跟踪轮廓测量仪 | 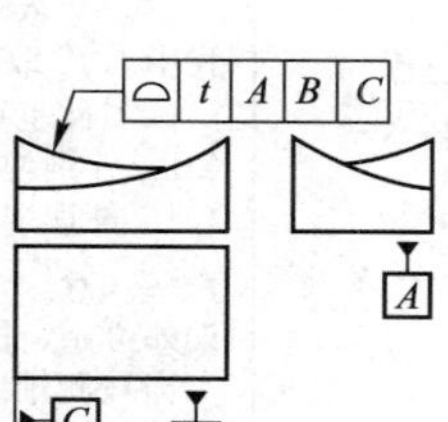  | 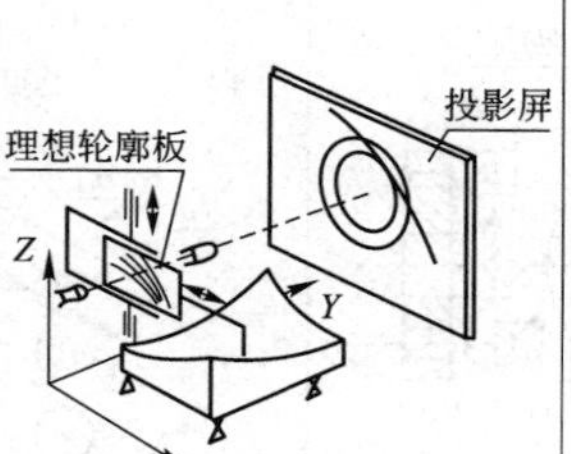 理想轮廓板 投影屏 | 将被测零件放置在仪器工作台上并正确定位，测头沿被测截面的轮廓移动，绘有相应截面的理想轮廓板随之一起移动，被测轮廓的投影应落在其公差带内 |

(11) 圆跳动、全跳动误差测量方法

如表 3-31 所示。

表 3-31　圆跳动、全跳动度误差测量方法（部分）

| 序号 | 测量设备 | 公差带与应用示例 | 检测方法 | 检查说明 |
|---|---|---|---|---|
| 1 | 平板，V形架，带指示计的测量架 | 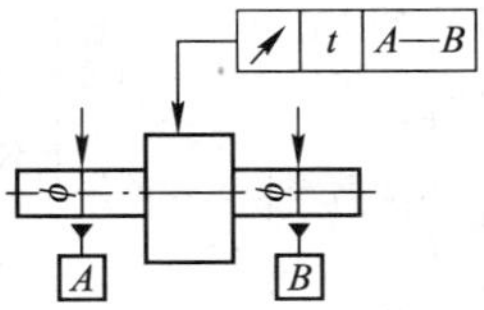 | 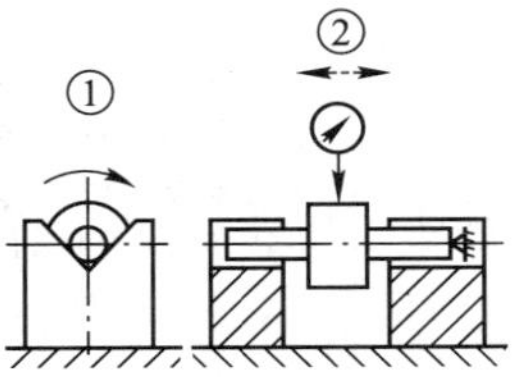 | 基准轴线由V形架模拟，被测零件支承在V形架上，并在轴向定位。<br>① 在被测零件回转一周过程中指示计示值最大量值即为单个测量平面上的径向跳动。<br>② 按上述方法测量若干个截面，取各截面上测得的跳动量中的最大值，作为该零件的径向跳动。<br>该测量方法受V形架角度和基准要素形状误差的综合影响 |
| 2 | 一对同轴顶尖（或V形架），导向心轴，带指示计的测量架 | 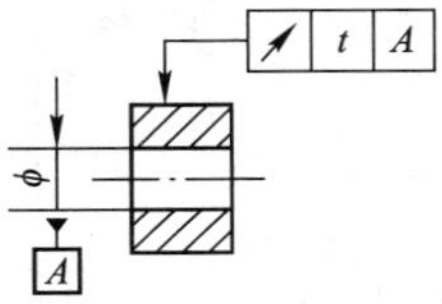 | 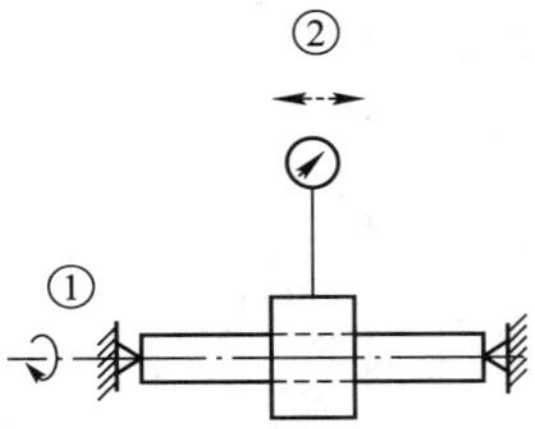 | 将被测零件固定在导向心轴上，同时安装在两顶尖（或V形架）之间。<br>① 在被测零件回转一周过程中指示计示值最大差值即为单个测量平面上的径向跳动。<br>② 按上述方法，测量若干个截面，取各截面上测得的跳动量中的最大值作为该零件的径向跳动。<br>导向心轴应与基准孔无间隙配合或采用可胀式心轴 |
| 3 | 一对同轴导向套筒，平板，支承，带指示计的测量架 | 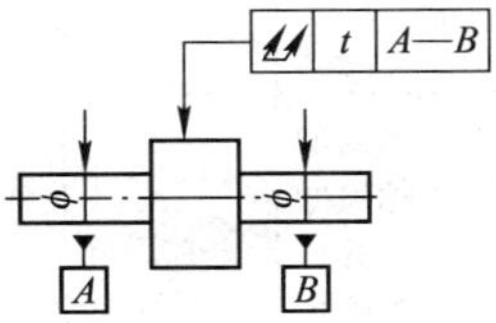 | 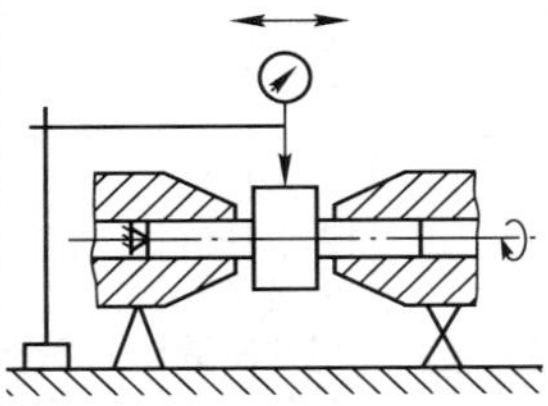 | 将被测零件固定在两同轴导向套筒内，同时在轴向上固定并调整该对套筒，使其同轴和与平板平行。<br>在被测件连续回转过程中，同时让指示计沿基准轴线的方向作直线运动。<br>在整个测量过程中指示计示值最大差值即为该零件的径向全跳动。<br>基准轴线也可以用一对V形块或一对顶尖的简单方法来体现 |

## 拓展与技能总结

几何公差研究几何要素在形状及其相互间方向、位置方面的精度问题，几何公差带限制被测要素变动的区域，有大小、形状、方向和位置4个要素，选择几何公差时应满足 $t_{形状}<t_{方向}<t_{位置}$。

评定几何误差的准则是最小条件，检测方法应符合5种检测原则。被测要素的尺寸公差与几何公差间的关系及独立原则、相关要求的应用场合、功能要求、控制边界及检验方法等综合归纳与对比，如表3-32所示。

**表 3-32 独立原则与相关要求综合归纳对比**

| 公差原则 | | 符号 | | 应用要素 | 应用项目 | 功能要求 | 控制边界 | 允许的形位误差变化范围 | 允许的实际尺寸变化范围 | 检测方法 | |
|---|---|---|---|---|---|---|---|---|---|---|---|
| | | | | | | | | | | 形位误差 | 实际尺寸 |
| 独立原则 | | 无 | | 轮廓要素及中心要素 | 各种形位公差项目 | 各种功能要求但互相不能关联 | 无边界，形位误差和实际尺寸各自满足要求 | 按图样中注出或未注形位公差的要求 | 按图样中注出或未注尺寸公差的要求 | 通用量仪 | 两点法测量 |
| 相关要求 | 包容要求 | Ⓔ | | 单一尺寸要素（圆、圆柱面两平行平面） | 形状公差（线、面轮廓度除外） | 配合要求 | 最大实体边界 | 各项形状误差不能超出其控制边界 | 最大实体尺寸不能超出其控制边界，而局部实际尺寸不能超越其最小实体尺寸 | 通端极限量规及专用量仪 | 通端极限量规测最大实体尺寸，两点法测量最小实体尺寸 |
| | 最大实体要求 | Ⓜ | | 中心要素（轴线及中心平面） | 直线度、倾斜度、平行度、垂直度、同轴度、对称度、位置度 | 满足装配要求但无严格的配合要求时采用，如螺栓孔轴线的位置度，两轴线的平行度等 | 最大实体实效边界 | 当局部实际尺寸偏离其最大实体尺寸时，形位公差可获得补偿值（增大） | 其局部实际尺寸不能超出尺寸公差的允许范围 | 综合量规（功能量规及专用量仪） | 两点法测量 |
| | 最小实体要求 | Ⓛ | | 中心要素（轴线及中心平面） | 直线度、垂直度、同轴度、位置度等 | 满足临界设计值的要求，以控制最小壁厚，提高对中度，满足最小实体的要求 | 最小实体实效边界 | 当局部实际尺寸偏离其最小实体尺寸时，形位公差可获得补偿值（增大） | 其局部尺寸不能超出尺寸公差的允许范围 | 通用量仪 | 两点法测量 |
| | 可逆要求 | Ⓡ | ⓂⓇ | 中心要素（轴线及中心平面） | 适用于Ⓜ的各项目 | 对最大实体尺寸没有严格要求的场合 | 最大实体实效边界 | 当与Ⓜ同时使用时，形位误差变化同Ⓜ | 当形位误差小于给出形位公差时，可补偿给尺寸公差，使尺寸公差增大，其局部实际尺寸可超出给定范围 | 综合量规或专用量仪控制其最大实体边界 | 仅用两点法测量最小实体尺寸 |
| | | | ⓁⓇ | | 适用于Ⓛ的各项目 | 对最小实体尺寸没有严格要求的场合 | 最小实体实效边界 | 当与Ⓛ同时使用时，形位误差变化同Ⓛ | | 三坐标仪或专用量仪控制其最小实体边界 | 仅用两点法测量其最大实体尺寸 |

# 思考与训练

## 一、填空题

1. 零件上实际存在的要素称为__________，机械图样上所表示的要素均为__________。

2. 当基准要素为轮廓要素时，__________放置在要素的轮廓线或其延长线上，并应明显地与__________错开。

3. 某圆柱面的圆柱度公差为 0.03 mm，则该圆柱面对轴线的径向全跳动公差__________0.03 mm。

4. 一切提取组成要素上两对应点之间距离的统称__________，简称__________。

5. 当图样上无附加任何相互关系的符号或说明时，则遵守__________。

6. 对称度是限制被测__________偏离基准__________的一项指标。

7. 圆度的公差带形状是______________，圆柱度的公差带形状是______________。

8. 采用直线度来限制圆柱体的轴线时，其公差带是________________。

9. 线轮廓度公差是指包络一系列直径为公差值 $t$ 的圆的__________的区域，诸圆圆心应位于具有理论正确几何形状上。

10. 某轴尺寸为 $\phi50_{+0.002}^{+0.041}$ mm Ⓔ，实测得到其尺寸 $\phi50.03$，则允许的几何误差数值是__________ mm，该轴允许的几何误差最大值为__________ mm。

11. 跳动分为__________和__________。

12. 位置公差有__________、__________、__________、__________、__________和位置度 6 个项目。

13. 最大实体要求不仅可以用于__________，也可以用于__________。

14. 几何公差的选择应该根据零件的________________来定。

15. 用刀口尺测量直线度误差时，其测量原则是__________。

## 二、多项选择题

1. 位置公差包括____。

   A. 同轴度　　B. 平行度

   C. 对称度　　D. 位置度

2. 方向公差包括____。

   A. 平行度　　B. 平面度

   C. 垂直度　　D. 倾斜度

3. 几何公差所描述的区域具有的特征是____。

   A. 大小　　B. 方向

   C. 形状　　D. 位置

4. 倾斜度公差属于____。

   A. 形状公差　　B. 方向公差

C. 位置公差　　D. 跳动公差

5. 端面全跳动公差属于____。

A. 几何公差　　B. 位置公差

C. 方向公差　　D. 跳动公差

6. 公差带形状同属于两同心圆柱之间的区域有____。

A. 径向全跳动　　B. 任意方向直线度

C. 圆柱度　　D. 同轴度

7. 公差带形状是两圆柱面内的区域的有____。

A. 径向全跳动　　B. 同轴度

C. 任意方向位置度　　D. 任意方向平行度

8. 公差带形状是两圆心圆之间的区域的有____。

A. 圆度　　B. 圆柱度

C. 径向圆跳动　　D. 端面全跳动

9. 公差带形状同属于两平行平面之间的区域有____。

A. 面对面平行度　　B. 平面度

C. 面对线垂直度　　D. 对称度

10. 某轴标注 $\phi20_{-0.021}^{\ 0}$Ⓔ，则____。

A. 被测要素尺寸遵守最大实体边界　　B. 被测要素遵守实效边界

C. 当被测要素尺寸为 $\phi20$，允许形状误差最大可达 0.021 mm

D. 被测要素尺寸为 $\phi19.979$ mm 时，允许形状误差最大可达 0.021 mm

11. 最大实体原则用于被测要素时____。

A. 位置公差值的框格内标注符号Ⓜ

B. 实际提取要素偏离最大实体尺寸时，形状误差值允许增大

C. 实际提取要素处于最大实体尺寸时，形状误差值为给定的公差值

D. 被测要素遵守的是最大实体边界

12. 有关公差原则的应用，正确的论述有____。

A. 最大实体原则常用于要求可装配的场合

B. 包容原则常常用于有配合要求的场合

C. 独立原则应用十分广泛

D. 独立原则的加工难度最低

**三、判断题**

1. 几何公差的研究对象是零件的几何要素。(　　)

2. 基准要素是用来确定被测要素方向和位置的要素。(　　)

3. 基准要素为导出要素时，基准符号应该与该要素的组成要素尺寸线错开。(　　)

4. 某一实际圆柱面的实测径向圆跳动为 $f$，则它的圆度误差一定不会超过 $f$。(　　)

5. 某一实际平面对基准平面的平行度误差为 m，则该平面的平面度误差一定不大于 m。(　　)

6. 径向圆跳动公差带与圆度公差带的区别是两者在形状方面不同。(　　)

7. 一要素既有位置公差要求，又有形状公差要求时，形状公差值应不大于位置公差值。(  )

8. 某零件的对称度公差要求是 0.05 mm，若测得实际对称面与公称中心面的差值为 0.03 mm，则该项指标合格。(  )

9. 位置公差是解决关联实际要素的方向、位置对基准要素所允许的变动量问题。(  )

10. 端面跳动公差和端面对轴线垂直度公差的作用完全一致。(  )

11. 形状公差包括平面度公差、圆度公差和同轴度公差。(  )

12. 任何实际要素都同时存在几何误差和尺寸误差。(  )

13. 独立原则是指零件无几何误差。(  )

14. 包容要求是指实际要素处处不超越最小实体边界的一种公差原则。(  )

15. 最大实体要求下关联要素的几何公差不能为零。(  )

**四、综合题**

1. 改正图 3-16 中各项几何公差及标准标注上的错误（不得改变几何公差项目）。

2. 改正图 3-17 中各项几何公差及标准标注上的错误（不得改变几何公差项目）。

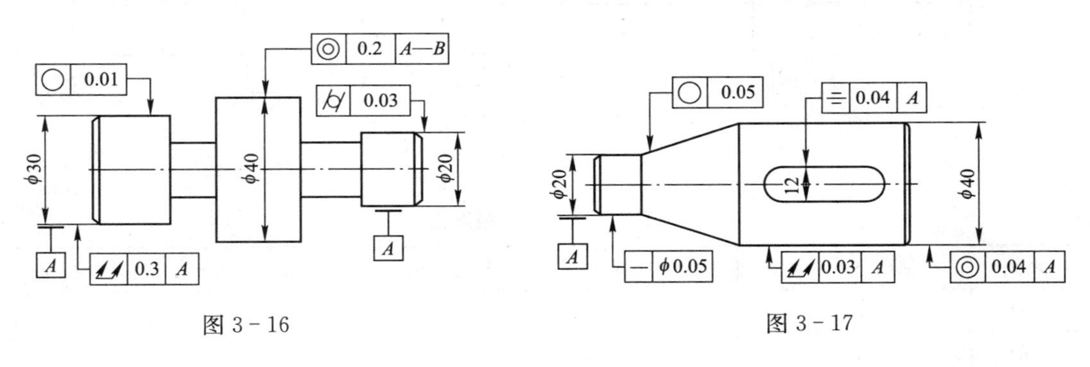


图 3-16　　　　图 3-17

3. 试将下面技术要求标注在图 3-18 上。

(1) 左端面的平面度公差为 0.01 mm，右端面对左端面的平行度公差为 0.04 mm。

(2) $\phi$70H7 孔的轴线对左端面的垂直度公差为 0.02 mm。

(3) $\phi$210h7 对 $\phi$70H7 同轴度公差为 0.03 mm。

(4) 4—$\phi$20H8 孔的轴线对左端面（第一基准）和 $\phi$70H7 孔的轴线的位置度公差为 0.15 mm。

4. 试将下列技术要求标注在图 3-19 上。

(1) 大端圆柱面的尺寸要求为 $\phi45_{-0.02}^{\ 0}$，并采用包容原则。

(2) 小端圆柱面的轴线对大端圆柱面轴线的同轴度公差为 0.03 mm。

(3) 小端圆柱面的尺寸要求为 $\phi25\pm0.007$ mm，素线直线度公差为 0.01 mm，并采用包容原则。

(4) 大端圆柱面的表面结构 Ra 值不允许大于 0.8 μm，其余表面 Ra 值不允许大于 1.6 μm。

5. 根据图 3-20 填写表 3-33。

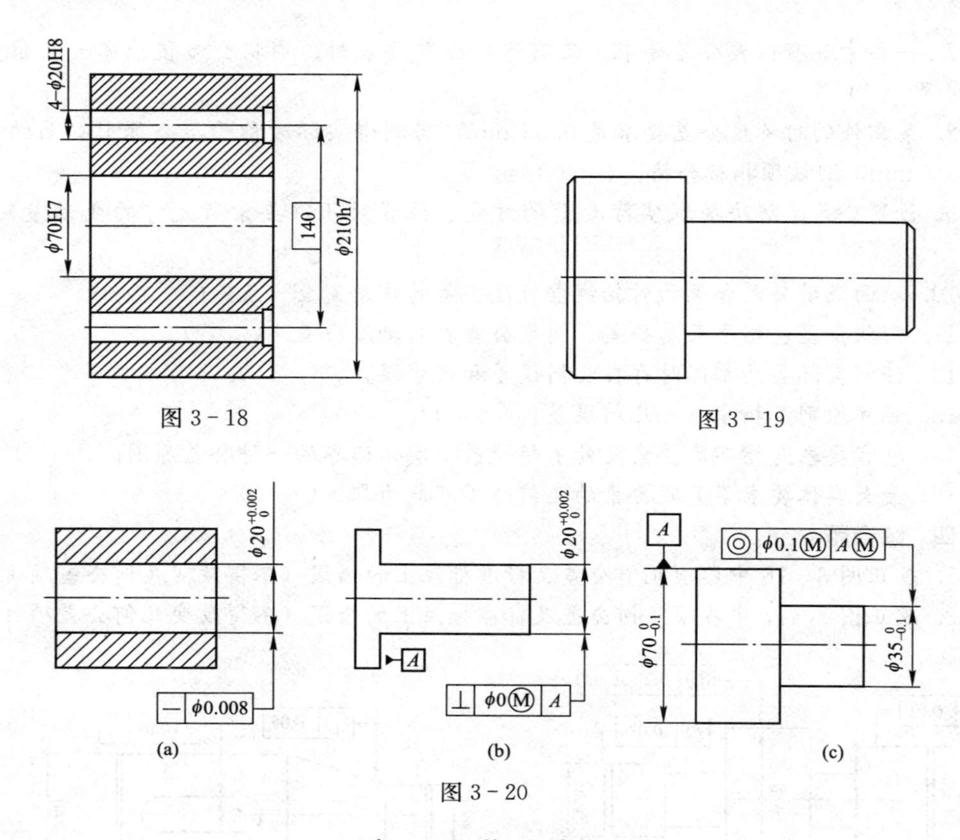


图 3-18

图 3-19

图 3-20

**表 3-33 第 5 题表格**

| 图例 | 采用公差原则 | 边界及边界尺寸/mm | 给定的几何公差值/mm | 可能最大几何公差值/mm |
|---|---|---|---|---|
| (a) | 独立 | | | |
| (b) | 包容 | | | |
| (c) | 最大实体 | | | |

注：表中没有的画“×”

6. 如图 3-21 所示的零件，标注位置公差不同，它们所控制的位置误差有何区别？并分析说明。

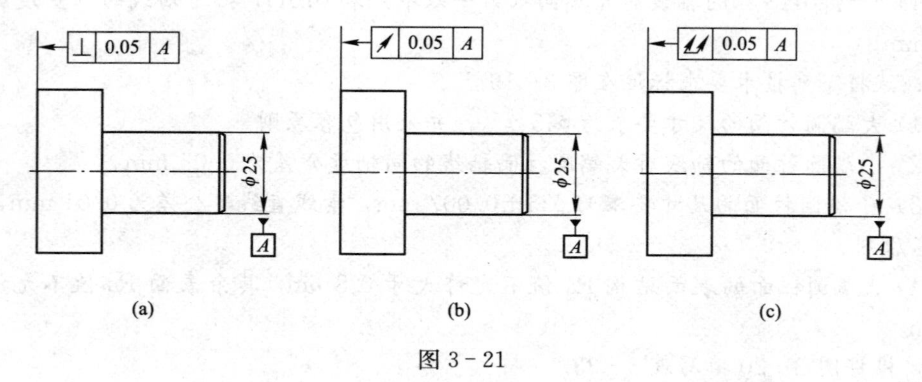


图 3-21

7. 试根据图 3 - 22 所示的 5 个图样的标注，分别填写表 3 - 34 中的各项内容。

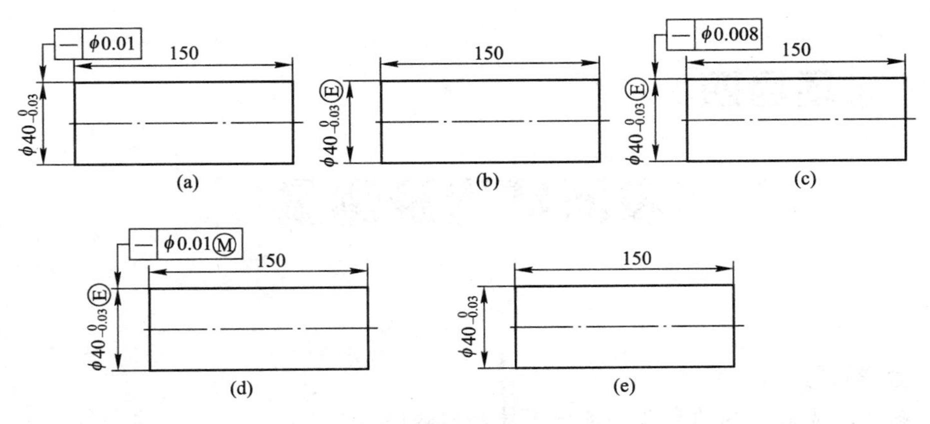


图 3 - 22

**表 3 - 34　第 7 题表格**

| 图样序号 | 采用的公差原则或相关要求 | 边界尺寸/mm | 允许的最大形状误差值/mm | 实际尺寸合格范围/mm |
| --- | --- | --- | --- | --- |
| (a) | | | | |
| (b) | | | | |
| (c) | | | | |
| (d) | | | | |
| (e) | | | | |

# 项目四

# 表面结构及测量

**教学目标：**

- 了解表面结构的含义，区分工件表面缺陷与表面粗糙度；
- 掌握表面结构的基本概念、代号、标注、选用原则；
- 学会使用粗糙度样块，了解表面结构测量方法的原理。

## 任务 4.1　了解相关概念

零件的表面一般是通过去除材料或成形加工（不去除材料）形成的。无论哪种成形方法，都会存在由间距很小的微小峰、谷所形成的微观几何误差。这些误差对零件的使用功能、寿命、美观程度都有很大的影响。为使零件满足功能要求，对其表面轮廓不仅要控制尺寸、形状和位置，还应限制其表面结构。

为了正确地测量和评定零件表面结构，以保证零件的互换性，我国发布了 GB/T 3505—2009《产品几何技术规范（GPS）　表面结构　轮廓法　术语、定义及表面结构参数》、GB/T 10610—2009《产品几何技术规范（GPS）　表面结构　轮廓法　评定表面结构的规则和方法》、GB/T 1031—2009《产品几何技术规范（GPS）　表面结构　轮廓法　表面粗糙度参数及其数值》和 GB/T 131—2006《产品几何技术规范（GPS）　技术产品文件中表面结构的表示法》等国家标准。

零件的表面一般是通过去除材料或成型加工（不去除材料）形成的，为使零件满足功能要求，对其表面轮廓不仅要控制尺寸、形状和位置，还应控制其表面结构。所谓表面结构，是指几何表面的重复或偶然的偏差形成的三维形貌。

**1. 表面缺陷（Surface Imperfection，SIM）**

表面缺陷是指零件在加工、储存或使用期间，非故意或偶然生成的实际表面的单元体、成组的单元体、不规则体。它与表面瑕疵有本质的区别，又明显区别于构成粗糙度表面的那些单元体或不规则单元体。实际上表面存在缺陷并不表示该表面不可用，缺陷的接受性取决于表面的用途或功能，并由适当的项目来确定。

根据 GB/T 15757—2002《产品几何量技术规范（GPS）　表面缺陷　术语、定义及参数》对有此要求的产品，应以文字叙述的方式在图样或技术文件中说明。

1）表面缺陷的特征

表面缺陷具有尺寸大小（缺陷长度、缺陷宽度）、深度、高度要求、有缺陷面积、总面积、有缺陷数量、单位面积上的缺陷数等要求，以上各参数均以一个规定的表面上允许的最大极限值表示。

2）常见的缺陷类型

① 凹缺陷（recession）。即向内的缺陷，如铸件表面产生的毛孔、砂眼、缩孔；模锻件的裂缝、缺损等。

② 凸缺陷（raising）。即向外的缺陷，如冲压件的氧化皮、飞边、模铸或模锻模具挤出的缝脊。

③ 混合缺陷（combined surface imperfection）。即部分向外部分向内的缺陷，如滚压或锻压出现的皱皮、折叠；切削吃刀量过大造成的不可去除的刀痕残余。

④ 区域和外观缺陷（area imperfections and appearance imperfections）。即散布在最外层表面上，一般没有尖锐的轮廓，且通常没有实际可测量的深度或高度，如磨削进给量过大引起的表面网状裂纹和鳞片；切削热造成的表面烧伤及划痕、腐蚀等。

对于表面缺陷的检验与评定，可用经验法目测，需进一步判断、分析其原因时，则用各种仪器测定，控制产品质量，由适当的项目确定该表面是否可用，应单独规定要求。

**2. 表面结构（Surface Texture）**

表面结构是几何表面重复或偶然的偏差形成的三维形貌，其产生原因是在机械加工过程中，因不同的加工方法、机床与工具的精度、振动及磨损等因素，使零件加工表面形成具有较小间隔和较小峰谷的微观状况，属于微观几何误差。

1）表面粗糙度轮廓的界定

为了研究零件的表面结构，通常用垂直于零件实际表面的平面与该零件实际表面相交所得的轮廓作为评估对象，称为表面轮廓（surface profile），是一条曲线，如图 4－1 所示。

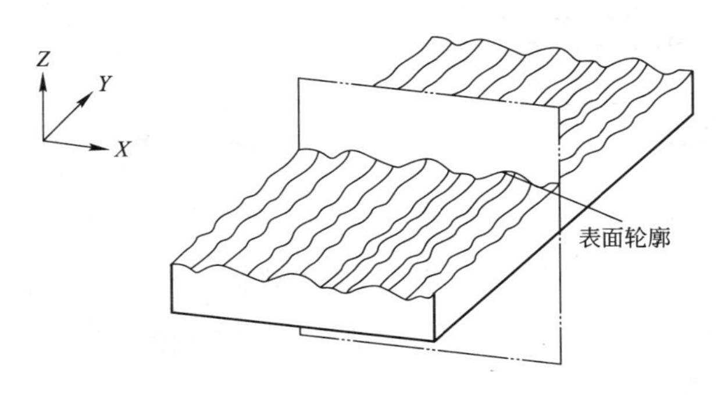


图 4－1　表面轮廓

任何加工后的表面的实际轮廓总是存在微小峰谷的，根据轮廓法测量微小的峰谷高低程度及其间距状况分为原始轮廓、粗糙度轮廓和波纹度轮廓，即表面结构包括在有限区域上的原始轮廓、粗糙度轮廓、波纹度轮廓，但不包括表面缺陷。区分原始轮廓、粗糙度轮廓、波纹度轮廓的依据是轮廓成分的波长，通常将轮廓滤波器（profile filter）分为 λs 轮廓滤波器（确定存在于表面上的粗糙度与比它更短的波的成分之间相交界限的滤波器）、λc 轮廓滤波器（确定粗糙度与波纹度成分之间相交界限的滤波器）、λf 轮廓滤波器（确定存在于表面上的波纹度与比它更长的波的成分之间相交界限的滤波器），如图 4－2 所示。

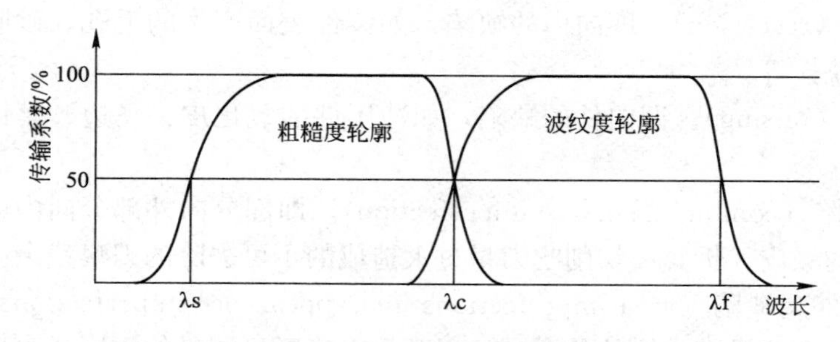


图 4－2 粗糙度与波纹度的传输特性

原始轮廓（primary profile）是指通过 λs 后的总轮廓，是评定原始轮廓参数的基础。粗糙度轮廓（roughness profile）是指对原始轮廓采用 λc 轮廓滤波器抑制波长成分以后形成的轮廓，是经过人为修正的轮廓，是评定粗糙度轮廓参数的基础。波纹度轮廓（waviness profile）是指对原始轮廓连续应用 λf 和 λc 两个轮廓滤波器后形成的轮廓。采用 λf 滤波器抑制长波成分，而采用 λc 轮廓滤波器抑制短波成分，这是经过人为修正的轮廓。波纹度轮廓是评定波纹度轮廓参数的基础。

图 4－3 为加工误差放大示意图（为作图清晰，高度方向误差已适当加大了放大比例），下面三条曲线是将三种类型的误差分解后的情况，它们叠加在一起，即为零件表面的实际情况。

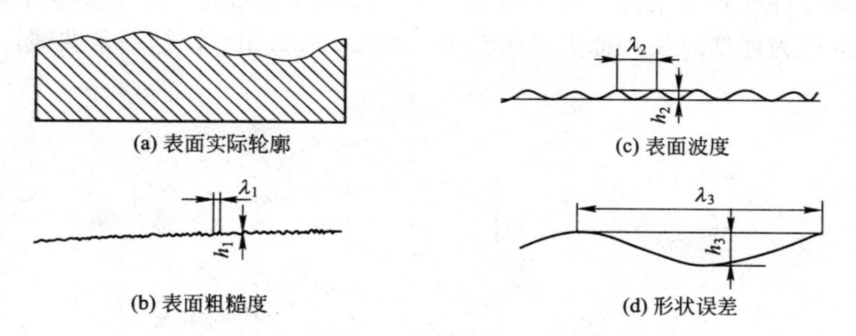


图 4－3 零件的截面轮廓形状

对于已完工的零件，只有同时满足尺寸精度、几何精度、表面结构的要求，才能保证零件几何参数的互换性。

2）表面结构对零件工作性能的影响

（1）对耐磨性的隐性

表面结构对零件使用性能有很大的影响，如相对运动的两零件表面越粗糙，其摩擦与磨损越快。因为两个表面只能在轮廓的峰顶接触，面积很小，单位面积的压力很大，相对运动时产生极大的摩擦力，使零件表面迅速磨损。

（2）对配合性质稳定性的影响

相互配合的孔、轴表面上的微小峰被磨掉后，它们的配合性质会发生变化。对于过盈配合，由于压入装配时孔、轴表面上的微小峰被挤平而使有效过盈减小；对于间隙配合，在零件工作过程中孔、轴表面上的微小峰被磨去，使间隙增大，因而影响或改变原设计的配合性质。

（3）对耐疲劳性的影响

对于承受交变应力作用的零件表面，疲劳裂纹容易在其微小谷底出现，这是因为在表面轮廓的微小谷底处产生应力集中，使材料的疲劳强度降低，导致零件表面产生裂纹而损坏。

（4）对抗腐蚀性的影响

在零件表面的微小谷的位置容易残留一些腐蚀性物质。由于腐蚀性物质与零件的材料不同，因而形成电位差，对零件表面产生电化学腐蚀。表面越粗糙，则电化学腐蚀就越严重。

此外，表面结构对机械联接的密封性和零件的美观等也有很大的影响。因此，在零件精度设计中，对零件表面粗糙度轮廓提出合理的技术要求是一项不可缺少的重要内容。

## 任务 4.2 掌握表面结构的评定参数（GB/T 3505—2009）

零件在加工后的表面结构是否符合要求，应由测量和评定它的结果来确定。测量和评定表面结构时，应规定取样长度、评定长度、中线和评定参数。当没有指定测量方向时，测量截面方向与表面粗糙度轮廓幅度参数的最大值相一致，该方向垂直于被测表面的加工纹理，即垂直于表面主要加工痕迹的方向。

### 1. 表面结构的评定条件（GB/T 1031—2009）

1）取样长度和评定长度

（1）取样长度

鉴于实际表面轮廓包含着原始轮廓、粗糙度轮廓和波纹度轮廓三种几何误差，测量表面粗糙度轮廓时，应把测量限制在一段足够短的长度上，以限制或减弱波纹度、排除形状误差对表面粗糙度的影响，这段长度称为取样长度（sampling length），用 lp、lr、lw 表示。它是在 $X$ 轴方向判别被评定轮廓不规则特征的长度。其中，评定粗糙度和波纹度轮廓的取样长度 lr 和 lw 在数值上分别与 λc 和 λf 轮廓滤波器的截止波长相等。原始轮廓的取样长度 lp 等于评定长度。取样长度可以理解为用于判别表面结构特征的一段基准线长度，规定取样长度是为了限制和减弱宏观几何形状误差对测量结果的影响。

另外，取样长度在轮廓总的走向上量取。表面越粗糙，取样长度则越大，这是因为表面越粗糙，波距越大的缘故。取样长度的推荐值如表 4-3 所示。

(2) 评定长度 (evaluation length)

评定长度用 ln 表示，它用于评定被评定轮廓在 $X$ 方向上的长度。评定长度一般包含几个取样长度。这是为了克服加工表面的不均匀性，较客观地反映表面结构的真实情况，如图 4-4 所示。一般取评定长度 $ln=5l$，具体数值见表 4-3。

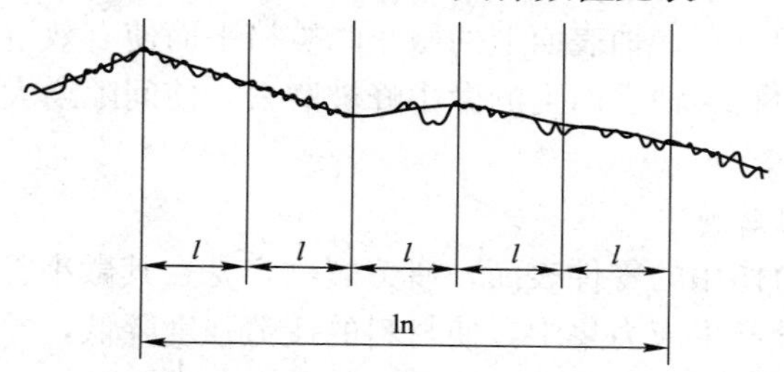


图 4-4 取样长度与评定长度

2) 中线 (mean lines)

具有几何轮廓形状并划分轮廓的基准线。中线是定量计算表面结构数值的基准线，分为粗糙度轮廓中线、波纹度轮廓中线和原始轮廓中线。下面介绍两种确定轮廓中线的方法。

(1) 轮廓的最小二乘中线

在取样长度内使轮廓线上各点的轮廓偏距的平方和最小，如图 4-5 所示。所谓轮廓偏距，是指轮廓线上的点与基准线之间的距离，如 $y_1$，$y_2$，…，$y_n$。轮廓的最小二乘中线的数学表达式为 $\int_0^1 y^2 \mathrm{d}x =$ 极小值。原始轮廓中线就是在原始轮廓上按照标称形状用最小二乘拟合确定的中线。

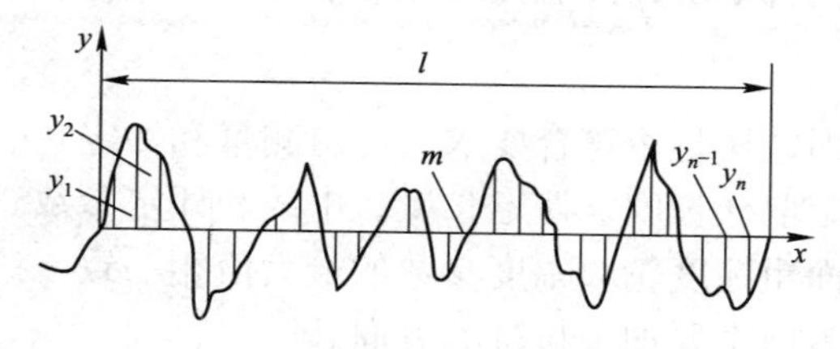


图 4-5 轮廓最小二乘中线示意图

(2) 轮廓的算术平均中线

具有几何轮廓形状，在取样长度内与轮廓走向一致的基准线，该线划分轮廓并使上下两部分的面积相等。如图 4-6 所示，中间直线 $m$ 是算术平均中线，$F_1$，$F_3$，…，$F_{2n-1}$代表中线上面部分的面积，$F_2$，$F_4$，…，$F_{2n}$代表中线下面部分的面积，它使 $F_1+F_3+\cdots+F_{2n-1}=F_2+F_4+\cdots+F_{2n}$。

用最小二乘方法确定的中线是唯一的，但比较费事。用算术平均方法确定中线是一种近似的图解法，较为简便，因而得到广泛应用。

**2. 表面结构的评定参数 (GB/T 1031—2009)**

1) 轮廓幅度参数

(1) 轮廓算术平均偏差 (arithmetical mean deviation of the assessed profile) Pa、Ra、Wa

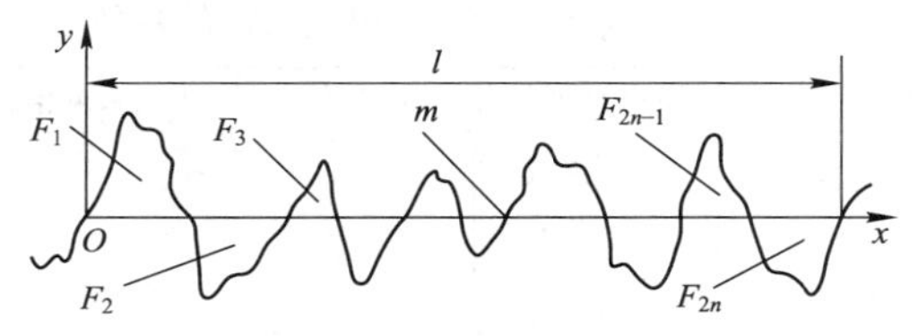


图 4-6 轮廓的算术平均中线示意图

指在一个取样长度内，轮廓偏距中线绝对值$|Z(x)|$的算术平均值。如图 4-7 所示，Ra 为轮廓算术平均偏差。其数学表达式为

$$\mathrm{Pa},\ \mathrm{Ra},\ \mathrm{Wa}=\frac{1}{l}\int_0^l |Z(x)|\,\mathrm{d}x$$

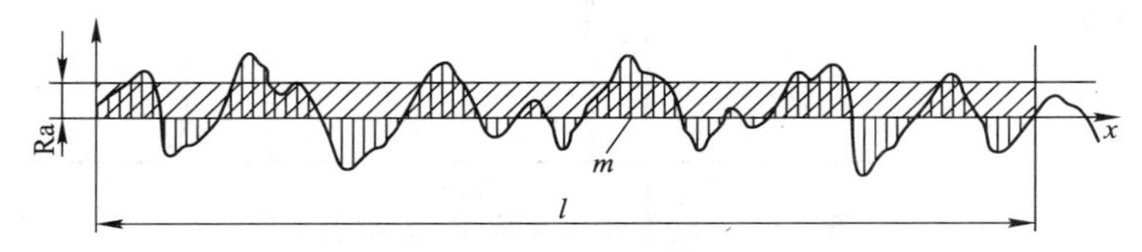


图 4-7 轮廓算术平均偏差 Ra 示意图

依据不同的情况，式中 $l$=lp，lr 或 lw。Ra 越大，表面越粗糙。Pa、Ra、Wa 参数能充分反映表面微观几何形状高度方面的特性。

(2) 轮廓最大高度 (maximum height of profile) Pz、Rz、Wz

指在一个取样长度内，最大轮廓峰高 Zp 与最大轮廓谷深 Zv 之和。数学表达式为：Rz=Zp+Zv，如图 4-8 所示。

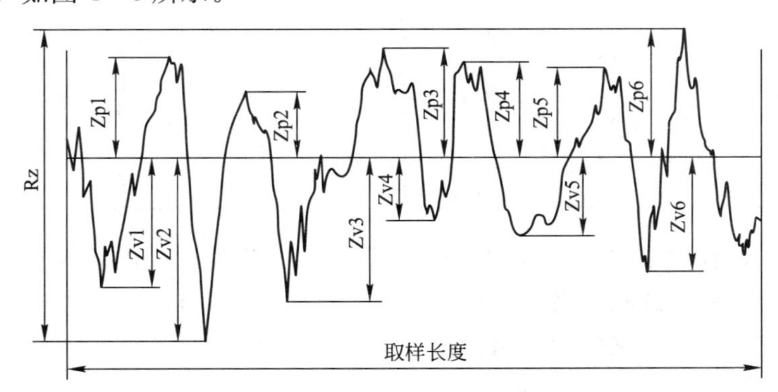


图 4-8 轮廓最大高度（以粗糙度轮廓为例）

注意：GB/T 1031—2009 与旧版的符号区别，如旧版中 Rz 代表“不平度的十点高度”，用 Ry 代表“轮廓最大高度”，新标准中删除了“不平度的十点高度”，并用 Rz 代表轮廓最大高度。

国家标准规定采用中线制（轮廓法）评定表面结构。表面结构参数分为轮廓算术平均偏差（Pa、Ra、Wa）和轮廓最大高度（Pz、Rz、Wz）。其中，表面粗糙度在幅度参数（峰和谷）常用的参数值范围内（Ra 为 0.025～6.3 μm，Rz 为 0.1～25 μm）推荐优先选用 Ra 中的系列值，见表 4-1；用 Rz 时推荐优先选用系列值，见表 4-2。

**表 4-1　轮廓的算术平均偏差 Ra 的数值**　μm

| 系列值 | 补充系列值 | 系列值 | 补充系列值 | 系列值 | 补充系列值 | 系列值 | 补充系列值 |
|---|---|---|---|---|---|---|---|
|  | 0.008 |  | 0.125 |  | 1.25 | 12.5 |  |
|  | 0.01 |  | 0.16 | 1.6 |  |  | 16.0 |
| 0.012 |  | 0.20 |  |  | 2.0 |  | 20.0 |
|  | 0.016 |  | 0.25 |  | 2.5 | 25 |  |
|  | 0.02 |  | 0.32 | 3.2 |  |  | 32.0 |
| 0.025 |  | 0.40 |  |  | 4.0 |  | 40.0 |
|  | 0.032 |  | 0.50 |  | 5.0 | 50 |  |
|  | 0.04 |  | 0.63 | 6.3 |  |  | 63.0 |
| 0.05 |  | 0.80 |  |  | 8.0 |  | 80.0 |
|  | 0.063 |  | 1.00 |  | 10.0 | 100 |  |
|  | 0.08 |  |  |  |  |  |  |
| 0.1 |  |  |  |  |  |  |  |

**表 4-2　轮廓最大高度 Rz 的数值**　μm

| 系列值 | 补充系列值 | 系列值 | 补充系列值 | 系列值 | 补充系列值 | 系列值 | 补充系列值 |
|---|---|---|---|---|---|---|---|
| 0.025 |  |  | 0.25 |  | 4.0 |  | 80.0 |
|  | 0.032 |  | 0.32 |  | 5.0 | 100 |  |
|  | 0.040 | 0.4 |  | 6.3 |  |  | 125 |
| 0.05 |  |  | 0.50 |  | 8.0 |  | 160 |
|  | 0.063 |  | 0.63 |  | 10.0 | 200 |  |
|  | 0.08 | 0.8 |  | 12.5 |  | 400 | 250 |
| 0.1 |  |  | 1.00 |  | 16.0 |  | 320 |
|  | 0.125 |  | 1.25 |  | 20.0 |  | 500 |
|  | 0.16 | 1.6 |  | 25 |  |  | 630 |
| 0.2 |  |  | 2.0 |  | 32.0 | 800 |  |
|  |  |  | 2.5 |  | 40.0 |  | 1 000 |
|  |  | 3.2 |  | 50 |  |  | 1 250 |
|  |  |  |  |  | 63.0 | 1 600 |  |

一般情况下，在测量 Ra 和 Rz 时，推荐按表 4-3 选用对应的取样长度，此时取样长度值的标注在图样上或技术文件中可以省略。当有特殊要求时，应给出相应的取样长度值，并在图样上或技术文件中注出。

**表 4-3　Ra 和 Rz 数值与取样长度 lr 的对应关系**

| Ra/μm | Rz/μm | lr/mm | ln/mm<br>ln=5×lr |
|---|---|---|---|
| ≥0.008～0.02 | ≥0.025～0.10 | 0.08 | 0.4 |
| >0.02～0.1 | >0.10～0.50 | 0.25 | 1.25 |
| >0.1～2.0 | >0.50～10.0 | 0.8 | 4.0 |
| >2.0～10.0 | >10.0～50.0 | 2.5 | 12.5 |
| >10.0～80.0 | >50～320 | 8.0 | 40.0 |

2）间距参数

轮廓单元的平均宽度（mean width of the profile elements，Psm、Rsm、Wsm）是指在一个取样长度内轮廓单元宽度 Xs 的平均值，如图 4－9 所示。其数学表达式为

$$\text{Psm、Rsm、Wsm} = \frac{1}{m}\sum_{i=1}^{m}\text{Xs}_i$$

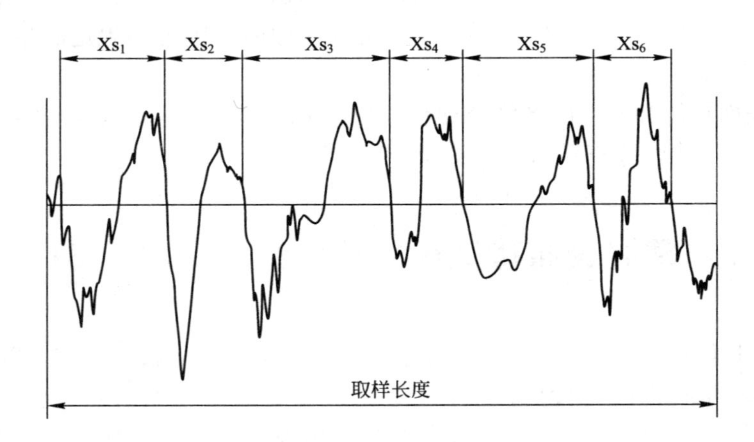


图 4－9　轮廓单元宽度

注意，在计算参数 Psm、Rsm、Wsm 时，需要判断轮廓单元的高度和间距，若无特殊规定，缺省的高度分辨力应分别按 Pz、Rz、Wz 的 10％选取。缺省的水平间距分辨力按取样长度的 1％选取，上述两个条件都应满足。

Rsm 的大小反映了轮廓表面峰谷的疏密程度，Rsm 越小，峰谷越密，密封性越好，其大小如表 4－4 所示。

**表 4－4　轮廓单元的平均宽度 Rsm 的数值**

| 系列值 | 补充系列值 | 系列值 | 补充系列值 | 系列值 | 补充系列值 | 系列值 | 补充系列值 |
|---|---|---|---|---|---|---|---|
| | 0.002 | | 0.02 | | 0.25 | | 2.5 |
| | 0.003 | | 0.023 | | 0.32 | 3.2 | |
| | 0.004 | | 0.04 | 0.4 | | | 4.0 |
| | 0.005 | 0.05 | | | 0.5 | | 5.0 |
| 0.006 | | | 0.063 | | 0.63 | 6.3 | |
| | 0.008 | | 0.08 | 0.8 | | | 8.0 |
| | 0.01 | 0.1 | | | 1.00 | | 10.0 |
| 0.012 5 | | | 0.125 | | 1.25 | 12.5 | |
| | 0.016 | | 0.16 | 1.6 | | | |
| 0.025 | | 0.2 | | | 2.0 | | |

3. 对表面粗糙度要求的一般规定

① 在规定表面粗糙度要求时，应给出表面粗糙度参数值和测定时的取样长度值，必要时也可规定表面加工纹理、加工方法或加工顺序和不同区域的粗糙度等附加要求。

② 为保证制品表面质量，可按功能需求规定表面粗糙度数值，否则可不规定其参数值，也不需要检查。

③ 表面粗糙度各参数的数值应在垂直于基准面的各截面上获得。对给定的表面，如截面方向与高度参数（Ra、Rz）最大值的方向一致时，则可不规定测量截面的方向，否则应在图样上标出。

④ 根据表面功能和生产的经济合理性，当选用表 4-1、表 4-2 和表 4-3 系列值不能满足要求时，可选取补充系列值（见标准 GB/T 1031—2009）。

## 任务 4.3 掌握表面特征代号及标注（GB/T 131—2006）

国标 GB/T 131—2006 对表面结构符号（代号）及标注都做了规定，以下主要对高度参数 Ra、Rz 的标注作简要说明。

表面结构的符号如图 4-10 所示，在图样上用细实线画出，符号尺寸如表 4-5 所示，符号的含义如表 4-6 所示。表面结构部分代号及含义如表 4-7 所示。

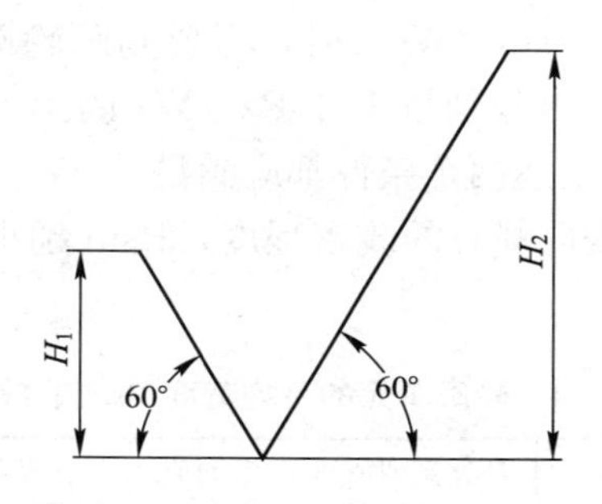


图 4-10 表面结构基本符号

表 4-5 表面结构符号的尺寸系列 mm

| 数字和字母高度 $h$（见 GB/T 14690） | 2.5 | 3.5 | 5 | 7 | 10 | 14 | 20 |
|---|---|---|---|---|---|---|---|
| 符号线宽 $d^1$<br>字母线宽 $d$ | 0.25 | 0.35 | 0.5 | 0.7 | 1 | 1.4 | 2 |
| 高度 $H_1$ | 3.5 | 5 | 7 | 10 | 14 | 20 | 28 |
| 高度 $H_2$（最小值）$^2$ | 7.5 | 10.5 | 15 | 21 | 30 | 42 | 60 |

[a] $H_2$ 取决于标注内容。

**表 4-6 表面结构的完整符号及含义**

| 符号 | 含义 |
|---|---|
| | 完整图形符号，允许任何工艺获得，当通过一个注释解释时可单独使用 |
| | 完整图形符号，用去除材料方法获得的表面；仅当其含义是“被加工表面”时可单独使用 |
| | 完整图形符号，不去除材料方法获得的表面，也可用于表示保持上道工序形成的表面，不管这种状况是通过去除材料或不去除材料形成 |

**表 4-7 表面结构完整符号注写**

| 符　　号 | 含义/解释 |
|---|---|
| Rz0.4 | 表示不允许去除材料，单向上限值，默认传输带，*R* 轮廓，粗糙度的最大高度 0.4 μm，评定长度为 5 个取样长度（默认），“16%规则”（默认） |
| Rzmax 0.2 | 表示去除材料，单向上限值，默认传输带，*R* 轮廓，粗糙度最大高度的最大值 0.2 μm，评定长度为 5 个取样长度（默认），“最大规则” |
| 0.008~0.8/Ra3.2 | 表示去除材料，单向上限值，传输带 0.008～0.8 mm，*R* 轮廓，算术平均偏差 3.2 μm，评定长度为 5 个取样长度（默认），“16%规则”（默认） |
| -0.8/Ra3.2 | 表示去除材料，单向上限值，传输带：根据 GB/T 6062，取样长度 0.8 μm（λs 默认 0.002 5 mm），*R* 轮廓，算术平均偏差 3.2 μm，评定长度包含 3 个取样长度，“16%规则”（默认） |
| U Ra max 3.2<br>L Ra 0.8 | 表示不允许去除材料，双向极限值，两极限值均使用默认传输带，*R* 轮廓，上限值：算术平均偏差 3.2 μm，评定长度为 5 个取样长度（默认），“最大规则”，下限值：算术平均偏差 0.8 μm，评定长度为 5 个取样长度（默认），“16%规则”（默认） |
| 0.8~25/Wz3 10 | 表示去除材料，单向上限值，传输带 0.8～25 mm，*W* 轮廓，波纹度最大高度 10 μm，评定长度包含 3 个取样长度，“16%规则”（默认） |

表面结构高度参数值标注示例及其意义如表 4-8 所示。

**表 4-8 表面结构在图样上的标注示例及意义**

| 序号 | 说　　明 | 图样上标注方法 |
| --- | --- | --- |
| 1 | 使表面结构的注写和读取方向与尺寸的注写和读取方向一致 | Ra 0.8<br>Rz 3.2<br>Rz 12.5<br>Rp 1.6 |
| 2 | **标注在轮廓线上或指引线上**<br>表面结构要求可注写在轮廓线上，其符号应从材料指向并接触表面，必要时，表面结构符号也可用带箭头或黑点的指引线引出标注 | Rz12.5<br>Rz6.3<br>Ra1.6<br>Ra1.6<br>Rz12.5<br>Rz6.3 |
| 3 | | 铣<br>Rz3.2<br>车<br>Rz3.2<br>$\phi$28 |
| 4 | **标注在特征尺寸的尺寸线上**<br>在不致引起误解时，表面结构要求可以标注在给定的尺寸线上 | $\phi$120 H7 Rz12.5<br>$\phi$120 h6 Rz6.3 |
| 5 | **标注在几何公差的框格上**<br>表面结构要求可标注在几何公差框格的上方 | Ra1.6<br>0.1<br>Rz6.3<br>$\phi10\pm0.1$<br>$\phi$0.2 A B |

续表

| 序号 | 说　明 | 图样上标注方法 |
| --- | --- | --- |
| 6 | **标注在延长线上**<br>表面结构要求可以直接标注在延长线上（见本表1图），或用带箭头的指引标注 | Ra1.6　Rz 6.3　Rz6.3　Rz6.3　Ra1.6 |
| 7 | **标注在圆柱和棱柱表面上**<br>如果每个棱柱表面有不同的表面要求，则应分别单独标注 | Ra3.2　Rz1.6　Ra6.3　Ra3.2 |
| 8 | **两种或多种工艺获得的同一表面的注法**<br>有几种不同的工艺方法获得的同一表面，当需要明确每种工艺方法的表面结构要求时 | Fe/Ep−Cr25b　Ra 0.8　Rz1.6　φ50 h7 |
| 9 | **表面结构的简化注法**<br>如果在工件的多数（包括全部）表面有相同表面结构要求，则其表面结构要求可统一标注在图样的标题栏附近。此时（除全部表面有相同要求情况外），表面结构符号后应有：在圆括号内给出基本符号；给出不同的表面结构要求 | Rz6.3　Rz1.6　Ra3.2 (√) |

# 任务 4.4 熟练掌握表面结构数值的选择

表面结构是一项重要的技术经济指标，选取时应在满足零件功能要求的前提下，同时考虑工艺的可行性和经济性。表面结构的选择主要包括评定参数的选择和参数值的选择。

**1. 评定参数的选择**

评定参数的选择应考虑零件使用功能的要求、检测的方便性及仪器设备条件等因素。

国家标准规定，轮廓的幅度参数（如 Ra 和 Rz）是必须标注的参数，其他参数是附加参数。一般情况下选用 Ra 和 Rz 就可以满足要求。只有对一些重要表面有特殊要求时，如涂镀性、抗腐蚀性、密封性有要求时，就需要加选 Rsm 来控制间距的细密度；对表面的支承刚度和耐磨性有较高要求时，需要加选 Rmr（$c$）控制表面的形状特征。

在幅度参数中，Ra 最常用，它能较完整、全面地表达零件表面的微观几何特征。国家标准推荐，在常用参数范围（Ra 为 0.025～6.3 $\mu$m）内，应优先选用 Ra 参数，上述范围内用电动轮廓仪能方便地测出 Ra 的实际值。Rz 直观易测，但不如 Ra 反映轮廓情况全面，用双管显微仪、干涉显微仪等测得，往往用于小零件（测量长度很小）或表面不允许有较深的加工痕迹的零件。

**2. 表面粗糙度轮廓参数值的选择**

一般来说，零件表面粗糙度轮廓参数值越小，它的工作性能就越好，使用寿命也越长。但不能不顾及加工成本来追求过小的参数值。因此，在满足零件功能要求的前提下，应尽量选用较大的参数值，以获得最佳的技术经济效益。此外，零件运动表面过于光滑，不利于在该表面上储存润滑油，容易使运动表面间形成半干摩擦或干摩擦，从而加剧该表面磨损。表面粗糙度轮廓幅度参数允许值的选用原则如下。

① 在同一个零件上，工作表面（或配合面）的表面粗糙度数值应小于非工作面（或非配合面）的数值。但对于特殊用途的非工作表面，如机械设备上的操作手柄的表面，为了美观和手感舒服，其表面粗糙度轮廓参数允许值应予以特殊考虑。

② 摩擦表面的粗糙度轮廓参数值应比非摩擦表面小。

③ 相对运动速度高、单位面积压力大、承受交变应力作用的表面的粗糙度轮廓参数允许值都应小。

④ 对于要求配合性质稳定的小间隙配合和承受重载荷的过盈配合，它们的孔、轴的表面粗糙度轮廓参数允许值都应小。

⑤ 在确定表面粗糙度轮廓参数允许值时，应注意它与孔、轴尺寸的标准公差等级协调。一般来说，孔、轴尺寸的标准公差等级越高，则该孔或轴的表面粗糙度轮廓参数值就应越小。对于同一标准公差等级的不同尺寸的孔或轴，小尺寸的孔或轴的表面粗糙度轮廓参数值应比大尺寸的小一些。

⑥ 凡有关标准已对表面粗糙度轮廓技术要求作出具体规定的特定表面（例如，与滚动轴承配合的轴颈和外壳孔），应按该标准的规定来确定其表面粗糙度轮廓参数允许值。

⑦ 对于防腐蚀、密封性要求高的表面及要求外表美观的表面，其粗糙度轮廓参数

允许值应小。

确定表面粗糙度轮廓参数允许值，除有特殊要求的表面外，通常采用类比法。

表 4－9 列出了有关圆柱体结合的表面结构数值的推荐值，表 4－10 列出了表面结构的经济加工方法及应用举例，仅供参考。

**表 4－9　圆柱体结合表面结构参数推荐值**

| 应用场合 | | | Ra/μm | | | | | | | |
|---|---|---|---|---|---|---|---|---|---|---|
| 示例 | 公差等级 | 表面 | 公称尺寸/mm | | | | | | | |
| | | | ≤50 | | | | >50～500 | | | |
| 经常装拆零件的配合表面（如挂轮、滚刀等） | IT5 | 轴 | ≤0.2 | | | | ≤0.4 | | | |
| | | 孔 | ≤0.4 | | | | ≤0.8 | | | |
| | IT6 | 轴 | ≤0.4 | | | | ≤0.8 | | | |
| | | 孔 | 0.4～0.8 | | | | 0.8～1.6 | | | |
| | IT7 | 轴 | 0.4～0.8 | | | | 0.8～1.6 | | | |
| | | 孔 | | | | | | | | |
| | IT8 | 轴 | ≤0.8 | | | | ≤1.6 | | | |
| | | 孔 | 0.8～1.6 | | | | 1.6～3.2 | | | |
| 过盈配合的配合表面（1）用压力机装配 | IT5 | | ≤50 | | >50～120 | | >120～500 | | | |
| | | 轴 | 0.1～0.2 | | ≤0.4 | | ≤0.4 | | | |
| | | 孔 | 0.2～0.4 | | ≤0.8 | | ≤0.8 | | | |
| | IT6 | 轴 | ≤0.4 | | ≤0.8 | | ≤1.6 | | | |
| | IT7 | 孔 | ≤0.8 | | ≤1.6 | | ≤1.6 | | | |
| | IT8 | 轴 | ≤0.8 | | ≤1.6 | | ≤3.2 | | | |
| | | 孔 | ≤1.6 | | ≤3.2 | | ≤3.2 | | | |
| （2）用热孔法装配 | IT9 | 轴 | ≤1.6～3.2 | | | | | | | |
| | | 孔 | ≤3.2 | | | | | | | |
| 滑动轴承的配合表面 | IT6～IT9 | 轴 | 0.4～0.8 | | | | | | | |
| | | 孔 | 0.8～1.6 | | | | | | | |
| | IT10～IT12 | 轴 | 0.8～3.2 | | | | | | | |
| | | 孔 | 1.6～3.2 | | | | | | | |
| 精密定心零件的配合表面 | 公差等级 | 表面 | | | | | | | | |
| | | | 2.5 | 4 | 6 | 10 | 16 | 25 | | |
| | IT5～IT8 | 轴 | ≤0.05 | ≤0.1 | ≤0.1 | ≤0.2 | ≤0.4 | ≤0.8 | | |
| | | 孔 | ≤0.1 | ≤0.2 | ≤0.2 | ≤0.4 | ≤0.8 | ≤1.6 | | |
| 齿轮传动 | 直齿、斜齿 人字齿轮 | 齿轮精度等级 | 4 | 5 | 6 | 7 | 8 | 9 | 10 | 11 |
| | | | 0.2～0.4 | | 0.4～0.8 | | 1.6 | 3.2 | 6.3 | |

**表 4－10　表面结构的经济加工方法及应用举例**

| 表面微观特征 | | Ra/μm | 加工方法 | 应用举例 |
|---|---|---|---|---|
| 粗糙平面 | 微见刀痕 | ≤20 | 粗车、粗刨、粗铣、钻、毛锉、锯断 | 半成品粗加工的表面，非配合的加工表面，如轴端面、倒角、钻孔、齿轮带轮的侧面、键槽底面、垫圈接触面等 |

续表

| 表面微观特征 | | Ra/μm | 加工方法 | 应用举例 |
|---|---|---|---|---|
| 半光表面 | 微见加工刀痕 | ≤10 | 车、刨、铣、镗、钻、粗铰 | 轴上不安装轴承、齿轮处的非配合表面，紧固件的自由装配表面、轴和孔的退刀槽等 |
| | 微见加工刀痕 | ≤5 | 车、刨、铣、镗、磨、拉、粗刮、滚压 | 半精加工的表面，箱体、支架、盖面、套筒等和其他零件结合而无配合要求的表面，需要发蓝的表面等 |
| | 看不清加工刀痕 | ≤2.5 | 车、刨、铣、镗、磨、拉、刮、滚压、铣齿 | 接近于精加工的表面，箱体上安装轴承的镗孔表面、齿轮的工作面 |
| 光表面 | 可辨加工痕迹方向 | ≤1.25 | 车、镗、磨、拉、刮、精铰、磨齿、滚压 | 圆柱销、圆锥销、与滚动轴承配合的表面、普通车床导轨面，内、外花键定心表面等 |
| | 微辨加工痕迹方向 | ≤0.63 | 精铰、精镗、磨、刮、滚压 | 要求配合性质稳定的配合表面、工作时受交变应力的重要零件、较高精度车床导轨面 |
| | 不可辨加工痕迹方向 | ≤0.32 | 精磨、珩磨、研磨 | 精密机床主轴锥孔、顶尖圆锥面、发电机曲轴、凸轮轴工作面、高精度齿轮齿面 |
| 极光表面 | 暗光泽面 | ≤0.16 | 精磨、研磨、普通抛光 | 精密机床主轴颈表面、一般量规工作表面、汽缸套内表面、活塞销表面等 |
| | 亮光泽面 | ≤0.08 | 超精磨、镜面磨削、精抛光 | 精密机床主轴颈表面、滚动轴承的滚珠、高压油泵中柱塞孔和柱塞配合的表面 |
| | 镜状光泽面 | ≤0.04 | | |
| | 镜面 | ≤0.01 | 镜面磨削、超精研 | 高精度量仪、量块的工作面、光学仪器中的金属镜面 |

# 任务 4.5　了解表面结构的检测

## 1. 表面结构的测量方法

测量表面结构参数值时，若图样上没特别注明测量方向，则应在尺寸最大的方向上测量。通常就是在垂直于加工纹理方向的截面上测量。对无一定加工纹理方向的表面（如研磨、电火花等加工表面），应在几个不同方向上测量，取最大值为测量结果。此外，应注意测量时不要把表面缺陷包含进去。常用的测量方法有以下几种。

(1) 比较法

比较法就是将被测零件表面与表面结构样块，如图 4 - 11 所示，通过视觉、触感或其他办法（如借助显微镜、放大镜等）进行比较后，对被检表面的结构作出评定的方法。

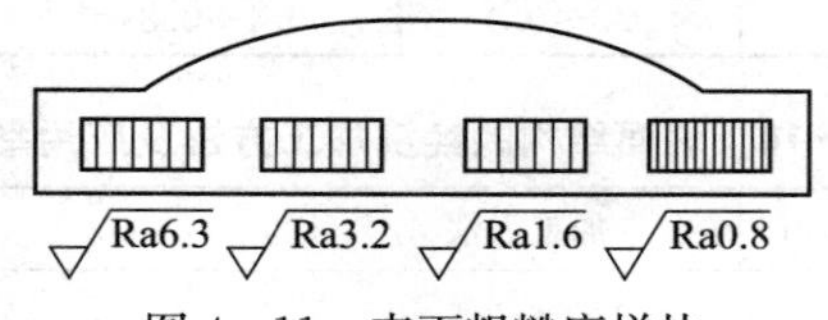


图 4 - 11　表面粗糙度样块

用比较法评定表面结构虽然不能精确地得出被检表面结构数值，但由于器具简单，使用方便且能满足一般的生产要求，故常用于生产现场。但其结果的可靠性很大程度上取决于检测人员的经验，此法只用于对表面结构要求不高的工件。

（2）光切法

光切法就是利用“光切原理”来测量零件表面的结构。工厂计量部门用的光切显微镜（又称双管显微镜），如图 4－12 所示。

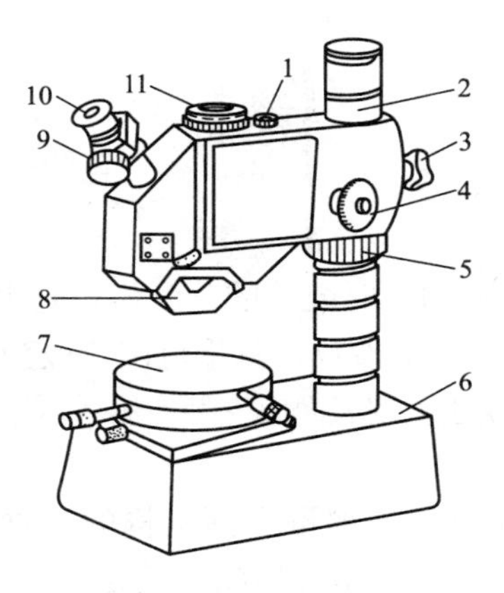


图 4－12 双管显微镜

光切法的基本原理如图 4－13 所示。光切显微镜由两个镜管组成，右为投射照明管，左为观察管，两个镜管轴线成 90°。照明管中光源 1 发出的光线经过聚光镜 2、光阑 3 及物镜 4 后，形成一束平行光带，这束平行光带以 45°的倾角投射到被测表面。光带在粗糙不平的波峰 $S_1$ 和波谷 $S_2$ 处产生反射。$S_1$ 和 $S_2$ 经观察管的物镜 4 后分别成像于划板 5 的 $S'_1$ 和 $S'_2$。若被测表面微观不平度高度为 $h$，轮廓峰、谷 $S_1$ 和 $S_2$ 在 45°截面上的距离为 $h_1$，$S'_1$ 和 $S'_2$ 之间的距离 $h'_1$ 是 $h_1$ 经物镜后的放大像。若测得 $h'_1$，便可求出表面微观不平度高度 $h$，则

$$h = h_1 \cos 45° = \frac{h'_1}{K} \cos 45°$$

式中，$K$ 为物镜的放大倍数。

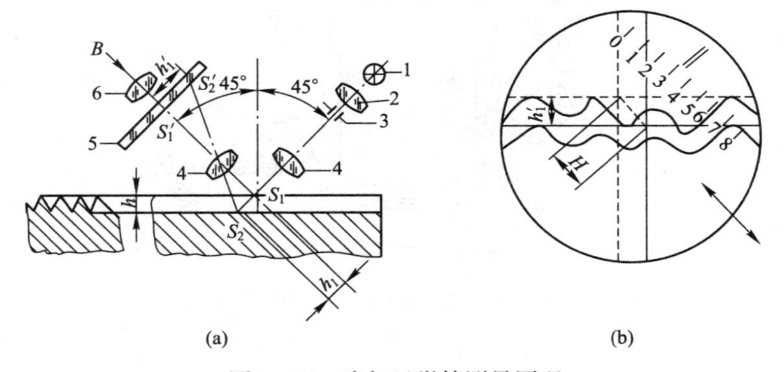


图 4－13 光切显微镜测量原理

测量时使目镜测微器中分划板上十字线的横线与波峰对准，记录下第一个示数，然后移动十字线，使十字线的横线对准峰谷，记录下第二个示数。由于分划板十字线与分

划板移动方向成 45°角，故两次示数的差值即为图中的 $H$。$H$ 与 $h_1'$的关系为

$$h_1' = H\cos 45^\circ$$

联立上述两式，得到

$$h = \frac{H}{K}\cos^2 45^\circ = \frac{H}{2K}$$

令

$$i = \frac{1}{2K}$$

则

$$h = iH$$

式中的 $i$ 是使用不同放大倍数的物镜时鼓轮的分度值，它由仪器的说明书给定。

光切法显微镜主要用于测定 Rz 参数，测量范围一般为 0.8～100 μm。

对于零件内表面，可用印模法复制表面成模型，然后再用光切法测量出表面结构参数。

（3）干涉法

干涉法就是利用光波干涉原理来测量表面结构的一种方法，常用仪器是干涉显微镜。图 4-14 是国产 6JA 型干涉显微镜外形图，其光学系统如图 4-15 所示。光源 1 发出的光线经过聚光镜 2 和反光镜 3 转向，通过光阑 4、5、聚光镜 6 投射到分光镜 7 上，通过分光镜 7 的半透半反膜后分成两束。一束光透过分光镜 7，经补偿镜 8、物镜 9 射至被测表面 $P_2$ 反射经原光路返回，再经分光镜 7 反射向目镜 14；另一束光经分光镜 7 反射，经滤光片 17、物镜 10 射到参考镜 $P_1$，再由 $P_1$ 反射回来，透过分光镜射向目镜 14。两束光在目镜 14 的焦平面上相遇叠加。由于被测表面粗糙不平，所以这两路光束相遇后形成与其相应的起伏不平的干涉条纹，如图 4-16 所示。

利用测微目镜，测量干涉条纹的弯曲量（即其峰谷示数差）及两相邻条纹之间的距离（它相当于半波长），即可算出相应的峰谷高度差 $h$。即

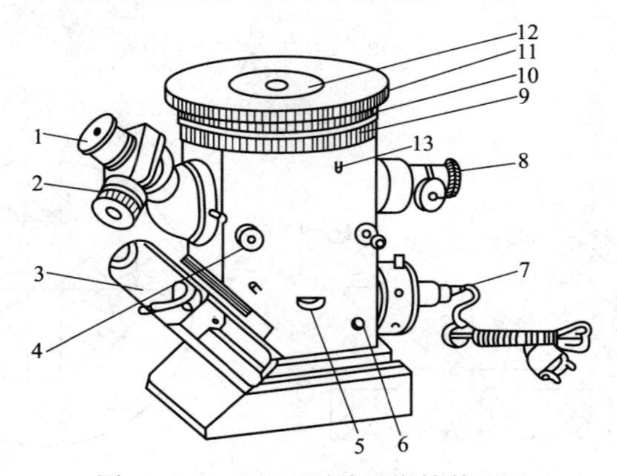


图 4-14　6JA 型干涉显微镜外形图

$$h = \frac{a}{b}\,\frac{\lambda}{2}$$

式中，$a$——干涉条纹的弯曲量；

$b$——相邻干涉条纹的距离；

$\lambda$——光波波长。

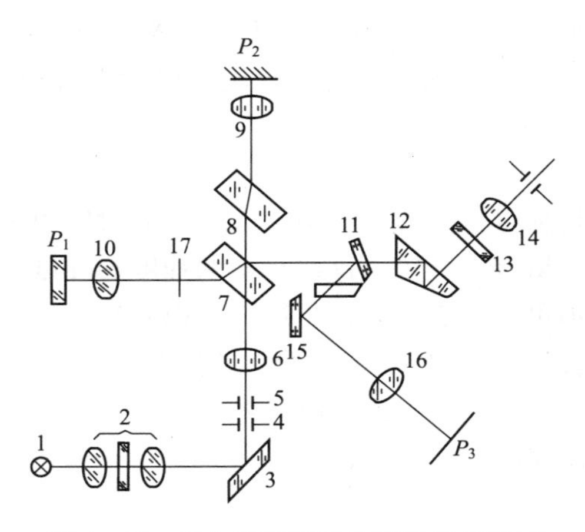


图 4－15　6JA 型干涉显微镜光学系统图

图 4－16　干涉条纹

干涉法主要用于测量表面结构 Rz 值，其测量范围是 0.05～0.8 μm。注意：干涉法还适于测量非规则表面（如磨、研磨等）的 Rsm。

（4）针描法

针描法是利用仪器的测针与被测表面相接触，并使测针沿被测表面轻轻滑动来测量表面结构的一种方法，又称轮廓法。电动轮廓仪就是用针描法测定表面结构的常用仪器。国产 BCJ－2 型电动轮廓仪外形如图 4－17 所示，其测量的基本原理是：将被测工件 1 放在工作台 6 的定位块 7 上，调整工件（或驱动箱 4）的倾斜度，使工件被测表面平行于传感器 3 的滑行方向。调整传感器及触针 2 的高度，使触针与被测表面适当接触。启动电动机，使传感器带动触针在工件被测表面滑行。由于被测表面有微小的峰谷，使触针在滑行的同时还沿轮廓的垂直方向上下运动。触针的运动情况实际上反映了被测表面轮廓的情况。将触针运动的微小变化通过传感器转换成电信号，并经计算和处理，便可由指示表 5 直接显示出来 Ra 的大小。

针描法测量表面结构的最大优点是能直接读出表面结构 Ra 的数值，还能测量平面、

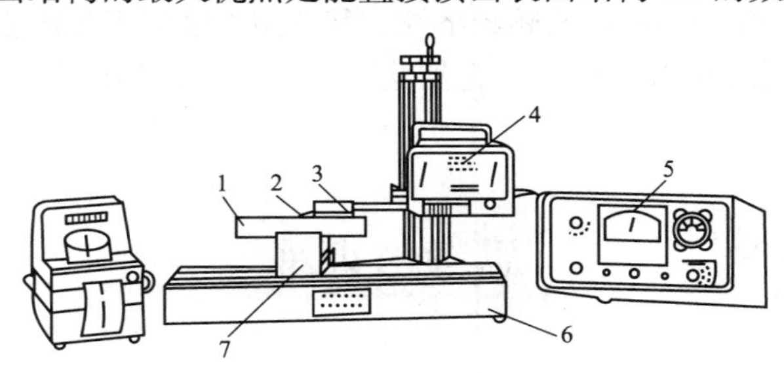


图 4－17　BCJ－2 型电动轮廓仪

轴、孔和圆弧面等各种形状的表面结构。不受工件大小制约，可在大型工件上测取数据，避免因取样而破坏工件的麻烦，故广泛应用。但受触针接触测量的影响，所测 Ra 的范围在 0.025～6.3 μm。

*(5) 印模法

印模法是指用塑性材料将被测表面印模下来，然后对印模表面进行测量。常用的印模材料有川蜡、石蜡和低熔点合金等。这些材料的强度和硬度都不高，故一般不用针描法测量。由于印模材料不可能填满谷底，且取下印模时往往使印模峰谷削平，所以测得印模的 Rz 值比实际略有缩小，一般需要根据实验修正。

印模法适用于大尺寸零件的内表面，测量范围为 Rz=0.8～330 μm。

**2. 测量表面结构的注意事项**

1) 测量方向

① 当图样上未规定测量方向时，应在高度参数（Ra，Rz）最大值的方向上进行测量，即对于一般切削加工表面，应在垂直于加工痕迹的方向上测量。

② 当图样上明确规定测量方向的特定要求时，则应按要求测量。

③ 当无法确定表面加工纹理方向时（如经研磨的加工表面），应通过选定的几个不同方向测量，然后取其中的最大值作为被测表面的表面结构参数值。

2) 测量部位

① 被测工件的实际表面由于各种原因总存在不均匀性问题，为了比较完整地反映被测表面的实际状况，应选定几个部位进行测量。

② 测量结果的确定，可按照国家标准的有关规定进行。

③ 零件的表面缺陷，如气孔、裂纹、砂眼、划痕等，一般比加工痕迹的深度或宽度大得多，不属于表面粗糙度的评定范围，必要时应单独规定对表面缺陷的要求。

## 拓展与技能总结

表面结构是指零件被加工表面上的几何形状微观不平度，其影响零件的使用性能。根据国家标准，表面结构的评定参数有算术平均偏差 Ra 和轮廓最大高度 Rz，评定参数值已经标准化。GB/T 131—2006 对表面结构代（符）号及其标注作了规定。选择表面结构的原则为：满足使用性能，兼顾经济性。其选用方法常用类比法。

表面结构的检测方法有比较法、光切法、干涉法、针描法等，常用比较法、光切法、干涉法。

## 思考与训练

**一、填空题**

1. 零件在加工、储存或使用期间，非故意或偶然生成的实际表面的单元体、成组的单元体、不规则体__________。

2. 常见的缺陷有__________、__________、__________和__________。

3. 一般取评定长度=__________。

4. 在取样长度内，轮廓顶线和轮廓谷底之间的距离，称为__________。

5. 国家标准规定，表面结构的主要评定参数有__________、__________两项。

6. 符号$\bigtriangledown\!\sqrt{\text{Ra1.6}}$是指________________________。

7. 符号$\bigtriangledown\!\sqrt{\text{Ra6.3}}$是指________________________。

8. 符号$\sqrt{\text{Ra3.2}}$是指________________________。

## 二、多项选择题

1. 零件表面越粗糙，______。
   A. 应力集中　　B. 配合精度高
   C. 接触刚度增加　　D. 抗腐蚀性好

2. 关于表面结构的标注，正确论述有______。
   A. 所用表面具有相同的表面结构时，可在零件图的右上角标注表面结构代号
   B. 标注螺纹的表面结构时，应标注在顶径处
   C. 图样上没有画齿形的齿轮、花键，表面结构代号应标注在分度圆上
   D. 同一表面上各部位有不同表面结构时，应以细实线画出界线

3. 选择表面结构评定参数时，下列论述正确的有______。
   A. 受交变载荷的表面，参数值应大些
   B. 配合表面的表面结构数值应小于非配合表面
   C. 摩擦表面应比非摩擦表面参数值小
   D. 配合质量要求高，参数值应小

4. 表面结构符号$\bigtriangledown\!\sqrt{\text{Ra6.3}}$表示______。
   A. Ra6. 3 μm　　B. Rz6. 3 μm
   C. 以机械加工方法获得的表面　　D. ≤Ra6. 3 μm

## 三、判断题

1. 在间隙配合中，由于表面粗糙不平，会因磨损而使间隙迅速增大。(　　)

2. 表面越粗糙，取样长度越小。(　　)

3. Rz 因测量点少，不能充分反映表面状况，所以应用很少。(　　)

4. 国标规定采用中线制来评定表面结构，评定参数一般要从 Ra 和 Rz 选取。(　　)

5. 要求耐腐蚀的零件表面，表面结构数值应小一些。(　　)

6. 尺寸精度和形状精度要求高的表面，表面结构数值应小一些。(　　)

7. 用比较法评定表面结构能精确地得出被检验表面的表面结构数值。(　　)

8. 测量表面结构时，规定取样长度是为了限制和减弱宏观几何形状误差的影响。(　　)

## 四、综合题

1. 将图 4-18 所示轴承套标注的表面结构的错误之处改正过来。

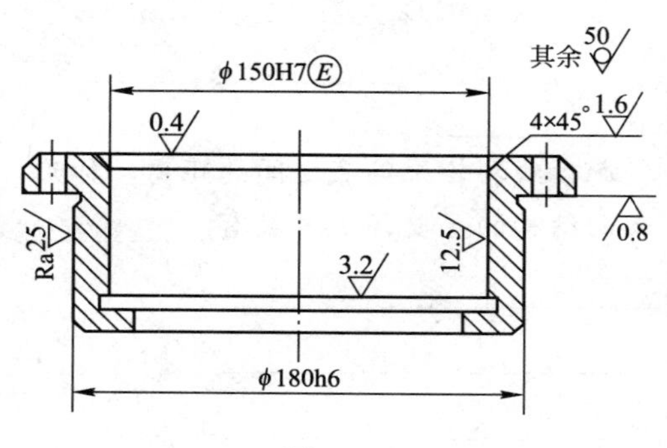


图 4-18

2. 用类比法确定图 4-19 中心轴，衬套内、外圆面的表面结构数值。

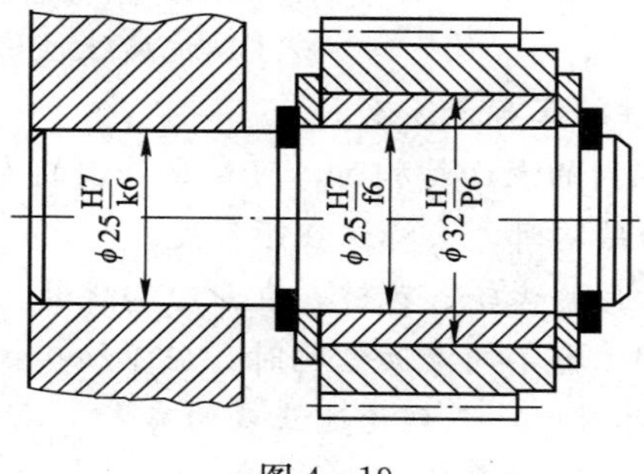


图 4-19

# 第二单元

# 其他常用结构的公差配合及测量

在机械制造中除光滑圆柱体外，还有许多结构也是常用的，如圆锥结合、螺纹副、齿轮副和键联接等，它们的结合质量直接影响机器的性能，必须严格控制其公差。

## 案例导入

图 5-0（a）所示为加工空心轴时采用的锥套心轴定位装置。由图可知，工件的加工质量与锥套心轴两端的锥面尺寸公差、几何公差紧密相关，为了加工出合格的工件，必须控制锥面的公差。

图 5-0（b）所示为用展成法原理加工齿轮（滚齿）示意图。齿轮副的工作质量取决于每一个齿轮的尺寸及公差（包含几何公差），故对单个齿轮及齿轮副都需要进行测量及控制公差。

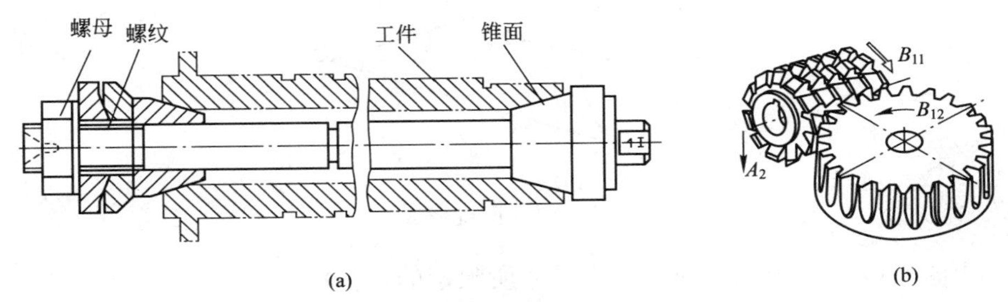


图 5-0　锥套心轴和滚齿原理

# 项目五

# 圆锥的公差配合及测量

**教学目标：**

- 掌握圆锥公差配合的术语、定义及特点；
- 掌握圆锥公差配合的项目及选用；
- 学会对圆锥工件的常用测量方法。

圆锥结合是机械设备中常用的典型结构。圆锥配合与圆柱配合相比，具有较高精度的同轴度，配合间隙或过盈的大小可以自由调整，能利用摩擦自锁性来传递扭矩及良好的密封性等优点。但是，圆锥结合在结构上比较复杂，影响其互换性的参数较多，加工和检测也较困难。

## 任务 5.1　掌握基本术语及含义

**1. 圆锥的术语及定义（GB/T 157—2001）**

① 圆锥表面（conical surface）。与轴线成一定角度且一端相交于轴线的一条直线段（母线），围绕着该轴线旋转形成的表面，如图 5-1 所示。

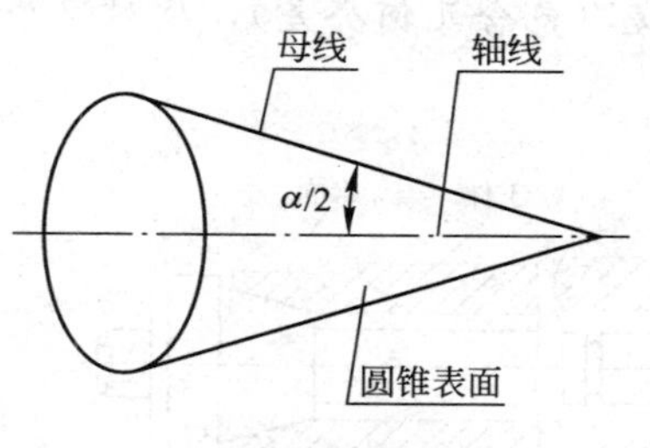


图 5-1　圆锥形成

② 圆锥（cone）。由圆锥面与一定尺寸所限定的几何体。

③ 圆锥角（cone angle）。在通过圆锥轴线的截面内，两条母线间的夹角，用 $\alpha$ 表示。

④ 锥度（rate of taper）。两个垂直于圆锥轴线截面的圆锥直径 $D$ 和 $d$ 之差与该两截面的轴向距离 $L$ 之比，用符号 $C$ 表示，即

$$C=(D-d)/L$$

锥度 $C$ 与圆锥角 $\alpha$ 的关系为

$$C=2\tan(\alpha/2)$$

锥度一般用比例或分数表示，如 $C=1:5$ 或 $C=1/5$。圆锥的几何参数如图 5-2 所示。

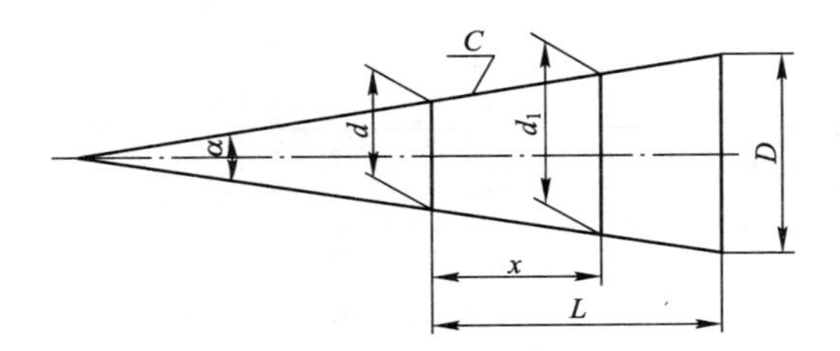


图 5-2　圆锥的几何参数

GB/T 157—2001《产品几何量技术规范（GPS）　锥度和角度系列》规定了光滑圆锥一般用途的锥度与圆锥角系列，如表 5-1 所示。特殊用途的锥度与圆锥角系列，如表 5-2 所示。

**表 5-1　一般用途的圆锥的锥度和锥度系列（摘自 GB/T 157—2001）**

| 基本值 | | 推算值 | | | |
|---|---|---|---|---|---|
| | | 圆锥角 α | | | 锥度 C |
| 系列 1 | 系列 2 | (°)(′)(″) | (°) | rad | |
| 120° | | — | — | 2.094 395 10 | 1 : 0.288 675 1 |
| 90° | | — | — | 1.570 796 33 | 1 : 0.500 000 0 |
| | 75° | — | — | 1.308 996 94 | 1 : 0.651 612 7 |
| 60° | | — | — | 1.047 197 55 | 1 : 0.866 025 4 |
| 45° | | — | — | 0.785 398 16 | 1 : 1.207 106 8 |
| 30° | | — | — | 0.523 598 78 | 1 : 1.866 025 4 |
| 1 : 3 | | 18°55′28.719 9″ | 18.924 644 42° | 0.330 297 35 | — |
| | 1 : 4 | 14°15′0.117 7″ | 14.250 032 70° | 0.248 709 99 | — |
| 1 : 5 | | 11°25′16.270 6″ | 11.421 186 27° | 0.199 337 30 | — |
| | 1 : 6 | 9°31′38.220 2″ | 9.527 283 38° | 0.166 282 46 | — |
| | 1 : 7 | 8°10′16.440 8″ | 8.171 233 56° | 0.142 614 93 | — |
| | 1 : 8 | 7°9′9.607 5″ | 7.152 668 75° | 0.124 837 62 | — |
| 1 : 10 | | 5°43′29.317 6″ | 5.724 810 45° | 0.099 916 79 | — |

表 5-2 特殊用途圆锥的锥度和锥度系列（摘自 GB/T 157—2001）

| 基本值 | 推算值 | | | | 标准号 GB/T (ISO) | 用途 |
|---|---|---|---|---|---|---|
| | 圆锥角 α | | | 锥度 C | | |
| | (°)(′)(″) | (°) | rad | | | |
| 11°54′ | — | — | 0.207 694 18 | 1∶4.797 451 1 | (5237)<br>(8489—5) | 纺织机械和附件 |
| 8°40′ | — | — | 0.151 261 87 | 1∶6.598 441 5 | (8489—3)<br>(8489—4)<br>(324.575) | |
| 7° | — | — | 0.122 173 05 | 1∶8.174 927 7 | (8489—2) | |
| 1∶38 | 1°30′27.708 0″ | 1.507 696 67° | 0.026 314 27 | — | (368) | |
| 1∶64 | 0°53′42.822 0″ | 0.895 228 34° | 0.015 624 68 | — | (368) | |
| 7∶24 | 16°35′39.444 3″ | 16.594 290 08° | 0.289 625 00 | 1∶3.428 571 4 | 3 837.3<br>(297) | 机床主轴工具配合 |
| 1∶12.262 | 4°40′12.151 4″ | 4.670 042 05° | 0.081 507 61 | — | (239) | 贾各锥度 No. 2 |
| 1∶12.972 | 4°24′52.903 9″ | 4.414 695 52° | 0.077 050 97 | — | (239) | 贾各锥度 No. 1 |
| 1∶15.748 | 3°38′13.442 9″ | 3.637 067 47° | 0.063 478 80 | — | (239) | 贾各锥度 No. 33 |

在零件图样上，对圆锥只要标注一个圆锥直径（$D$、$d$ 或 $d_x$）、圆锥角 $\alpha$ 和圆锥长度（$L$ 或 $L_x$），或者标注两个直径（最大直径 $D$ 与最小圆锥直径 $d$）和圆锥长度 $L$，则该圆锥就被完全确定了，如图 5-3 所示。

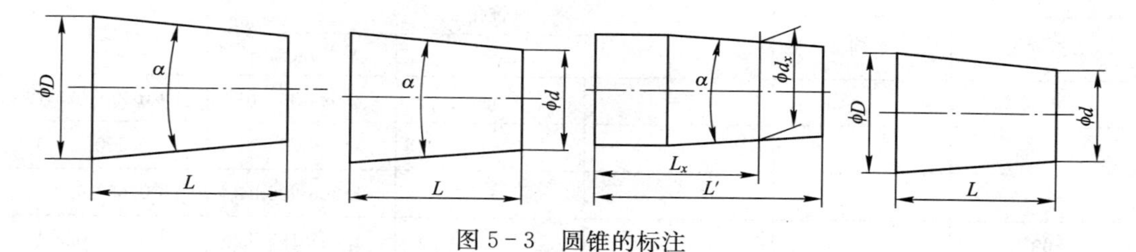


图 5-3 圆锥的标注

在零件图样上，锥度用特定的图形符号和比例（或分数）来标注，如图 5-4（a）～图 5-4（c）所示。图形符号配置在平行于圆锥轴线的基准线上，并且其方向与圆锥方向一致，在基准线的上面标注锥度的数值，用指引线将基准线与圆锥素线相连。在图样上标注了锥度就不必标注圆锥角，两者不应重复标注。

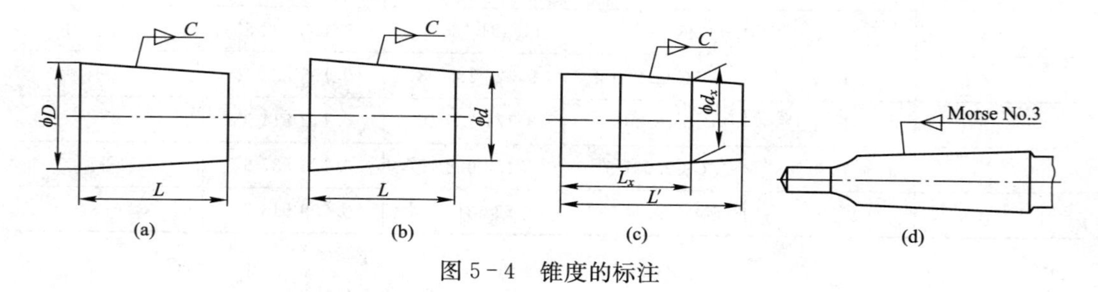


图 5-4 锥度的标注

当所标注的锥度是标准圆锥系列之一（尤其是莫氏锥度或米制锥度，见 GB/T 1443）时，可用标准系列号和相应的标记表示，如图 5-4（d）所示。

**2. 圆锥公差的术语及定义（GB/T 11334—2005）**

① 公称圆锥（nominal cone）。设计时给定的圆锥，它是一种拟合圆锥。它所有的尺寸分别为工称圆锥直径、公称圆锥角和公称圆锥长度。

② 实际圆锥（actual cone）。实际存在并与周围物质分隔的圆锥。实际圆锥是可通过测量得到的圆锥，如图 5-5 所示。在实际圆锥上测量得到的直径称为实际圆锥直径（actual cone diameter，$d_a$）。在实际圆锥的任一轴截面内，分别包容圆锥上对应两条实际素线且距离为最小的两对平行直线之间的夹角称为实际圆锥角（actual cone angle，$\alpha_a$）。在不同的轴向截面内的实际圆锥角不一定相同。

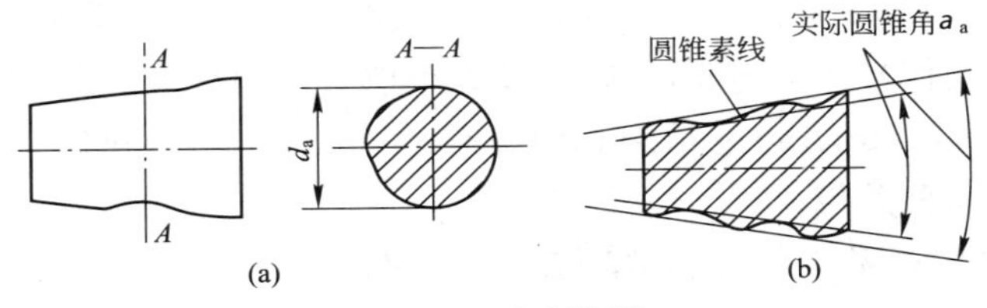


图 5-5　实际圆锥

③ 极限圆锥（limit cone）和极限圆锥直径（limit cone diameter）。与公称圆锥共轴且圆锥角相等、直径分别为最大极限尺寸和最小极限尺寸的两个圆锥称为极限圆锥。在垂直于圆锥轴线的所有截面上，这两个圆锥的直径差都相等，直径为最大极限尺寸的圆锥称为最大极限圆锥，直径为最小极限尺寸的圆锥称为最小极限圆锥。极限圆锥上的任一直径称为极限圆锥直径，如 $D_{max}$、$D_{min}$ 和 $d_{max}$、$d_{min}$，如图 5-6 所示。

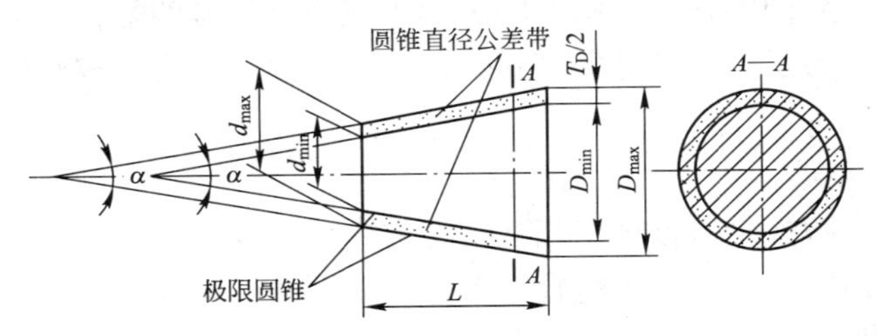


图 5-6　极限圆锥和圆锥直径公差带

④ 圆锥直径公差（cone diameter tolerance）和圆锥直径公差带（cone diameter tolerance interval）。圆锥直径允许的变动量称为圆锥直径公差，用符号 $T_D$ 表示，圆锥直径公差在整个圆锥长度内都适用。两个极限圆锥所限定的区域称为圆锥直径公差带。

⑤ 给定截面圆锥直径公差（cone section diameter tolerance）。在垂直于圆锥轴线的给定的圆锥截面内，圆锥直径的允许变动量称为给定截面圆锥直径公差，用代号 $T_{DS}$ 表示，如图 5-7 所示，它仅适用于该给定截面。

⑥ 给定截面圆锥直径公差带（cone section diameter tolerance interval），如图 5-7 所示，在给定圆锥截面内，由两个同心圆所限定的区域称为给定截面圆锥直径公差带。

⑦ 极限圆锥角（limit cone angle）。允许的上限圆锥角或下限圆锥角称为极限圆锥

角，它们分别用符号 $\alpha_{max}$ 和 $\alpha_{min}$ 表示，如图 5-8 所示。

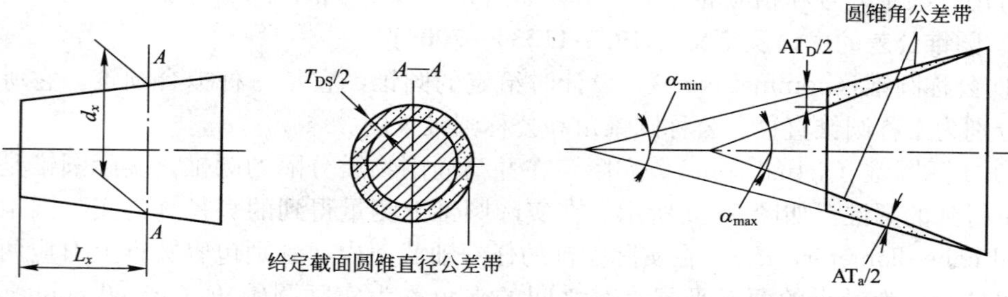


图 5-7 给定截面圆锥直径公差带　　图 5-8 极限圆锥角和圆锥角公差带

⑧ 圆锥角公差（cone angle tolerance）。指圆锥角的允许变动量。当圆锥角以弧度或角度为单位时，用代号 $AT_a$ 表示；以长度为单位时，用代号 $AT_D$ 表示。

⑨ 圆锥角公差带（tolerance interval for the cone angle）。极限圆锥角 $\alpha_{max}$ 和 $\alpha_{min}$ 限定的区域称为圆锥角公差带。

**3. 圆锥配合的术语及定义（GB/T 12360—2005）**

1）圆锥配合（cone fit）

公称圆锥相同的内、外圆锥直径之间，由于联接不同所形成的相互关系称为圆锥配合。圆锥配合分为间隙配合、过盈配合和过渡配合。

具有间隙的配合称为间隙配合，主要用于有相对运动的圆锥配合中，如车床主轴的圆锥轴颈与滑动轴承的配合；具有过盈的配合称为过盈配合，常用于定心传递扭矩，如带柄铰刀、扩孔钻的锥柄与机床主轴锥孔的配合；可能具有间隙或过盈的配合称为过渡配合，其中要求内、外圆锥紧密接触，间隙为零或稍有过盈的配合称为紧密配合，它用于对中定心或密封。为了保证良好的密封性，通常将内、外锥面成对研磨，此时相配合的零件无互换性。

2）圆锥配合的形成

圆锥配合的配合特征是通过规定相互结合的内、外锥的轴向相对位置形成的。按确定圆锥轴向位置的不同方法，圆锥配合的形成有以下两种方式。

(1) 结构型圆锥配合（construction type cone fit）

由内、外圆锥的结构确定装配位置、内外圆锥公差带之间的相互关系。结构型圆锥配合可以是间隙配合、过盈配合和过渡配合。图 5-9 为由轴肩接触得到的间隙配合，图 5-10 为由结构尺寸 $a$ 得到的过盈配合。

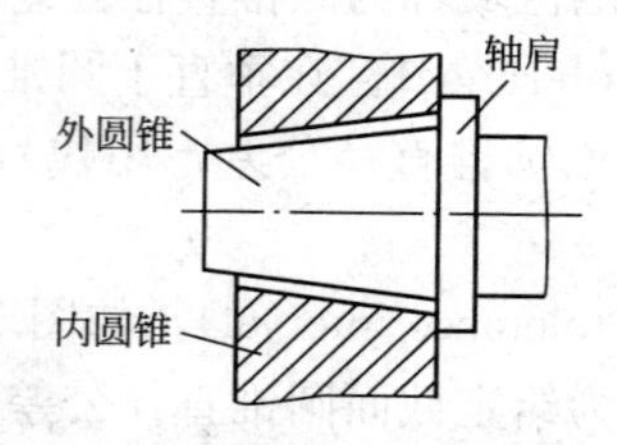


图 5-9 由结构形成的间隙配合圆锥结合

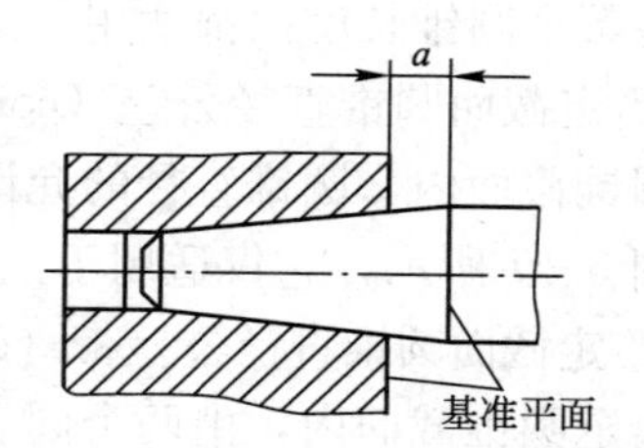


图 5-10 由结构尺寸 $a$ 确定的过盈配合圆锥结合

(2) 位移型圆锥配合（axial displacement type cone fit）

内外圆锥在装配时作一定相对位移（$E_a$）确定的相对关系。位移型圆锥配合可以获得间隙配合或过盈配合。

图 5－11 (a) 所示为给定轴向位移 $E_a$ 得到间隙配合的位移型圆锥配合示例，图 5－11 (b) 为给定装配力 $F_s$ 得到的过盈配合的位移型圆锥配合示例。

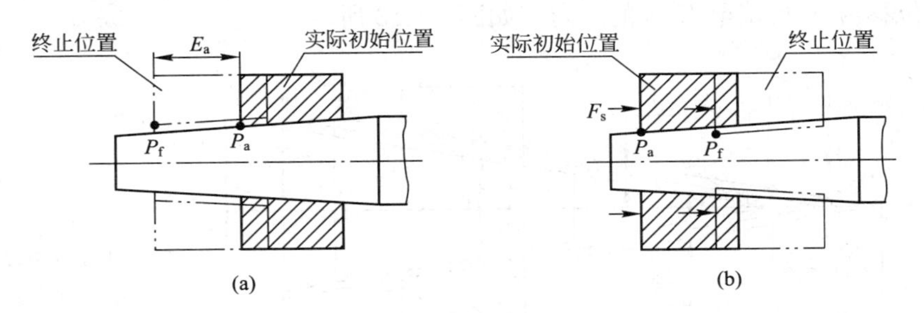


图 5－11　位移型圆锥配合

结构型圆锥配合由内、外圆锥直径公差带决定其配合性质；位移型圆锥配合的内、外圆锥相对轴向位移（$E_a$）决定其配合性质。轴向位移 $E_a$ 取决于内外圆锥的初始位置和极限初始位置。

所谓初始位置（starting position），即指在不施加力的情况下，相互结合的内、外圆锥表面接触时的轴向位置，如图 5－12 所示。

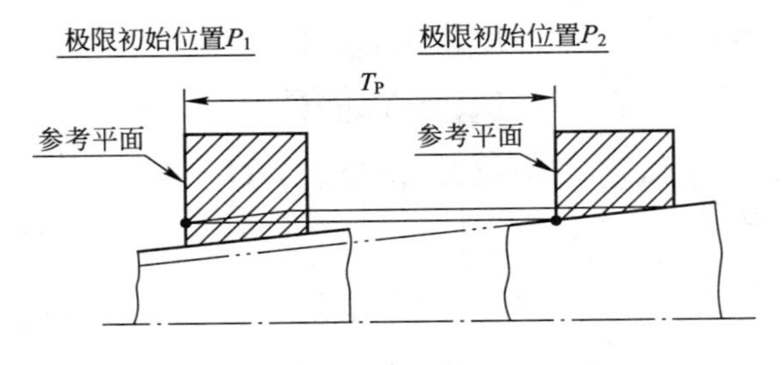


图 5－12　初始位置和极限初始位置

初始位置所允许的变动界限称为极限初始位置（limit starting position）。其中一个极限初始位置为下极限内圆锥与上极限外圆锥接触时的位置 $P_1$；另一个极限初始位置为上极限内圆锥与下极限外圆锥接触时的位置 $P_2$。

初始位置公差（tolerance on the starting position，$T_P$）是初始位置允许的变动量，它等于极限初始位置 $P_1$ 和 $P_2$ 之间的距离，即

$$T_P=\frac{1}{C}(T_{De}+T_{Di})$$

式中：$C$ 为锥度；$T_{Di}$ 内圆锥直径公差；$T_{De}$ 外圆锥直径公差。

实际初始位置（actual starting position）必须位于极限初始位置 $P_1$ 和 $P_2$ 的范围内。

(3) 极限轴向位移（limit axial displacement）和轴向位移公差（tolerance on the

displacement，$T_E$）

相互结合的内、外圆锥从实际初始位置移动到终止位置的距离所允许的界限称为极限轴向位移。在相互结合的内外圆锥的终止位置上，得到最小间隙 $X_{min}$ 或最小过盈 $Y_{min}$ 的轴向位移称为最小轴向位移（minimum axial displacement）$E_{amin}$；得到最大间隙 $X_{max}$ 或最大过盈 $Y_{max}$ 的轴向位移称为最大轴向位移（maximum axial displacement）$E_{amax}$。实际轴向位移应在 $E_{amin}$ 至 $E_{amax}$ 范围内，如图 5-13 所示。

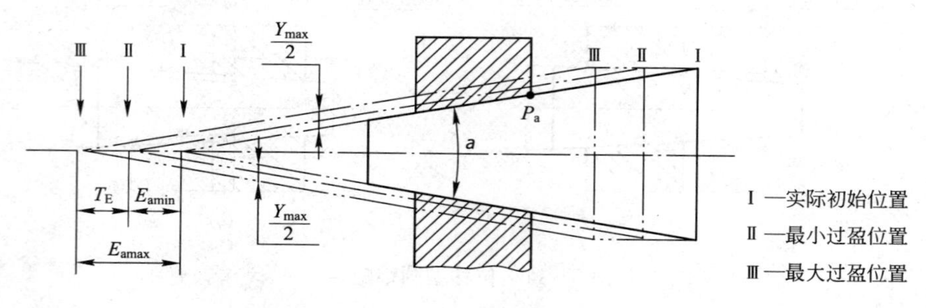


图 5-13 轴向位移公差

轴向位移的变动量称为轴向位移公差（tolerance on the axial displacement，$T_E$），它等于最大轴向位移 $E_{amax}$ 与最小轴向位移 $E_{amin}$ 之差，即

$$T_E = E_{amax} - E_{amin}$$

对于间隙配合

$$E_{amin} = X_{min}/C$$

$$E_{amax} = Y_{max}/C$$

$$T_E = (X_{max} - X_{min})/C$$

对于过盈配合

$$E_{amin} = |Y_{min}|/C$$

$$E_{amin} = |Y_{max}|/C$$

$$T_E = (Y_{max} - Y_{min})/C$$

式中，$C$ 为轴向位移折算为径向位移的系数，即锥度。

（4）圆锥直径配合量（span of cone diameter fit，$T_{Df}$）

圆锥直径配合量是指圆锥配合在配合直径上允许的间隙或过盈的变动量，它是一个没有符号的绝对值。

对于结构型圆锥配合，圆锥直径间隙配合量是最大间隙 $X_{max}$ 与最小间隙 $X_{min}$ 之差；圆锥直径过盈配合量是最小过盈 $Y_{min}$ 与最大过盈 $Y_{max}$ 之差；圆锥直径过渡配合是最大间隙 $X_{max}$ 与最大过盈 $Y_{max}$ 之差。圆锥直径配合量也等于内圆锥直径公差 $T_{Di}$ 和外圆锥直径公差 $T_{De}$ 之和，即

圆锥直径间隙配合　　$T_{Df} = X_{max} - X_{min}$

圆锥直径过盈配合　　$T_{Df} = Y_{min} - Y_{max}$

圆锥直径过渡配合　　　$T_{Df}=X_{max}-Y_{max}$

圆锥直径间隙配合　　　$T_{Df}=T_{Di}+T_{De}$

对于位移型圆锥配合，圆锥直径间隙配合量是最大间隙 $X_{max}$ 与最小间隙 $X_{min}$ 之差；圆锥直径过盈配合量是最小过盈 $Y_{min}$ 与最大过盈 $Y_{max}$ 之差；也等于轴向位移公差 $T_E$ 与锥度 C 之积，即

圆锥直径间隙配合　　　$T_{Df}=X_{max}-X_{min}=T_E\times C$

圆锥直径过盈配合　　　$T_{Df}=Y_{min}-Y_{max}=T_E\times C$

# 任务 5.2　了解圆锥公差配合选择

### 1. 圆锥公差项目

圆锥是一个多参数零件，为满足其性能和互换性要求，国家标准对圆锥公差给出了 4 个项目。

① 圆锥直径公差 $T_D$。以基本圆锥直径（一般取最大圆锥直径 $D$）为公称尺寸，按 GB/T 1800.1—2009 规定的标准公差选取，其数值适用于圆锥长度范围内的所有圆锥直径。

② 给定截面圆锥直径公差 $T_{DS}$。以给定截面圆锥直径 $d_x$ 为公称尺寸，按 GB/T 1800.1—2009 规定的标准公差选取。

③ 圆锥角公差 AT。共分为 12 个公差等级，它们分别用 AT1、AT2、…、AT12 表示，其中 AT1 精度最高，等级依次降低，AT12 精度最低。GB/T 11334—2005《产品几何量技术规范（GPS）　圆锥公差》规定的圆锥角公差的数值如表 5-3 所示。

**表 5-3　圆锥角公差（部分）（摘自 GB/T 11334—2005）**

| 公称圆锥长度 $L$/mm | 圆锥角公差等级 | | | | | | | | |
|---|---|---|---|---|---|---|---|---|---|
| | AT4 | | | AT5 | | | AT6 | | |
| | $AT_\alpha$ | | $AT_D$ | $AT_\alpha$ | | $AT_D$ | $AT_\alpha$ | | $AT_D$ |
| | μrad | (°)(′)(″) | μm | μrad | (°)(′)(″) | μm | μrad | (°)(′)(″) | μm |
| 6～10 | 200 | 41″ | >1.3～2 | 315 | 1′05″ | >2～3.2 | 500 | 1′43″ | >3.2～5 |
| 10～16 | 160 | 33″ | >1.6～2.5 | 250 | 52″ | >2.5～4.0 | 400 | 1′22″ | >4.0～6.3 |
| 16～25 | 125 | 26″ | >2.0～3.2 | 200 | 41″ | >3.2～5.0 | 315 | 1′05″ | >5.0～8.0 |
| 25～40 | 100 | 21″ | >2.5～4.0 | 160 | 33″ | >4.0～6.3 | 250 | 52″ | >6.3～10.0 |
| 40～63 | 80 | 16″ | >3.2～5.0 | 125 | 26″ | >5.0～8.0 | 200 | 41″ | >8.0～12.5 |
| 63～100 | 63 | 13″ | >4.0～6.3 | 100 | 20″ | >6.3～10.0 | 160 | 33″ | >10.0～16 |
| 100～160 | 50 | 10″ | >5.0～8.0 | 80 | 16″ | >8.0～12.5 | 125 | 26″ | >12.5～20 |
| 160～250 | 40 | 8″ | >6.3～10.0 | 63 | 13″ | >10.0～16 | 100 | 20″ | >16.0～25 |
| 250～400 | 31.5 | 6″ | >8.0～12.5 | 50 | 10″ | >12.5～20 | 80 | 16″ | >20.0～32 |

续表

| 公称圆锥长度 $L$/mm | 圆锥角公差等级 | | | | | | | | |
|---|---|---|---|---|---|---|---|---|---|
| | AT7 | | | AT8 | | | AT9 | | |
| | $AT_\alpha$ | | $AT_D$ | $AT_\alpha$ | | $AT_D$ | $AT_\alpha$ | | $AT_D$ |
| | μrad | (°)(′)(″) | μm | μrad | (°)(′)(″) | μm | μrad | (°)(′)(″) | μm |
| 6~10 | 800 | 2′45″ | >5.0~8.0 | 1 250 | 4′18″ | >8.0~12.5 | 2 000 | 1′43″ | >12.5~20 |
| 10~16 | 630 | 2′10″ | >6.3~10.0 | 1 000 | 3′26″ | >10.0~16 | 1 600 | 1′22″ | >16.0~25 |
| 16~25 | 500 | 1′43″ | >8.0~12.5 | 800 | 2′45″ | >12.5~20 | 1 250 | 1′05″ | >20.0~32 |
| 25~40 | 400 | 1′22″ | >10.0~16 | 630 | 2′10″ | >16.0~25 | 1 000 | 52″ | >25.0~40 |
| 40~63 | 315 | 1′05″ | >12.5~20 | 500 | 1′43″ | >20~32 | 800 | 41″ | >32~50 |
| 63~100 | 250 | 52″ | >16.0~25 | 400 | 1′22″ | >25~40 | 630 | 33″ | >40~63 |
| 100~160 | 200 | 41″ | >20~32 | 315 | 1′05″ | >32~50 | 500 | 26″ | >50~80 |
| 160~250 | 160 | 33″ | >32~50 | 250 | 52″ | >40~63 | 400 | 20″ | >63~100 |
| 250~400 | 125 | 26″ | >40~63 | 200 | 41″ | >50~80 | 315 | 16″ | >80~125 |
| 400~630 | 100 | 20″ | >10.0~16 | 160 | 33″ | >63~100 | 250 | 13″ | >100~160 |

为了加工和检测方便，圆锥角公差可用角度值 $AT_a$ 或线值 $AT_D$ 给定，$AT_a$ 与 $AT_D$ 的换算关系为

$$AT_D = AT_a \times L \times 10^3$$

式中，$AT_D$、$AT_a$ 和 $L$ 的单位分别为 μm、μrad 和 mm。

AT4～AT6 用于高精度的圆锥量规和角度样板；AT7～AT9 用于工具圆锥、圆锥销、传递大扭矩的摩擦圆锥；AT10～AT11 用于圆锥套、圆锥齿轮等中等精度零件；AT12 用于低精度零件。

圆锥角的极限偏差可按单向取值或者双向对称或不对称取值，如图 5－14 所示。为了保证内、外圆锥的接触均匀性，圆锥角公差带通常采用对称于基本圆锥角分布。

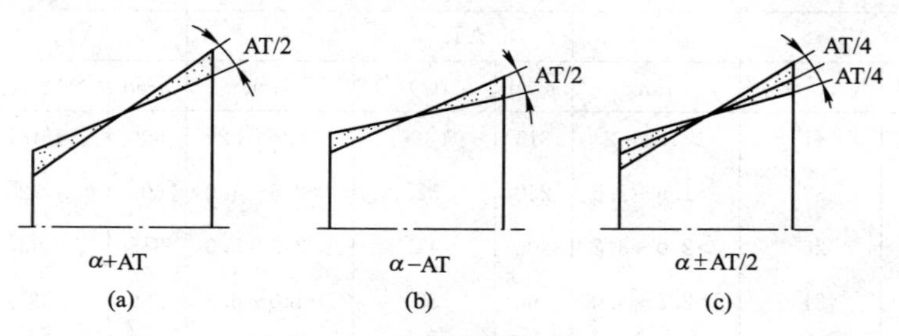


图 5－14　圆锥角的极限偏差

④ 圆锥的形状公差 $T_F$。推荐按 GB/T 1184—1996 中附录 B“图样上注出公差值的规定”选取，一般由圆锥直径公差带限制而不单独给出。若需要，可给出素线直线度公差和（或）横截面圆度公差，或者标注圆锥的面轮廓度公差。显然，面轮廓度公差不仅控制素线直线度误差和截面圆度误差，而且控制圆锥角偏差。

2. 圆锥的公差标注

圆锥的公差标注，应根据圆锥的功能要求和工艺特点选择公差项目。在图样上标注相配内、外圆锥的尺寸和公差时，内、外圆锥必须具有相同的公称圆锥角（或公称锥度），标注直径公差的圆锥直径必须具有相同的公称尺寸。圆锥公差通常可以采用面轮廓度法，如图 5－15 所示；有配合要求的结构型内、外圆锥，也可采用基本锥度法如图 5－16 所示，当无配合要求时可采用公差锥度法标注，如图 5－17 所示。

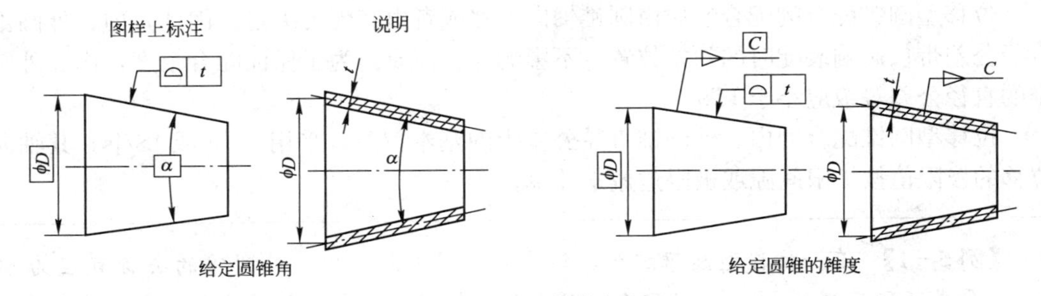


图 5－15　面轮廓度法

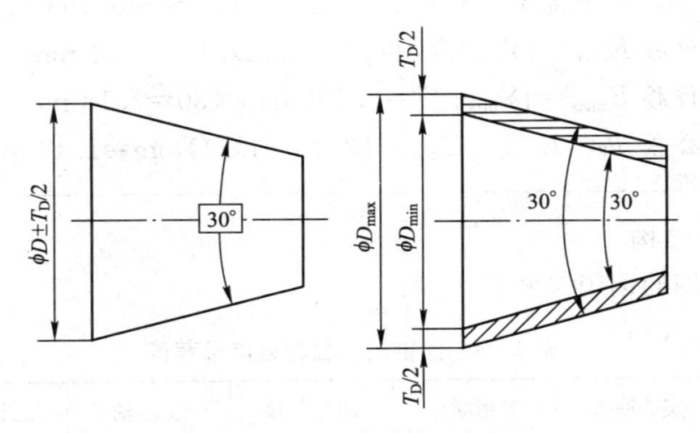


图 5－16　基本锥度法标注

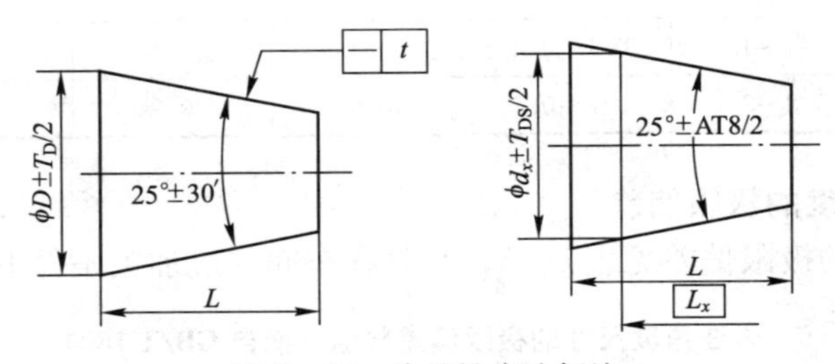


图 5－17　公差锥度法标注

3. 圆锥直径公差带的选择

(1) 结构型圆锥配合的内、外圆锥直径公差带的选择

结构型圆锥配合的配合性质由相互联接的内、外圆锥直径公差带之间的关系决定。内圆锥直径公差带在外圆锥直径公差带之上者为间隙配合；内圆锥直径公差带在外圆锥直径公差带之下者为过盈配合；内、外圆锥直径公差带交叠者为过渡配合。

结构型圆锥配合的内、外圆锥直径的公差值和基本偏差值可以分别从 GB/T 1800.1—2009 规定的标准公差系列和基本偏差系列中选取，公差带可以从 GB/T 1801—2009 规定的公差带中选取。

结构型圆锥配合也分为基孔制配合和基轴制配合。为了减少定值刀具、量规的规格和数目，获得最佳技术经济效益，应优先选用基孔制配合。

(2) 位移型圆锥配合的内、外圆锥直径公差带的选择

位移型圆锥配合的配合性质由圆锥轴向位移或者由装配力决定。因此，内、外圆锥直径公差带仅影响装配时的初始位置，不影响配合性质。为了保证配合精度，内、外圆锥的直径公差等级应小于 IT9。

位移型圆锥配合的内、外圆锥直径公差带的基本偏差，采用 H/h 或 JS/js。其轴向位移的极限值按极限间隙或极限过盈来计算。

---

**【例 5-1】** 有一位移型圆锥配合，锥度 $C$ 为 1∶30，内、外圆锥的公称直径为 60 mm，要求装配后得到 H7/u6 的配合性质。试计算极限轴向位移并确定轴向位移公差。

**解** 按 $\phi$60H/u6，可查得 $Y_{min}=-0.057$ mm，$Y_{max}=-0.106$ mm，则

最小轴向位移 $E_{amin}=|Y_{min}|/C=0.057\ \text{mm}\times 30=1.71$ mm

最大轴向位移 $E_{amax}=|Y_{max}|/C=0.106\ \text{mm}\times 30=3.18$ mm

轴向位移公差 $T_E=E_{amax}-E_{amin}=(3.18-1.71)\text{mm}=1.47$ mm

---

**4. 圆锥的表面结构**

圆锥的表面结构的选用参见表 5-4。

**表 5-4 圆锥的表面粗糙度推荐值**

| 连接形式 / 表面粗糙度 / 表面 | 定心联接 | 紧密联接 | 固定联接 | 支承轴 | 工具圆锥面 | 其他 |
|---|---|---|---|---|---|---|
| | Ra 不大于/μm | | | | | |
| 外表面 | 0.4～1.6 | 0.1～0.4 | 0.4 | 0.4 | 0.4 | 1.6～6.3 |
| 内表面 | 0.8～3.2 | 0.2～0.8 | 0.6 | 0.8 | 0.8 | 1.6～6.3 |

**5. 未注公差角度的极限偏差**

未注公差角度的极限偏差见表 5-5，它是在车间一般加工条件下可以保证的公差。

**表 5-5 未注角度尺寸的极限偏差数值（摘自 GB/T 1804—2000）**

| 公差等级 | 长度分段/mm | | | | |
|---|---|---|---|---|---|
| | ～10 | >10～50 | >50～120 | >120～400 | >400 |
| 精度 f<br>中等 m | ±1° | ±30′ | ±20′ | ±10′ | ±5′ |
| 粗糙 c | ±1°30′ | ±1′ | ±30′ | ±15′ | ±10′ |
| 最粗 v | ±3° | ±2° | ±1° | ±30′ | ±20′ |

# 任务 5.3　了解圆锥角和锥度的测量

测量锥度和角度的器具很多，其测量方法可分为直接量法和间接量法，直接量法又可分为相对量法和绝对量法。下面分别介绍锥度和角度的常用测量器具和测量方法。

**1. 比较测量法**

比较测量法是指用定角度量具与被测的锥度和角度相比较，用涂色法或光隙法估计被测锥度或角度的偏差，属于相对测量法。

常用量具有：角度量块、90°角尺、圆锥量规、角度或锥度样板等。圆锥量规分为圆锥塞规和套规，其结构如图 5－18 所示。

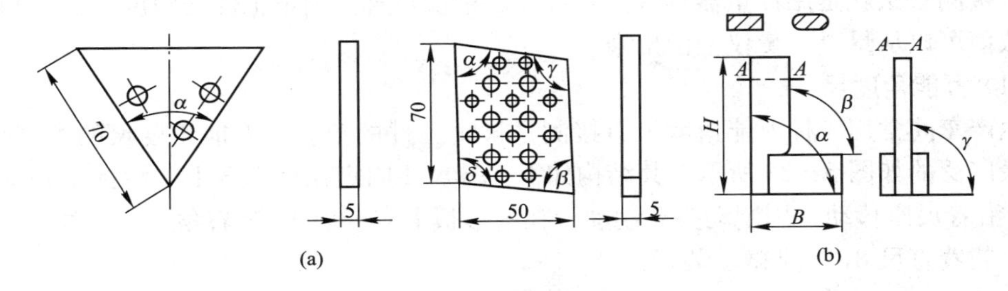


图 5－18　角度量块及 90°角尺

圆锥量规用于检验成批生产的内、外圆锥的锥度和基面距偏差。检验内锥体时用锥度塞规，检验外锥体时用锥度环规。圆锥量规的结构形式如图 5－19 所示。

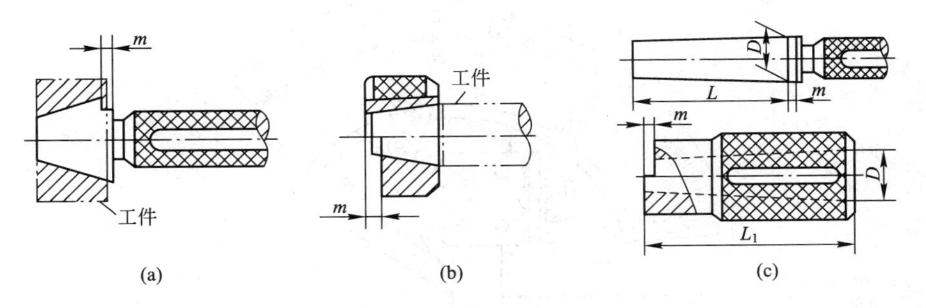


图 5－19　圆锥量规

由于圆锥配合时，通常锥角公差有更高要求，所以当用圆锥量规检验时，首先以单项检验锥度，采用涂色法，即在圆锥量规上沿素线方向薄薄涂上 2～3 条显示剂（红丹或蓝油），然后轻轻地和被检工件对研，转动 1/2～1/3 转，取出圆锥量规，根据显示剂接触面积的位置和大小来判断锥角的误差。用圆锥塞规检验内圆锥时，若只有大端被擦去，则表示内圆锥的锥角小了，若小端被擦去，则说明内圆锥的锥角大了，若均匀地被擦去，才表示被检验的内圆锥锥角是正确的。其次再用圆锥量规按基面距偏差作综合检验，若被检验工件的最大圆锥直径处于圆锥塞规两条刻线之间，表示被检验工件是合格的，如图 5 - 20 所示。

除圆锥量规外，对于外圆锥还可以用锥度样板检验，合格的外圆锥最小圆锥直径应处在样板上两条刻线之间，锥度的正确性利用光隙判断，如图 5 - 21 所示。

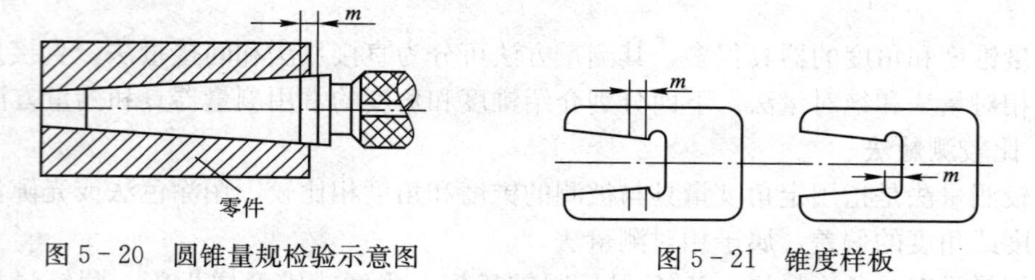


图 5 - 20　圆锥量规检验示意图　　　图 5 - 21　锥度样板

## 2. 直接测量法

直接测量法就是用计量器具（分度量具、量仪）直接测量工件的角度，被测角度的具体数值可以从量具、量仪上读出来。

(1) 万能角度尺

生产车间常用游标万能角度尺直接测量被测工件的角度。万能角度尺的类型很多，使用最广泛的如图 5 - 22 所示。其结构如下：基尺 4 固定在尺座 3 上，游标 1 和扇形板 6 可以沿着尺座移动，用制动头 5 制动；在扇形板上有卡块 10 装着角尺 7，角尺上又有卡块 9 装着直尺 8，2 是微动装置。

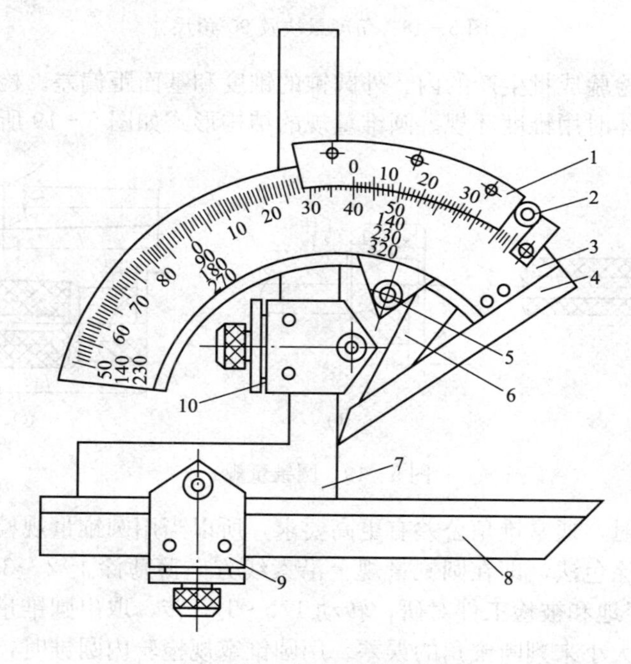


图 5 - 22　游标万能角度尺

在尺座上刻有基本角度标尺，尺上朝中心方向均匀地刻着 121 条刻线，每两条刻线间的夹角是 1°；游标上共刻 31 条刻线，每两条刻线间的夹角是（29/30）°。因此，尺座

和游标每一刻度间隔所夹夹角之差为

$$1^\circ-\left(\frac{29}{30}\right)^\circ=\left(\frac{1}{30}\right)^\circ=2'$$

所以这种万能角度尺的游标读数值为 2′。目前常用分度值有 2′和 5′两种。利用基尺、角尺、直尺的不同组合，万能角度尺可以测量 0°～320°任意角度，如图 5－23 所示。

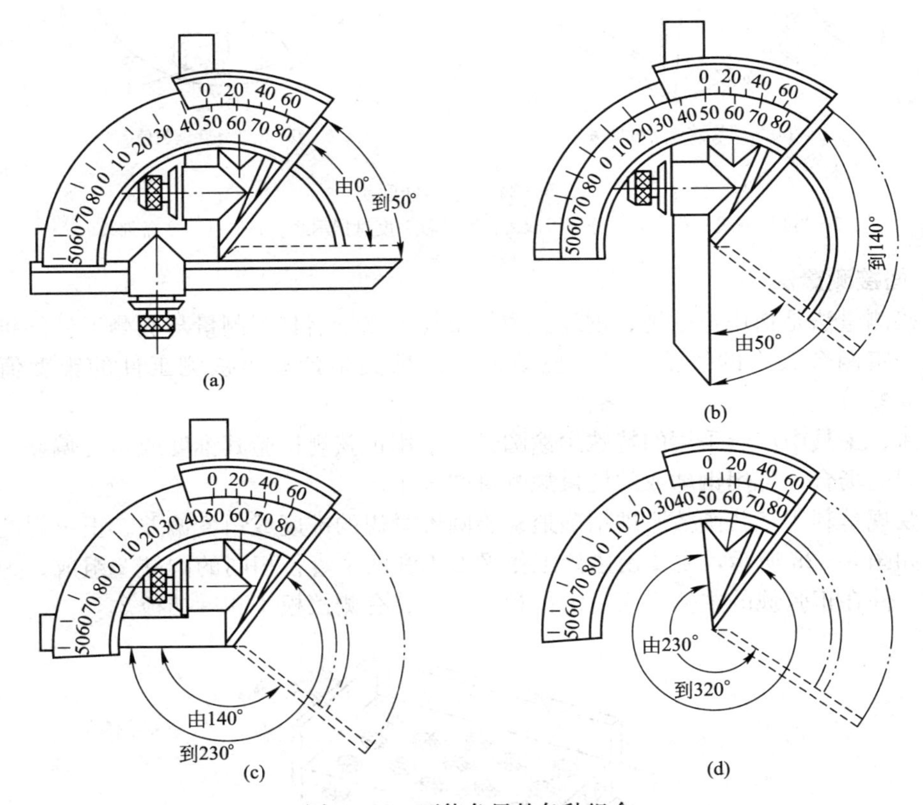


图 5－23　万能角尺的各种组合

(2) 光学分度头

光学分度头适用于精密的角度测量和工件的精密分度工作。一般以工件的旋转中心作为测量基准，测量工件的中心夹角。

光学分度头的结构类似于一般机械分度头，但它具有精密的光学分度装置。分度值有 10″、5″、2″和 1″等几种。

图 5－24（a）为 5″投影式光学分度头，其示值误差不大于 10″。图 5－24（b）为分度头影屏视场，视场方框内出现 90°的“度”刻线（它是光学分度头度盘上刻线在影屏上的像）和“分”分划板双线，下面的小扇形窗为分度值 5″的“秒”度刻线，中间为不动的指标值。使用时，旋转读数手轮，即转动“秒”度盘和移动“分”分划板双线，使视场中“度”刻线像夹到邻近一对“分”分划板双线的正中，读数值为影屏视场方框内的读数和小扇形窗读数之和。图示读数为 90°30′＋3′54″＝90°33′54″。

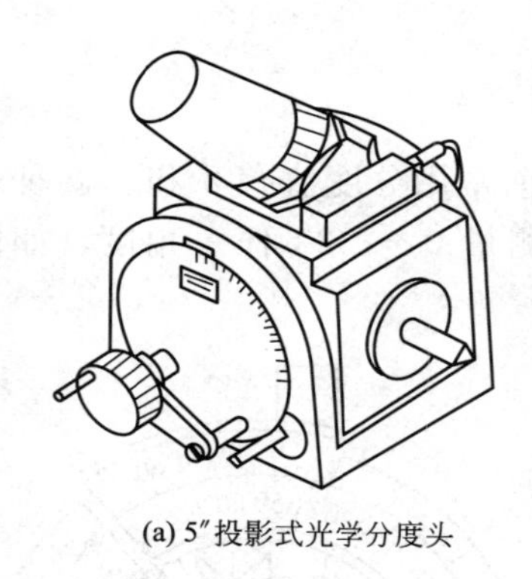

(a) 5″投影式光学分度头

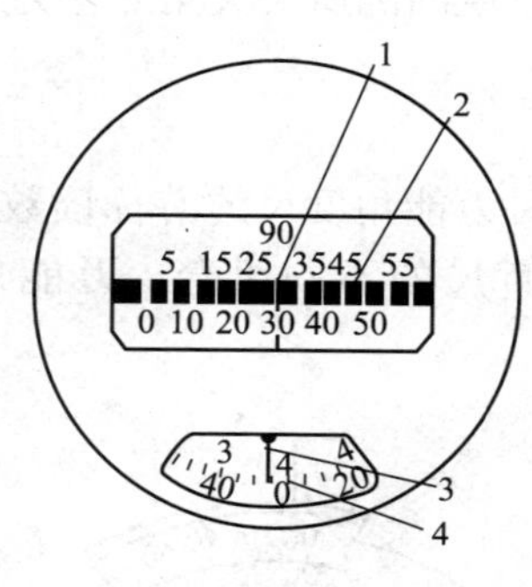


(b) 光学分度读数值

图 5-24 光学分度头

1—“度”刻线；2—“分”分划板双线；3—“秒”度盘指示线；4—“秒”度盘刻线

### 3. 间接测量法

间接测量法是指用正弦规、钢球、圆柱量规等测量器具，测量与被测工件的锥度或角度有一定函数关系的线值尺寸，然后通过函数关系计算出被测工件的锥度值或角度值。

机床、工具中广泛采用的特殊用途圆锥，常用正弦规检验其锥度或角度偏差。在缺少正弦规的场合，可用钢球或圆柱量规测量圆锥角。

正弦规是利用正弦函数原理精确地检验圆锥量规的锥度或角度偏差。正弦规的结构简单，如图 5-25 所示，主要由主体工作平面 1 和两个直径相同的圆柱 2 组成。为了便于被检工件在正弦规的主体平面上定位和定向，装有侧挡板 4 和后挡板 3。

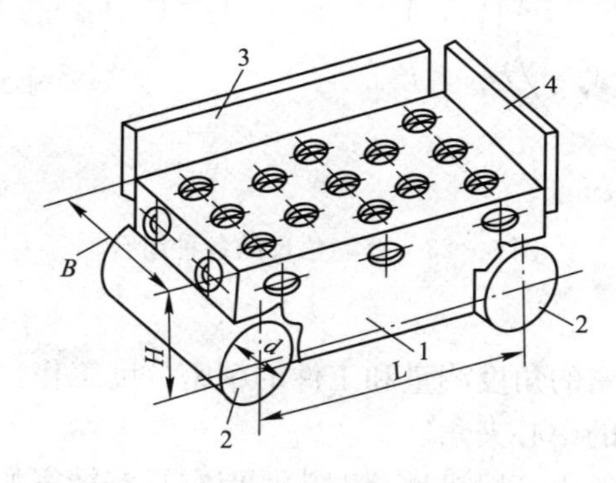


图 5-25 正弦规

根据两圆柱中心间的距离和主体工作平面宽度，制成两种型式：宽型正弦规和窄型正弦规。正弦规的两个圆柱中心距精度很高，如宽型正弦规 $L=100$ mm 的极限偏差为 $\pm 0.003$ mm；窄型正弦规 $L=100$ mm 的极限偏差为 $\pm 0.002$ mm。同时，工作平面的平面度精度及两个圆柱之间的相互位置精度都很高，因此可以用作精密测量。

使用时，将正弦规放在平板上，圆柱之一与平板接触，另一圆柱下垫量块组，则正弦规的工作平面与平板间组成一角度。其关系式为

$$\sin\alpha=\frac{H}{L}$$

式中，$\alpha$ 为正弦规放置的角度；$h$ 为量块组尺寸；$L$ 为正弦规两圆柱的中心距。

用正弦规检验圆锥塞规时，如图 5－26 所示，首先根据被检验的圆锥塞规的基本圆锥角按 $h=L\sin\alpha$ 算出量块组尺寸，然后将量块组放在平板上与正弦规圆柱之一相接触，此时正弦规主体工作平面相对于平板倾斜 $\alpha$ 角。放上圆锥塞规后，用千分表分别测量被检圆锥塞规上 $a$、$b$ 两点，由 $a$、$b$ 两点读数之差 $h$ 对 $a$、$b$ 两点间距离 $l$（可用直尺量得）之比值，即为锥度偏差 $\Delta C$。有

$$\Delta C=\frac{h}{l}$$

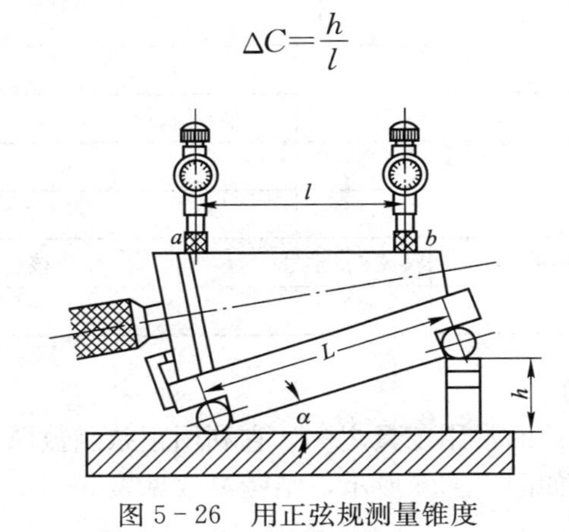


图 5－26 用正弦规测量锥度

锥度偏差乘以弧度对秒的换算系数后，即可求得圆锥角偏差。即

$$\Delta\alpha=2.06\times10^{5}\times\Delta C$$

式中，$\Delta\alpha$ 圆锥角偏差，[$\Delta\alpha$] 为（″）。

正弦规适用于测量圆锥角小于 30°锥度的工件。

## 实训——角度的测量

### 1. 万能角度尺测量角度

万能角度尺又称游标角度规，其结构和类型如图 5－22 和图 5－23 所示，是一种结构简单的通用角度量具。

测量步骤如下。

① 将被测工件擦净平放在工作台或平放在平板上。如果工件较小，可用手把住。

② 根据被测角度的大小，按图 5－23 所示 4 种状态之一组合角度规。

③ 松开角度规的制动头，使角度规的两边与被测角度的两边贴紧，目测无间隙后锁紧制动头，即可读数。

④ 根据被测角度的极限偏差判断被测角度的合格性。

⑤ 填写实训报告，实训报告见表 5－6。

表 5-6 用万能角度尺测量角度

| 被测件名称____ | 测量器具____ |
| --- | --- |
| 测量范围____ | 分度值____ |
| 被测零件草图 | |

| 被测角代号 | 被测角及其公差 | 测得值/（′） | 合格性判断 |
| --- | --- | --- | --- |
| $\alpha_1$ | | | |
| $\alpha_2$ | | | |
| $\alpha_3$ | | | |
| $\alpha_4$ | | | |
| $\alpha_5$ | | | |

| 姓名 | 班级 | 学号 | 审核 | 成绩 |
| --- | --- | --- | --- | --- |
| | | | | |

## 2. 正弦规检测圆锥角

正弦规是间接测量锥角的常用工具之一，它利用正弦函数原理精确地间接测量圆锥量规和角度样板。其结构如图 5-25 所示，结构参数见表 5-7。

表 5-7 结构参数

| 正弦规类型 | L | B | H | d | 正弦规类型 | L | B | H | d |
| --- | --- | --- | --- | --- | --- | --- | --- | --- | --- |
| 宽型 | 100 | 80 | 40 | 20 | 窄型 | 100 | 25 | 30 | 20 |
| | 200 | 100 | 65 | 30 | | 200 | 40 | 55 | 30 |

测量步骤如下。

① 根据被测件的公称锥角组合量块，按图 5-26 安置工件和量具。

② 用千分表在圆锥素线上 $a$、$b$ 两点处测量（按指示表最大示值读数），$a$、$b$ 两点读数差 $\Delta h$ 与 $a$、$b$ 两点间距离 $l$ 之比为锥度误差 $\Delta C$，即 $\Delta C=\Delta h/l$，则锥角误差为 $\Delta\alpha=2.06\times10^5\times\Delta C$。

③ 将工件转过 90°，重复上述测量，以两次测得锥角误差绝对值最大者为工件的锥角误差。

④ 判断被测件合格性并填写实训报告，实训报告见表 5-8。

表 5-8 用正弦规检测锥角

| 被测工件 | 名　称 | | 公称锥角 | 锥角公差 |
| --- | --- | --- | --- | --- |
| | | | | |
| 计量器具 | 正弦规型号 | | 两圆中心距 | |
| | 指示表测量范围 | | 分度值 | |
| | 所用两块等级 | | 量块组合尺寸 | |

续表

| 测量示意图 | | | |
|---|---|---|---|
| 测量位置 | $a$ | $b$ | $a$、$b$ 两点间距离 $l$/mm |
| 第一次读数 | | | |
| 第二次读数 | | | |
| $\Delta C_1$ | | | |
| $\Delta C_2$ | | | |
| $\Delta \alpha_1$ | | | |
| $\Delta \alpha_2$ | | | |
| 合格性判断 | | | |

| 姓名 | 班级 | 学号 | 审核 | 成绩 |
|---|---|---|---|---|
| | | | | |

## 拓展与技能总结

圆锥的公差配合，具有对中性好、加工精度高的特点。其配合形式有两种：结构型配合和位移型配合。结构型配合由基面距 $a$ 保证圆锥间的间隙或过盈；位移型配合由轴向位移量 $E_a$ 保证圆锥间的间隙或过盈。

圆锥公差有 4 项指标，即圆锥直径公差 $T_D$、给定截面圆锥直径公差 $T_{DS}$、圆锥角公差 AT 和圆锥的形状公差 $T_F$。

对圆锥工件的测量方法有比较测量法、直接测量法和间接测量法。批量生产时，多用圆锥量规；单项生产或精密测量时用正弦规或光学分度头测量。

## 思考与训练

### 一、填空题

1. 圆锥分为________和________两种。
2. 对于有配合要求的内、外圆锥，其基本偏差按________制选用。
3. 为了减少刀具、量规的规格和数量，应优先选用________制配合。
4. 角度未注公差分为________、________、________和________ 4 个公差等级。
5. 圆锥配合有________和________两种。
6. 圆锥结合的基本要求是________和________。
7. 为了________，通常将内、外圆锥面成对研磨。

8. 用圆锥塞规检验圆锥时，若着色被均匀地擦去，则说明________________。

## 二、选择题（单选或多选）

1. 圆锥的主要参数有______。

A. 圆锥角　　B. 圆锥直径
C. 圆锥长度　　D. 锥度

2. 圆锥配合与圆柱配合相比，其特点有______。

A. 自动定心好　　B. 拆装不方便
C. 不能调整装配间隙大小　　D. 密封性好
E. 加工方便

3. 圆锥配合有______。

A. 间隙配合　　B. 过盈配合
C. 过渡配合

4. 扩孔钻的锥柄与机床主轴锥孔的配合属于______。

A. 间隙配合　　B. 过盈配合
C. 过渡配合

5. 下列用于圆锥度和角度的检测器具中，属于比较测量法的有______。

A. 正弦规　　B. 万能角度尺
C. 角度量块　　D. 锥度样板

6. 圆锥公差包括______。

A. 圆锥直径公差　　B. 锥角公差
C. 圆锥的形状公差　　D. 截面圆锥直径公差

7. 下列检测器具中，属于间接测量方法的有______。

A. 正弦规　　B. 万能角度尺
C. 角度量块　　D. 锥度量规

8. 下列圆锥度和角度的检测器具中，属于相对测量方法的有______。

A. 正弦规　　B. 万能角度尺
C. 角度量块　　D. 锥度量规
E. 光学分度头

9. 圆锥角公差共分为______个公差等级。

A. 10　　B. 12
C. 16　　D. 18

## 三、判断题

1. 车床主轴的圆锥轴颈与圆锥轴承衬套的配合是过渡配合。（　　）

2. 圆锥配合是通过相互配合的内、外锥所规定的轴向位置来形成间隙或过盈的。（　　）

3. 一般情况下，圆锥公差只给出圆锥直径公差。（　　）

4. 位移型圆锥配合只有基轴制配合。（　　）

5. 圆锥一般以大端直径为公称尺寸。（　　）

6. AT与圆锥长度有关，圆锥长度越长，AT值越大。(　　)

7. 对非配合圆锥，其基本偏差应选用JS或js。(　　)

8. 用正弦规测量圆锥量规属于直接测量法。(　　)

**四、综合题**

1. 某圆锥的锥度为1∶10，最小圆锥直径为90 mm，圆锥长度为100 mm，试求最大圆锥直径和圆锥角。

2. 某外圆锥的圆锥角为10°，最大圆锥直径为30 mm，圆锥长度50 mm，圆锥直径公差带代号为h7。试确定圆锥直径极限偏差并按包容要求标注在图样上。

3. 已知内圆锥锥度为1∶10，圆锥长度为100 mm，最大圆锥直径为30 mm，圆锥直径公差带代号为H8，采用包容要求。确定该圆锥完工后圆锥角在什么范围内才能合格？

4. 已知外圆锥长度$L_e$=100 mm，其最大直径为$\phi 35h8(^{\ 0}_{-0.039})$mm，锥度7∶24，试计算控制的最大圆锥角误差。

5. 某圆锥孔与圆锥轴相配合，锥度$C$=1∶5，圆锥孔大端直径为$\phi$25H8，圆锥轴大端直径为$\phi$25.4h8，设圆锥角无误差。试计算基面距的公称尺寸及其极限偏差。

# 项目六

# 滚动轴承的公差与配合

**教学目标：**

- 掌握滚动轴承的公差等级及应用；
- 熟悉轴承公差及其特点；
- 学会滚动轴承相关公差的选择。

滚动轴承是由专业化的滚动轴承制造厂生产的标准部件，在机器中起着支承作用，可以减小运动副的摩擦、磨损，提高机械效率。

滚动轴承具有保证轴或轴上零件的回转精度，减少回转件与支承间的摩擦和磨损，承受径向载荷、轴向载荷或径向与轴向联合载荷，并对机械零部件相互间位置进行定位的功能。

滚动轴承的公差与配合方面的精度设计是指正确确定滚动轴承内圈与轴颈的配合、外圈与外壳孔的配合，以及轴颈和外壳孔的尺寸公差带、几何公差和表面粗糙度轮廓幅度参数值，以保证滚动轴承的工作性能和使用寿命。

滚动轴承是由专门的轴承厂生产的，为了实现滚动轴承及其配件的互换性，我国发布了 GB/T 307.1—2005《 滚动轴承　向心轴承　公差》、GB/T 307.3—2005《滚动轴承 通用技术规则》和 GB/T 275—1993《滚动轴承与轴和外壳的配合》等国家标准。

## 任务 6.1　滚动轴承的互换性和公差等级

### 1. 滚动轴承的结构及互换性要求

滚动轴承（rolling bearing）一般由内圈、外圈、滚动体（钢球或滚子）和保持架等部分组成，它是机械制造业中应用非常广泛的一种标准部件，如图 6-1 所示。

滚动轴承安装在机器上，其内圈与轴颈配合，外圈与壳体孔配合。它们的配合性质对保证机器正常运转、提高机械效率、延长使用寿命具有极其重要的意义。为了便于在机器上安装轴承和更换新轴承，轴承内圈内孔和外圈外圆柱面应具有完全互换性。此外，基于技术经济上的考虑，对于轴承的装配，轴承某些零件的特定部位可以不具有完全互换性，而仅具有不完全互换性。因此，滚动轴承工作时为保证其工作性能，必须满

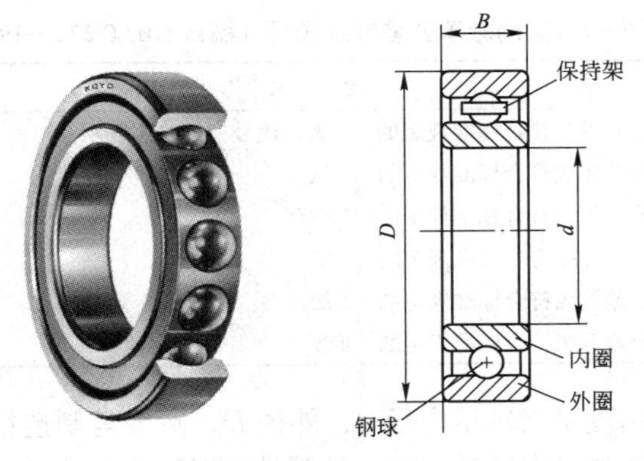


图 6－1　滚动轴承

足下列两项要求。

① 必要的旋转精度。轴承工作时其内、外圈和端面的跳动能引起机件运转不平稳，而导致振动和噪声。

② 合适的游隙。所谓游隙，是指承受纯径向载荷的轴承，非预紧状态时，在不同的角度方向，不承受任何外载荷，一套圈相对另一套圈从一个径向偏心极限位置移动到相反的极限位置的径向距离的算术平均值，如图 6－2 所示。

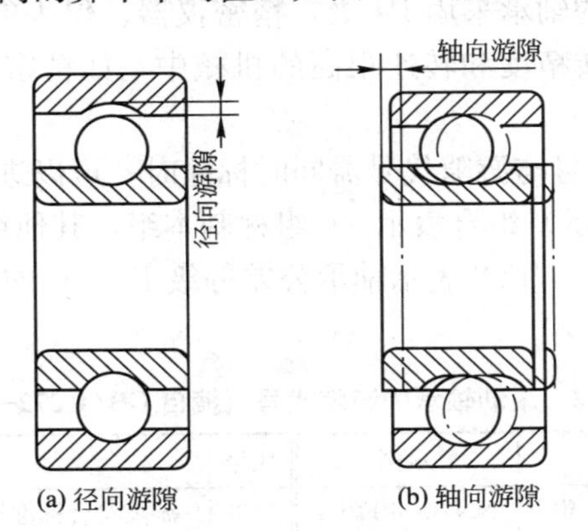


图 6－2　轴承游隙

滚动体与套圈之间要有合适的径向游隙和轴向游隙，滚动轴承径向或轴向游隙过大，会引起轴承较大的振动和噪声，以及转轴的径向或轴向窜动；游隙过小，又会使滚动体与套圈之间产生较大的接触应力，从而引起摩擦发热，使轴承寿命下降。游隙代号分为 6 组，常用基本组代号为 0，且一般不予标注，见表 6－2。

**2. 滚动轴承的公差等级及应用**

1）滚动轴承公差等级

按 GB/T 307.1—2005《滚动轴承　向心轴承　公差》规定，轴承按其公称尺寸精度与旋转精度分为 5 个精度等级，分别用 P0、P6（P6x）、P5、P4、P2 表示，其中 P0 级精度最低，P2 级精度最高，如表 6－1 所示。只有深沟轴承有 P2 级；圆锥滚子轴承有 P6x 级而无 P6 级。

表 6-1 滚动轴承公差等级代号（摘自 GB/T 272—1993）

| 代号 | 含义 | 示例 |
| --- | --- | --- |
| /P0 | 公差等级符合标准规定的 0 级，代号中省略不表示 | 6203 |
| /P6 | 公差等级符合标准规定的 6 级 | 6203/P6 |
| /P6x | 公差等级符合标准规定的 6x 级 | 30210/P6x |
| /P5 | 公差等级符合标准规定的 5 级 | 6203/P5 |
| /P4 | 公差等级符合标准规定的 4 级 | 6203/P4 |
| /P2 | 公差等级符合标准规定的 2 级 | 6203/P2 |

滚动轴承的尺寸精度是指轴承内径 $d$、外径 $D$、宽度等制造精度。滚动轴承的旋转精度是指轴承内、外圈的径向跳动，内、外圈端面对滚道的跳动，内圈基准端面对内孔的跳动等。

P0 级为普通精度级，主要应用于旋转精度要求不高的一般机械中，如普通机床、汽车、拖拉机的变速机构，普通电机、水泵、压缩机的旋转机构等。该级精度在机器制造中应用最广。

除 P0 级外的 P6、P6x、P5、P4 和 P2 级统称为高精度轴承，均应用于旋转精度要求较高或转速较高的旋转机构中，如普通机床的主轴，前轴承多用 P5 级；后轴承多用 P6 级。较精密机床主轴的轴承采用 P4 级，精密仪器、仪表的旋转机构也常用 P4 级轴承。P2 级轴承应用在旋转精度和转速很高的机械中，如精密坐标镗床的主轴、高精度磨床主轴所使用的轴承。

滚动轴承公差等级代号与游隙代号需同时标注时，可以进行简化，取公差等级代号加上游隙组号（0 组不表示）组合表示。0 组称基本组，其他组称辅助组，C1～C5 组的游隙的大小依次由小到大。/P52 表示轴承公差等级 P5，径向游隙 2 组。滚动轴承的游隙代号如表 6-2 所示。

表 6-2 滚动轴承的游隙代号（摘自 GB/T 272—1993）

| 代号 | 含义 | 示例 | 代号 | 含义 | 示例 |
| --- | --- | --- | --- | --- | --- |
| /C1 | 游隙符合标准规定的 1 组 | NN 3006 K/C1 | /C3 | 游隙符合标准规定的 3 组 | 6210/C3 |
| /C2 | 游隙符合标准规定的 2 组 | 6210/C2 | /C4 | 游隙符合标准规定的 4 组 | NN 3006 K/C4 |
| — | 游隙符合标准规定的 0 组 | 6210 | /C5 | 游隙符合标准规定的 5 组 | NNU 4920 K/C5 |

注：滚动轴承径向游隙值见 GB/T 4604—2006。

2）各公差等级的滚动轴承的应用

各公差等级的滚动轴承的应用范围参见表 6-3 所示。

表 6-3 各公差等级的滚动轴承的应用范围

| 轴承公差等级 | 应用示例 |
| --- | --- |
| 0 级（普通级） | 广泛用于旋转精度和运转平稳性要求不高的一般旋转机构中，如普通机床的变速机构、进给机构，汽车、拖拉机的变速机构，普通减速器、水泵及农业机械等通用机械的旋转机构 |
| 6 级、6x 级（中级）<br>5 级（较高级） | 多用于旋转精度和运转平稳性要求较高或转速较高的旋转机构中，如普通机床主轴轴系（前支承采用 5 级，后支承采用 6 级）和比较精密的仪器、仪表、机械的旋转机构 |

续表

| 轴承公差等级 | 应用示例 |
|---|---|
| 4 级（高级） | 多用于转速很高或旋转精度要求很高的机床和机器的旋转机构中，如高精度磨床和车床、精密螺纹车床和齿轮磨床等的主轴轴系 |
| 2 级（精密级） | 多用于精密机械的旋转机构中，如精密坐标镗床、高精度齿轮磨床和数控机床等的主轴轴系 |

# 任务 6.2　熟悉滚动轴承的公差带及其特点

**1. 滚动轴承尺寸公差带**

滚动轴承的尺寸公差，主要是指成套轴承的内径和外径的公差。由于滚动轴承的内圈和外圈都是薄壁零件，在制造、保管和自由状态下容易变形，但当轴承内圈与轴颈、外圈与壳体孔装配后，这种微量变形也容易得到矫正。因此，国家标准对轴承内径和外径尺寸公差作了两种规定：一是规定了内、外径尺寸的最大值和最小值所允许的极限偏差（即单一内、外径偏差），其主要目的是控制轴承的变形程度；二是规定了内、外径实际量得尺寸的最大值和最小值的平均值极限偏差（即单一内、外径偏差 $\Delta d_{mp}$ 和 $\Delta D_{mp}$，其数值见 GB/T 307.1—2005)，目的是保证轴承配合精度。

对于高精度的 P4、P2 级轴承，上述两个公差项目都作了规定，而对其他一般公差等级的轴承，只要套圈任一横截面内测得的最大直径与最小直径平均值对公称直径的偏差（即单一平面平均内、外径偏差 $\Delta d_{mp}$ 和 $\Delta D_{mp}$）在内、外径公差带内，就认为合格。

除此之外，对所有公差等级的轴承都规定了控制圆度的公差（即单一径向平面内的内、外径变动量）和控制圆柱度的公差（即平均内、外径变动量）。

**2. 滚动轴承内、外径及相配轴颈、外壳孔的公差带特点**

滚动轴承是标准部件，为了便于互换，轴承内圈与轴颈配合采用基孔制，外圈与壳体孔配合采用基轴制。GB/T 307.1—2005 规定：内圈基准孔公差带位于以公称内径 $d$ 为零线的下方，且上偏差为零，即轴承内、外径尺寸公差的特点是采用单向制，所有公差等级的公差都单向配置在零线下侧，即上极限偏差为零，下极限偏差为负值，如图 6-3 所示。

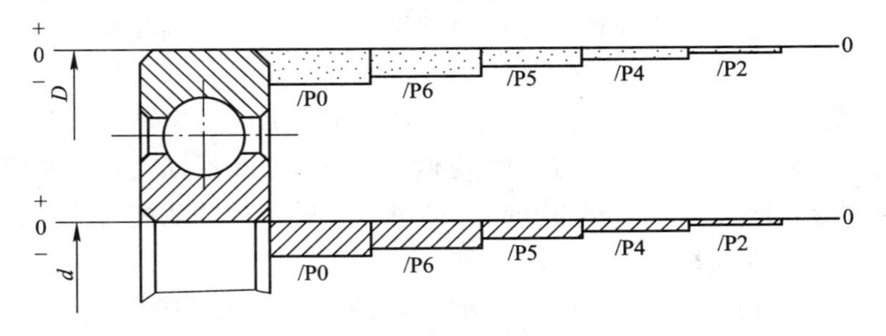


图 6-3　不同公差等级轴承内、外径公差带

这种特殊的基准孔公差带不同于 GB/T 1800.1—2009《产品几何技术规范（GPS）极限与配合》中基本偏差代号为 H 的基准孔公差带。而轴承内孔虽然也是基准孔，但其所有公差等级的公差带都在零线之下。因此，轴承内圈与轴配合，比国家标准中基孔制同名配合要紧得多，配合性质向过盈增加的方向转化。因此，当轴承内圈与基本偏差代号为 k 、m 、n 等的轴颈配合时就形成了具有小过盈的配合，而不是过渡配合。采用这种小过盈的配合是为了防止内圈与轴颈的配合面相对滑动而使配合面产生磨损，影响轴承的工作性能；而过盈较大则会使薄壁的内圈产生较大的变形，影响轴承内部的游隙的大小。

所有公差等级的公差带都偏置在零线之下，这主要是考虑轴承配合的特殊需要。因为在多数情况下，轴承内圈是随轴颈一起转动，两者之间的配合必须有一定的过盈。但由于内圈是薄壁零件，且使用一定时间之后，轴承往往要拆换，因此过盈量的数值又不宜过大。假如轴承内孔的公差带与一般基准孔的公差带一样，单向偏置在零线上侧，并采用标准 GB/T 1800.1—2009 中推荐的常用（或优先）的过盈配合时，所取得过盈量往往太大。若用过渡配合，可能出现轴孔结合不可靠；采用非标准的配合，不仅给设计带来麻烦，而且还不符合标准化和互换性的原则。为此，轴承标准将内径的公差带偏置在零线下侧，再与标准 GB/T 1800.1—2009 推荐的常用（或优先）过渡配合中某些轴的公差带结合时，完全能满足轴承内孔与轴的配合性能要求。

轴承外圈安装在机器外壳孔中，轴承外径与外壳孔配合采用基轴制。机器工作时，温度升高会使轴热膨胀。若外圈不旋转，则应使外圈与外壳孔的配合稍微松一点，以便能够补偿轴热膨胀产生的微量伸长，允许轴连同轴承一起轴向移动；否则轴会弯曲，轴承内、外圈之间的滚动体就有可能卡死。

GB/T 307.1—2005 规定：轴承外圈外圆柱面公差带位于以公称外径 $D$ 为零线的下方，且上偏差为零（见图 6-3）。轴承外径的公差带与 GB/T 1800.1—2009 基轴制的基准轴的公差带虽然都在零线下侧，都是上偏差为零，下偏差为负值，但是两者的公差数值是不同的。因此，轴承外圈与外壳孔配合与 GB/T 1800.1—2009 圆柱基轴制同名配合相比，配合性质也是不完全相同的。

**3. 与滚动轴承配合的轴颈和外壳孔的常用公差带**

由于滚动轴承内圈内径和外圈外径的公差带在生产轴承时已经确定，因此在使用轴承时，它与轴颈和外壳孔的配合面间所要求的配合性质必须分别由轴颈和外壳孔的公差带确定。为了实现各种松紧程度的配合性质要求，GB/T 275—1993 规定了 0 级和 6 级轴承与轴颈和外壳孔配合时轴颈和外壳孔的常用公差带。该国标对轴颈规定了 17 种公差带，如图 6-4 所示，对外壳孔规定了 16 种公差带，如图 6-5 所示。

由图 6-4 所示的公差带可以看出，轴承内圈与轴颈的配合与 GB/T 1800.1—2009 中基孔制同名配合相比较，前者的配合性质偏紧。h5 、h6 、h7 、h8 轴颈与轴承内圈的配合为过渡配合，k5 、k6 、m5 、m6 、n6 轴颈与轴承内圈的配合为过盈较小的过盈配合，其余配合也有所偏紧。

由图 6-5 所示的公差带可以看出，轴承外圈与外壳孔的配合与 GB/T 1800.1—2009 中基轴制同名配合相比较，两者的配合性质基本一致。

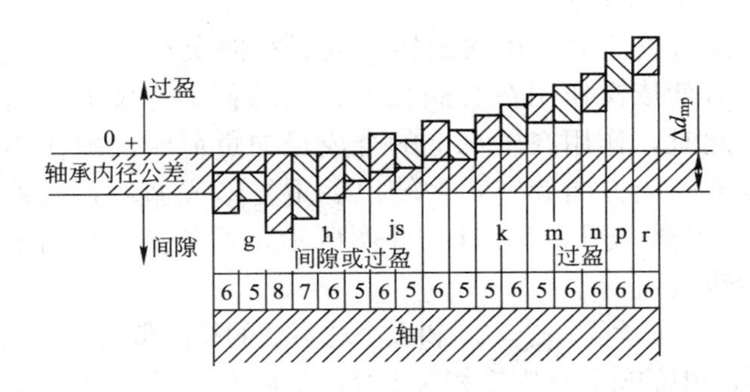


图 6-4 与滚动轴承配合的轴颈公差带

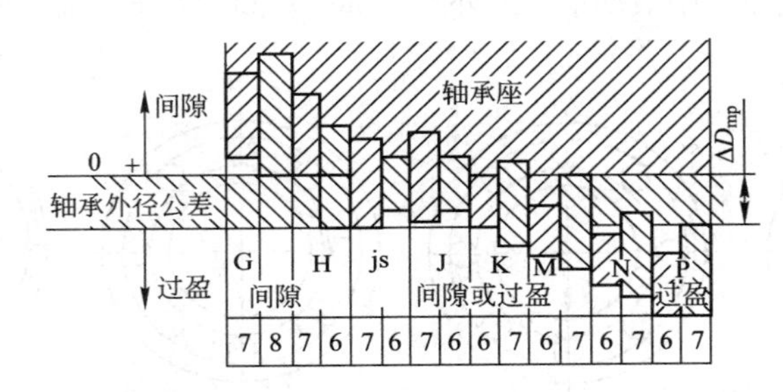


图 6-5 与滚动轴承配合的外壳孔公差带

# 任务 6.3 掌握滚动轴承配合、精度的选择

由于滚动轴承内孔和外圆柱面的公差带在生产轴承时已经确定。滚动轴承的配合、精度是指成套轴承的内孔与轴颈、外径与外壳孔的尺寸配合、精度确定。合理的选择其配合和精度等级，对于充分发挥轴承的技术性能，保证机器正常运转、提高机械效率、延长使用寿命都有极其重要的意义。

**1. 配合的选择**

轴承配合的选择与负荷的种类、轴承的类型和尺寸大小、轴和轴承座孔的公差等级、材料强度、轴承游隙、轴承承受工作负荷的状况、工作环境及拆卸的要求等，对轴承的配合都有直接的影响。

**2. 选择滚动轴承与轴颈、外壳孔配合时应考虑的主要因素**

轴承与轴颈、外壳孔的配合的选择就是确定轴颈和外壳孔的公差带，选择时应考虑以下几个主要因素。

1）轴承套圈相对于负荷方向的运转状态

作用在轴承上的径向负荷，可以是定向负荷（如带轮的拉力或齿轮的作用力）或旋转负荷（如机件的转动离心力），或者是两者的合成负荷。它的作用方向与轴承套圈（内圈或外圈）存在着以下三种关系。

（1）套圈相对于负荷方向旋转

当套圈相对于径向负荷的作用线旋转，或者径向负荷的作用线相对于轴承套圈旋转时，该径向负荷就依次作用在套圈整个滚道的各个部位上，这表示该套圈相对于负荷方向旋转。此时，作用在轴承上的合成径向负荷顺次地作用在套圈滚道的整个圆周上，且沿滚道圆周方向旋转，一转以后重复形成循环，这种负荷称为循环负荷，如图 6－6（a）内圈、图 6－6（b）外圈所示。循环负荷的特点是：负荷与套圈相对转动，又称旋转负荷。

如图 6－6 所示，轴承承受一个方向和大小均不变的径向负荷 $F_r$，图 6－6（a）中的旋转内圈和图 6－6（b）中的旋转外圈都相对于径向负荷 $F_r$ 方向旋转，前者的运转状态称为旋转的内圈负荷，后者的运转状态称为旋转的外圈负荷。如减速器转轴两端的滚动轴承的内圈，汽车、拖拉机车轮轮毂中滚动轴承的外圈，都是套圈相对于负荷方向旋转的实例。

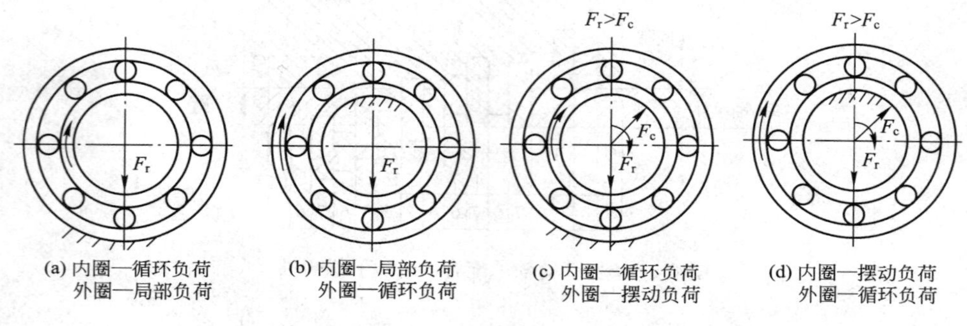


图 6－6　轴承套圈相对负荷方向的运转状态

（2）套圈相对于负荷方向固定

当套圈相对于径向负荷的作用线不旋转，或者径向负荷的作用线相对于轴承套圈不旋转时，该径向负荷始终作用在套圈滚道的某一局部区域上，这表示该套圈相对于负荷方向固定。此时，作用在轴承上的合成径向负荷，始终作用在套圈滚道的局部区域内，这种负荷称为局部负荷。如图 6－6（a）外圈、图 6－6（b）内圈所示。局部负荷的特点是：负荷与套圈相对方向不变，又称固定负荷。

如图 6－6 的所示，轴承承受一个方向和大小均不变的径向负荷 $F_r$，图 6－6（a）中的不旋转外圈和图 6－6（b）中的不旋转内圈都相对于径向负荷 $F_r$ 方向固定，前者的运转状态称为固定的外圈负荷，后者的运转状态称为固定的内圈负荷。如减速器转轴两端的滚动轴承的外圈，汽车、拖拉机车轮轮毂中滚动轴承的内圈，都是套圈相对于负荷方向固定的实例。

为了保证套圈滚道的磨损均匀，相对于负荷方向旋转的套圈与轴颈或外壳孔的配合应保证它们能固定成一体，以避免它们产生相对滑动，从而实现套圈滚道均匀磨损。相对于负荷方向固定的套圈与轴颈或外壳孔的配合应稍松些，以便在摩擦力矩的带动下，它们可以作非常缓慢的相对滑动，从而避免套圈滚道局部磨损。这样选择配合就能提高轴承的使用寿命。

（3）轴承套圈相对于负荷方向摆动

在轴承套圈上同时作用一个方向与大小不变的合成径向负荷 $F_r$ 与一个数值较小的旋

转径向负荷所组成的合力 $F_c$，其合成结果为一个变化径向负荷，其大小将由小逐渐增大，再由大逐渐减小，周而复始地周期性变化，这样的径向负荷称为摆动负荷。如图 6-6（c）外圈、图 6-6（d）内圈所示。$F_r$ 是不变的径向负荷，$F_c$ 是旋转的径向负荷，$F_r>F_c$。它们的合成负荷 $F$ 仅在小于 180°的角度内所对应的一段滚道内摆动。按一定规律变化的径向负荷依次往复地作用在套圈滚道的一段区域上时，这表示该套圈相对于负荷方向摆动。

如图 6-7 所示，当 $F_r>F_c$ 时，按照向量合成的平行四边形法则，$F_r$ 与 $F_c$ 的合成负荷 $F$ 就在滚道 $AB$ 区域内摆动。因此，不旋转的套圈就在相对于负荷 $F$ 的方向摆动，而旋转的套圈就在相对于负荷 $F$ 的方向旋转。前者的运转状态称为摆动的套圈负荷。如果 $F_r<F_c$，则 $F_r$ 与 $F_c$ 的合成负荷 $F$ 沿整个滚动负荷作用区域变动，因此不旋转的套圈就相对于合成负荷的方向旋转，而旋转的套圈则相对于合成负荷的方向摆动。后者的运转状态称为摆动的套圈负荷。

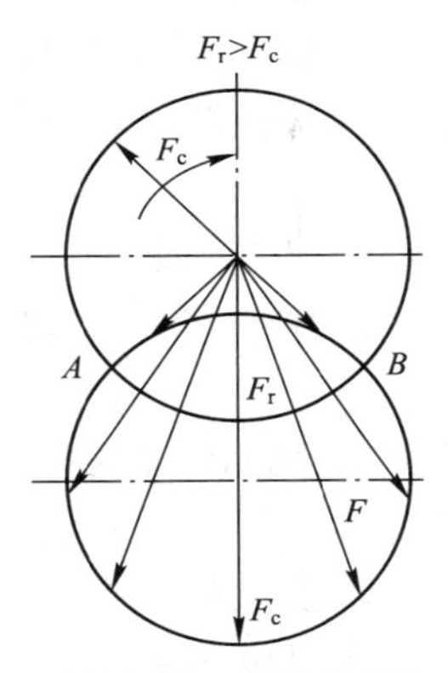


图 6-7 摆动负荷

当套圈相对负荷方向旋转时，该套圈与轴颈或外壳孔的配合应较紧，一般选用具有小过盈的配合或较紧的过渡配合。过盈量的大小，以其转动时与轴或壳体孔间不产生爬行现象为原则。

当套圈相对于负荷方向固定时，该套圈与轴颈或外壳孔的配合应稍松些，一般选用具有平均间隙较小的过渡配合或具有极小间隙的间隙配合，以便使套圈滚道间的摩擦力矩带动套圈偶尔转位、受力均匀、延长使用寿命。

当套圈相对于负荷方向摆动时，该套圈与轴颈或外壳孔的配合的松紧程度一般与套圈相对负荷方向旋转时选用的配合相同或稍松一些。

对于承受冲击负荷或重负荷的轴承配合，应比在轻负荷和正常负荷下的配合要紧，负荷越大，其配合过盈量越大。

当以不可分离型轴承作游动支承时，则应以相对于负荷方向为固定的套圈作为游动套圈，选择间隙或过渡配合。

2）负荷的大小

轴承与轴颈、外壳孔的配合的松紧程度跟负荷的大小有关。对向心轴承，GB/T 275—1993 规定按径向当量动负荷 $P_r$ 与径向额定动负荷 $C_r$ 的比值将负荷状态分为轻负荷、正常负荷、规定重负荷三种，如表 6-4 所示。

表 6-4 动载荷种类与大小（摘自 GB/T 275—1993）

| 负荷状态 | 轻负荷 | 正常负荷 | 重负荷 |
|---|---|---|---|
| $P_r/C_r$ | ≤0.07 | >0.07～0.15 | >0.15 |

其中，$P_r$和 $C_r$ 的数值分别由计算公式求出和轴承产品样本查出。

轴承在重负荷作用下，套圈容易产生变形，将会使该套圈与轴颈或外壳孔配合的实际过盈减小而引起松动，影响轴承的工作性能。因此，承受轻负荷、正常负荷、重负荷的轴承与轴颈或外壳孔的配合应依次越来越紧。

3）径向游隙

GB/T 4604.1—2012《滚动轴承　游隙　第 1 部分：向心轴承的径向游隙》规定，轴承的径向游隙共分五组：2、N、3 、4、5 组，游隙大小依次增大。其中，N 组为基本游隙组。游隙过小，若轴承与轴颈、外壳孔的配合为过盈配合，则会使轴承中滚动体与套圈产生较大的接触应力，并增加轴承工作时的摩擦发热，降低轴承寿命。游隙过大，就会使转轴产生较大的径向跳动和轴向跳动，以致使轴承工作时产生较大的振动和噪声。因此，游隙的大小应适度。

具有 N 组游隙的轴承，在常温状态的一般条件下工作时，它与轴颈、外壳孔配合的过盈应适中。游隙比 N 组游隙大的轴承，配合的过盈应增大。游隙比 N 组游隙小的轴承，配合的过盈应减小。

合理的轴承游隙的选择，应在原始游隙的基础上，考虑因配合、内外圈温度差及负荷等因素所引起的游隙变化，使工作游隙接近最佳状态。对于在一般情况下工作的向心轴承（非调整式轴承），应优先选用基本组（N 组）游隙。当对游隙有特殊要求时，可选用辅助组游隙，其数值可参见 GB/T 4604.1—2012。

4）轴承的工作条件

轴承工作时，由于摩擦发热和其他热源的影响，套圈的温度会高于相配合件的温度。内圈的热膨胀会引起它与轴颈的配合变松，而外圈的热膨胀则会引起它与外壳孔的配合变紧。因此，轴承工作温度高于 100 ℃时，应对所选择的配合作适当的修正。

当轴承的旋转速度较高，同时又在冲击振动负荷下工作时，轴承与轴颈、外壳孔的配合最好都选用具有小过盈的配合或较紧的配合。

剖分式外壳和整体外壳上的轴承孔与轴承外圈的配合的松紧程度应有所不同，前者的配合应稍松些，以避免箱盖和箱座装配时夹扁轴承外圈。

### 3. 精度的选择

与滚动轴承配合的轴颈和外壳孔的精度包括它们的尺寸公差带、几何公差和表面粗糙度轮廓幅度参数值。

1）轴颈和外壳孔的公差带的确定

所选择轴颈和外壳孔的标准公差等级应与轴承公差等级协调。与 0 级、6 级轴承配合的轴颈一般为 IT6，外壳孔一般为 IT7 。对旋转精度和运转平稳性有较高要求的工作条件，轴颈应为 IT5，外壳孔应为 IT7。轴承游隙为 N 组游隙，轴为实心或厚壁空心钢制轴，外壳（箱体）为铸钢件或铸铁件，轴承的工作温度不超过 100 ℃ 时，在确定轴颈和外壳孔的公差带时，可根据表 6-5、表 6-6 、表 6-7 和表 6-8 进行选择。

**表 6-5 向心轴承与轴的配合时轴公差带代号（摘自 GB/T 275—1993）**

| 运转状态 | | 负荷状态 | 深沟球轴承、调心球轴承和角接触球轴承 | 圆柱滚子轴承和圆锥滚子轴承 | 调心滚子轴承 | 公差带 |
|---|---|---|---|---|---|---|
| 圆柱孔轴承 | | | | | | |
| 说明 | 举例 | | 轴承公称内径，mm | | | |
| 旋转的内圈负荷及摆动负荷 | 一般通用机械、电动机、机床主轴、泵、内燃机、正齿轮传动装置、铁路机车车辆轴箱、破碎机等 | 轻负荷 | ≤18<br>>18～100<br>>100～200<br>— | —<br>≤40<br>>40～140<br>>140～200 | —<br>≤40<br>>40～100<br>>100～200 | h5<br>j6①<br>k6①<br>m6① |
| | | 正常负荷 | ≤18<br>>18～100<br>>100～140<br>>140～200<br>>200～280<br>—<br>— | —<br>≤40<br>>40～100<br>>100～140<br>>140～200<br>>200～400<br>— | —<br>≤40<br>>40～65<br>>65～100<br>>100～140<br>>140～280<br>>280～500 | j5 js5<br>k5②<br>m5②<br>m6<br>n6<br>p6<br>r6 |
| | | 重负荷 | | >50～140<br>>140～200<br>>200<br>— | >50～100<br>>100～140<br>>140～200<br>>200 | n6<br>p6②<br>r6<br>r7 |
| 固定的内圈负荷 | 静止轴上的各种轮子，张紧轮、绳轮、振动筛、惯性振动器 | 所有负荷 | 所有尺寸 | | | f6<br>g6①<br>h6<br>j6 |
| 仅有轴向负荷 | | 所有尺寸 | | | | j6、js6 |
| 圆锥孔轴承 | | | | | | |
| 所有负荷 | 铁路机车车辆轴箱 | 装在退卸套上的所有尺寸 | | | | h8（IT6）⑥、④ |
| | 一般机械传动 | 装在紧定套上的所有尺寸 | | | | h9（IT7）⑤、④ |

注：① 凡对精度有较高要求的场合，应用 j5、k5…代替 j6、k6…。
② 圆锥滚子轴承、角接触球轴承配合对游隙影响不大，可用 k6、m6 代替 k5、m5。
③ 重负荷下轴承游隙应大于 0 组。
④ 凡有较高精度或转速要求的场合，应选用 h7（IT6）代替 h8（IT6）等。
⑤ IT6、IT7 表示圆柱度公差数值。

**表 6-6 向心轴承和外壳孔的配合时孔公差带代号（摘自 GB/T 275—1993）**

| 运转状态 | | 负荷状态 | 其他状况 | 公差带① | |
|---|---|---|---|---|---|
| 说明 | 举例 | | | 球轴承 | 滚子轴承 |
| 固定的外圈负荷 | 一般机械、铁路机车车辆轴箱、电动机、泵、曲轴主轴承 | 轻、正常重 | 轴向易移动，可采用剖分式外壳 | H7、G7② | |
| | | 冲击 | 轴向能移动，可采用整体或剖分式外壳 | J7、Js7 | |
| 摆动负荷 | | 轻、正常 | | | |
| | | 正常、重 | 轴向不移动，采用整体式外壳 | K7 | |
| | | 冲击 | | M7 | |
| 旋转的外圈负荷 | 张紧滑轮、轮毂轴承 | 轻 | | J7 | K7 |
| | | 正常 | | K7、M7 | M7、N7 |
| | | 重 | | — | N7、P7 |

注：① 并列公差带随尺寸的增大从左至右选择，对旋转精度有较高要求时，可相应提高一个公差等级。
② 不适用于剖分式外壳。

表6-7 推力轴承和轴的配合时轴公差带代号（摘自GB/T 275—1993）

| 运转状态 | 负荷状态 | 推力球和推力滚子轴承 | 推力调心滚子轴承[2] | 公差带 |
|---|---|---|---|---|
| | | 轴承公称内径，mm | | |
| 仅有轴向负荷 | | 所有尺寸 | | j6、js6 |
| 固定的轴圈负荷 | 径向和轴向联合负荷 | —<br>— | ≤250<br>>250 | j6<br>js6 |
| 旋转的轴圈负荷或摆动负荷 | 径向和轴向联合负荷 | —<br>—<br>— | ≤200<br>>200～400<br>>400 | h6[1]<br>m6<br>n6 |

注：① 要求较小过盈时，可分别用j6、k6、m6代替k6、m6、n6。
② 也包括推力圆锥滚子轴承、推力角接触球轴承。

表6-8 推力轴承和外壳孔的配合时孔公差带代号（摘自GB/T 275—1993）

| 运转状态 | 负荷状态 | 轴承类型 | 公差带 | 备注 |
|---|---|---|---|---|
| 仅有轴向负荷 | | 推力球轴承 | H8 | |
| 仅有轴向负荷 | | 推力圆柱、圆锥滚子轴承 | H7 | |
| 仅有轴向负荷 | | 推力调心滚子轴承 | | 外壳孔与座圈间间隙为0.001$D$（$D$为轴承公称外径） |
| 固定的座圈负荷 | 轻向和轴向联合负荷 | 推力角接触球轴承、推力调心滚子轴承、推力圆锥滚子轴承 | H7 | |
| 旋转的座圈负荷或摆动负荷 | 轻向和轴向联合负荷 | 推力角接触球轴承、推力调心滚子轴承、推力圆锥滚子轴承 | K7 | 普通使用条件 |
| 旋转的座圈负荷或摆动负荷 | 轻向和轴向联合负荷 | 推力角接触球轴承、推力调心滚子轴承、推力圆锥滚子轴承 | M7 | 有较大径向负荷时 |

2）轴颈和外壳孔的几何公差与表面粗糙度轮廓幅度参数值的确定

（1）配合面及端面的几何公差

轴颈和外壳孔的尺寸公差带确定以后，为了保证轴承的工作性能，还应对它们分别确定几何公差和表面粗糙度轮廓幅度参数值。为了保证轴承与轴颈、外壳孔的配合性质，轴颈和外壳孔应分别采用包容要求和最大实体要求的零几何公差。对于轴颈，在采用包容要求Ⓔ的同时，为了保证同一根轴上两个轴颈的同轴度精度，还应规定这两个轴颈的轴线分别对它们的公共轴线的同轴度公差。

对于外壳上支承同一根轴的两个轴承孔，应按关联要素采用最大实体要求Ⓜ的零几何公差 $\phi 0$ Ⓜ来规定这两个孔的轴线对它们的公共轴线的同轴度公差，以同时保证指定的配合性质和同轴度精度。

此外，如果轴颈或外壳孔存在较大的形状误差，则轴承与它们安装后，套圈会产生变形而不圆，因此必须对轴颈和外壳孔规定严格的圆柱度公差。

轴的轴颈肩部和外壳上轴承孔的端面是安装滚动轴承的轴向定位面，若它们存在较大的垂直度误差，则滚动轴承与它们安装后，轴承套圈会产生歪斜，因此应规定轴颈肩部和外壳孔端面对基准轴线的端面圆跳动公差。

轴颈和壳体孔表面的圆柱度公差、轴肩及壳体孔的轴向跳动，按表6-9的规定进行选择，标注方法参照图6-8。

**表 6-9　滚动轴承配合面的几何公差**

| 公称尺寸/mm | | 圆柱度 $t$ | | | | 轴向跳动度 $t_1$ | | | |
|---|---|---|---|---|---|---|---|---|---|
| | | 轴颈 | | 壳体孔 | | 轴颈 | | 壳体孔 | |
| | | 轴承公差等级 | | | | | | | |
| | | P0 | P6（P6x） | P0 | P6（P6x） | P0 | P6（P6x） | P0 | P6（P6x） |
| 大于 | 到 | 公差值/μm | | | | | | | |
| | 6 | 2.5 | 1.5 | 4.0 | 2.5 | 5.0 | 3 | 8 | 5 |
| 6 | 10 | 2.5 | 1.5 | 4.0 | 2.5 | 6.0 | 4 | 10 | 6 |
| 10 | 18 | 3.0 | 2.0 | 5.0 | 3.0 | 8.0 | 5 | 12 | 8 |
| 18 | 30 | 4.0 | 2.5 | 6.0 | 4.0 | 10.0 | 6 | 15 | 10 |
| 30 | 50 | 4.0 | 2.5 | 7.0 | 4.0 | 12.0 | 8 | 20 | 12 |
| 50 | 80 | 5.0 | 3.0 | 8.0 | 5.0 | 15.0 | 10 | 25 | 15 |
| 80 | 120 | 6.0 | 4.0 | 10.0 | 6.0 | 15 | 10 | 25 | 15 |
| 120 | 180 | 8.0 | 5.0 | 12.0 | 8.0 | 20 | 12 | 30 | 20 |
| 180 | 250 | 10.0 | 7.0 | 14.0 | 10.0 | 20 | 12 | 30 | 20 |
| 250 | 315 | 12.0 | 8.0 | 16.0 | 12.0 | 25 | 15 | 40 | 25 |
| 315 | 400 | 13.0 | 9.0 | 18.0 | 13.0 | 25 | 15 | 40 | 25 |
| 400 | 500 | 15.0 | 10.0 | 20.0 | 15.0 | 25 | 15 | 40 | 25 |

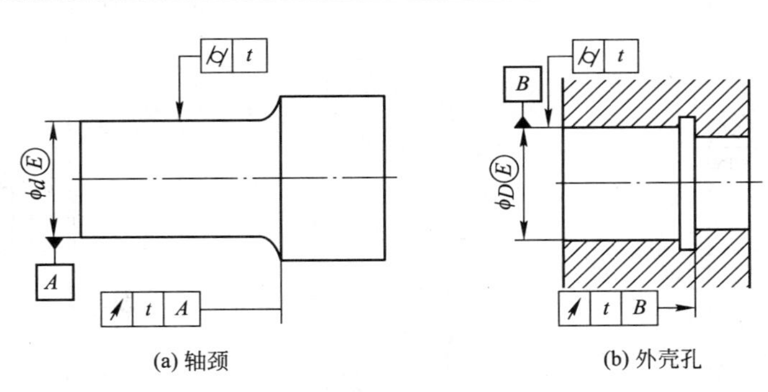

(a) 轴颈　(b) 外壳孔

图 6-8　轴颈和外壳孔公差标注

（2）表面粗糙度轮廓幅度参数值确定

配合表面的表面粗糙度轮廓幅度参数值应与公差等级的相适应，协调一致，参见表 6-10。

**表 6-10　配合表面的表面粗糙度幅度参数值（摘自 GB/T 275—1993）**　μm

| 轴或轴承座直径/mm | | 轴或外壳配合表面直径公差等级 | | | | | | | | |
|---|---|---|---|---|---|---|---|---|---|---|
| | | IT7 | | | IT6 | | | IT5 | | |
| | | 表面粗糙度 | | | | | | | | |
| 超过 | 到 | $R_z$ | $R_z$ | | $R_z$ | $R_z$ | | $R_z$ | $R_z$ | |
| | | | 磨 | 车 | | 磨 | 车 | | 磨 | 车 |
| | 80 | 10 | 1.6 | 3.2 | 6.3 | 0.8 | 1.6 | 4 | 0.4 | 0.8 |
| 80 | 500 | 16 | 1.6 | 3.2 | 10 | 1.6 | 3.2 | 6.3 | 0.8 | 1.6 |
| 端面 | | 25 | 3.2 | 6.3 | 25 | 3.2 | 6.3 | 10 | 1.6 | 3.2 |

#### 4. 轴颈和外壳孔精度设计举例

**【例 6-1】** 已知减速器的功率为 6 kW，从动轴转速为 85 r/min，其两端的轴承为 6212 深沟球轴承（$d$=60 mm，$D$=110 mm），轴上安装齿轮，模数 $m$=3 mm，齿数 $Z$=80。试确定轴颈外壳孔的公差带、几何公差值和表面结构参数值，并标注在图样上（由机械设计已算得 $F$=0.02 $C$）。

**解** ① 减速器属于一般机械，转速 85 r/min 不高，故选择 P0 级轴承，0 级精度，代号中可以省略不标注。

② 齿轮传动时，轴承内圈与轴一起旋转，承受负荷，应选择较紧的配合；外圈相对于负荷方向静止，它与外壳孔的配合应选择较松的配合。由于 $F$=0.01 $C$，小于 0.07 $C$，故轴承属于轻负荷。查表 6-4、表 6-5，选轴颈公差带为 j6，外壳孔公差带为 H7。

③ 查表 6-9，轴颈圆柱度公差为 0.005 mm，轴肩轴向圆跳动公差为 0.015 mm，外壳孔的圆柱度公差为 0.01 mm。

④ 查表 6-10 中表面结构数值，磨削轴取 Ra≤0.8 μm；轴肩端面取 Ra≤3.2 μm。精车外壳孔取 Ra≤3.2 μm。

⑤ 标注如图 6-9 所示。因滚动轴承是标准件，装配图上只需要标注出轴和外壳孔的公差带代号。

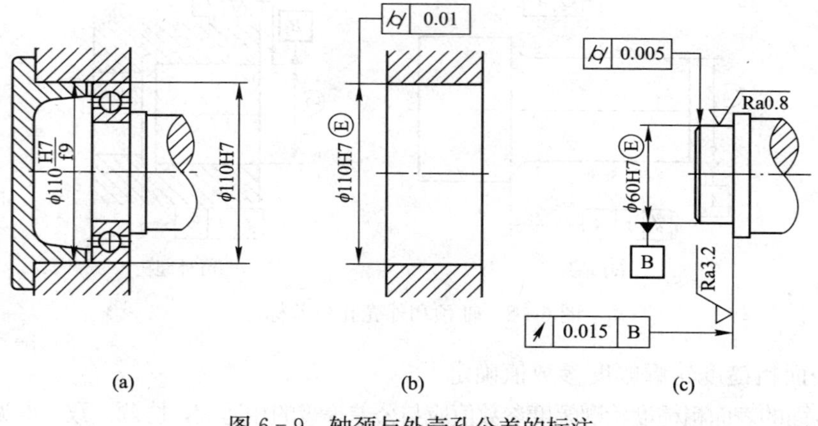


图 6-9 轴颈与外壳孔公差的标注

**【例 6-2】** 图 6-10 所示为一级圆柱齿轮减速器，齿轮轴 2 为输入轴，轴 4 为输出轴，传递功率为 5 kW，高速轴转速为 572 r/min，传动比为 3.95。试选用主要件的公差与配合。

**解** 减速器属于一般机械，其中需要选择配合的主要件为轴和轴承。较多的采用孔为 IT7 级，轴为 IT6 级。滚动轴承精度等级大多选用 P0 级，对高速减速器轴承可用 P6 级。

① 带轮（图中未画出）与轴 2 上的 $\phi30$ 轴端的配合，按要求同轴度较高且可拆卸，

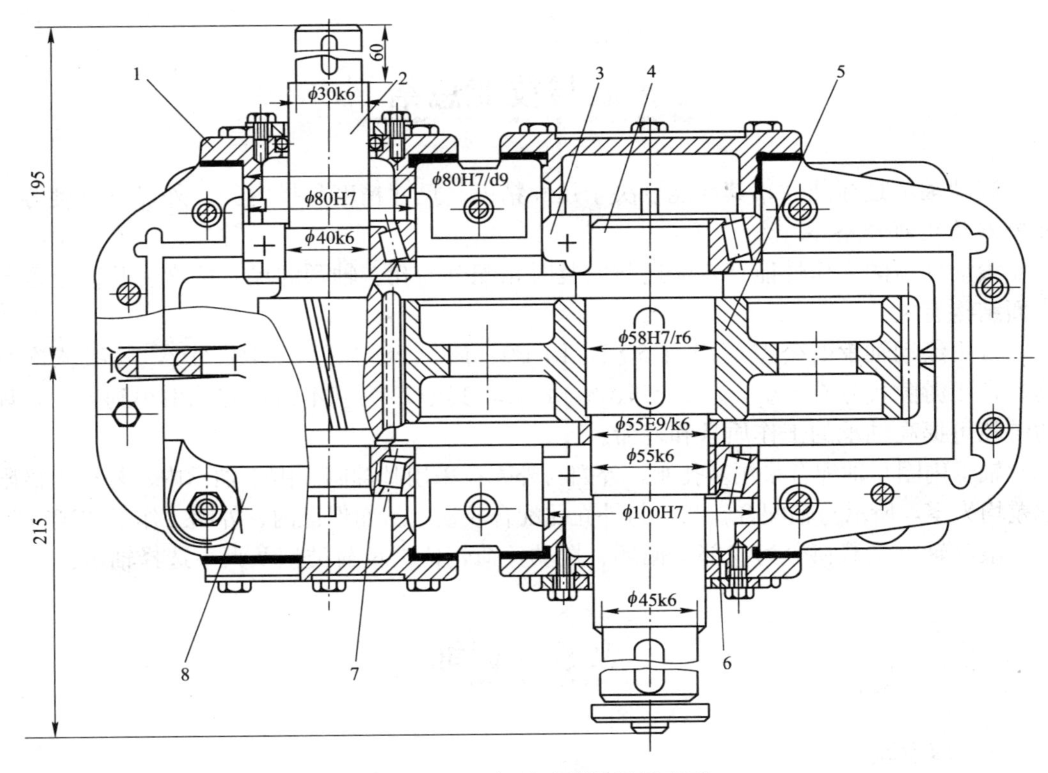


图 6-10　一级减速器装配示意图

故选用过渡配合 ϕ30H7/k6。

② 两处滚动轴承 7 外圈与机座 8 上 ϕ80 孔的配合，按规定为基轴制，外圈承受局部负荷，壳体孔选 ϕ80H7Ⓔ。

③ 两处滚动轴承 7 内圈与输入轴 2 上 ϕ40 轴颈的配合，按规定为基孔制，内圈承受循环负荷，壳体孔选 ϕ84k6Ⓔ。

④ 端盖 1 与机座 8 上 ϕ80 孔的配合，由于端盖只起轴向定位作用，径向配合要求不高，允许间隙较大，因壳体孔与滚动轴承 7 外圈配合已选定为 ϕ80H7Ⓔ，所以端盖选用 ϕ80d9，即配合为 ϕ80H7/d9。

⑤ 两处滚动轴承 3 外圈与机座 8 的配合，工作条件与②相似，为基轴制，壳体孔选 ϕ100H7Ⓔ。

⑥ 两处滚动轴承 3 与轴 4 的配合，工作条件与③相似，为基孔制，壳体孔选 ϕ55k6Ⓔ。

⑦ 大齿轮 15 的 ϕ58 内孔与轴 4 的配合，要求齿轮在轴上精确定心，且要传递一定转矩，由于机座和机盖是剖分式的，齿轮与轴一般不拆卸，故选用过盈配合 ϕ58H7/r6。

⑧ 轴套 6 与轴 4 间的配合，工作条件与④相似，轴已选用 ϕ55k6，为便于拆装和避免装配时划伤轴颈，按经验可取最小间隙为 0.03～0.05，可选 ϕ55E9/k6。

## 拓展与技能总结

滚动轴承是标准件，其性能取决于尺寸精度。尺寸精度是指内径、外径、宽度等尺寸公差及几何公差。

滚动轴承的工作性能及寿命还与安装时相配合的孔、轴颈的尺寸精度、几何公差及表面结构有关。

常用滚动轴承的公差等级有5级，即P0、P6（P6x）、P5、P4、P2，等级依次增高。常用游隙代号有5组，即2、N、3、4、5，其中N为基本组，游隙由小到大。合理的游隙可提高轴承的工作质量和寿命。

轴承内圈与轴配合采用基孔制；外圈与外壳孔采用基轴制。由于轴承内、外径上极限偏差均为零，所示与轴配合较紧，与外壳孔配合较松，从而保证内、外圈工作不“爬行”。

滚动轴承受载荷分为局部、循环、摆动负荷，依据负荷类型及大小选择轴承。

## 思考与训练

**一、填空题**

1. P0级向心滚动轴承，广泛应用于____________的进给箱、变速箱等部件中。
2. 滚动轴承的配合是指成套轴承的______与轴和______与外壳孔的尺寸配合。
3. 轴承的旋转速度越高，应选用________的配合。
4. 轴承负荷较重时，应选择________的配合。
5. 对于某些经常拆卸、更换的滚动轴承，应采用________配合。
6. 滚动轴承内圈与轴的配合，采用____________；滚动轴承外圈与孔的配合，采用__________。
7. 为了保证轴承的工作性能，对与轴承配合的轴、孔规定了公差，同时对轴承规定了相应的________和________公差。
8. 根据轴承工作时相对于合成负荷的方向，滚动轴承受的负荷分为______、______、______。
9. 工作温度较高时，内圈应采用较______的配合。

**二、选择题（单选或多选）**

1. 轴承内径g5、g6、h5、h6的配合属于______。

   A. 间隙配合　　B. 过渡配合

   C. 过盈配合

2. 滚动轴承的负荷类型有______。

   A. 局部负荷　　B. 循环负荷

   C. 摆动负荷　　D. 冲击负荷

3. 减速器输入轴的轴承内圈承受的是______。

A. 局部负荷　　B. 循环负荷

C. 摆动负荷　　D. 冲击负荷

4. 汽车后轮与轴之间的滚动轴承，外圈承受______负荷，内圈承受______负荷。

A. 循环　局部　　B. 摆动　局部

C. 局部　摆动　　D. 局部　循环

5. 滚动轴承外圈与基本偏差为 $H$ 的外壳孔形成______配合。

A. 间隙　　B. 过渡

C. 过盈

6. 普通机床主轴前轴承多用______级，后轴承多用______级。

A. P4　P5　　B. P5　P6

C. P2　P6　　D. P6　P5

7. 承受循环载荷的套圈与轴或外壳孔的配合，一般应采用______配合。

A. 小间隙　　B. 小过渡

C. 较紧的过渡　　D. 较松的过渡

8. 我国机械制造业中，目前应用最广的滚动轴承是______。

A. /P2 级　　B. /P4 级

C. /P5 级　　D. /P6 级

E. /P0 级

9. 当承受冲击负荷或超重负荷时，一般应选择比正常、轻负荷时______的配合。

A. 更松　　B. 更紧

C. 一样

**三、判断题**

1. 轴承的制造精度由低到高分为 P0、P6（P6x）、P5、P4、P2 5 个精度。（　）

2. 精密坐标镗床的主轴应采用 P5 级滚动轴承。（　）

3. 滚动轴承的内孔作为基准孔，其直径公差带布置在零线的上方。（　）

4. 滚动轴承内圈采用基轴制，外圈采用基孔制。（　）

5. 多数情况下，轴承内圈随轴一起转动，要求配合必须有一定的过盈。（　）

6. 滚动轴承内圈与基本偏差为 $g$ 的轴形成间隙配合。（　）

7. 相对于负荷方向固定的套圈，应选择间隙配合。（　）

8. 在装配图上标注时，轴承与外壳孔及轴的配合应在配合处标出其分式的配合代号。（　）

**四、综合题**

1. 某机床主轴箱内装有两个 P0 级深沟球轴承（6208），外圈与齿轮一起旋转，内圈固定在轴上不转，其装配结构及轴承内、外圈尺寸如图 6－11 所示。外圈承受的是循环负荷，内圈承受的是局部负荷，且 $F_r < 0.07C_r$，试决定孔、轴的公差，几何公差及表面结构。

2. 某机床主轴上安装 6308/P6 深沟球轴承，内径为 $d=40$ mm，外径 $D=90$ mm，

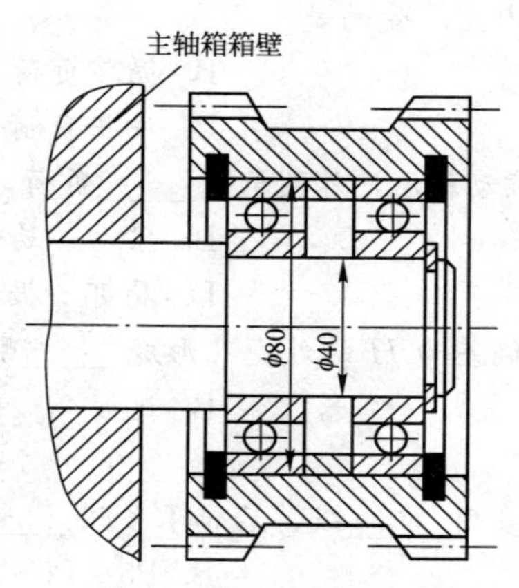


图 6-11 某机床主轴箱

该轴承承受着一个 4 000 N 的定向径向负荷，轴承的额定负荷为 31 400 N，内圈随轴一起转动，外圈静止。试确定轴颈与外壳孔的极限偏差、几何公差值和表面结构参数值，并把所选公差按照图 6-9 示例标注在图样上。

# 项目七

# 键与花键的公差配合及测量

**教学目标：**

- 掌握平键联接的特点及结构参数；
- 学会正确选择平键联接；
- 掌握矩形花键联接并正确选择花键联接。

## 任务 7.1 了解单键联接公差及配合（GB/T 1095、1096—2003）

键联接在机械工程中应用广泛，通常用于轴与轴上传动件（如齿轮、带轮、联轴器等）间的可拆卸联接，用于传递扭矩，也可作导向用，如变速箱中的齿轮可以沿轴移动以达到变速的目的。

键的类型可分为单键和花键。单键包括平键、半圆键、楔键和切向键，其中以平键和半圆键应用最多，如图 7－1 所示。

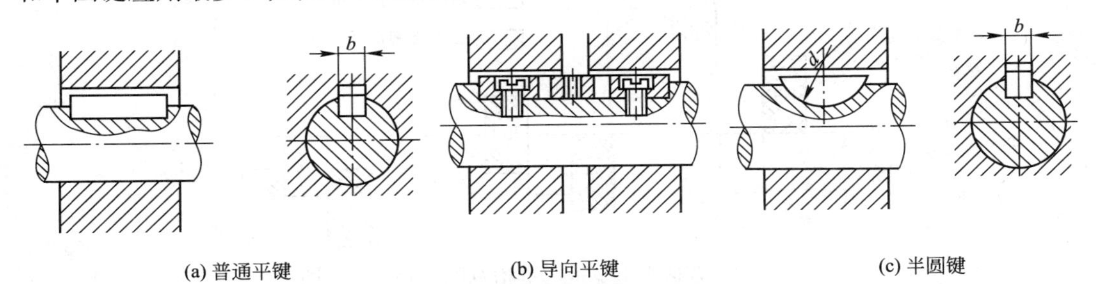


(a) 普通平键　　(b) 导向平键　　(c) 半圆键

图 7－1　平键和半圆键联接

平键和半圆键联接是由键、键槽和轮毂 3 部分组成，其结构参数如图 7－2 所示。工作过程中是通过键的侧面和键槽的侧面相互接触来传递转矩，因此它们的宽度尺寸 $b$ 是主要配合尺寸。平键、半圆键的剖面尺寸及键槽形式在国家标准 GB/T 1095～1099—2003 中都作了规定。

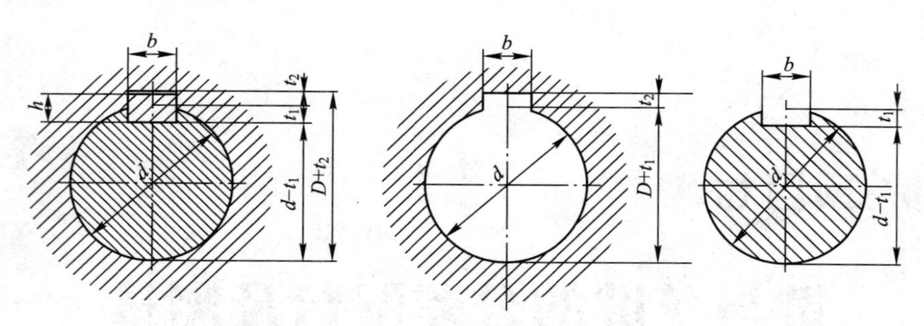


图 7-2 平键和键槽的剖面尺寸

### 1. 普通平键（Square and Rectangular Keys）的公差与配合

平键的公差与配合在标准（GB/T 1095—2003 和 GB/T 1096—2003）中已明确规定。由于键是标准件，所以键与键槽宽 $b$ 的配合采用基轴制，其尺寸大小是根据轴的直径进行选取的。按照配合的松紧不同，平键联接的配合分为松联接、正常联接和紧密联接。各类联接的配合性质和适用场合如表 7-1 所示，其公差带关系见图 7-3。

**表 7-1 平键联接的配合种类及应用**

| 配合种类 | 宽度 $b$ 的公差 | | | 配合性质及应用 |
|---|---|---|---|---|
| | 键 | 轴槽 | 轮毂槽 | |
| 松联接 | h8 | H9 | D10 | 键在轴槽中及轮毂中均能滑动。主要用于导向平键，轮毂可在轴上作轴向移动 |
| 正常联接 | | N9 | JS9 | 键在轴槽中及轮毂中均固定。用于载荷不大的场合 |
| 紧密联接 | | P9 | P9 | 键在轴槽中及轮毂中均固定，比上一种配合紧。主要用于载荷较大、载荷具有冲击，以及双向传递转矩的场合 |

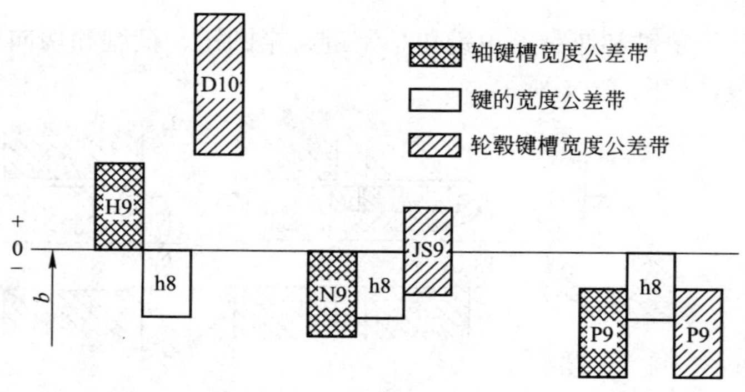


图 7-3 普通平键宽度与键槽宽度公差带示意图

平键联接中，平键及键槽公差值如表 7-2 和表 7-3 所示。其他非配合尺寸中，键长和轴槽长的公差分别采用 h14 和 H14。

为了便于装配，轴槽及轮毂槽的宽度 $b$ 对轴及轮毂轴心线的对称度，一般按 GB/T 1184—1996 表 B4 中对称度公差 7～9 级选取。

**表 7-2　普通平键键槽尺寸与公差（摘自 GB/T 1095—2003）**　　单位：mm

| 键尺寸 $b\times h$ | 键槽 | | | | | | | | | | | |
|---|---|---|---|---|---|---|---|---|---|---|---|---|
| | 宽度 $b$ | | | | | | 深度 | | | | 半径 $r$ | |
| | 公称尺寸 | 极限偏差 | | | | | 轴 $t_1$ | | 毂 $t_2$ | | | |
| | | 正常联接 | | 紧密联接 | 松联接 | | 基本尺寸 | 极限偏差 | 基本尺寸 | 极限偏差 | | |
| | | 轴 N9 | 毂 JS9 | 轴和毂 P9 | 轴 H9 | 毂 D10 | | | | | min | max |
| 2×2 | 2 | −0.004<br>−0.029 | ±0.012 5 | −0.006<br>−0.031 | +0.025<br>0 | +0.060<br>+0.020 | 1.2 | +0.1<br>0 | 1.0 | +0.1<br>0 | 0.08 | 0.16 |
| 3×3 | 3 | | | | | | 1.8 | | 1.4 | | | |
| 4×4 | 4 | 0<br>−0.030 | ±0.015 | −0.012<br>−0.042 | +0.030<br>0 | +0.078<br>+0.030 | 2.5 | | 1.8 | | | |
| 5×5 | 5 | | | | | | 3.0 | | 2.3 | | 0.16 | 0.25 |
| 6×6 | 6 | | | | | | 3.5 | | 2.8 | | | |
| 8×7 | 8 | 0<br>−0.036 | ±0.018 | −0.015<br>−0.051 | +0.036<br>0 | +0.098<br>+0.040 | 4.0 | +0.2<br>0 | 3.3 | +0.2<br>0 | | |
| 10×8 | 10 | | | | | | 5.0 | | 3.3 | | 0.25 | 0.40 |
| 12×8 | 12 | 0<br>−0.043 | ±0.021 5 | −0.018<br>−0.061 | +0.043<br>0 | +0.120<br>+0.050 | 5.0 | | 3.3 | | | |
| 14×9 | 14 | | | | | | 5.5 | | 3.8 | | | |
| 16×10 | 16 | | | | | | 6.0 | | 4.3 | | | |
| 18×11 | 18 | | | | | | 7.0 | | 4.4 | | | |
| 20×12 | 20 | 0<br>−0.052 | ±0.026 | −0.022<br>−0.074 | +0.052<br>0 | +0.149<br>+0.065 | 7.5 | | 4.9 | | 0.40 | 0.60 |
| 22×14 | 22 | | | | | | 9.0 | | 5.4 | | | |
| 25×14 | 25 | | | | | | 9.0 | | 5.4 | | | |
| 28×16 | 28 | | | | | | 10.0 | | 6.4 | | | |
| 32×18 | 32 | 0<br>−0.062 | ±0.031 | −0.026<br>−0.088 | +0.062<br>0 | +0.180<br>+0.080 | 11.0 | | 7.4 | | | |
| 36×20 | 36 | | | | | | 12.0 | +0.3<br>0 | 8.4 | +0.3<br>0 | 0.70 | 1.00 |
| 40×22 | 40 | | | | | | 13.0 | | 9.4 | | | |
| 45×25 | 45 | | | | | | 15.0 | | 10.4 | | | |
| 50×28 | 50 | | | | | | 17.0 | | 11.4 | | | |
| 56×32 | 56 | 0<br>−0.074 | ±0.037 | −0.032<br>−0.106 | +0.074<br>0 | +0.220<br>+0.100 | 20.0 | | 12.4 | | 1.20 | 1.60 |
| 63×32 | 63 | | | | | | 20.0 | | 12.4 | | | |
| 70×36 | 70 | | | | | | 22.0 | | 14.4 | | | |
| 80×40 | 80 | | | | | | 25.0 | | 15.4 | | 2.00 | 2.50 |
| 90×45 | 90 | 0<br>−0.087 | ±0.043 5 | −0.037<br>−0.124 | +0.087<br>0 | +0.260<br>+0.120 | 28.0 | | 17.4 | | | |
| 100×50 | 100 | | | | | | 31.0 | | 19.5 | | | |

表 7-3　普通平键尺寸与公差（部分）（摘自 GB/T 1096—2003）　单位：mm

| | | | 2 | 3 | 4 | 5 | 6 | 8 | 10 | 12 | 14 | 16 | 18 | 20 | 22 |
|---|---|---|---|---|---|---|---|---|---|---|---|---|---|---|---|
| 宽度 $b$ | 公称尺寸 | | 2 | 3 | 4 | 5 | 6 | 8 | 10 | 12 | 14 | 16 | 18 | 20 | 22 |
| 宽度 $b$ | 极限偏差 (h8) | | 0<br>−0.014 | | 0<br>−0.018 | | | 0<br>−0.022 | | 0<br>−0.027 | | | | 0<br>−0.033 | |
| 高度 $h$ | 公称尺寸 | | 2 | 3 | 4 | 5 | 6 | 7 | 8 | 8 | 9 | 10 | 11 | 12 | 14 |
| 高度 $h$ | 极限偏差 | 矩形 (h11) | — | | — | | | 0<br>−0.090 | | | | | | 0<br>−0.110 | |
| 高度 $h$ | 极限偏差 | 方形 (h8) | 0<br>−0.014 | | 0<br>−0.018 | | | — | | | | | | — | |
| 倒角或倒圆 $s$ | | | 0.16～0.25 | | | 0.25～0.40 | | | 0.40～0.60 | | | | | 0.60～0.80 | |
| 长度 $L$ | | | | | | | | | | | | | | | |
| 公称尺寸 | 极限偏差 (h14) | | | | | | | | | | | | | | |
| 6 | 0<br>−0.36 | | | | — | — | — | — | — | — | — | — | — | — | — |
| 8 | 0<br>−0.36 | | | | | — | — | — | — | — | — | — | — | — | — |
| 10 | 0<br>−0.36 | | | | | | — | — | — | — | — | — | — | — | — |
| 12 | 0<br>−0.43 | | | | | | — | — | — | — | — | — | — | — | — |
| 14 | 0<br>−0.43 | | | | | | | — | — | — | — | — | — | — | — |
| 16 | 0<br>−0.43 | | | | | | | — | — | — | — | — | — | — | — |
| 18 | 0<br>−0.43 | | | | | | | | — | — | — | — | — | — | — |
| 20 | 0<br>−0.52 | | | | | | | | — | — | — | — | — | — | — |
| 22 | 0<br>−0.52 | | — | | | 标准 | | | | — | — | — | — | — | — |
| 25 | 0<br>−0.52 | | — | | | | | | | — | — | — | — | — | — |
| 28 | 0<br>−0.52 | | — | | | | | | | | — | — | — | — | — |
| 32 | 0<br>−0.62 | | — | | | | | | | | — | — | — | — | — |
| 36 | 0<br>−0.62 | | — | | | | | | | | | — | — | — | — |
| 40 | 0<br>−0.62 | | — | — | | | | | | | | — | — | — | — |
| 45 | 0<br>−0.62 | | — | — | | | | | 长度 | | | | — | — | — |
| 50 | 0<br>−0.62 | | — | — | — | | | | | | | | | — | — |
| 56 | 0<br>−0.74 | | — | — | — | | | | | | | | | | — |
| 63 | 0<br>−0.74 | | — | — | — | — | | | | | | | | | |
| 70 | 0<br>−0.74 | | — | — | — | — | | | | | | | | | |
| 80 | 0<br>−0.74 | | — | — | — | — | — | | | | | | | | |
| 90 | 0<br>−0.87 | | — | — | — | — | — | | | | | 范围 | | | |
| 100 | 0<br>−0.87 | | — | — | — | — | — | — | | | | | | | |
| 110 | 0<br>−0.87 | | — | — | — | — | — | — | | | | | | | |
| 125 | 0<br>−1.00 | | — | — | — | — | — | — | — | | | | | | |
| 140 | 0<br>−1.00 | | — | — | — | — | — | — | — | | | | | | |
| 160 | 0<br>−1.00 | | — | — | — | — | — | — | — | — | | | | | |
| 180 | 0<br>−1.00 | | — | — | — | — | — | — | — | — | — | | | | |
| 200 | 0<br>−1.15 | | — | — | — | — | — | — | — | — | — | — | | | |
| 220 | 0<br>−1.15 | | — | — | — | — | — | — | — | — | — | — | — | | |
| 250 | 0<br>−1.15 | | — | — | — | — | — | — | — | — | — | — | — | — | |

当键长大于 500 mm 时，其长度应按 GB/T 321 的 R20 系列选取，为减少由于直线度而引起的问题，键长应小于 10 倍的键宽。

表面结构对键联接配合性质的稳定性和使用寿命有很大影响。推荐键槽、轮毂槽的键槽宽度 $b$ 两侧面的表面结构参数 Ra 值为 1.6～3.2 μm，轴槽底面、轮毂槽底面的表面结构参数 Ra 值推荐为 6.3 μm，轴和轮毂尺寸及公差标注见图 7-4。

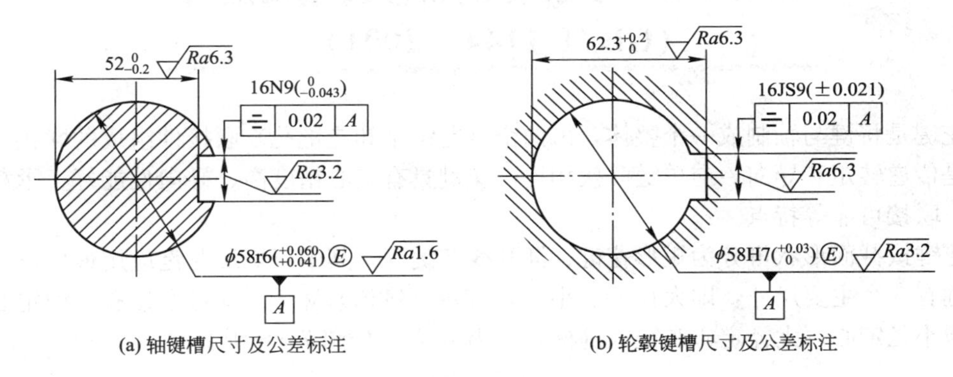


图 7-4　键槽尺寸和公差标注

键的标记为：国标号　键　型号（$b\times h\times L$）。例如宽度 $b=16$ mm、高度 $h=10$ mm、长度 $L=100$ mm 的 B 型普通平键标记为：GB/T 1096 键 B 16×10×100。若为 A 型键，“A”可以省略。

**2. 键（槽）的检验**

键和键槽的尺寸检验比较简单，可以用各种通用计量器具测量，如游标卡尺、千分尺等。大批量生产时也可以用专用的极限量规来检验，如图 7-5 所示。

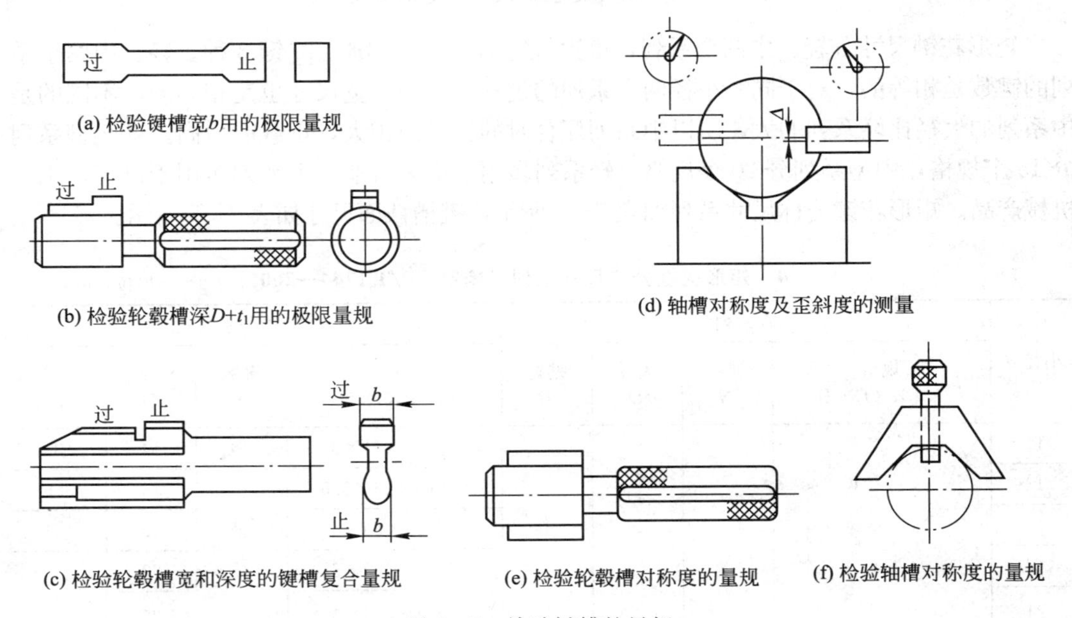


图 7-5　检验键槽的量规

关于导向平键（Square and Rectangular Keys）和半圆键（Woodruff Keys-Normal Form）的相关问题依据 GB/T 1097—2003、GB/T 1098—2003 和 GB/T 1099—2003 执行，此处不再赘述。

# 任务 7.2 了解花键联接公差及配合（GB/T 1144—2001）

花键是将键与轴制成一个整体，由两个（花键轴和花键孔）联接件组成的联接，其作用是传递转矩和导向。与单键联接相比，花键具有定心精度高、导向性能好、承载能力强、联接可靠等特点。

花键按截面形状可分为矩形花键、渐开线花键等，其中以矩形花键应用最广泛。矩形花键有 3 个主要尺寸，即大径 $D$、小径 $d$ 和键（键槽）宽 $B$。花键联接有 3 种定心方式，即小径定心、大径定心和键（键槽）宽 $B$ 定心，如图 7-6 所示。

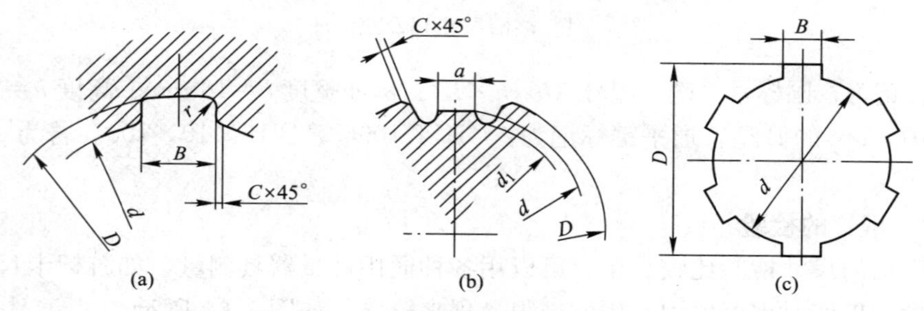


图 7-6 矩形花键的公称尺寸、键槽截面形状

矩形花键尺寸分轻、中两个系列，键数规定为 6 键、8 键、10 键 3 种。轻、中两个系列的键数是相等的，对于同一小径两个系列的键（或键槽）宽尺寸也是相等的，不同的是中系列的大径比轻系列的大，所以中系列配合时的接触面积大，承载能力高。其轻型系列分 15 个规格，中型系列分 20 个规格。轻系列多用于机床行业，中系列多用于汽车、工程机械产品。矩形花键公称尺寸系列如表 7-4 所示，键槽截面尺寸如表 7-5 所示。

表 7-4 矩形花键公称尺寸系列（摘自 GB/T 1144—2001） 单位：mm

<table>
<tr><th rowspan="2">小径 $d$</th><th colspan="4">轻系列</th><th colspan="4">中系列</th></tr>
<tr><th>规格<br>$N\times d\times D\times B$</th><th>键数<br>$N$</th><th>大径<br>$D$</th><th>键宽<br>$B$</th><th>规格<br>$N\times d\times D\times B$</th><th>键数<br>$N$</th><th>大径<br>$D$</th><th>键宽<br>$B$</th></tr>
<tr><td>11</td><td rowspan="5">—</td><td rowspan="5">—</td><td rowspan="5">—</td><td rowspan="5">—</td><td>6×11×14×3</td><td rowspan="5">6</td><td>14</td><td>3</td></tr>
<tr><td>13</td><td>6×13×16×3.5</td><td>16</td><td>3.5</td></tr>
<tr><td>16</td><td>6×16×20×4</td><td>20</td><td>4</td></tr>
<tr><td>18</td><td>6×18×22×5</td><td>22</td><td rowspan="2">5</td></tr>
<tr><td>21</td><td>6×21×25×5</td><td>25</td></tr>
</table>

续表

| 小径 $d$ | 轻系列 | | | | 中系列 | | | |
|---|---|---|---|---|---|---|---|---|
| | 规格 $N \times d \times D \times B$ | 键数 $N$ | 大径 $D$ | 键宽 $B$ | 规格 $N \times d \times D \times B$ | 键数 $N$ | 大径 $D$ | 键宽 $B$ |
| 23 | 6×23×26×6 | | 26 | 6 | 6×23×28×6 | | 28 | 6 |
| 26 | 6×26×30×6 | 6 | 30 | | 6×26×32×6 | 6 | 32 | |
| 28 | 6×28×32×7 | | 32 | 7 | 6×28×34×7 | | 34 | 7 |
| 32 | 6×32×36×6 | | 36 | 6 | 8×32×38×6 | | 38 | 6 |
| 36 | 8×36×40×7 | | 40 | 7 | 8×36×42×7 | | 42 | 7 |
| 42 | 8×42×46×8 | | 46 | 8 | 8×42×48×8 | | 48 | 8 |
| 46 | 8×46×50×9 | | 50 | 9 | 8×46×54×9 | 8 | 54 | 9 |
| 52 | 8×52×58×10 | 8 | 58 | 10 | 8×52×60×10 | | 60 | 10 |
| 56 | 8×56×62×10 | | 62 | | 8×56×65×10 | | 65 | |
| 62 | 8×62×68×12 | | 68 | | 8×62×72×12 | | 72 | |
| 72 | 10×72×78×12 | | 78 | 12 | 10×72×82×12 | | 82 | 12 |
| 82 | 10×82×88×12 | | 88 | | 10×82×92×12 | | 92 | |
| 92 | 10×92×98×14 | 10 | 98 | 14 | 10×92×102×14 | 10 | 102 | 14 |
| 102 | 10×102×108×16 | | 108 | 16 | 10×102×112×16 | | 112 | 16 |
| 112 | 10×102×120×18 | | 120 | 18 | 10×112×125×18 | | 125 | 18 |

表 7-5 键槽截面尺寸（摘自 GB/T 1144—2001） 单位：mm

| 轻系列 | | | | | 中系列 | | | | |
|---|---|---|---|---|---|---|---|---|---|
| 规格 $N \times d \times D \times B$ | $C$ | $r$ | $d_{1min}$ | $a_{min}$ | 规格 $N \times d \times D \times B$ | $C$ | $r$ | $d_{1min}$ | $a_{min}$ |
| | | | 参考 | | | | | 参考 | |
| | | | | | 6×11×14×3 | 0.2 | 0.1 | — | — |
| | | | | | 6×13×16×3.5 | | | | |
| — | — | — | — | — | 6×16×20×4 | | | 14.4 | 1.0 |
| | | | | | 6×18×22×5 | 0.3 | 0.2 | 16.6 | |
| | | | | | 6×21×25×5 | | | 19.5 | 2.0 |
| 6×23×26×6 | 0.2 | 0.1 | 22 | 3.5 | 6×23×28×6 | | | 21.2 | 1.2 |
| 6×26×30×6 | | | 24.5 | 3.8 | 6×26×32×6 | | | 23.6 | |
| 6×28×32×7 | | | 26.6 | 4.0 | 6×28×34×7 | | | 25.8 | 1.4 |
| 8×32×36×6 | 0.3 | 0.2 | 30.3 | 2.7 | 8×32×38×6 | 0.4 | 0.3 | 29.4 | 1.0 |
| 8×36×40×7 | | | 34.4 | 3.5 | 8×36×42×7 | | | 33.4 | |
| 8×42×46×8 | | | 40.5 | 5.0 | 8×42×48×8 | | | 39.4 | 2.5 |
| 8×46×50×9 | | | 44.6 | 5.7 | 8×46×54×9 | | | 42.6 | 1.4 |
| 8×52×53×10 | 0.4 | 0.3 | 49.6 | 4.8 | 8×52×60×10 | 0.5 | 0.4 | 48.6 | 2.5 |
| 8×56×62×10 | | | 53.5 | 6.5 | 8×56×65×10 | | | 52.0 | |

续表

| 轻系列 | | | | | 中系列 | | | | |
|---|---|---|---|---|---|---|---|---|---|
| 规格 $N\times d\times D\times B$ | $C$ | $r$ | $d_{1\min}$ | $a_{\min}$ | 规格 $N\times d\times D\times B$ | $C$ | $r$ | $d_{1\min}$ | $a_{\min}$ |
| | | | 参考 | | | | | 参考 | |
| 8×62×68×12 | 0.4 | 0.3 | 59.7 | 7.3 | 8×62×72×12 | 0.6 | 0.5 | 57.7 | 2.4 |
| 10×72×78×12 | | | 69.5 | 5.4 | 10×72×82×12 | | | 67.7 | 1.0 |
| 10×82×88×12 | | | 79.3 | 8.5 | 10×82×92×12 | | | 77.0 | 2.9 |
| 10×92×98×14 | | | 89.5 | 9.9 | 10×92×102×14 | | | 87.3 | 4.5 |
| 10×102×108×16 | | | 99.5 | 11.3 | 10×102×112×16 | | | 97.7 | 6.2 |
| 10×112×120×18 | 0.5 | 0.4 | 108.8 | 10.5 | 10×112×125×18 | | | 106.2 | 4.1 |

### 1. 矩形花键的尺寸公差与配合

国标规定以小径 $d$ 作为定心尺寸，其大径 $D$ 及键槽宽 $B$ 为非定心尺寸，如图 7-5 所示。热处理后的内、外花键的小径可采用内圆磨及成型磨精加工，能获得较高的加工及定心精度。

选择花键尺寸公差带的一般原则是：当定心精度要求高、传递扭矩大时，为了使联接的各表面接触均匀，应选择精密传动用的尺寸公差带；反之，则选用一般的尺寸公差带。

当精密传动用的内花键需要控制键侧配合时，槽宽的公差带可以选用 H7，一般情况下可以选用 H9。

当内花键小径 $d$ 的公差带选用 H6 和 H7 时，外花键小径的公差带允许选用高一级。

尺寸 $d$、$D$ 和 $B$ 的精度等级选择好之后，具体公差等级可按 GB/T 1801 和表 7-6 选择。具体的公差数值可以根据尺寸的大小及精度等级查阅 GB/T 1800—2009《产品几何技术规范（GPS）极限与配合》。内、外花键小径 $d$ 的极限尺寸遵循包容原则。

**表 7-6 内、外花键的尺寸公差带（摘自 GB/T 1144—2001）**

| 内花键 | | | | 外花键 | | | 装配形式 |
|---|---|---|---|---|---|---|---|
| $d$ | $D$ | $B$ | | $d$ | $D$ | $B$ | |
| | | 拉削后不热处理 | 拉削后热处理 | | | | |
| 一般用 | | | | | | | |
| H7 | H10 | H9 | H11 | f7 | a11 | d10 | 滑动 |
| | | | | g7 | | f9 | 紧滑动 |
| | | | | h7 | | h10 | 固定 |

续表

| 内花键 | | | | 外花键 | | | 装配形式 |
|---|---|---|---|---|---|---|---|
| *d* | *D* | *B* | | *d* | *D* | *B* | |
| | | 拉削后不热处理 | 拉削后热处理 | | | | |
| 精密传动用 | | | | | | | |
| H5 | H10 | H7、H9 | | f5 | a11 | d3 | 滑动 |
| | | | | g5 | | f7 | 紧滑动 |
| | | | | h5 | | h8 | 固定 |
| H6 | | | | f6 | | d8 | 滑动 |
| | | | | g6 | | f7 | 紧滑动 |
| | | | | h6 | | h8 | 固定 |

注：① 精密传动用的内花键，当需要控制键侧配合间隙时，槽宽可选 H7，一般情况下可选 H9。

② *d* 为 H6 和 H7 的内花键，允许与提高一级的外花键配合。

### 2. 花键的几何公差

花键除上述尺寸公差外，还有几何公差的要求。在大批量生产条件下，为了便于采用综合量规进行检验，花键的几何公差主要是控制键（键槽）的位置度误差（包括等分度误差和对称度误差）和键侧对轴线的平行度误差。位置度公差按图 7－7 和表 7－7 确定。

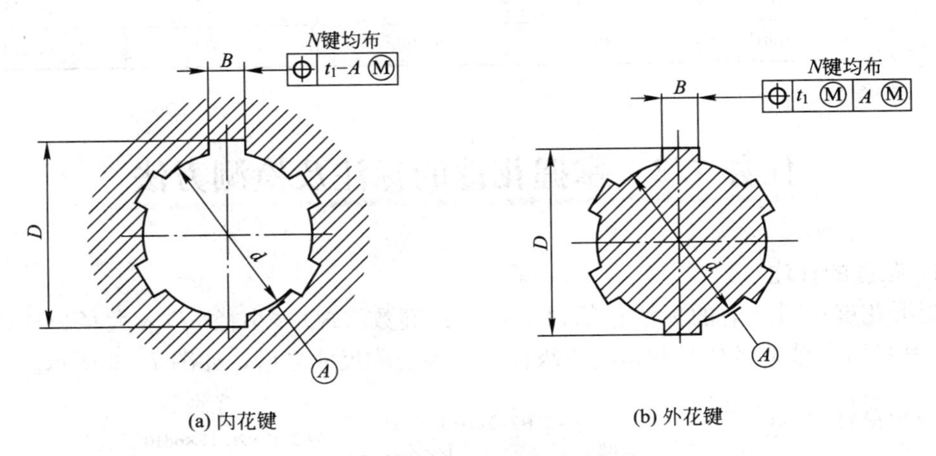


图 7－7　花键的位置度公差标注

**表 7－7　位置度公差（摘自 GB/T 1144—2001）**　　单位：mm

| 键槽宽或键宽 *B* | | | 3 | 3.5～6 | 7～10 | 12～18 |
|---|---|---|---|---|---|---|
| $t_1$ | 键槽宽 | | 0.010 | 0.015 | 0.020 | 0.025 |
| | 键宽 | 滑动、固定 | 0.010 | 0.015 | 0.020 | 0.025 |
| | | 紧滑动 | 0.006 | 0.010 | 0.013 | 0.016 |

对较长的花键，还需要控制键侧面对轴线的平行度误差，其数值标准中未作规定，可以根据产品性能在设计时自行规定。

对单件、小批量生产的花键，可检验键宽的对称度误差和键槽的等分度误差，具体规定见图 7-8 和表 7-8。

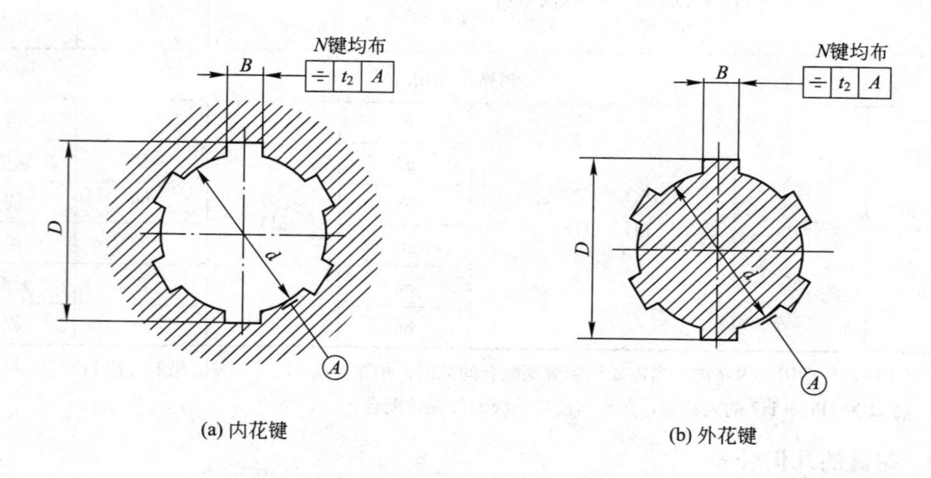


图 7-8　花键的对称度公差标注

**表 7-8　对称度公差（摘自 GB/T 1144—2001）**

单位：mm

| 键槽宽或键宽 B | | 3 | 3.5～6 | 7～10 | 12～18 |
|---|---|---|---|---|---|
| $t_2$ | 一般用 | 0.010 | 0.012 | 0.015 | 0.018 |
| | 精密传动用 | 0.006 | 0.008 | 0.009 | 0.011 |

# 任务 7.3　掌握花键的标注及检测方法

### 1. 花键的标注

矩形花键在图纸上的标注包括以下项目：键数（$N$）×小径（$d$）×大径（$D$）×键宽（$B$），其各自的公差带代号和精度等级标注于各公称尺寸之后，如图 7-9 所示。

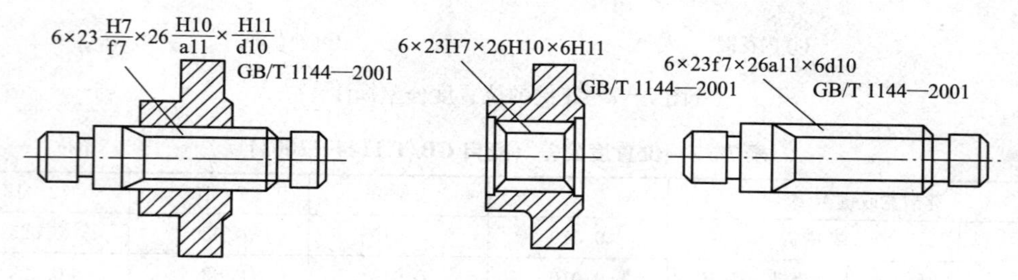


图 7-9　矩形花键参数的标注

例如某矩形花键联接，键数 $N=6$，小径 $d=23$ mm，配合为 H7/f7；大径为 $D=26$ mm，配合为 H10/a11，键（键槽）宽度 $B=6$ mm，配合为 H11/d10。根据不同需要各种标注如下。

花键规格：$N\times d\times D\times B$

$6\times23\times26\times6$

花键副：$6\times23\ \frac{H7}{f6}\times26\ \frac{H10}{a11}\times6\ \frac{H11}{d10}$　GB/T 1144—2001

内花键：6×23H7×26H10×6H11　GB/T 1144—2001

外花键：6×23f6×26a11×6d10　GB/T 1144—2001

**2. 花键的检验**

花键的检测分为单项检测和综合检测两类。单项检测就是对花键的单项参数，如小径、大径、键（键槽）宽等尺寸和位置误差分别测量或检验。综合检测是对花键的尺寸、几何误差按控制实效边界原则，用综合量规进行检验。

矩形花键的检验方法是根据不同的生产规模而确定的。在单件小批量生产中，没有现成的量规可以使用，可采用通用量具按独立原则分别对各尺寸（$d$、$D$ 和 $B$）进行单项检验，并检测键宽的对称度、键（键槽）的等分度等几何误差项目。

当花键小径定心时，采用包容原则。各键（键槽）的对称度公差及花键各部位均遵守独立原则时，一般采用单项检测，各键（键槽）位置度公差与键（键槽）宽的尺寸公差关系采用最大实体原则，且该位置度公差与小径定心表面（基准）尺寸公差的关系也采用最大实体原则时，应采用综合检验测。

对于大批量生产，一般采用量规进行检验（内花键用综合塞规，见图 7-10（a）；外花键用综合环规，见图 7-10（b）），按包容原则综合检测花键的小径 $d$、大径 $D$ 及键（键槽）宽 $B$ 的作用尺寸，即包括上述位置度（等分度、对称度在内）和同轴度等形位误差。综合量规只有通端，故另需要用单项规（内花键用塞规、外花键用卡板）分别检测尺寸 $d$、$D$ 和 $B$ 的最小实体尺寸。

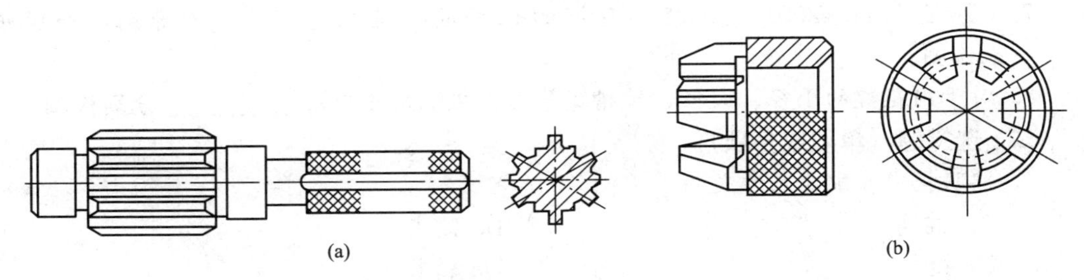

图 7-10　花键综合量规

综合通规在使用过程中会有磨损，为了使它具有合理的使用寿命，允许综合通规的尺寸在使用中超出制造公差带（磨损会使量规尺寸产生变化），直到磨损至规定的磨损极限时才停止使用。

检测时，合格的标志是综合量规能通过、单项量规不能通过。

## 拓展与技能总结

单键联接以平键联接为主，平键的键宽 $b$ 是主要参数。由于键是标准件，故采用基轴制。键宽只有 h8 一种公差带，轴和毂键槽各有 3 种公差带，即正常联接、紧密联接和松联接。

花键有矩形和渐开线形，其中矩形应用广泛。矩形花键联接的尺寸为小径 $d$、大径 $D$ 和键（键槽）宽 $B$，GB/T 1144—2001 规定以小径 $d$ 为定心表面，采用包容原则，形成滑动、紧滑动和固定 3 种配合形式。标注按 $N \times d \times D \times B$ 加标准号表示。对大批量生产的花键联接件，通常采用综合量规检验。

## 思考与训练

### 一、填空题

1. 键与花键通常用于_____和_____的联接，以传递_____和_____，也可用于_____。
2. 普通平键主要用于__________，导向平键主要用于__________。
3. GB/T 1095—2003 规定平键的轮毂键槽宽度有______、______和______3 种公差带。
4. 在单件小批量生产时，平键键槽的宽度和深度一般用__________测量，在大批量生产时，可用__________来检测。
5. 推荐平键键槽、轮毂槽两侧面的表面结构参数 Ra 值为________，轴槽底面、轮毂槽底面的表面结构参数 Ra 值推荐为________。
6. 内外花键的配合分为______、________和________3 种。
7. GB/T 1144—2001 规定矩形花键的位置度公差应遵守______原则，一般用______来检测。
8. 对于内花键的小径、大径、键槽宽等的上极限尺寸应用__________分别检测。

### 二、选择题（单项或多项）

1. 键联接中非配合尺寸是指______。

   A. 键高　　　　B. 键宽

   C. 键长　　　　D. 轴长

2. 轴槽和轮毂槽对轴线的______误差将直接影响平键联接的可装配性和工作接触情况。

   A. 平等度　　　　B. 对称度

   C. 位置度　　　　D. 垂直度

3. 矩形花键联接有______个主要尺寸。

   A. 1　　　　B. 2

C. 3　　D. 4

4. 花键联接的定心方式有______。

A. 小径 $d$ 为定心　　B. 大径 $D$ 为定心

C. 键（键槽）宽 $B$ 为定心　　D. 键长 $L$ 为定心

5. 内外花键小径定心表面的几何公差遵守______原则。

A. 最大实体　　B. 包容

C. 独立

6. 平键联接的非配合尺寸中，键高和键长的公差带为______。

A. 键高 h11、键长 h14　　B. 键高 h9、键长 h14

C. 键高 h9、键长 h12　　D. 键高 js11、键长 js14

7. 花键联接与单键联接相比，有______。

A. 定心精度高　　B. 导向性好

C. 各部位所受负荷均匀　　D. 传递较大转矩

8. 花键的分度误差，一般用______公差来控制。

A. 平等度　　B. 位置度

C. 对称度　　D. 同轴度

**三、判断题**

1. 由于平键用标准的精拔钢制造，是标准件，所以键联接采用基轴制配合。（　　）

2. 平键的工作面是上、下两表面。（　　）

3. 在平键联接中，不同的配合性质是依靠改变轴槽盒轮毂宽度的尺寸公差带的位置来获得的。（　　）

4. 键槽表面结构对键配合性质的稳定性和使用寿命影响不大。（　　）

5. 花键联接采用小径定心，可以提高花键联接的定心精度。（　　）

6. 检验内花键时，花键综合塞规通过，单项止端塞规不通过，则内花键合格。（　　）

7. 检验外花键时，花键综合通规不通过，单项止规通过，则外花键合格。（　　）

**四、综合题**

1. 试说明标注为：花键 $6\times26\dfrac{H7}{g7}\times26\dfrac{H10}{a11}\times6\dfrac{H11}{f9}$GB/T 1144—2001 的全部含义。

2. 试确定标注为：花键 $6\times23\dfrac{H7}{g6}\times30\dfrac{H10}{a11}\times6\dfrac{H11}{f9}$GB/T 1144—2001 的内、外花键的极限尺寸。

3. 在批量生产中，花键的尺寸公差是如何检测的？

# 项目八

# 螺纹的公差配合与测量

**教学目标：**

- 了解普通螺纹的使用要求、主要几何参数对互换性的影响；
- 掌握国家标准有关普通螺纹公差等级和偏差的规定；
- 学会普通螺纹公差与配合的选用和正确标注；
- 熟悉普通螺纹的检测方法；
- 熟悉机械中螺旋副的公差及规定。

在工业生产中，圆柱螺纹结合的应用很普遍，尤其是普通螺纹结合的应用极为广泛。为了满足普通螺纹的使用要求，保证其互换性，我国发布了一系列普通螺纹国家标准，主要有 GB/T 14791—2013《螺纹 术语》、GB/T 192—2003《普通螺纹 基本牙型》、GB/T 193—2003《普通螺纹 直径与螺距系列》、GB/T 197—2003《普通螺纹 公差》及 GB/T 3934—2003《普通螺纹量规》。为了满足机床行业的需要，原机械电子工业部发布了 JB/T 2886—2008《机床梯形螺纹丝杠、螺母技术条件》。

本项目结合上述标准，介绍普通螺纹的公差、配合与检测，以及机床梯形螺纹丝杠、螺母的精度和公差。

## 任务 8.1　了解螺纹联接的基本要求

### 1. 螺纹（screw thread）的分类及使用要求

螺纹联接在机械制造及装配安装中广泛应用，按用途不同可分为两大类。

（1）联接螺纹

主要用于紧固和联接零件，因此又称紧固螺纹。米制普通螺纹是使用最广泛的一种联接螺纹，要求其具有良好的旋合性和联接的可靠性。联接螺纹常用牙型为三角形。

（2）传动螺纹

主要用于传递动力或精确位移，要求具有足够的强度和保证精确的位移。传动螺纹牙型有梯形、矩形等。机床中的丝杠、螺母常采用梯形牙型，而在滚动螺旋副（滚珠丝杠副）则采用单、双圆弧滚道。

2. 普通螺纹（general purpose metric screw threads）的牙型及基本几何参数

1）普通螺纹牙型

米制普通螺纹的基本牙型如图 8-1 所示。它是由延长基本牙型的牙侧获得的三个连续交点所形成的三角形。

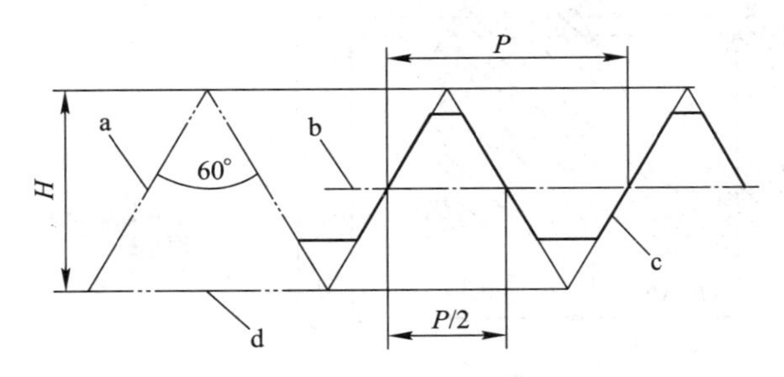


图 8-1　普通螺纹基本牙型

2）普通螺纹基本几何参数

① 大径（major diameter）$D$ 或 $d$。指与外螺纹牙顶或内螺纹牙底相切的假想圆柱或圆锥的直径。国标规定米制普通螺纹大径的公称尺寸为螺纹的公称直径（nominal diameter），如图 8-2 所示。

② 小径（minor diameter）$D_1$ 或 $d_1$。指与外螺纹牙底或内螺纹牙顶相切的假想圆柱或圆锥的直径，如图 8-2 所示。

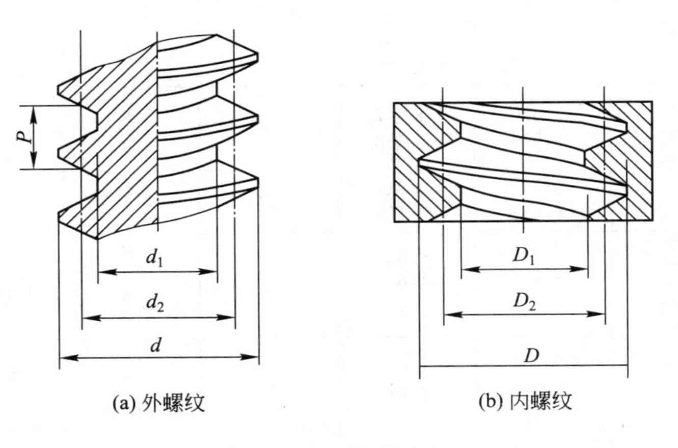


图 8-2　螺纹的直径

③ 中径（pitch diameter）$D_2$ 或 $d_2$。指中径圆柱或中径圆锥的直径。中径圆柱（圆锥）是一个假想圆柱或圆锥的直径，该圆柱或圆锥的母线通过牙厚和牙槽宽相等的地方。普通螺纹的中径不是大径和小径的平均值，如图 8-2 所示。

④ 单一中径（simple pitch diameter）$D_{2s}$ 和 $d_{2s}$。指一个假想圆柱或圆锥的直径，该圆柱或圆锥的母线通过螺纹上牙槽宽度等于半个螺距的地方。因为它在实际螺纹上可以测得，故用代表螺纹中径的实际尺寸，通常采用最佳量针或量球径向测量，如图 8-3 所示。

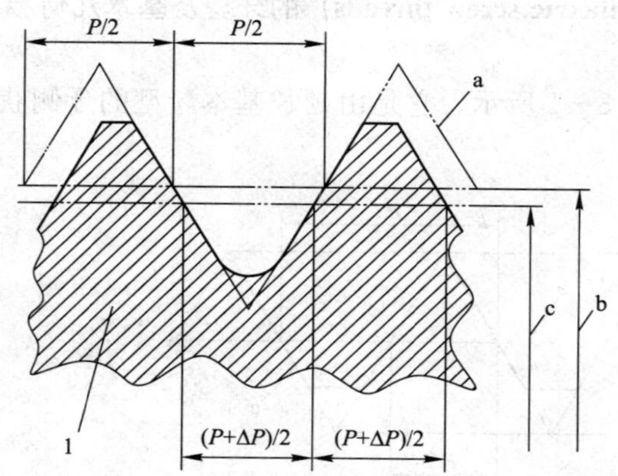


1—带有螺距偏差的实际螺纹。
a—理想螺纹。
b—单一中径。
c—中径。

图 8-3 单一中径

普通螺纹基本尺寸如表 8-1 所示。

表 8-1 普通螺纹基本尺寸（摘自 GB/T 196—2003） 单位：mm

| 公称直径（大径）$D$、$d$ | 螺距 $P$ | 中径 $D_2$、$d_2$ | 小径 $D_1$、$d_1$ | 公称直径（大径）$D$、$d$ | 螺距 $P$ | 中径 $D_2$、$d_2$ | 小径 $D_1$、$d_1$ |
|---|---|---|---|---|---|---|---|
| 4.5 | 0.75<br>0.5 | 4.013<br>4.175 | 3.688<br>3.959 | 14 | 2<br>1.5<br>1.25<br>1 | 12.701<br>13.026<br>13.188<br>13.350 | 11.835<br>12.376<br>12.647<br>12.917 |
| 5 | 0.8<br>0.5 | 4.48<br>4.675 | 4.134<br>4.459 | 15 | 1.5<br>1 | 14.026<br>14.350 | 13.376<br>13.917 |
| 6 | 1<br>0.75 | 5.350<br>5.513 | 4.917<br>5.188 | 16 | 2<br>1.5<br>1 | 14.701<br>15.026<br>15.350 | 13.835<br>14.376<br>14.917 |
| 7 | 1<br>0.75 | 6.350<br>6.513 | 5.917<br>6.188 | 17 | 1.5<br>1 | 16.026<br>16.350 | 15.376<br>15.917 |
| 8 | 1.25<br>1.0<br>0.75 | 7.188<br>7.350<br>7.513 | 6.647<br>6.917<br>7.188 | 18 | 2.5<br>2<br>1.5<br>1 | 16.376<br>16.701<br>17.026<br>17.350 | 15.294<br>15.835<br>16.376<br>16.917 |
| 9 | 1.25<br>1.0<br>0.75 | 8.188<br>8.350<br>8.513 | 7.647<br>7.917<br>8.188 | 20 | 2.5<br>2<br>1.5<br>1 | 18.376<br>18.701<br>19.026<br>19.350 | 17.294<br>17.835<br>18.376<br>18.917 |
| 10 | 1.5<br>1.25<br>1<br>0.75 | 9.026<br>9.188<br>9.350<br>9.513 | 8.376<br>8.647<br>8.917<br>9.188 | 22 | 2.5<br>2<br>1.5<br>1 | 20.376<br>20.701<br>21.026<br>21.350 | 19.294<br>19.835<br>20.376<br>20.917 |
| 11 | 1.5<br>1<br>0.75 | 10.026<br>10.350<br>10.513 | 9.376<br>9.917<br>10.188 | 24 | 3<br>2<br>1.5<br>1 | 22.051<br>22.701<br>23.026<br>23.350 | 20.752<br>21.835<br>22.376<br>22.917 |
| 12 | 1.75<br>1.5<br>1.25<br>1 | 10.863<br>11.026<br>11.188<br>11.350 | 10.106<br>10.376<br>10.647<br>10.917 | 25 | 2<br>1.5<br>1 | 23.701<br>24.026<br>24.350 | 22.835<br>23.376<br>23.917 |

⑤ 螺距（pitch）$P$。螺距是指相邻两牙体上对应牙侧与中线上对应两点间的轴向距离。螺距系列与公称直径的关系如表 8－2 所示。

**表 8－2 直径与螺距标准组合系列（摘自 GB/T 193—2003）** 单位：mm

| 公称直径 $D$、$d$ | | | 螺距 $P$ | | | | | | | | | | |
|---|---|---|---|---|---|---|---|---|---|---|---|---|---|
| | | | | 细牙 | | | | | | | | | |
| 第 1 系列 | 第 2 系列 | 第 3 系列 | 粗牙 | 3 | 2 | 1.5 | 1.25 | 1 | 0.75 | 0.5 | 0.35 | 0.25 | 0.2 |
| 1 | | | 0.25 | | | | | | | | | | 0.2 |
| | 1.1 | | 0.25 | | | | | | | | | | 0.2 |
| 1.2 | | | 0.25 | | | | | | | | | | 0.2 |
| | 1.4 | | 0.3 | | | | | | | | | | 0.2 |
| 1.6 | | | 0.35 | | | | | | | | | | 0.2 |
| | 1.8 | | 0.35 | | | | | | | | | | 0.2 |
| 2 | | | 0.4 | | | | | | | | | 0.25 | |
| | 2.2 | | 0.45 | | | | | | | | | 0.25 | |
| 2.5 | | | 0.45 | | | | | | | | 0.35 | | |
| 3 | | | 0.5 | | | | | | | | 0.35 | | |
| | 3.5 | | 0.6 | | | | | | | | 0.35 | | |
| 4 | | | 0.7 | | | | | | | 0.5 | | | |
| | 4.5 | | 0.75 | | | | | | | 0.5 | | | |
| 5 | | | 0.8 | | | | | | | 0.5 | | | |
| | | 5.5 | | | | | | | | 0.5 | | | |
| 6 | | | 1 | | | | | | 0.75 | | | | |
| | 7 | | 1 | | | | | | 0.75 | | | | |
| 8 | | | 1.25 | | | | | 1 | 0.75 | | | | |
| | | 9 | 1.25 | | | | | 1 | 0.75 | | | | |
| 10 | | | 1.5 | | | | 1.25 | 1 | 0.75 | | | | |
| | | 11 | 1.5 | | | 1.5 | | 1 | 0.75 | | | | |
| 12 | | | 1.75 | | | | 1.25 | 1 | | | | | |
| | 14 | | 2 | | | 1.5 | 1.25[a] | 1 | | | | | |
| | | 15 | | | | 1.5 | | 1 | | | | | |
| 16 | | | 2 | | | 1.5 | | 1 | | | | | |
| | | 17 | | | | 1.5 | | 1 | | | | | |
| | 18 | | 2.5 | | 2 | 1.5 | | 1 | | | | | |
| 20 | | | 2.5 | | 2 | 1.5 | | 1 | | | | | |
| | 22 | | 2.5 | | 2 | 1.5 | | 1 | | | | | |
| 24 | | | 3 | | 2 | 1.5 | | 1 | | | | | |
| | | 25 | | | 2 | 1.5 | | 1 | | | | | |
| | | 26 | | | | 1.5 | | | | | | | |
| | 27 | | 3 | | 2 | 1.5 | | 1 | | | | | |
| | | 28 | | | 2 | 1.5 | | 1 | | | | | |
| 30 | | | 3.5 | (3) | 2 | 1.5 | | 1 | | | | | |
| | | 32 | | | 2 | 1.5 | | | | | | | |
| | 33 | | 3.5 | (3) | 2 | 1.5 | | | | | | | |
| | | 35[b] | | | | 1.5 | | | | | | | |
| 36 | | | 4 | 3 | 2 | 1.5 | | | | | | | |
| | | 38 | | | | 1.5 | | | | | | | |
| | 39 | | 4 | 3 | 2 | 1.5 | | | | | | | |

⑥ 导程（lead）$P_h$。指相邻的两牙侧与中径线相交两点间的轴向距离，即一个点沿螺旋线旋转一周所对应的轴向距离，如图 8-4 所示。

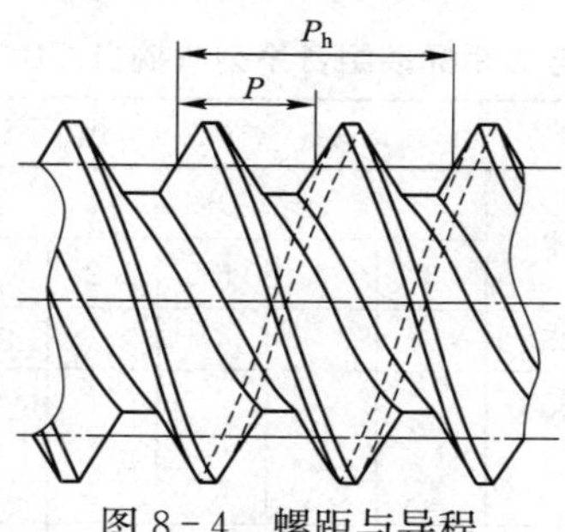


图 8-4　螺距与导程

⑦ 牙型角 $\alpha$（thread angle）和牙侧角 $\beta$（flank angle）。牙型角是指在螺纹牙型上，相邻两牙侧间的夹角。对米制普通螺纹 $\alpha=60°$；牙侧角是指在螺纹牙型上，一个牙侧与垂直于螺纹轴线的平面间的夹角，米制普通螺纹 $\beta=30°$，如图 8-5 所示。

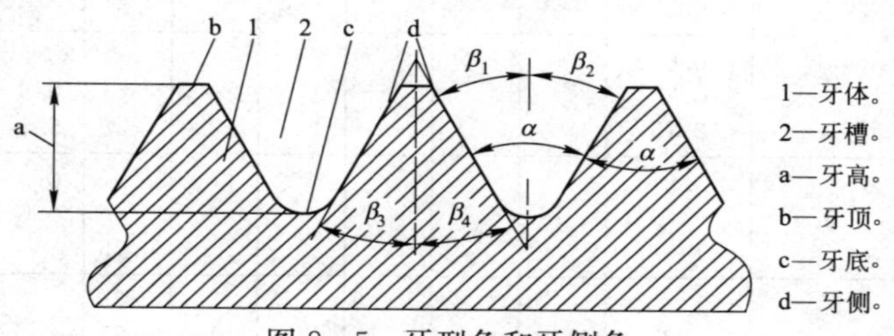


图 8-5　牙型角和牙侧角

⑧ 螺纹旋合长度（length of thread engagement）$l_E$ 和螺纹装配长度 $l_A$。螺纹旋合长度是指两个配合螺纹的有效螺纹相互接触的轴向长度，螺纹装配长度 $l_A$ 是两个配合螺纹旋合的轴向长度，二者不同，如图 8-6 所示。

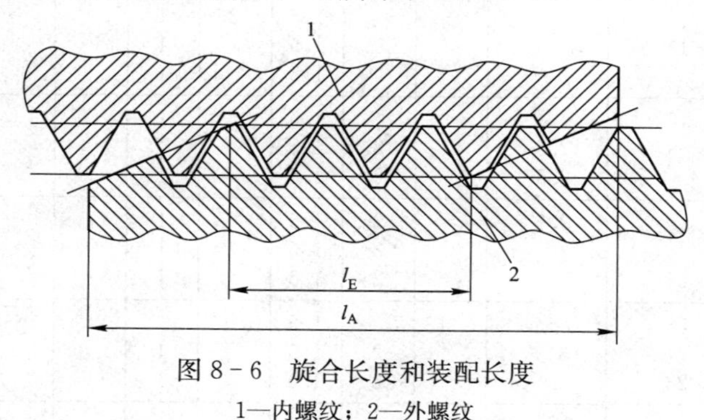


图 8-6　旋合长度和装配长度

1—内螺纹；2—外螺纹

## 任务 8.2　了解普通螺纹各参数对互换性的影响

影响螺纹互换性的几何参数有 5 个：大径、中径、小径、螺距和牙侧角，其主要因素是螺距误差、牙侧角误差和中径误差。因普通螺纹主要保证旋合性和联接的可靠性，标准只规定中径公差，而不分别制定三项公差。

**1. 螺距误差的影响**

螺距误差包括与旋合长度无关的局部误差和与旋合长度有关的累积误差，从互换性的观点看，应考虑与旋合长度有关的累积误差。

由于螺距有误差，在旋合长度上产生螺距累积误差 $\Delta P_\Sigma$，使内、外螺纹无法旋合，如图 8－7 所示。

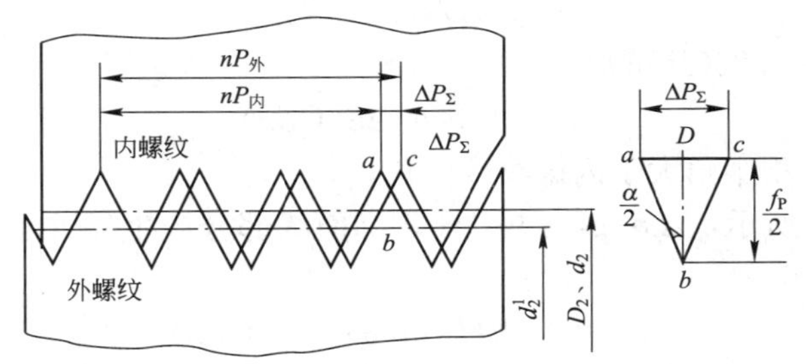


图 8－7　螺距误差对互换性的影响

因在车间生产条件下，对螺距很难逐个地分别检测，因而对普通螺纹不采用规定螺距公差的办法，而是采取将外螺纹中径减小或内螺纹中径增大，以保证达到旋合的目的。为讨论方便，设内、外螺纹的中径和牙型半角均无误差，内螺纹无螺距误差，仅外螺纹有螺距误差。此误差 $\Delta P_\Sigma$ 相当于使外螺纹中径增大 $f_p$ 值，此 $f_p$ 值称为螺距误差的中径当量或补偿值。从△$abc$ 中可知，$f_p/2=|\Delta P_\Sigma|/2\tan\frac{\alpha}{2}$。米制普通螺纹牙型角 $\alpha=60°$，故 $f_p=1.732|\Delta P_\Sigma|$。同理，上式也适合对内螺纹螺距误差 $f_p$ 的计算。

**2. 牙侧角误差的影响**

牙侧角误差可能是由于牙型角 $\alpha$ 本身不准确或由于它与轴线的相对位置不正确而造成，也可能是两者综合误差的结果。

为便于分析，设内螺纹具有理想牙型，外螺纹的中径和螺距与内螺纹相同，仅有半角误差，现分两种情况讨论。

(1) 外螺纹牙型角小于内螺纹牙侧角

如图 8－8 (a) 所示。$\Delta\beta=\beta_外-\beta_内<0$，剖线部分产生靠近大径处的干涉而不能旋合。

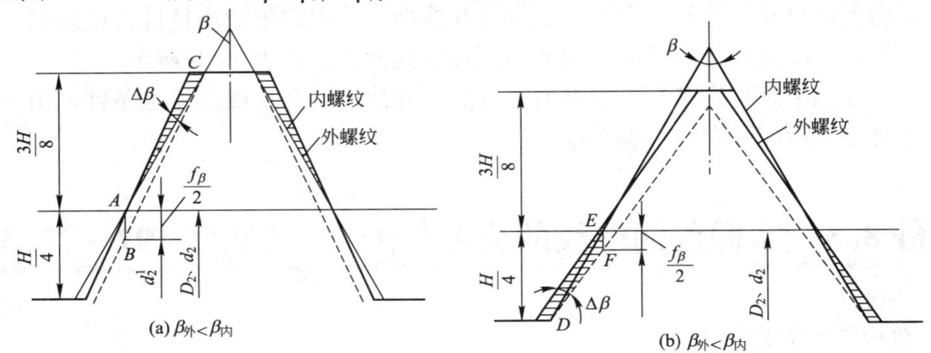


图 8－8　牙侧角误差与中径当量的关系

为了保证可旋合性，可把内螺纹的中径增大 $f_\beta$，或把外螺纹中径减小 $f_\beta$，由图中的△$ABC$，按正弦定理得

$$\frac{f_\beta/2}{\sin(\Delta\beta)}=\frac{AC}{\sin(\beta-\Delta\beta)}$$

因为 $\Delta\beta$ 很小，$AC=\dfrac{3H/8}{\cos\beta}$　$\sin(\Delta\beta)\approx\Delta\beta$　$\sin(\beta-\Delta\beta)\approx\sin\beta$

如 $\Delta\beta$ 以"分"计，$H$、$P$ 以毫米计得

$$f_\beta=(0.44H/\sin\alpha)\,|\Delta\beta|\,(\mu m)$$

当 $\alpha=60°$，$H=0.866P$ 可得

$$f_\beta=0.44p\,|\Delta\beta|\,(\mu m)$$

（2）当外螺纹牙型半角大于内螺纹牙侧角

如图 8-8（b）所示，$\Delta\beta=\beta_{外}-\beta_{内}>0$，剖面线部分产生靠近小径处的干涉而不能旋合。由 $\Delta DEF$ 导出

$$f_\beta=(0.29H/\sin\alpha)\,|\Delta\beta|\,(\mu m)$$

当 $\alpha=60°$，$H=0.866P$ 可得

$$f_\beta=0.29p\,|\Delta\beta|\;(\mu m)$$

一对内外螺纹，实际制造与结合通常是左、右半角不相等，产生牙型歪斜。$\Delta\beta$ 可能为正，也可能为负，如果同时产生上述两种干涉，因此可按上述两式的平均值计算，即

$$f_\beta=0.36p\,|\Delta\beta|\;(\mu m)$$

当左右牙侧角误差不相等时，$\Delta\beta$ 可按 $\Delta\beta=[|\Delta\beta_{右}|+|\Delta\beta_{左}|]/2$ 计算。

**3. 中径误差的影响**

螺纹中径在制造过程中不可避免地会出现一定的误差，即单一中径对公称中径之差。误差 $\Delta D_{2s}$ 或 $\Delta d_{2s}$ 将直接影响螺纹的旋合性和接合强度。当外螺纹的中径大于内螺纹的中径时，会影响旋合性；反之，外螺纹中径过小，则配合太松，难以使牙侧间接触良好，影响连接可靠性。

因此，为了保证螺纹的旋合性，应该限制外螺纹的最大中径和内螺纹的最小中径。为了保证螺纹的连接可靠性，还必须限制外螺纹的最小中径和内螺纹的最大中径。

**4. 螺纹大、小径的影响**

在螺纹制造时为了保证旋合性能，可以使内螺纹的大、小径的实际尺寸大于外螺纹大、小径的实际尺寸，这样不会影响配合及互换性。若内螺纹的小径过大或外螺纹的大径过小，将影响螺纹联接的强度，因此必须规定其公差，如表 8-5 所示。

螺纹的检测手段有许多种，应根据螺纹的不同使用场合及螺纹加工条件，由产品设计者自己决定采用何种螺纹检验手段。

## 任务 8.3　掌握普通螺纹的公差与配合（GB/T 197—2003）

**1. 普通螺纹的公差带**

普通螺纹国家标准（GB/T 197—2003）中规定了螺纹配合最小间隙为零的，且保

证间隙的螺纹公差和基本偏差。

1）螺纹的公差等级

螺纹的公差等级如表 8－3 所示。

**表 8－3　螺纹的公差等级（摘自 GB/T 197—2003）**

| 螺纹 | 直径 | 公差等级 | 螺纹 | 直径 | 公差等级 |
|---|---|---|---|---|---|
| 内螺纹 | 小径 $D_1$ | 4、5、6、7、8 | 外螺纹 | 大径 $d$ | 4、6、8 |
| | 中径 $D_2$ | | | 中径 $d_2$ | 3、4、5、6、7、8、9 |

其中 3 级精度最高，9 级精度最低，一般 6 级为基本级。各级公差值可分别查阅表 8－4 和表 8－5。在同一公差等级中，内螺纹中径公差比外螺纹中径公差大 32%，因为内螺纹较难加工。对内螺纹的大径和外螺纹的小径不规定具体公差值，而只规定内、外螺纹牙底实际轮廓不得超过按基本偏差所确定的最大实体牙型，即保证旋合时不发生干涉。

**表 8－4　普通螺纹的基本偏差和公差（摘自 GB/T 197—2003）**　　单位：μm

| 螺距 $P$/mm | 内螺纹的基本偏差 EI | | 外螺纹的基本偏差 es | | | | 内螺纹小径公差 $T_{D_1}$ 公差等级 | | | | | 外螺纹大径公差 $T_d$ 公差等级 | | |
|---|---|---|---|---|---|---|---|---|---|---|---|---|---|---|
| | G | H | e | f | g | h | 4 | 5 | 6 | 7 | 8 | 4 | 6 | 8 |
| 1 | +26 | 0 | −60 | −40 | −26 | 0 | 150 | 190 | 236 | 300 | 375 | 112 | 180 | 280 |
| 1.25 | +28 | 0 | −63 | −42 | −28 | 0 | 170 | 212 | 265 | 335 | 425 | 132 | 212 | 335 |
| 1.5 | +32 | 0 | −67 | −45 | −32 | 0 | 190 | 236 | 300 | 375 | 475 | 150 | 236 | 375 |
| 1.75 | +34 | 0 | −71 | −48 | −34 | 0 | 212 | 265 | 335 | 425 | 530 | 170 | 265 | 425 |
| 2 | +38 | 0 | −71 | −52 | −38 | 0 | 236 | 300 | 375 | 475 | 600 | 180 | 280 | 450 |
| 2.5 | +42 | 0 | −80 | −58 | −42 | 0 | 280 | 355 | 450 | 560 | 710 | 212 | 335 | 530 |
| 3 | +48 | 0 | −85 | −63 | −48 | 0 | 315 | 400 | 500 | 630 | 800 | 236 | 375 | 600 |
| 3.5 | +53 | 0 | −90 | −70 | −53 | 0 | 355 | 450 | 560 | 710 | 900 | 265 | 425 | 670 |
| 4 | +60 | 0 | −95 | −75 | −60 | 0 | 375 | 475 | 600 | 750 | 950 | 300 | 475 | 750 |
| 4.5 | +63 | 0 | −100 | −80 | −63 | 0 | 425 | 530 | 670 | 850 | 1 060 | 315 | 500 | 800 |
| 5 | +71 | 0 | −106 | −85 | −71 | 0 | 450 | 560 | 710 | 900 | 1 120 | 335 | 530 | 850 |
| 5.5 | +75 | 0 | −112 | −90 | −75 | 0 | 475 | 600 | 750 | 950 | 1 180 | 355 | 560 | 900 |
| 6 | +80 | 0 | −118 | −95 | −80 | 0 | 500 | 630 | 800 | 1 000 | 1 250 | 375 | 600 | 950 |
| 8 | +100 | 0 | −140 | −118 | −100 | 0 | 630 | 800 | 1 000 | 1 250 | 1 600 | 450 | 710 | 1 180 |

**表 8－5　螺纹中径公差（部分）（摘自 GB/T 197—2003）**　　单位：μm

| 公称直径 $D$/mm | 螺距 $P$/mm | 内螺纹中径公差 $T_{D_2}$ 公差等级 | | | | | 外螺纹中径公差 $T_{d_2}$ 公差等级 | | | | | | |
|---|---|---|---|---|---|---|---|---|---|---|---|---|---|
| | | 4 | 5 | 6 | 7 | 8 | 3 | 4 | 5 | 6 | 7 | 8 | 9 |
| 5.6～11.2 | 0.75 | 85 | 106 | 132 | 170 | — | 50 | 63 | 80 | 100 | 125 | — | — |
| | 1 | 95 | 118 | 150 | 190 | 236 | 56 | 71 | 90 | 112 | 140 | 180 | 224 |
| | 1.25 | 100 | 125 | 160 | 200 | 250 | 60 | 75 | 95 | 118 | 150 | 190 | 236 |
| | 1.5 | 112 | 140 | 180 | 224 | 280 | 67 | 85 | 106 | 132 | 170 | 212 | 265 |

续表

| 公称直径 D/mm | 螺距 P/mm | 内螺纹中径公差 $T_{D_2}$ | | | | | 外螺纹中径公差 $T_{d_2}$ | | | | | | |
|---|---|---|---|---|---|---|---|---|---|---|---|---|---|
| | | 公差等级 | | | | | 公差等级 | | | | | | |
| | | 4 | 5 | 6 | 7 | 8 | 3 | 4 | 5 | 6 | 7 | 8 | 9 |
| 11.2～22.4 | 1 | 100 | 125 | 160 | 200 | 250 | 60 | 75 | 95 | 118 | 150 | 190 | 236 |
| | 1.25 | 112 | 140 | 180 | 224 | 280 | 67 | 85 | 106 | 132 | 170 | 212 | 265 |
| | 1.5 | 118 | 150 | 190 | 236 | 300 | 71 | 90 | 112 | 140 | 180 | 224 | 280 |
| | 1.75 | 125 | 160 | 200 | 250 | 315 | 75 | 95 | 118 | 150 | 190 | 236 | 300 |
| | 2 | 132 | 170 | 212 | 266 | 335 | 80 | 100 | 125 | 160 | 200 | 250 | 315 |
| | 2.5 | 140 | 180 | 224 | 280 | 355 | 85 | 106 | 132 | 170 | 212 | 265 | 335 |
| 22.4～45 | 1 | 106 | 132 | 170 | 212 | — | 63 | 80 | 100 | 125 | 160 | 200 | 250 |
| | 1.5 | 125 | 160 | 200 | 250 | 315 | 75 | 95 | 118 | 150 | 190 | 236 | 300 |
| | 2 | 140 | 180 | 224 | 280 | 355 | 85 | 106 | 132 | 170 | 212 | 255 | 335 |
| | 3 | 170 | 212 | 265 | 335 | 425 | 100 | 125 | 160 | 200 | 250 | 315 | 400 |
| | 3.5 | 180 | 224 | 280 | 355 | 450 | 106 | 132 | 170 | 212 | 265 | 335 | 425 |
| | 4 | 190 | 236 | 300 | 375 | 475 | 112 | 140 | 180 | 224 | 280 | 355 | 450 |
| | 4.5 | 200 | 250 | 315 | 400 | 500 | 118 | 150 | 190 | 236 | 300 | 375 | 475 |

2）螺纹的基本偏差

螺纹的基本偏差如图 8-9 所示。

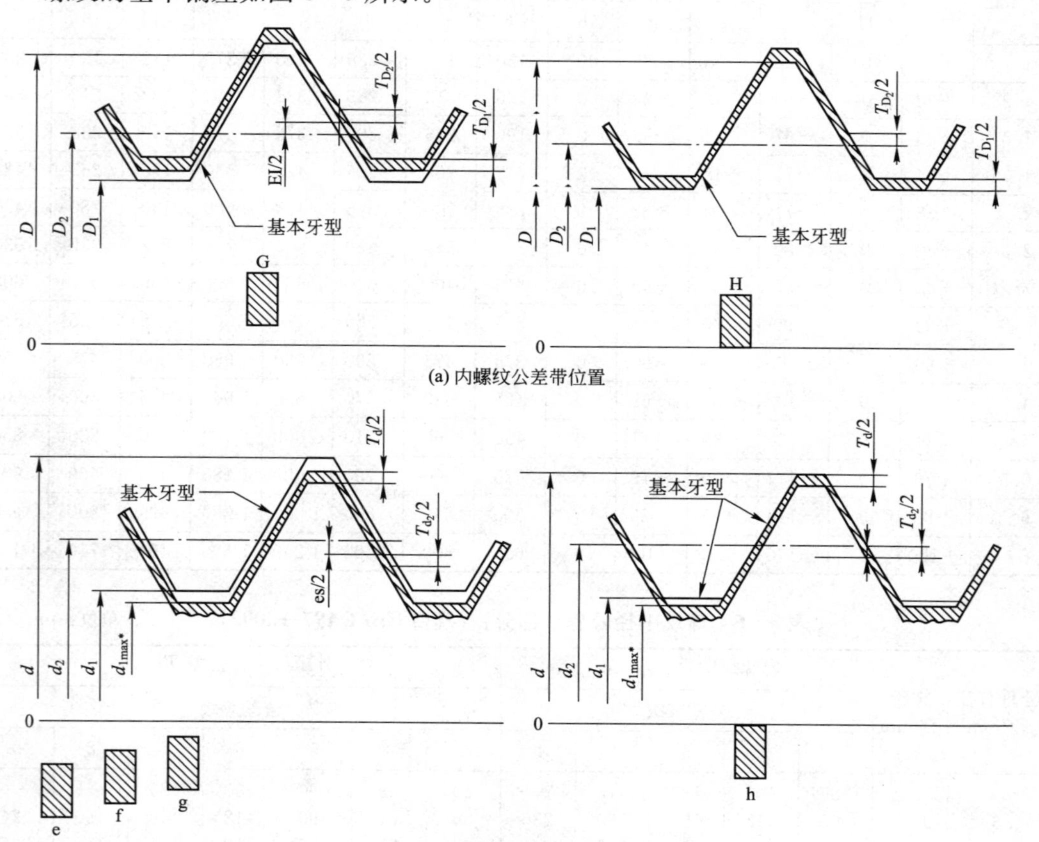

(b) 外螺纹公差带位置

图 8-9 内、外螺纹的基本偏差

标准中对内螺纹的中径、小径规定采用G、H两种公差带位置，以下极限偏差EI为基本偏差，如图8－8（a）所示。对外螺纹的中、大径规定了e、f、g、h 4种公差带位置，以上极限偏差es为基本偏差，如图8－8（b）所示。普通螺纹的基本偏差值见表8－4。螺纹中径公差如表8－5所示。

3）旋合长度与配合精度

螺纹的配合精度不仅与公差等级有关，而且与旋合长度有关。螺纹旋合长度分为短旋合长度（*S*）、中等旋合长度（*N*）和长旋合长度（*L*）3组。

各组旋合长度的特点是：长旋合长度旋合后稳定性好，且有足够的联接强度，但加工精度难以保证。当螺纹误差较大时，会出现螺纹副不能旋合的现象；短旋合长度，加工容易保证，但旋合后稳定性较差。一般情况下应采用中等旋合长度。集中生产的紧固件螺纹，图样上没有注明旋合长度，制造时螺纹公差均按中等旋合长度考虑。

对于不同旋合长度组的螺纹，应采用不同的公差等级，以保证同一精度下螺纹配合精度和加工难易程度差不多。各种旋合长度的数值如表8－6所示。

**表8－6　螺纹的旋合长度**　　单位：mm

| 公称大径 *D*、*d* | | 螺距 *P* | 旋合长度 | | | |
|---|---|---|---|---|---|---|
| | | | *S* | *N* | | *L* |
| > | ≤ | | ≤ | > | ≤ | > |
| 5.6 | 11.2 | 0.75 | 2.4 | 2.4 | 7.1 | 7.1 |
| | | 1 | 3 | 3 | 9 | 9 |
| | | 1.25 | 4 | 4 | 12 | 12 |
| | | 1.5 | 5 | 5 | 15 | 15 |
| 11.2 | 22.4 | 1 | 3.8 | 3.8 | 11 | 11 |
| | | 1.25 | 4.5 | 4.5 | 13 | 13 |
| | | 1.5 | 5.6 | 5.6 | 16 | 16 |
| | | 1.75 | 6 | 6 | 18 | 18 |
| | | 2 | 8 | 8 | 24 | 24 |
| | | 2.5 | 10 | 10 | 30 | 30 |
| 22.4 | 45 | 1 | 4 | 4 | 12 | 12 |
| | | 1.5 | 6.3 | 6.3 | 19 | 19 |
| | | 2 | 8.5 | 8.5 | 25 | 25 |
| | | 3 | 12 | 12 | 36 | 36 |
| | | 3.5 | 15 | 15 | 45 | 45 |
| | | 4 | 18 | 18 | 53 | 53 |
| | | 4.5 | 21 | 21 | 63 | 63 |
| 45 | 90 | 1.5 | 7.5 | 7.5 | 22 | 22 |
| | | 2 | 9.5 | 9.5 | 28 | 28 |
| | | 3 | 15 | 15 | 45 | 45 |
| | | 4 | 19 | 19 | 56 | 56 |
| | | 5 | 24 | 24 | 71 | 71 |
| | | 5.5 | 28 | 28 | 85 | 85 |
| | | 6 | 32 | 32 | 95 | 95 |

## 2. 螺纹公差带的选用

由螺纹公差等级和公差带位置组合，可得到各种公差带。为减少刀具、量具规格数量，提高经济效益，按表 8－7 和表 8－8 推荐公差带选用。由表可看出，内外螺纹在同一配合精度等级中，旋合长度不同，中径公差等级也不同，这是由螺距累积误差引起的。

根据使用场合，螺纹的公差精度分为精密、中等和粗糙 3 个等级。精密级适用于精密螺纹，当要求配合性质变动较小时采用，如飞机上采用的 4h 及 4H、5H 的螺纹；中等级用于一般用途选用，如 6H、6h、6g 等；粗糙级适用对精度要求不高或制造比较困难时采用，如热轧棒料螺纹和深盲孔内加工螺纹。

**表 8－7　内螺纹的推荐公差带（摘自 GB/T 197—2003）**

| 公差精度 | 公差带位置 G | | | 公差带位置 H | | |
|---|---|---|---|---|---|---|
| | *S* | *N* | *L* | *S* | *N* | *L* |
| 精　密 | — | — | — | 4H | 5H | 6H |
| 中　等 | (5G) | 6G | (7G) | 5H | [6H] | 7H |
| 粗　糙 | — | (7G) | (8G) | — | 7H | 8H |

**表 8－8　外螺纹的推荐公差带（摘自 GB/T 197—2003）**

| 公差精度 | 公差带位置 e | | | 公差带位置 f | | | 公差带位置 g | | | 公差带位置 h | | |
|---|---|---|---|---|---|---|---|---|---|---|---|---|
| | *S* | *N* | *L* | *S* | *N* | *L* | *S* | *N* | *L* | *S* | *N* | *L* |
| 精密 | — | — | — | — | — | — | — | (4g) | (5g4g) | (3h4h) | 4h | (5h4h) |
| 中等 | — | 6e | (7e6e) | | 6f | — | (5g6g) | [6g] | (7g6g) | (5h6h) | 6h | (7h6h) |
| 粗糙 | — | (8e) | (9e8e) | — | — | — | | 8g | (9g8g) | — | — | — |

表 8－7 内螺纹公差带和表 8－8 外螺纹公差带可以形成任意组合。但为满足使用要求，保证内、外螺纹间有足够的螺纹接触高度，保证足够的联接强度，推荐完工后的螺纹零件宜优先组成 H/g、H/h 或 G/h 的配合，其中 H/h 最小间隙为零，应用最广。对于公称直径小于和等于 1.4 mm 的螺纹，应选用 5H/6h、4H/6h 或更精密的配合。其他的配合应用在易装拆、高温下或需涂镀保护层的螺纹。如无其他特殊说明，推荐公差带适用于涂镀前螺纹，对需镀较厚保护层的螺纹可选 H/f、H/e 等配合。镀后实际轮廓上的任何点均不应超越按公差位置 H 或 h 所确定的最大实体牙型。

### 3. 螺纹标记

螺纹的完整标记由螺纹特征代号、尺寸代号、公差带代号及其他有必要作进一步说明的个别信息组成。普通螺纹特征代号为“M”；尺寸代号为“公称直径×螺距（或导程螺距）”。其中，单线螺纹只标出螺距，且粗牙螺纹省略；多线螺纹时必须标注导程及螺距。公差带包括中径公差带和顶径公差带（内螺纹用大写字母，外螺纹用小写字母），螺纹尺寸代号与公差带之间用“—”分开。其他信息包括螺纹的旋合长度和旋向，对左旋螺纹，应在旋合长度代号之后标出“LH”，如 M8×1—LH（公差带代号和旋合长度代号被省略）和 M6×0.75—5h6h—S—LH。

装配图上，其螺纹公差带代号用斜线分开，左边表示内螺纹公差带代号，右边表示外螺纹公差带代号，如 M20×2—6H/5g6g。

在下列情况下，中等公差精度螺纹不标注其公差带代号。内螺纹：5H　公称直径小于或等于 1.4 mm 时；6H　公称直径大于或等于 1.6 mm 时，对螺距为 0.2 mm 的螺纹，其公差等级为 4 级。外螺纹：6h　公称直径小于或等于 1.4 mm 时；6g　公称直径大于或等于 1.6 mm 时，如 M20（螺距、公差带代号、旋合长度代号及旋向均被省略）。

**【例 8-1】** 求出 M24-6H/5g6g 普通内、外螺纹的中径、大径和小径的公称尺寸，极限偏差和极限尺寸。

**解** ① 查表 8-2 得螺距 $P=3$ mm。

② 由表 8-1 查得大径 $D=d=24$ mm，中径 $D_2=d_2=22.051$ mm，小径 $D_1=d_1=20.752$ mm。

③ 由表 8-4 和表 8-5 查得极限偏差（mm）。

| | ES（es） | EI（ei） |
|---|---|---|
| 内螺纹大径 | 不规定 | 0 |
| 中径 | +0.265 | 0 |
| 小径 | +0.5 | 0 |
| 外螺纹大径 | −0.048 | −0.443 |
| 中径 | −0.048 | −0.208 |
| 小径 | −0.048 | 不规定 |

④ 计算极限尺寸（mm）。

| | 最大极限尺寸 | 最小极限尺寸 |
|---|---|---|
| 内螺纹大径 | 不超过实体牙型 | 24 |
| 中径 | 22.316 | 22.051 |
| 小径 | 21.252 | 20.752 |
| 外螺纹大径 | 23.952 | 23.557 |
| 中径 | 22.003 | 21.843 |
| 小径 | 20.704 | 不超过实体牙型 |

## 任务 8.4　熟悉螺纹的检测方法

螺纹的检测方法有两种，即综合检验和分项测量。

**1. 螺纹的综合检验（GB/T 3934—2003）**

综合检验是指同时检验螺纹的几个参数，采用螺纹极限量规（Gauges for General Purpose Screw Threads）来检验内、外螺纹的合格性。即按螺纹的最大实体牙型做成通端螺纹量规，以检验螺纹的旋合性；再按螺纹中径的最小实体尺寸做成止端螺纹量规，以控制螺纹联接的可靠性，从而保证螺纹结合件的互换性。螺纹综合检验只能评定内、外螺纹的合格性，不能测出实际参数的具体数值，但检验效率高，适用于批量生产的中等精度的螺纹。

1）用螺纹工作量规检验外螺纹

车间生产中，检验螺纹所用的量规称为螺纹工作量规（Working for General Purpose Screw Threads）。图 8-10 所示的是检验外螺纹大径用的光滑卡规和检验外螺纹用的螺纹环规。这些量规都有通规和止规，它们的检验项目如下。

（1）通端螺纹工作环规（$T$）

主要用来检验外螺纹作用中径（$d_{2作用}$），其次是控制外螺纹小径的最大极限尺寸（$d_{1max}$），是属于综合检验。因此，通端螺纹工作环规应有完整的牙型，其长度等于被检螺纹的旋合长度。合格的外螺纹都应被通端螺纹工作环规顺利地旋入，这样就保证了外螺纹的作用中径未超出最大实体牙型的中径，即 $d_{2作用}<d_{2max}$。同时，外螺纹的小径也不超出它的最大极限尺寸。

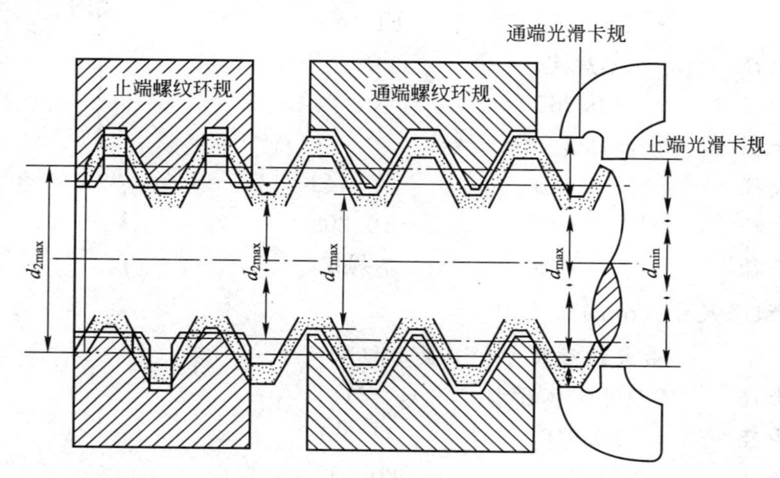


图 8-10　环规检验外螺纹

（2）止端螺纹工作环规（$Z$）

只是用来检验外螺纹单一中径这个参数。为了尽量减少螺距误差和牙型半角误差的影响，必须使它的中径部位与被检验的外螺纹接触，因此止端螺纹工作环规的牙型做成截短的不完整的牙型，并将止端螺纹工作环规的长缩短到 2～3.5 牙。

合格的外螺纹不应完全通过止规螺纹的工作环规，但仍允许旋合一部分。具体规定是：对小于或等于 4 牙的外螺纹，止端螺纹工作环规的旋合量不得多于 2 牙：对于大于 4 牙的外螺纹，止端螺纹工作环规的旋合量不得多于 3.5 牙。这些没有完全通过止端螺纹工作环规的外螺纹，说明它的单一中径没有超出最小实体牙型的中径，即 $d_{2s}>d_{2min}$。

（3）光滑极限卡规

它是用来检验外螺纹的大径尺寸。通端光滑卡规应该通过被检验外螺纹的大径，这样可以保证外螺纹大径不超过它的最大极限尺寸；止端光滑卡规不应该通过被检验的外螺纹大径，这样就可以保证外螺纹大径不小于它的最小极限尺寸。

2）用螺纹工作量规检验内螺纹

图 8-11 所示的是检验内螺纹小径用的光滑塞规和检验内螺纹用的螺纹塞规。这些量规都有通规和止规，它们对应的检验项目如下。

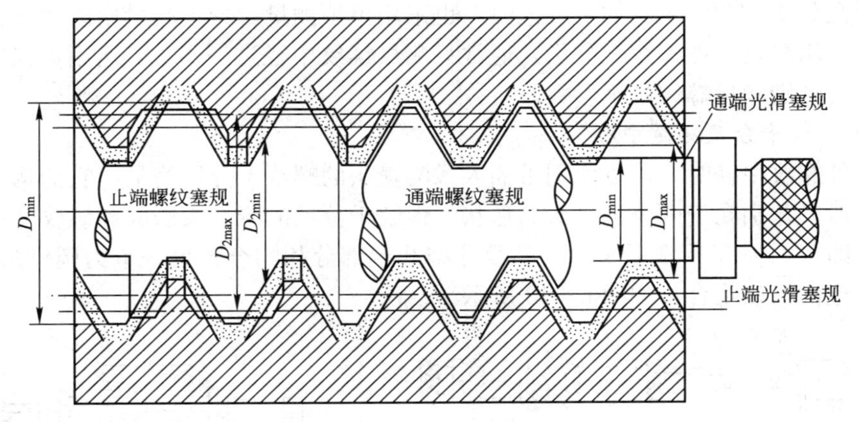


图 8-11 塞规检验内螺纹

(1) 通端螺纹工作塞规 ($T$)

主要用来检验内螺纹的作用中径 ($D_{2作用}$)，其次是控制内螺纹大径最小极限尺寸 ($D_{min}$)，也是综合检验。因此通端螺纹工作塞规应有完整的牙型，其长度等于被检螺纹的旋合长度。合格的内螺纹都应被通端螺纹工作塞规顺利地旋入，这样就保证了内螺纹的作用中径及内螺纹的大径不小于它们的最小极限尺寸，即 $D_{2作用}>D_{2min}$。

(2) 止端螺纹工作塞规 ($Z$)

只是用来检验内螺纹单一中径的一个参数。为了尽量减少螺距误差和牙型半角误差的影响，止端螺纹工作塞规缩短到 2～3.5 牙，并做成截短的不完整的牙型。合格的内螺纹不完全通过止端螺纹工作塞规，但仍允许旋合一部分，即对于小于或等于 4 牙的内螺纹，止端螺纹工作塞规从两端旋合量之和不得多于 2 牙；对于大于 4 牙的内螺纹，量规旋合量不得多于 2 牙，这些没有完全通过止端螺纹工作塞规的内螺纹说明它的单中径没有超过最小实体牙型的中径，即 $D_{2s}<D_{2max}$。

(3) 光滑极限塞规

它是用来检验内螺纹小径尺寸的。通端光滑塞规应通过被检验内螺纹小径，这样保证内螺纹小径不小于它的最小极限尺寸；止端光滑塞规不应通过被检验内螺纹小径，这样就可以保证内螺纹小径不超过它的最大极限尺寸。普通螺纹塞规及其光滑量规设计见 GB/T 3934—2003。

为了避免检验与验收时发生争议，制造者和检验者或验收者应使用同一合格的量规。若使用同一合格的量规有困难，操作者宜使用新的（或磨损少的）通端螺纹量规和磨损较多的（或接近磨损极限的）止端螺纹量规；检验者或验收者宜使用磨损较多（或接近磨损极限的）通端螺纹量规和新的（或磨损较少的）止端螺纹量规。当检验中发生争议时，若判定该工件内螺纹或工件外螺纹为合格的螺纹量规，经检定符合 GB/T 3934—2003 标准要求时，则该工件内螺纹或外螺纹应按合格处理。

**2. 螺纹的单项测量**

单项测量是指用量具或量仪测量螺纹每个参数的实际值，可以对各项误差进行分析，找出产生原因，从而指导生产。单项测量主要用于测量精密螺纹、螺纹量规、螺纹刀具等，在分析与调整螺纹加工工艺时，也采用单项测量。分项测量用的测量器具可分为两类：专用量具（如螺纹千分尺）通常只测量螺纹中径这一参数；通用量仪（如工具显微镜）可分别测量螺纹各个参数。

1）用螺纹千分尺测量中径

测量外螺纹中径时，可以使用带插入式测量头的螺纹千分尺测量。它的构造与外径千分尺相似，差别在于两个测量头的形状。螺纹千分尺的测量头做成和螺纹牙型相吻合的形状，即一个为V形测量头，与螺纹牙型凸起部分相吻合；另一个为圆锥形测量头，与螺纹牙型沟槽相吻合，如图8-12所示。

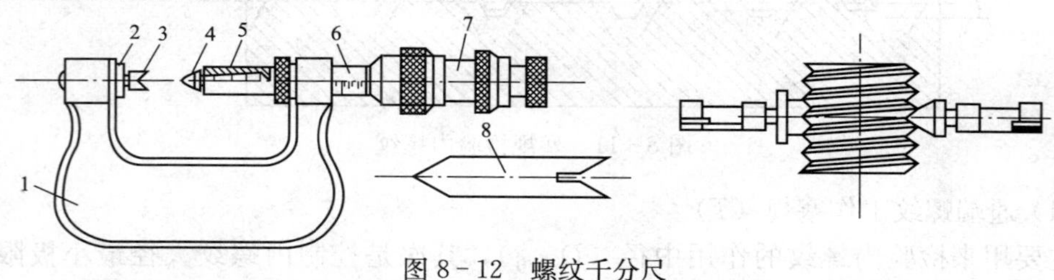


图8-12 螺纹千分尺

1—螺纹千分尺弓架；2—架砧；3—V形测量头；4—圆锥形测量头；5—主量杆；6—内套筒；7—外套筒；8—校对样板

这种螺纹千分尺有可换测量头，每对测量头只能用来测量一定螺距范围的螺纹。螺纹千分尺有0～25 mm至325～350 mm等数种规格。

用螺纹千分尺测量外螺纹中径时，读得的数值是螺纹中径的实际尺寸，它不包括螺距误差和牙型半角误差在中径上的当量值。但是螺纹千分尺的测量头是根据牙型角和螺距的标准尺寸制造的，当被测量的外螺纹存在螺距和牙型半角误差时，测量头与被测量的外螺纹不能很好地吻合，所以测出的螺纹中径的实际尺寸误差相当显著，一般误差为0.05～0.20 mm。因此，螺纹千分尺只能用于工序间测量或对粗糙级的螺纹工件测量，而不能用来测量螺纹切削工具和螺纹量具。

2）三针测量螺纹中径（GB/T 22522—2008）

如图8-13所示，用接触三针量法是将三根直径相同的量针，放在螺纹牙型沟槽中间，用接触式量仪或测微量具测出三根量针外母线之间的跨距$M$，根据已知的螺距$P$、牙型半角$\alpha/2$及量针直径$d_0$的数值算出中径$d_2$。

由图8-14可知，

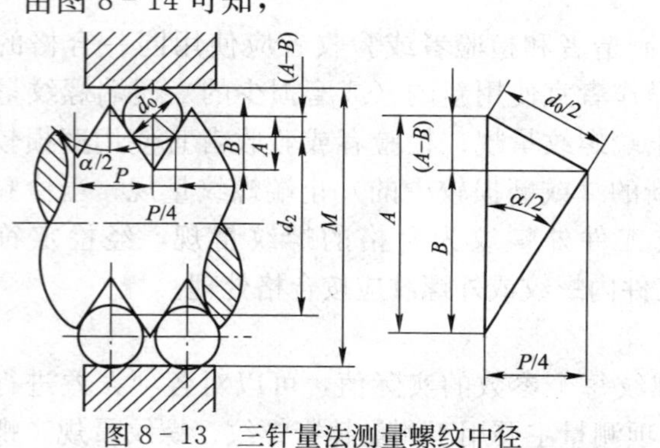


图8-13 三针量法测量螺纹中径

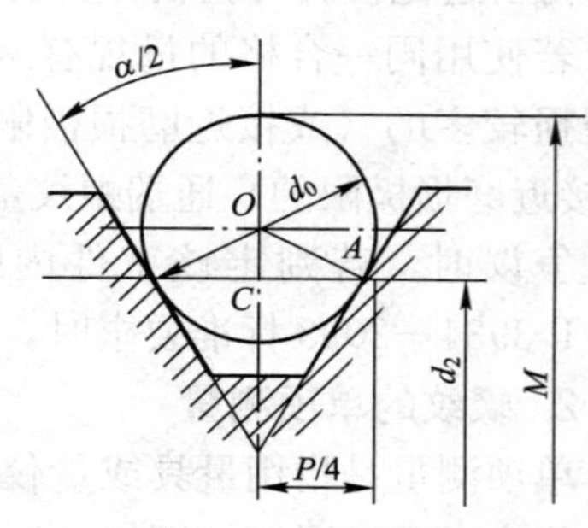


图8-14 最佳量针

$$M=d_2+2(A-B)+d_0$$

式中

$$A=\frac{d_0}{2\sin\frac{\alpha}{2}},\ B=\frac{P}{4}\cot\frac{\alpha}{2}$$

则

$$M=d_2+2\left[\frac{d_0}{2\sin\frac{\alpha}{2}}-\frac{P}{4}\cot\frac{\alpha}{2}\right]+d_0$$

故

$$d_2=M-d_0\left[1+\frac{1}{2\sin\frac{\alpha}{2}}\right]+\frac{P}{4}\cot\frac{\alpha}{2}$$

对于公制普通螺纹 $\alpha=60°$，则

$$d_2=M-3d_0+0.886P$$

从上述公式可知，用三针量法的测量精度，除所选量仪的示值误差和量针本身的误差外，还与被检螺纹的螺距误差和牙型半角误差有关。为了消除牙型半角误差对测量结果的影响，应选最佳量针 $d_{0(最佳)}$，使它与螺纹牙型侧面的接触点恰好在中径线上，如图 8-14 所示。

$$\angle CAO=\frac{\alpha}{2},\ AC=\frac{P}{4},\ OA=\frac{d_{0(最佳)}}{2}$$

则

$$\cos\frac{\alpha}{2}=\frac{AC}{OA}=\frac{P}{2d_{0(最佳)}}$$

故

$$d_{0(最佳)}=\frac{P}{2\cos\frac{\alpha}{2}}=\frac{P}{\sqrt{3}}$$

从上式可以看出，若对每种螺距给相应的最佳量针的直径，这样量针的种类将增加到 20 多种，这是该量法不足之处。但是可计算出螺纹的单一中径，且计算公式可以简化成下式。

$$d_{2单一}=M-1.5d_{0最佳}$$

三针的精度分为两个等级，即 0 级和 1 级两种。0 级三针主要用来测量螺纹中径公差在 4～8 μm 的螺纹工件；1 级量针用来测量螺纹中径公差在 8 μm 以上的螺纹工件。

用三针量法的测量精度比目前常用的其他方法的测量精度要高，且在生产条件下，应用也较方便，是目前应用最广的一种测量方法。

3）用工具显微镜测量螺纹各参数

工具显微镜是一种以影像法作为测量基础的精密光学仪器，加测量刀后能以轴切法

来进行更精确的测量。它可以测量精密螺纹的基本参数（大径、中径、小径、螺距、牙型半角），也可以测量轮廓复杂的样板、成型刀具、冲模及其他各种零件的长度、角度、半径等，因此在工厂的计量室和车间中应用普遍。

工具显微镜有万能、大型、小型三种，图 8-15 所示是大型工具显微镜的外观图。

在大型工具显微镜上，回转工作台 16 可沿底座 23 上的导轨在两个互相垂直方向上移动，测微螺杆 17 和 19 分别用来移动和读出纵向和横向移动的距离，测微计测量范围为 0～25 mm，分度值为 0.01 mm。为了扩大测量范围，在滑板 1 和 20 与测微螺杆之间加上不同尺寸的量块，其最大移动距离，纵向增大至 150 mm，横向增大至 50 mm。

旋转手轮 18 可使工作台在水平面内旋转 360°，转过的角度可由工作台的圆周刻度及固定游标读出，游标的分度值为 3′。在圆工作台中央装有透明载物台 15（一般用厚的平玻璃做成），被测螺纹可直接安置在台面上进行测量。

旋转手柄 6 使悬臂 7 沿支臂 5 上下移动，进行显微镜的粗调焦距，精调焦距可旋动旋钮 12，通过一套多头螺纹传动来完成。借助手轮 14 可使支臂绕轴心左右倾斜，倾斜角度可由螺旋读数套 13 读出，倾斜角度范围为±12°。

物镜管座 8 以螺纹旋入悬臂中，物镜共有 4 支，其放大倍率是 $1^x$、$1.5^x$、$3^x$、$5^x$，根据不同放大倍率选用后直接插在物镜管座内，管座上端设有棱镜座 9，内装正像棱镜，11 为测角目镜，其放大倍率为 $10^x$，则总的放大倍率为 $10^x$、$15^x$、$30^x$、$50^x$。其中：2 为移动导轨，3 为玻璃刻度盘，4 为支座，10 为反射镜，21 为调节螺栓，24 为固定导轨。

图 8-16 为大型工具显微镜的光学系统示意图。

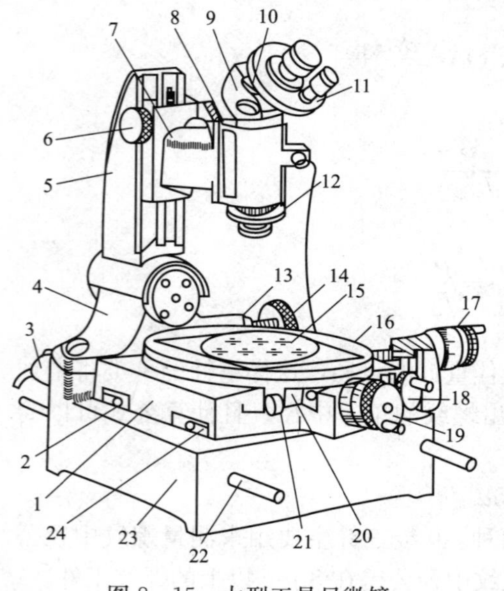


图 8-15 大型工具显微镜

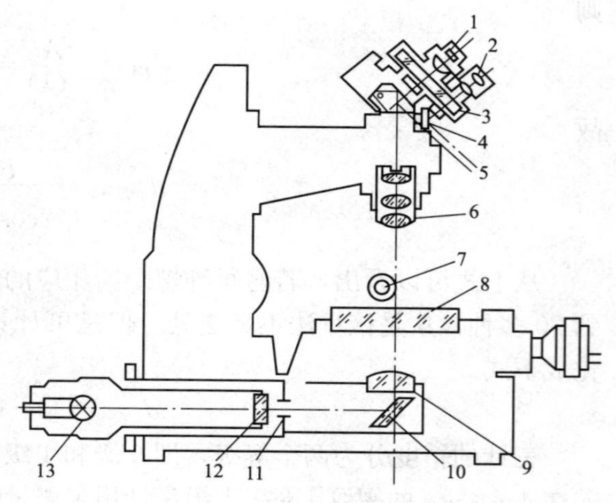


图 8-16 工具显微镜的光学系统简图

由光源 13 发出的光线通过滤光片 12 和可变光阑 11 后射向反射镜 10，入射光线经反射镜后垂直向上，并经聚光镜 9 形成远心光束来照明透明载物台 8 上的被测工件 7，最后射入显微镜系统（6 为物镜、5 为正像棱镜、4 为反射镜、3 是装在目镜头里的具有交叉刻线和角度刻线的可以转动的玻璃刻度盘)，然后从目镜 2 和 1 射出。这样，通过目镜不仅可以看到被测工件的阴影轮廓，而且还可以看到交叉刻线，通过角度目镜 2 可以看到刻在玻璃刻度盘上的角度刻线，其分度值是 1°，另外还可看到游标分划板，其分度值是 1′。根据不同测量要求，可选用螺纹轮廓目镜或测角目镜。螺纹轮廓目镜用于测量角度及轮廓外形的角度偏差；测角目镜用于角度、螺纹及坐标的测量。

图 8－17（a）所示为测角目镜的外形图，图中 1 为平面反射镜，将光线反射到角度目镜 5 中，4 为中央目镜，3 为玻璃刻度盘，旋钮 2 可使玻璃刻度盘转动，角度目镜中的读数也随着变化，玻璃刻度盘转动前后两次读数之差就是玻璃刻度盘所转过的角度。6 为分度值为 1′的固定游标分划板。

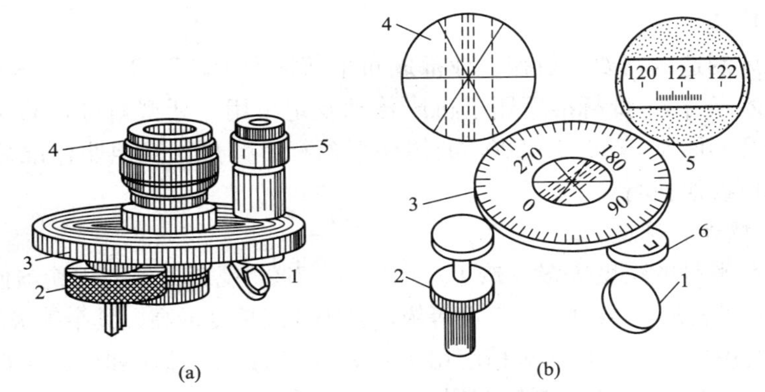


图 8－17　测角目镜

图 8－17（b）为测角目镜结构图。目镜分划板与玻璃刻度盘同时转动，分划板有下列刻线：一个十字线；与十字线纵线平行，对称分布四条刻线；两条相交的斜线与上述刻线成 30°交角；在玻璃刻度盘的边缘有 0°～360°的刻度，通过显微镜的同定游标分划板，可读到分度值为 1′的精度。

用测角目镜可以对螺纹各半单项参数进行测量，测量方法有影像法和轴切法。

影像法是用工具显微镜中目镜的中心虚线与螺纹牙侧面的阴影边界直接对准后进行测量，如图 8－18 所示。

轴切法是使用专用测量刀上面的细刻线（宽 3～4 μm，距离为 0.3 或 0.9，与刀刃平行）代替牙廓影像进行瞄准测量，如图 8－19 所示。

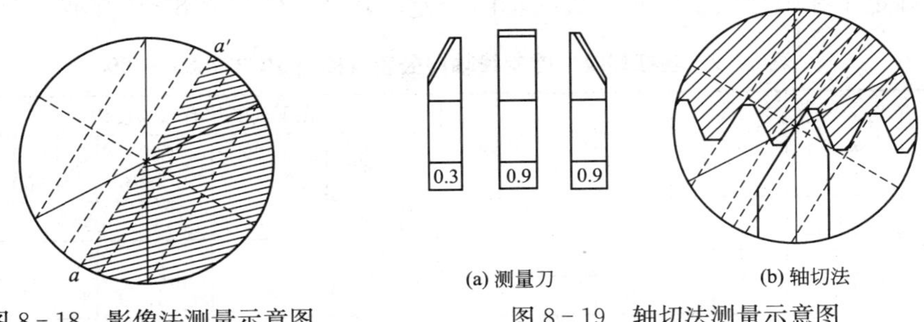


图 8－18　影像法测量示意图　　图 8－19　轴切法测量示意图

# 任务 8.5 熟悉螺旋副的公差

机械中常用的螺旋副有滑动丝杠螺纹副和滚动螺旋副两种。

**1. 丝杠螺纹副的公差及标准**

丝杠和丝杠螺母是传递精确位移的传动零件，将旋转运动变为直线运动。丝杠和丝杠螺母常采用牙型角为 30°的单线梯形螺纹（Trapezoidal Screw Threads），其基本牙型、公称尺寸和公差均采用 GB/T 5796—2005 的规定。丝杠不仅用于传递运动和动力，还用于精确地传递位移。

为适应机床制造的需要，机械工业部颁布了部标准 JB/T 2886—2008《机床梯形丝杠、螺母　技术条件》，此标准适用于机床传动及定位用、牙型角符合 GB/T 5796.1—2005、螺距符合 GB/T 5796.2—2005 的线梯形丝杠、螺母。其他非标准牙型角的梯形丝杠、螺母亦可参照执行。

1）丝杠、螺母的精度等级

机床丝杠和螺母的精度等级，按 JB/T 2886—2008 规定：根据用途与使用要求，分为 3、4、5、6、7、8、9 级共 7 个精度等级，其中 3 级精度最高，其余等级的精度依次降低。各级精度的用途如下：3、4 级精度用于超高精度的坐标镗床和坐标磨床的传动定位丝杠和螺母；5、6 级精度用于高精度的螺纹磨床、齿轮磨床和丝杠车床中的主传动丝杠和螺母；7 级精度用于精密螺纹车床、齿轮机床、镗床和平面磨床等的精确传动丝杠和螺母；8 级精度用于卧式车床和普通铣床的进给丝杠和螺母；9 级精度用于低精度的进给机构。

2）影响丝杠传递位移精度的公差项目及其规定

（1）螺旋线轴线公差（helical axial tolerance）

螺旋线轴向误差是在中径线上实际螺旋线相对于理论螺旋线在轴向偏离的最大代数差值。它较综合地反映了丝杠传动误差，标准规定用螺旋线公差加以限制。螺旋线轴向公差是指螺旋线轴向实际测量值相对于理论值允许的变动量，它包括 2πrad 和任意 25 mm、100 mm、300 mm 螺纹长度内和螺纹有效长度内的螺旋线轴向公差，用 $\delta_{L25}$、$\delta_{L100}$ 和 $\delta_{L300}$ 表示。但由于测量螺旋线轴向误差的动态测量仪尚未普及，所以只对 3～6 级丝杠规定了在中径线上测量螺旋线轴向公差，其公差值如表 8-9 所示。

**表 8-9　丝杠螺纹的螺旋线轴向公差（摘自 JB/T 2886—2008）**

| 精度等级 | $\delta_{2\pi}$ | $\delta_{L25}$ | $\delta_{L100}$ | $\delta_{L300}$ | 在下列螺纹有效长度内的 $\delta_{Lu}$/mm | | | | |
|---|---|---|---|---|---|---|---|---|---|
| | | | | | ≤1 000 | >1 000～2 000 | >2 000～3 000 | >3 000～4 000 | >4 000～5 000 |
| | 允差 μm | | | | | | | | |
| 3 | 0.9 | 1.2 | 1.8 | 2.5 | 4 | — | — | — | — |
| 4 | 1.5 | 2 | 3 | 4 | 6 | 8 | 12 | — | — |
| 5 | 2.5 | 3.5 | 4.5 | 6.5 | 10 | 14 | 19 | — | — |
| 6 | 4 | 7 | 8 | 11 | 16 | 21 | 37 | 33 | 39 |

（2）螺距公差（pitch tolerance）

螺距误差是指螺距的实际尺寸相对于公称尺寸的最大代数差值，以 $\Delta P$ 表示，用螺距公差加以限制。螺距公差是指螺距的实际尺寸相对于公称尺寸允许的变动量，用 $\delta_P$表示。对于高精度丝杠，用螺距公差来评定是不全面的，因为各单个螺距误差只是丝杠螺旋面上一些个别点，不能反映螺距面上的全部误差，因此它只适合评定 7～9 级的丝杠螺纹。

螺距累积误差是指在规定的程度内，螺纹牙型任意两同侧表面间的轴向实际尺寸相对于公称尺寸的最大代数差值。在丝杠螺纹的任意 60 mm、300 mm 螺纹长度内及螺纹有效长度内考核，分别用 $\Delta P_L$、$\Delta P_{Lu}$表示，用螺距累积公差加以限制。螺距累积公差（cumulative pitch tolerance）是指在规定的程度内，螺纹牙型任意两同侧表面间的轴向实际尺寸相对于公称尺寸的允许变动量。它包括任意 60 mm、300 mm 螺纹长度内的螺距累积公差及螺纹有效长度内的螺距累积公差，分别用$\delta_{P60}$、$\delta_{P100}$和 $\delta_{PLu}$表示，其公差值如表 8－10 所示。

**表 8－10　丝杠螺纹的螺距公差和螺距累积公差（摘自 JB/T 2886—2008）**

| 精度等级 | $\delta_P$ | $\delta_{P60}$ | $\delta_{L300}$ | 在下列螺纹有效长度内的 $\delta_{Lu}$/mm | | | | | |
|---|---|---|---|---|---|---|---|---|---|
| | | | | ≤1 000 | >1 000～2 000 | >2 000～3 000 | >3 000～4 000 | >4 000～5 000 | >5 000 长度每增加 1 000，$\delta_{PLu}$增加 |
| | 允差/μm | | | | | | | | |
| 7 | 6 | 10 | 18 | 28 | 36 | 44 | 52 | 60 | 8 |
| 8 | 12 | 20 | 35 | 55 | 65 | 75 | 85 | 95 | 10 |
| 9 | 25 | 40 | 70 | 110 | 130 | 150 | 170 | 190 | 20 |

（3）牙型半角极限偏差

丝杠牙型半角误差对丝杠的位移精度也有影响，它还使丝杠与螺母不能全面接触，影响磨损程度，因而标准中规定了牙型半角的极限偏差，它用于 4～8 级丝杠，具体数值如表 8－11 所示。

**表 8－11　丝杠螺纹牙型半角极限偏差（摘自 JB/T 2886—2008）**

| 螺距 $P$ /mm | 精度等级 | | | | | | |
|---|---|---|---|---|---|---|---|
| | 3 | 4 | 5 | 6 | 7 | 8 | 9 |
| | 牙型半角极限偏差（′） | | | | | | |
| 2～5 | ±8 | ±10 | ±12 | ±15 | ±20 | ±30 | ±30 |
| 6～10 | ±6 | ±8 | ±10 | ±12 | ±18 | ±25 | ±28 |
| 12～20 | ±5 | ±6 | ±8 | ±10 | ±15 | ±20 | ±25 |

3）影响丝杠传动间隙的公差项目及其规定

（1）丝杠直径的极限偏差

在丝杠与螺母结合中主要是中径配合。丝杠螺纹有效长度上中径尺寸变动会影响丝杠与螺母配合间隙的均匀性和两旋转面的一致性，故规定了丝杠螺纹有效长度公差值，如表 8 - 12 所示。其变动量大小在同一轴截面内测量。

表 8 - 12 丝杠螺纹有效长度上中径尺寸的一致性公差

| 精度等级 | 螺纹有效长度/mm | | | | | |
|---|---|---|---|---|---|---|
| | ≤1 000 | >1 000~2 000 | >2 000~3 000 | >3 000~4 000 | >4 000~5 000 | >5 000，长度每增加 1 000，一致性公差应增加 |
| | 螺纹中径的尺寸一致性公差 | | | | | |
| | 允差/μm | | | | | |
| 3 | 5 | — | — | — | — | — |
| 4 | 6 | 11 | 17 | — | — | — |
| 5 | 8 | 15 | 22 | 30 | 38 | — |
| 6 | 10 | 20 | 30 | 40 | 50 | 5 |
| 7 | 12 | 26 | 40 | 53 | 65 | 10 |
| 8 | 16 | 36 | 53 | 70 | 90 | 20 |
| 9 | 21 | 48 | 70 | 90 | 116 | 30 |

为了使丝杠易于旋转和储存润滑油，故在大径、中径、小径处均留有间隙。因而标准对丝杠大、中、小径规定了保证有间隙的一种公差带，且公差值较大，如表 8 - 13 所示。

表 8 - 13 丝杠螺纹的大径、中径、小径的极限偏差（摘自 JB/T 2886—2008）

| 螺距 $P$ /mm | 公称直径 $d$ /mm | 螺纹大径 | | 螺纹中径 | | 螺纹小径 | |
|---|---|---|---|---|---|---|---|
| | | 下偏差 | 上偏差 | 下偏差 | 上偏差 | 下偏差 | 上偏差 |
| | | 允差/μm | | | | | |
| 2 | 10~16<br>16~28<br>30~42 | −100 | 6 | −294<br>−314<br>−350 | −34 | −362<br>−388<br>−399 | 0 |
| 3 | 10~14<br>22~28<br>30~44<br>46~60 | −150 | 0 | −336<br>−360<br>−392<br>−392 | −37 | −410<br>−447<br>−465<br>−478 | 0 |
| 4 | 16~20<br>44~60<br>65~80 | −200 | 0 | −400<br>−438<br>−462 | −45 | −485<br>−534<br>−565 | 0 |
| 5 | 22~28<br>30~42<br>85~110 | −250 | 0 | −462<br>−482<br>−530 | −52 | −565<br>−578<br>−650 | 0 |
| 6 | 30~42<br>44~60<br>65~80<br>120~150 | −300 | 0 | −522<br>−550<br>−572<br>−585 | −56 | −635<br>−646<br>−665<br>−720 | 0 |

续表

| 螺距 P /mm | 公称直径 d /mm | 螺纹大径 | | 螺纹中径 | | 螺纹小径 | |
|---|---|---|---|---|---|---|---|
| | | 下偏差 | 上偏差 | 下偏差 | 上偏差 | 下偏差 | 上偏差 |
| | | 允差/μm | | | | | |
| 8 | 22～28<br>44～60<br>65～80<br>160～190 | −400 | 0 | −590<br>−620<br>−656<br>−682 | −67 | −720<br>−758<br>−765<br>−830 | 0 |
| 10 | 30～40<br>44～60<br>65～80<br>200～220 | −550 | 0 | −680<br>−696<br>−710<br>−738 | −75 | −820<br>−854<br>−865<br>−900 | 0 |
| 12 | 30～42<br>44～60<br>65～80<br>85～110 | −600 | 0 | −754<br>−772<br>−789<br>−800 | −82 | −892<br>−948<br>−955<br>−978 | 0 |

（2）丝杠螺纹的大径对螺纹轴线的径向跳动

丝杠螺纹的大径对螺纹轴线的径向跳动对传动间隙有很大影响，用千分表和顶尖进行测量，其数值如表 8－14 所示。

**表 8－14　丝杠大径径向圆跳动公差（摘自 JB/T 2886—2008）**

| 长径比 | 精度等级 | | | | | | |
|---|---|---|---|---|---|---|---|
| | 3 | 4 | 5 | 6 | 7 | 8 | 9 |
| ≤10 | 2 | 3 | 5 | 8 | 16 | 32 | 63 |
| >10～15 | 2.5 | 4 | 6 | 10 | 20 | 40 | 80 |
| >15～20 | 3 | 5 | 8 | 12 | 25 | 50 | 100 |
| >20～25 | 4 | 6 | 10 | 16 | 40 | 63 | 125 |
| >25～30 | 5 | 8 | 12 | 20 | 50 | 80 | 160 |
| >30～35 | 6 | 10 | 16 | 25 | 60 | 100 | 200 |
| >35～40 | — | 12 | 20 | 32 | 80 | 125 | 250 |
| >40～45 | — | 16 | 25 | 40 | 100 | 160 | 315 |
| >45～50 | — | 20 | 32 | 50 | 120 | 200 | 400 |
| >50～60 | — | — | — | 63 | 150 | 250 | 500 |
| >60～70 | — | — | — | 80 | 180 | 315 | 630 |
| >70～80 | — | — | — | 100 | 220 | 400 | 800 |
| >80～90 | — | — | — | — | 280 | 500 | — |

注：长径比是指丝杠全长与螺纹公称直径之比。

4）影响螺母传动精度的公差项目及其规定

对于与丝杠配合的螺母，因其大径、小径与丝杠并不接触，故对各级螺母只规定一种公差带，且公差值较大，如表 8－15 所示。

表 8-15 螺母螺纹的大径、小径的极限偏差（摘自 JB/T 2886—2008）

| 螺距 $P$/mm | 公称直径 $d$/mm | 螺纹大径 | | 螺纹小径 | |
|---|---|---|---|---|---|
| | | 上极限偏差 | 下极限偏差 | 上极限偏差 | 下极限偏差 |
| | | 允差/μm | | | |
| 2 | 10～16<br>18～28<br>30～42 | +328<br>+355<br>+370 | 0 | +100 | 0 |
| 3 | 10～14<br>22～28<br>30～44<br>46～60 | +372<br>+408<br>+440 | 0 | +150 | 0 |
| 4 | 16～20<br>44～60<br>65～80 | +440<br>+490<br>+520 | 0 | +200 | 0 |
| 5 | 22～28<br>30～42<br>85～110 | +515<br>+528<br>+595 | 0 | +250 | 0 |
| 6 | 30～42<br>44～60<br>65～80<br>120～150 | +578<br>+590<br>+610<br>+660 | 0 | +300 | 0 |
| 8 | 22～28<br>44～60<br>65～80<br>160～190 | +650<br>+690<br>+700<br>+765 | 0 | +400 | 0 |
| 10 | 30～42<br>44～60<br>65～80<br>200～220 | +745<br>+778<br>+790<br>+825 | 0 | +500 | 0 |

而螺母这一内螺纹的螺距累积误差和半角误差难以测量，故用中径公差加以综合控制。由于螺母的中径公差随丝杠的精度和螺距的不同而不同，精度越高，公差越小，保证间隙也越小。对于高精度的丝杠、螺母，生产中采用螺母按丝杠配作；对 6 级以上配作螺母的丝杠，公差带宽度相对于公称尺寸的零线两侧对称分布。换言之，即对配作螺母的丝杠，允许丝杠中径实际值大于公称尺寸。考虑到丝杠中径的几何误差会影响配合间隙的均匀性（一边间隙大，另一边间隙小；以及轴向的间隙不均匀），标准对螺母与丝杠配作的径向间隙作了规定，如表 8-16 所示。

表 8-16 螺母与丝杠配作的径向间隙（摘自 JB/T 2886—2008）

| 精度等级 | 螺纹有效长度/mm | | | | | |
|---|---|---|---|---|---|---|
| | ≤1 000 | >1 000～2 000 | >2 000～3 000 | >3 000～4 000 | >4 000～5 000 | >5 000，长度每增加 1 000，径向间隙应增加 |
| | 螺母与丝杠配作的径向间隙/μm | | | | | |
| 3 | 15～30 | — | — | — | — | — |

续表

| 精度等级 | 螺纹有效长度/mm | | | | | |
|---|---|---|---|---|---|---|
| | ≤1 000 | >1 000～2 000 | >2 000～3 000 | >3 000～4 000 | >4 000～5 000 | >5 000，长度每增加1 000，径向间隙应增加 |
| | 螺母与丝杠配作的径向间隙/μm | | | | | |
| 4 | 20～40 | 20～50 | 30～60 | — | — | — |
| 5 | 30～60 | 30～70 | 30～80 | 40～100 | — | — |
| 6 | 60～100 | 60～100 | 70～120 | 70～140 | 80～150 | — |
| 7 | 100～150 | 100～160 | 100～180 | 120～200 | 120～220 | 10 |
| 8 | 120～180 | 120～200 | 120～210 | 140～230 | 160～260 | 20 |
| 9 | 160～240 | 160～240 | 160～260 | 180～280 | 200～300 | 30 |

注：本表不适用于有消除间隙结构或整体螺母的丝杠、螺母剂。

标准还规定了丝杠和螺母的表面结构，如表 8－17 所示。

**表 8－17　丝杠和螺母表面结构参数 Ra 值（摘自 JB/T 2886—2008）**　单位：μm

| 精度等级 | 螺纹大径 | | 牙型侧面 | | 螺纹小径 | |
|---|---|---|---|---|---|---|
| | 丝杠 | 螺母 | 丝杠 | 螺母 | 丝杠 | 螺母 |
| 3 | 0.2 | 3.2 | 0.2 | 0.4 | 0.8 | 0.8 |
| 4 | 0.4 | 3.2 | 0.4 | 0.8 | 0.8 | 0.8 |
| 5 | 0.4 | 3.2 | 0.4 | 0.8 | 0.8 | 0.8 |
| 6 | 0.4 | 3.2 | 0.4 | 0.8 | 1.6 | 0.8 |
| 7 | 0.8 | 6.3 | 0.8 | 1.6 | 3.2 | 1.6 |
| 8 | 0.8 | 6.3 | 1.6 | 1.6 | 6.3 | 1.6 |
| 9 | 1.6 | 6.3 | 1.6 | 1.6 | 6.3 | 1.6 |

符合标准的机床丝杠、螺母产品的标志由产品代号、公称直径、螺距、螺纹旋向及螺纹精度等组成，其标识如下。

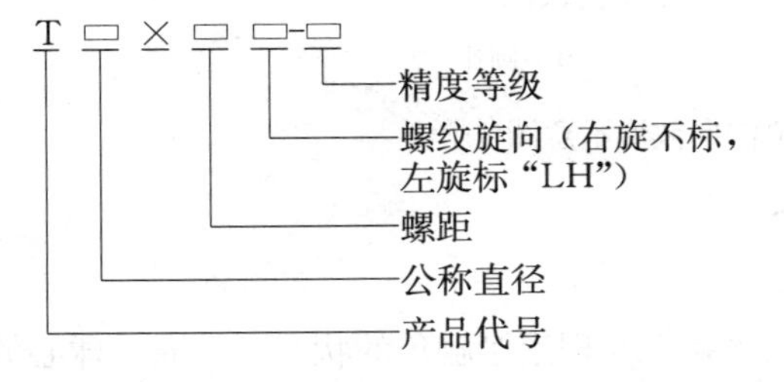


示例：

公称直径 55 mm，螺距 12 mm，精度 6 级的右旋螺纹：T55×12－6

公称直径 55 mm，螺距 12 mm，精度 6 级的左旋螺纹：T55×12LH－6

**2. 滚珠丝杠副（ball screw）公差及标准（GB/T 17587—1998）**

滑动丝杠副摩擦阻力大、传动效率低，低速或微调时可能出现爬行、磨损快，螺纹侧隙造成空行程和定位精度差等不足。而滚动螺旋副则具有摩擦阻力小、传动效率高（可达 90%以上）等优点，具有可逆性；运转平稳，启动时无颤动，螺母和螺杆经调整预紧可达很高的定位精度（5 μm/300 mm）和重复定位精度（1～2 μm），并可提高轴向刚度，且工作寿命长，不易发生故障等优点，被广泛应用于数控机床、精密机床、测试机械、仪器的传动螺旋和调整螺旋、起重机和汽车等的传力螺旋，以及飞行器、船舶、兵器等自控系统的传动和传力螺旋。

滚动螺旋副又称滚珠丝杠副，如图 8 - 20 所示，它由螺母 1、钢球 2、挡球器或反向器 3、螺杆 4 及其他零件组成。它将旋转运动变为直线运动，或将直线运动变为旋转运动。

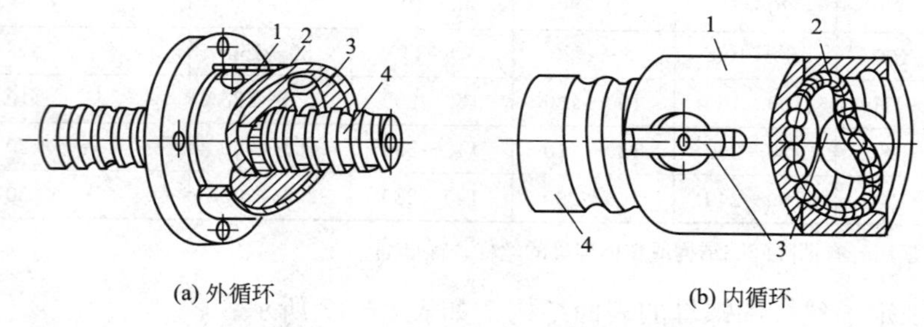


图 8 - 20　滚动螺旋传动的组成

按用途不同，滚珠丝杠副可分为定位滚珠丝杠副 P 型（positioning ball screw(type P)）和传动丝杠副 T 型（transport ball screw(type T)）。定位滚珠丝杠副用于定位且能够根据旋转角度和导程间接测量轴向行程，这种丝杠副是无间隙的（或称预紧滚珠丝杠副）。传动丝杠副用于传递力的滚珠丝杠副，其轴向行程的测量由与旋转角度和导程无关的装置来完成。

按滚道法面形状不同，可分为单圆弧和双圆弧两种如图 8 - 21 所示；按滚珠的循环方式不同，可分为外循环和内循环两种，如图 8 - 20 所示。

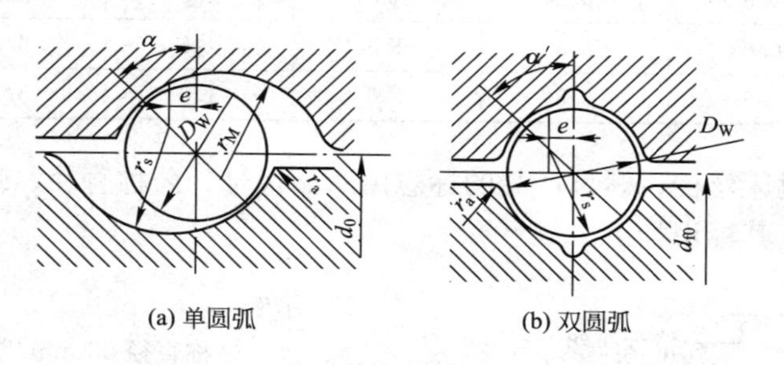


图 8 - 21　滚道法向截形示意图

1）滚动螺旋副的主要参数和标注方法

（1）公称直径（nominal diameter，$d_0$）

公称直径用于标识的尺寸值。为滚珠与滚道接触在理论接触角的状态时，通过球心的圆柱直径，它是滚珠丝杠副非特征尺寸值（无公差）。标准直径系列：6 mm、8 mm、10 mm、12 mm、16 mm、20 mm、25 mm、32 mm、40 mm、50 mm、63 mm、80 mm、100 mm、125 mm、160 mm、200 mm。

（2）公称导程（specified lead，$P_{h0}$）

公称导程是指滚珠螺母相对滚珠丝杠旋转 $2\pi$ 弧度时的导程值。通常用于尺寸标识的导程值（无公差），标准公称导程系列：1 mm、2 mm、2.5 mm、3 mm、4 mm、5 mm、6 mm、8 mm、10 mm、12 mm、16 mm、20 mm、25 mm、32 mm、40 mm。公称导程的优先系列：2 mm、2.5 mm、5 mm、10 mm、20 mm、40 mm。

公称直径和公称导程的优先组合如表 8-18 所示。

**表 8-18　公称直径和公称导程的组合（摘自 GB/T 17587.2—1998）**　单位：mm

| 公称直径 | 公称导程 | | | | | | | | | | | | | | |
|---|---|---|---|---|---|---|---|---|---|---|---|---|---|---|---|
| 6 | 1 | 2 | 2.5 | | | | | | | | | | | | |
| 8 | 1 | 2 | 2.5 | 3 | | | | | | | | | | | |
| 10 | 1 | 2 | 2.5 | 3 | 4 | 5 | 6 | | | | | | | | |
| 12 | | 2 | 2.5 | 3 | 4 | 5 | 6 | 8 | 10 | 12 | | | | | |
| 16 | | 2 | 2.5 | 3 | 4 | 5 | 6 | 8 | 10 | 12 | 16 | | | | |
| 20 | | | | 3 | 4 | 5 | 6 | 8 | 10 | 12 | 16 | 20 | | | |
| 25 | | | | | 4 | 5 | 6 | 8 | 10 | 12 | 16 | 20 | 25 | | |
| 32 | | | | | 4 | 5 | 6 | 8 | 10 | 12 | 16 | 20 | 25 | 32 | |
| 40 | | | | | | 5 | 6 | 8 | 10 | 12 | 16 | 20 | 25 | 32 | 40 |
| 50 | | | | | | 5 | 6 | 8 | 10 | 12 | 16 | 20 | 25 | 32 | 40 |
| 63 | | | | | | 5 | 6 | 8 | 10 | 12 | 16 | 20 | 25 | 32 | 40 |
| 80 | | | | | | | 6 | 8 | 10 | 12 | 16 | 20 | 25 | 32 | 40 |
| 100 | | | | | | | | | 10 | 12 | 16 | 20 | 25 | 32 | 40 |
| 125 | | | | | | | | | 10 | 12 | 16 | 20 | 25 | 32 | 40 |
| 160 | | | | | | | | | | 12 | 16 | 20 | 25 | 32 | 40 |
| 200 | | | | | | | | | | 12 | 16 | 20 | 25 | 32 | 40 |

注：表中带“_”的为优先组合，其余为一般组合。

滚动螺旋副的螺纹标注方法如图 8-22 所示。

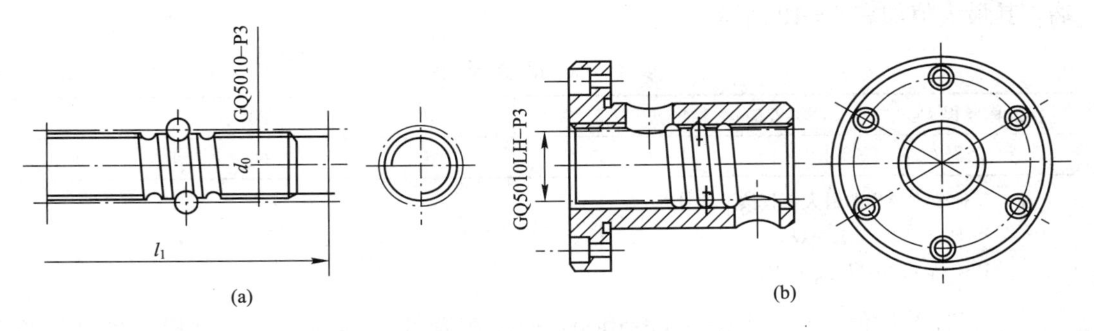


图 8-22　滚动螺旋副螺纹标注示例

(3) 滚动螺旋副的型号（GB/T 17587.1—1998）

滚珠丝杠副的标识符号应包括下列给定顺序排列的内容。

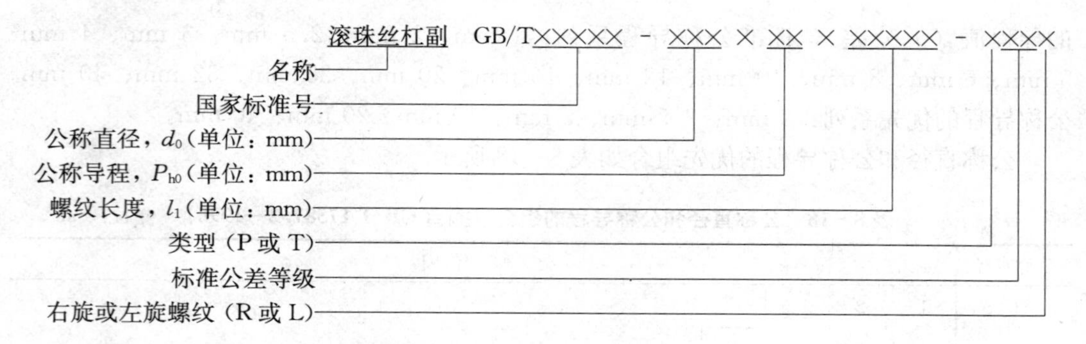


2）滚动螺旋副的精度

根据GB/T 17587.1—2008，按使用范围及要求分为7个精度等级，即1、2、3、4、5、7和10级，精度和性能依次由高到低。一般情况下，标准公差等级1、2、3、4和5级的滚珠丝杠副采用预紧型式，而7和10级的采用非预紧型式。

3）常用术语

① 公称导程（nominal lead，$P_{h0}$）。通常用作尺寸标识的导程值（无误差）。

② 目标导程（specified lead，$P_{hs}$）。根据实际使用需要提出的具有方向目标要求的导程。一般这个导程值比公称导程稍小一点，用于补偿丝杠在工作时由于温度上升和载荷引起的伸长量。

③ 公称行程（nominal travel，$l_0$）。公称导程与旋转圈数的乘积。

④ 目标行程（specified travel，$l_s$）。目标导程与旋转圈数的乘积。有时目标行程可由公称行程和行程补偿值表示。

⑤ 实际行程（actual travel，$l_n$）。在给定旋转圈数的情况下，滚珠螺母相对于滚珠丝杠（或滚珠丝杠相对于滚珠螺母）的实际轴向位移量。

⑥ 实际平均行程（actual mean travel，$l_m$）。对实际行程具有最小直线度偏差的直线。

⑦ 有效行程（useful travel，$l_u$）。有指定精度要求的行程部分（即行程加上滚珠螺母体的程度）。

⑧ 余程（excess travel，$l_e$）。没有指定精度要求的行程部分。平均分布在丝杠的两端，其最大值如表8-19所示。

**表8-19 最大余程** 单位：mm

| 公称导程 $P_{h0}$ | 2.5 | 5 | 10 | 20 | 40 |
|---|---|---|---|---|---|
| 最大余程 $l_{amax}$ | 10 | 20 | 40 | 60 | 100 |

注：其他公称导程的最大余程按下式计算：

当 $P_{h0}\leqslant 12$　$l_{amax}=4P_{h0}$；

$12<P_{h0}\leqslant 40$　$l_{amax}=3P_{h0}$。

⑨ 行程补偿值（travel compensation，$c$）。在有效行程内，目标行程与公称行程之差。

⑩ 公称行程公差（tolerance on specified travel，$e_p$）。允许的实际平均行程最大值与最小值之差 $2e_p$ 的一半。

⑪ 行程变动量（travel variation，$V$）。平行于实际平均行程 $l_m$ 且包容实际行程曲线的带宽值。已经规定的行程变动量有：$2\pi$ 弧度行程与带宽值 $V_{2\pi}$ 相对应；300 mm 行程与带宽值 $V_{300}$ 相对应；有效行程与带宽值 $V_u$ 相对应，如图 8 - 23 所示。允许带宽用注脚“p”表示。

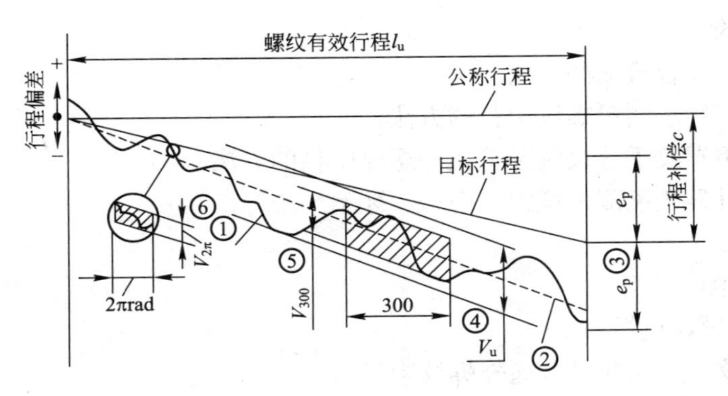


图 8 - 23　滚动螺旋的行程误差

①—实际行程误差　②—实际平均行程误差　③—目标行程误差　④—有效行程内行程变动量　⑤—任意 300 mm 长度内行程变动量　⑥—2πrad 内行程变动量

在一圈（$2\pi$ 弧度）内，带宽是通过每转内测量 9 次（每隔 45°测一次）的值确定，还是通过在一转内连续的测量值来取得（在有效行程的起点、中部和终点取测量区），要由有关这项检验的协议规定。

各种精度的滚动螺旋副四项必检验项目如表 8 - 20 所示。

**表 8 - 20　行程偏差的检验项目（摘自 GB/T 17587.3—1998）**

| 每一基准长度的行程偏差 | 滚珠丝杠副类型 | |
|---|---|---|
| | P | T |
| | 检验序号 | |
| 有效行程 $l_w$ 内行程补偿值 $c$ | 用户规定 | $c=0$ |
| 目标行程公差 $e_p$ | E1.1 | E1.2 |
| 有效行程内允许的行程变动量 $V_{up}$ | E2 | — |
| 300 mm 行程内允许的行程变动量 $V_{300P}$ | E3 | E3 |
| $2\pi$ 弧度内允许的行程变动量 $V_{2\pi p}$ | E4 | — |

注：表中 E1～E4 逐项参阅 GB/T 17587.1—1998 表 3。

精度等级和检验项目的选用时必须满足主机定位精度的要求，滚珠丝杠副的综合精度为主机定位精度 30%～40% 。各种不同机床和机械产品所推荐的精度等级为：一般动力传动用螺旋副选用 5、7 级精度，数控机械和精密机械可选用 3、4 级精度，精密仪器、仪表机床、数控坐标镗床、螺纹磨床可选 1、2 级精度。

滚珠螺旋副目前大多数均已系列化，根据使用条件，即工作载荷、速度与加速度、工作行程、定位精度、运转条件、预期工作寿命、工作环境、润滑密封条件等选择结构形式，再根据使用说明书进行有关计算，从而确定最后的型号，无须自行设计制造。

# 实训——螺纹的检测

**1. 实训目的**

① 学会螺纹综合检测的方法。

② 学会用三针法测量螺纹中径的方法。

③ 学会使用螺纹千分尺测量普通外螺纹中径的方法。

④ 熟悉工具显微镜测量螺距、中径、牙型半角等。

**2. 实训项目**

(1) 综合检测

(2) 单项测量，包括：

① 使用螺纹千分尺测量普通外螺纹中径；

② 利用三针测量法测量梯形（普通）螺纹中径；

③ 使用工具显微镜测量螺距、中径、牙型半角等。

**3. 实训量具或仪器**

螺纹量规，即塞规和环规、螺纹千分尺和量针、工具显微镜及内、外螺纹零件（含普通螺纹和题型螺纹）。螺纹量规如图 8-24 所示。

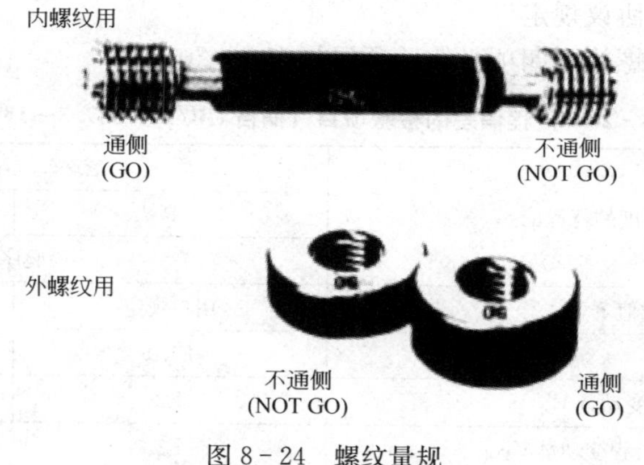


图 8-24　螺纹量规

**4. 综合测量步骤**

① 根据零件尺寸选择合适规格的量规。

② 擦净零件螺纹部分，按图 8-10 和图 8-11 所示测量螺纹，并判断其合格性。

**5. 单项测量步骤**

(1) 使用螺纹千分尺测量普通外螺纹中径的测量步骤

① 根据图纸上普通螺纹基本尺寸，选择合适规格的螺纹千分尺。

② 测量时，根据被测螺纹螺距大小按螺纹千分尺附表选择测头型号，依图 8-12 所示的方式装入螺纹千分尺，并读取零位置。

③ 测量时，应从不同截面、不同方向多次测量螺纹中径，其值从螺纹千分尺中读

取后减去零位的代数值，并记录。

④ 查出被测螺纹中径的极限值，判断其中径的合格性。

(2) 利用三针量法检测梯形螺纹的测量步骤

① 根据图纸中梯形螺纹的 $M$ 值选择合适规格的公法线千分尺。

② 擦净零件的被测表面和量具的测量面，按图 8-12 所示将三针放入螺旋槽中，用公法线千分尺测量值记录读数。

③ 重复步骤②，在螺纹的不同截面、不同方向多次测量，逐次记录数据。

④ 判断零件的合格性。

(3) 使用工具显微镜测量螺距、中径、牙型半角等的测量步骤

① 将工件安装在工具显微镜两顶尖之间，同时检查工作台圆周刻度是否对准零位。

② 接通电源，调节光源及光栏，直到螺纹影像清晰。

③ 旋转手轮，按被测螺纹的螺旋升角调整立柱的倾斜度。

④ 调整目镜上的调节环使米字线，分值刻线清晰，调节仪器的焦距，使被测轮廓影像清晰。

⑤ 测量螺纹各参数，并记录。

## 拓展与技能总结

螺纹在机械中应用广泛，主要起联接、传动、密封作用。螺纹的种类很多，本项目重点学习了普通螺纹。普通螺纹的几何参数有直径（大径、中径、小径）、螺距（导程）、牙型角（牙型半角）、旋合长度等。

普通螺纹的螺距误差、中径误差和牙型半角误差都对螺纹的互换性有影响。为了保证螺纹的互换性，国标 GB/T 197—2003 对相应参数都规定了公差范围和精度等级供选择。同时，规定了螺纹的完整标记方法，即由螺纹特征代号、尺寸代号、公差带代号、旋合长度代号和旋向代号等组成，如 M6×0.75—5h6h—S—LH。

螺纹的测量有单项测量和综合测量。螺纹的单项测量常用测量工具为：螺纹千分尺、量针和工具显微镜等测量螺纹的参数，测量精度高。螺纹的综合测量用光滑极限量规，只能测量螺纹零件的合格性，不能测量具体参数值，生产率高。

对机床常用的梯形丝杠副和滚珠螺旋副的结构及应用特点、技术参数、公差项目、标注等作了必要的说明，以备选择使用。

## 思考与训练

**一、填空题**

1. 普通联接螺纹要保证它的互换性，必须实现两个要求，即__________和__________。

2. 保证螺纹互换性的最主要参数是__________。

3. 普通螺纹中径公差可以同时限制__________、__________和__________3个参数的误差。

4. 外螺纹的大径公差等级有__________、__________和__________3种。

5. 内螺纹的小径__________或外螺纹的大径__________将会影响螺纹联接的__________，因此必须规定其公差。

6. 螺纹的配合精度不仅与__________有关，而且与__________有关。

7. 长旋合长度旋合后__________好，且有__________的联接强度，但__________难以保证。

8. 螺纹的上极限偏差等于__________加螺纹公差。

9. 内螺纹中径公差等级要比外螺纹中径公差等级__________。

10. 在同一公差等级中，内螺纹中径公差比外螺纹中径公差大，是因为内螺纹__________。

11. M10×2—5g6g—L的含义：M10__________；2__________；5g__________；6g__________，L__________。

12. T42×6—3/2的含义：T表示__________，42表示__________，6表示__________，3/2表示__________。

13. 止端螺纹工作环规只是用来检验外螺纹的__________一个参数。

14. 光滑极限塞规是用来检验内螺纹的__________尺寸的。

15. 大型工具显微镜属于__________量仪，可分别检测螺纹的__________。

16. 在丝杠与螺母结合中，主要是__________配合。

## 二、选择题（单项或多项）

1. 影响螺纹配合性质的参数是_____。

A. 大径　　B. 牙侧角

C. 螺距　　D. 中径

2. 普通螺纹的基本偏差是_____。

A. ES　　B. EI

C. es　　D. ei

3. 螺纹标注应注在螺纹的_____尺寸线上。

A. 大径　　B. 小径

C. 顶径　　D. 底径

4. 标准对内螺纹规定的基本偏差代号是_____。

A. G　　B. F

C. H　　D. K

5. 标准对外螺纹规定的基本偏差代号是_____。

A. h　　B. g

C. f　　D. e

6. 下列螺纹中，属于细牙、小径公差等级为6级的有_____。

A. M10×1—6H　　B. M20—5g6g

C. M10—5H6H—S—LH　　D. M30×2—6h

7. 螺纹单一中径的测量方法有______。

A. 影像法　　B. 三针法

C. 轴切法　　D. 单针法

8. 可以用丝杠中径公差限制______。

A. 螺距累积误差　　B. 牙型半角误差

C. 中径误差　　D. 大径误差

**三、判断题**

1. 按螺纹用途分为紧固螺纹和传动螺纹。(　　)

2. 普通螺纹的传动精度好、效率高、加工方便。(　　)

3. 内、外梯形螺纹的大径、小径的基本尺寸相同。(　　)

4. 单一中径是指圆柱的母线通过牙体宽度等于基本螺距的地方。(　　)

5. 为了保证足够的接触高度，完工后的螺纹最好组成 H/g、H/h 或 G/h 的配合。(　　)

6. 同一公差等级的螺纹，若它们的旋合长度不同，则螺纹的精度就不同。(　　)

7. 螺纹在图样上的标记内容包括螺纹代号、螺纹公差带代号和螺纹旋合长度。(　　)

8. 在同样的公差等级中，内螺纹的中径公差比外螺纹的中径公差小。(　　)

9. 螺纹的五个基本参数都影响螺纹的配合性质。(　　)

10. 丝杠和丝杠螺母常采用牙型角为 30°的单线螺纹。(　　)

11. 高精度螺纹磨床的丝杠螺母传动机构一般采用 8 级精度。(　　)

12. 丝杠传递位移，其精度主要决定于螺距误差。(　　)

13. 丝杠与螺母结合中主要是中径配合，其大小径并不接触。(　　)

14. 合格的螺纹不应完全通过止端螺纹工作环规。(　　)

15. 螺纹标记为 M18×2—6g 时，对中径公差有要求，对大径和旋合长度则无要求。(　)

**四、综合题**

1. 查国标说明螺纹量规名称、代号及使用规则。

2. 用量规检验合格的螺纹零件为什么有时用三针检验不合格？

3. 用三针（$d_0$=1.732 mm）测量 M24 外螺纹的中径时，测得 $M$=24.57 mm，问该螺纹的实际中径是多少？

4. 已知一锯齿形螺纹，$d_2$=47.954 mm，$P$=3 mm，$\alpha$=33°，$\beta$=3°，现用三针量中径，试选择最佳量针直径 $d_0$，并计算测量值 $M$ 的理论值。

5. 查表确定 M20×2—6H 的中径、小径的极限偏差及公差。

6. 查表确定 M40—6H/6h 中径、小径和大径的基本偏差，计算内外螺纹的中径、小径和大径的极限尺寸，绘出内、外螺纹的公差带图。

# 项目九

# 圆柱齿轮传动的公差及测量

**教学目标：**

- 熟悉对齿轮传动的要求及对性能的影响；
- 学会圆柱齿轮的公差项目、加工误差产生的原因及解决方法；
- 初步学会对渐开线齿轮及齿轮副的检测方法；
- 熟悉常用量仪的名称及使用方法。

齿轮是机器和仪器中使用较多的传动件，尤其是渐开线圆柱齿轮的应用甚广。齿轮的精度在一定程度上影响着整台机器或仪器的质量和工作性能。为了保证齿轮传动的精度和互换性，就需要规定齿轮公差和切齿前的齿轮坯公差及齿轮箱体公差，并按图样上给出的精度要求来检测齿轮和齿轮箱体。

对此，我国发布了三项渐开线圆柱齿轮精度标准和相应的四个有关圆柱齿轮精度检验实施规范的指导性技术文件。它们分别是 GB/T 10095.1—2008《圆柱齿轮　精度制 第 1 部分：轮齿同侧齿面偏差的定义和允许值》、GB/T 10095.2—2008《圆柱齿轮 精度制 第 2 部分：径向综合偏差与径向跳动的定义和允许值》、GB/T 13924—2008《渐开线圆柱齿轮精度 检验细则》和 ZB/T 18620.1—2008《圆柱齿轮　检验实施规范　第 1 部：轮齿同侧齿面的检验》、ZB/T 18620.2—2008《圆柱齿轮　检验实施规范　第 2 部分：径向综合偏差、径向跳动、齿厚和侧隙的检验》、ZB/T 18620.3—2008《圆柱齿轮　检验实施规范　第 3 部分：齿轮坯、轴中心距和轴线平行度的检验》、ZB/T 18620.4—2008《圆柱齿轮　检验实施规范　第 4 部分：表面结构和轮齿接触斑点的检验》。下面结合这些标准和指导性技术文件，从对齿轮传动的使用要求出发，阐述渐开线圆柱齿轮的主要加工误差、精度评定指标、侧隙评定指标和齿轮箱体的精度评定指标、齿轮坯精度要求及齿轮精度设计和检测方法。

## 任务 9.1　了解对圆柱齿轮传动的基本要求

在机械产品中，齿轮传动的应用极为广泛。凡有齿轮传动的机器或仪器，其工作性能、承载能力、使用寿命及工作精度等都与齿轮的制造精度有密切关系。

各种机械对齿轮传动的要求因用途的不同而异，但归纳起来有以下四项。

（1）传递运动准确性（运动精度）

齿轮传递运动的准确性是指要求齿轮在一转范围内传动比变化尽量小，以保证主、从动齿轮的运动协调。也就是说，在齿轮一转中，它的转角误差的最大值（绝对值）不得超过一定的限度。

（2）传动平稳性（平稳性精度）

齿轮的传动平稳性是指要求齿轮回转过程中瞬时传动比变化尽量小，也就是要求齿轮在一个较小角度范围内（如一个齿距角范围内）转角误差的变化不得超过一定的限度，以减小齿轮传动中的冲击、振动和噪声。

（3）载荷分布均匀性（接触精度）

轮齿载荷分布的均匀性是要求齿轮啮合时，工作齿面接触良好，载荷分布均匀，避免载荷集中，造成局部磨损或折断，以保证齿轮传动有较大的承载能力和较长的使用寿命。

（4）合理的齿轮副侧隙

侧隙即齿侧间隙，是指两个相互啮合齿轮的工作齿面接触时，相邻的两个非工作齿面之间形成的间隙。侧隙是在齿轮、轴、轴承、箱体和其他零部件装配成部件或机构时自然形成的。齿轮副应具有适当的侧隙，用来储存润滑油，补偿热变形和弹性变形，以及制造和安装产生的误差，防止齿轮在工作中发生齿面烧蚀或卡死，保证在传动中不致出现卡死和齿面烧伤及换向冲击等，以使齿轮副能够正常工作。

上述四项使用要求中，前三项是对齿轮的精度要求。不同用途的齿轮及齿轮副，对三项精度要求的侧重点是不同的。精密机床、仪器上的分度或读数齿轮，主要要求传递运动准确性，对传动平稳性也有一定要求，而对接触精度要求往往是次要的。对重型、矿山机械（如轧钢机、起重机等），由于传递动力大，且圆周速度不高，对载荷分布均匀性要求较高，齿侧间隙应大些，而传递准确性要求不高。对高速重载齿轮（如汽轮机减速器），其传递运动的准确性、传动的平稳性和载荷分布的均匀性都有很高要求。当需要可逆传动时，应对齿侧间隙加以限制，以减少反转时的空程误差。

## 任务 9.2　掌握齿轮的加工误差

齿轮加工通常采用展成法，即用滚刀或插齿刀在滚齿机、插齿机上与齿坯作啮合滚切运动，加工出渐开线齿轮。高精度齿轮还需进行磨齿、剃齿等精加工工序。

现以滚齿机加工齿轮为例，分析产生误差的主要因素。图 9－1 所示为滚切加工齿轮时的情况。滚切齿轮的加工误差主要来源于机床-刀具-工件系统的周期性误差，还与夹具、齿坯及工艺系统的安装、调试误差有关。

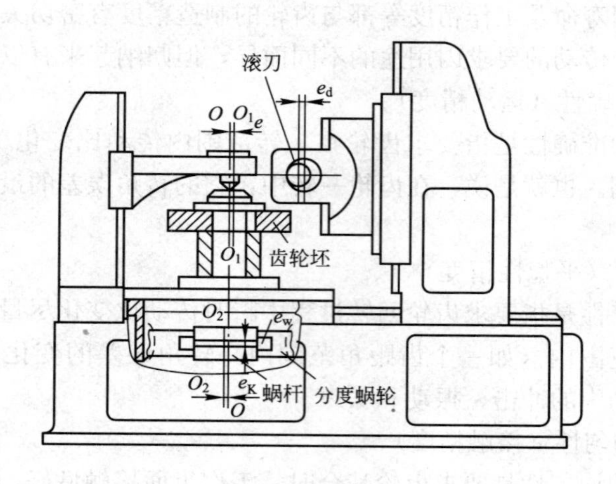


图 9-1 滚切齿轮

### 1. 几何偏心产生的误差

齿坯孔与机床心轴有安装偏心 $e$ 时，如图 9-2（a）所示，则加工出来的齿轮如图 9-2（b）所示。以孔中心 $O$ 定位进行测量时，在齿轮一转内产生齿圈径向圆跳动误差，同时齿距和齿厚也产生周期性变化，即径向误差。

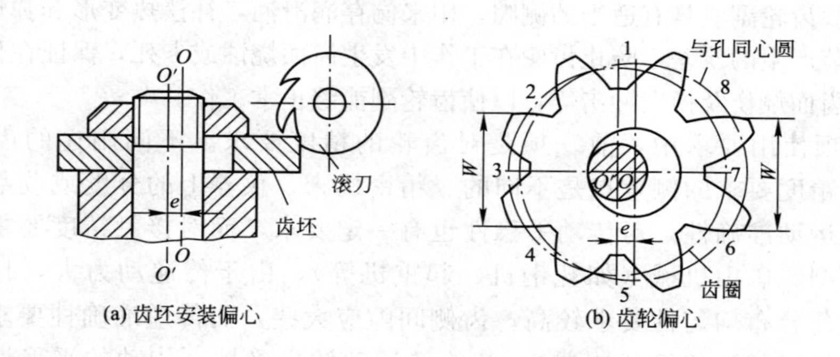


图 9-2 齿坯安装偏心引起齿轮加工误差

### 2. 运动偏心产生的误差

当机床分度蜗轮轴线与工作台中心线有安装偏心 $e_K$ 时，如图 9-3（a）所示，则加工齿坯时，蜗轮蜗杆中心距周期性地变化，相当于蜗轮的节圆半径在变化，而蜗杆的线速度是恒定不变的，则在蜗轮（齿坯）一转内，蜗轮转速必然呈周期性变化，如图 9-3（b）所示。当角速度 $\omega$ 增加到 $\omega+\Delta\omega$ 时，切齿提前使齿距和公法线都变长，当角速度由 $\omega$ 减少到 $\omega-\Delta\omega$ 时，切齿滞后使齿距和公法线都变短，使齿轮产生切向周期性变化的切向误差。

以上两种偏心引起的误差以齿坯转一转为一周期，称为长周期误差。

### 3. 机床传动链产生的误差

机床分度蜗杆安装偏心 $e_w$ 和轴向窜动，使蜗轮（齿坯）转速不均匀，加工出的齿

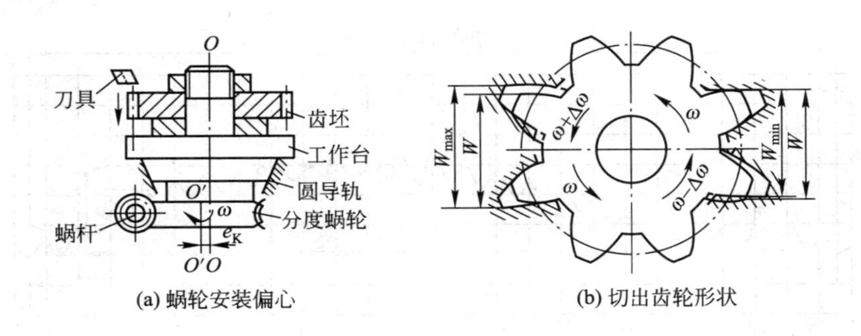


(a) 蜗轮安装偏心　　(b) 切出齿轮形状

图 9－3　蜗轮安装偏心引起齿轮切向误差

轮有齿距偏差和齿形误差。如蜗杆为单头，蜗轮有 $z$ 齿，则在蜗轮（齿坯）一转中产生 $z$ 次误差。

**4. 滚刀的制造误差和安装误差**

滚刀本身的基节、齿形等制造误差也会反映到被加工齿轮的每一齿上，产生基节偏差和齿形误差。

滚刀偏心 $e_d$、轴线倾斜及轴向跳动使加工出的齿轮径向和轴向都产生误差。例如滚刀单头，齿轮 $z$ 齿，则在齿坯转中产生 $z$ 次误差。

以上两项所产生的误差在齿坯一转中多次重复出现，称为短周期误差。

## 任务 9.3　熟练掌握圆柱齿轮的误差项目及检测

齿轮在加工过程中由于各种因素产生多项误差，为了便于分析误差对齿轮传动质量的影响，按轮齿方向分为径向误差、切向误差和轴向误差；按齿轮误差项目对传动性能的主要影响分为影响运动准确性的误差、影响传动平稳性的误差和影响载荷分布均匀性的误差。

为了保证齿轮传动质量，必须控制单个齿轮的误差。齿轮误差有单项误差和综合误差。国家标准 GB/T 10095—2008、GB/Z 18620—2008 和 GB/T 13924—2008 中规定了常用项目、检测方法及仪器。

**1. 影响传递运动准确性的误差及测量**

在齿轮传动中影响传递运动准确性的误差主要是齿轮的长周期误差，共有 5 项误差，即 $F'_i$、$F_p$、$F_{pk}$、$F_\tau$、$F''_i$。

1）切向综合总偏差 $F'_i$

$F'_i$ 是指被测齿轮与测量齿轮单面啮合检验时，被测齿轮一转内，齿轮分度圆上实际圆周位移与理论圆周位移的最大差值。测量过程中，只有同侧齿面单面接触，以分度圆弧长计值，如图 9－4 所示。

除另有规定外，切向综合偏差的测量不是必需的，而经供需双方同意时，这种方法

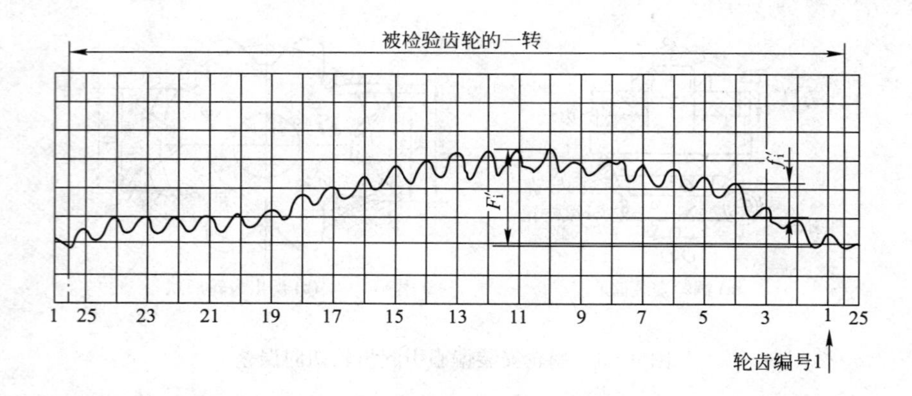


图 9-4　切向综合总偏差 $F_i'$和一齿切向综合偏差 $f_i'$

最好与轮齿接触的检测同时进行，有时可以用来替代其他的检测方法。

检测齿轮允许用精确齿条、蜗杆、测头等代替。

$F_i'$主要反映齿轮一转的转角误差，说明齿轮传递运动的不准确性，其转速忽快忽慢地周期性变化。$F_i'$是几何偏心、运动偏心及各短周期误差综合影响的结果。

$F_i'$可用啮合法测量，其原理如图 9-5（a）所示：以被测齿轮回转轴线为基准，被测齿轮与测量齿轮作有间隙的单面啮合传动，被测齿轮每齿的实际转角与被测齿轮的转角进行比较，其差值通过计算机偏差处理系统得到，由输出设备将其记录成切向综合偏差曲线，如图 9-4 所示。

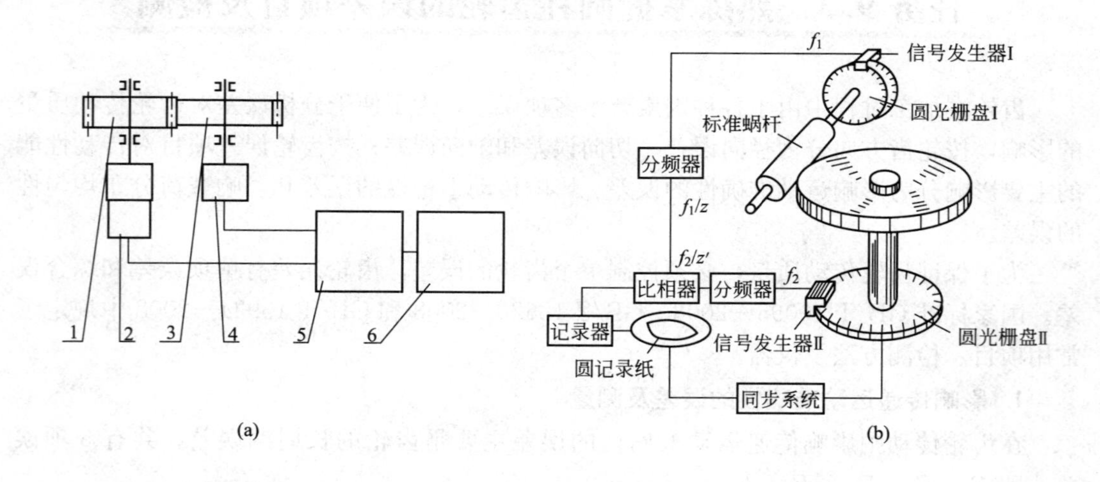


图 9-5　单啮仪原理图

1—测量齿轮；2—角度传感器及驱动装置；3—被测齿轮；4—测角传感器；5—计算机；6—输出设备

测量仪器为齿轮单面啮合检测仪，如图 9-5（b）所示，用标准蜗杆与被测齿轮啮合，两者各带一光栅盘与信号发生器，两者的角位移信号存储在比相器内并进行比相，并记录被测齿轮的切向综合误差线（标准蜗杆精度高于被测齿轮，故其误差可忽略不计）。

单面啮合综合测量仪的主要优点：测量自动化、效率高；测量的结果接近实际使用情况，反映了齿轮总的质量；此种综合测量，各单项误差可相互抵消，因此可提高齿轮合格率。但由于单面啮合测量仪的制造精度要求很高，价格昂贵，目前工厂中尚未广泛使用。

2）齿距累积总偏差 $F_p$

$F_p$ 是指齿轮同侧齿面任意弧段（$k=1$ 至 $k=z$）内的最大齿距累积偏差。它表现为齿距累积偏差曲线的总幅值，如图 9－6（a）所示。

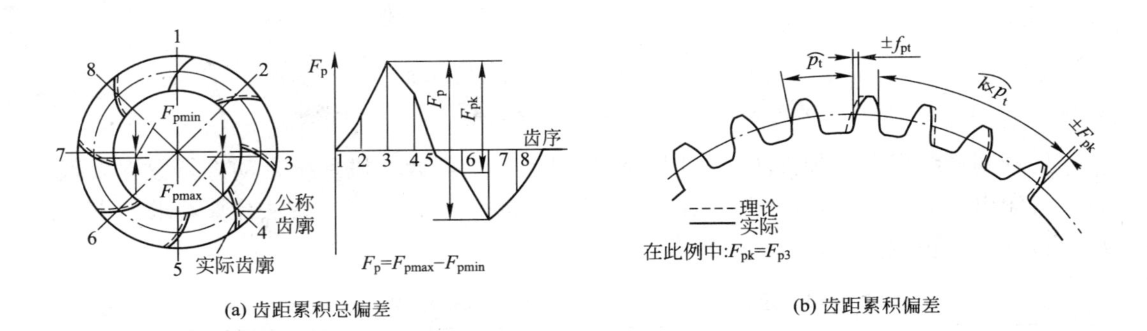

(a) 齿距累积总偏差　(b) 齿距累积偏差

图 9－6　齿距累积总偏差 $F_p$ 及齿距累积偏差 $F_{pk}$

$F_p$ 的测量是沿分度圆上每齿测量一点，反映由齿坯偏心和蜗轮偏心造成的综合误差，但因其取有限个点进行断续测量，故不如 $F_i'$ 反映全面。但由于 $F_p$ 的测量可采用齿距仪、万能测齿仪等仪器，因此是目前工厂中常用的一种齿轮运动精度的测量方法。

3）齿距累积偏差 $F_{pk}$

为了控制齿轮局部积累误差，可以测量 $k$ 个齿的齿距累积误差 $F_{pk}$，即任意 $k$ 个齿距的实际弧长与理论弧长的代数差。理论上它等于这 $k$ 个齿距的单个齿距偏差的代数和。除另有规定外，$F_{pk}$ 的计值仅限于不超过圆周 1/8 的弧段内，因此偏差 $F_{pk}$ 的允许值适用于齿距数为 2 到 $z/8$ 的弧段内。通常，$F_{pk}$ 取 $k\approx z/8$（整数）就足够了。如果对于特殊的应用（如高速齿轮），还需检验较小弧段，并规定相应的 $k$ 值。

$F_{pk}$ 的测量分为直接法和相对法。

（1）直接法

直接法测量原理如图 9－7 所示。以被测齿轮回转轴线为基准，测头的径向位置在齿高中部与齿面接触，应保证测头定位系统径向和切向定位的重复性。被测齿轮一次安装 10 次重复测量，重复性应大于公差的 1/5。分度装置（如圆光栅、分度盘等）对被测齿轮按理论齿距角进行分度，由测头读数系统直接得到测得值，按偏差定义处理，求得 $F_{pk}$ 和 $F_p$。

直接法的测量仪器有齿距测量仪、万能齿轮测量机、齿轮测量中心、坐标测量机、分度头和万能工具显微镜等。

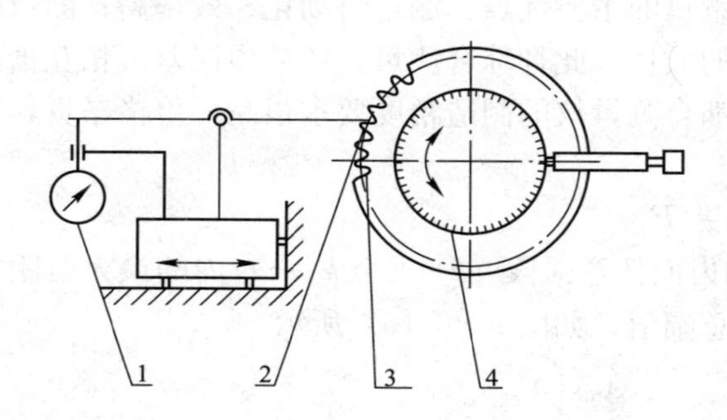


图 9-7 齿距偏差直接法测量原理图

1—测头读数系统；2—测头；3—被测齿轮；4—分度装置

处理测量结果有两种方法，如用自动化机器测量，计算机系统自动进行数据处理，直接打印出结果；否则，需用人工计算。以逐齿量得值按表 9-1 方法计算，求出 $F_{pk}$ 和 $F_p$（以 $z=12$ 齿轮为例）。

**表 9-1 直接法测量数据处理（摘自 GB/T 13924—2008）** 单位：μm

| 齿序 $i$ | 公称齿距角/（°） | 相对 0 号齿的齿距累积总偏差 $F_{pi}$（读数值） | 单个齿距偏差 $f_{pti}=F_{pi}-F_{p(i-1)}$ | $F_{pki}=\|F_{pi}-F_{p(i-k)}\|$ |
|---|---|---|---|---|
| 0（12） | 0 | 0 |  | 5 |
| 1 | 30 | +2 | +2 | 4 |
| 2 | 60 | +5 | +3 | 5 |
| 3 | 90 | +7 | +2 | 5 |
| 4 | 120 | +10 | +3 | 5 |
| 5 | 150 | +5 | −5 | 2 |
| 6 | 180 | +2 | −3 | 8 |
| 7 | 210 | −2 | −4 | 7 |
| 8 | 240 | −4 | −2 | 6 |
| 9 | 270 | −7 | −3 | 5 |
| 10 | 300 | −5 | +2 | 1 |
| 11 | 330 | −2 | +3 | 5 |
| 12 | 360 | 0 | +2 | 5 |

$k$ 个齿距累积偏差 $F_{pk}$ 为

$$F_{pk}=F_{pkmax}=8\ \mu m$$

齿距累积总偏差 $F_P$ 为

$$F_p=F_{pimax}-F_{pimin}=+10-(-7)=17\ \mu m$$

（2）相对法

相对法测量原理如图 9-8 所示，以被测齿轮回转轴线为基准（或以齿顶圆为基准)，测头 A、B 在接近齿高中部分别与相邻同侧齿面（相邻的几个齿面）接触，并处于齿轮轴线同心圆及同一端截面上，测量时，以任一齿距（或 $k$ 个齿距）作为相对标准，A、B 测头依次测量每个齿距（或 $k$ 个齿距）的相对差值。按偏差定义处理，求得 $F_{pk}$ 和 $F_{p}$。

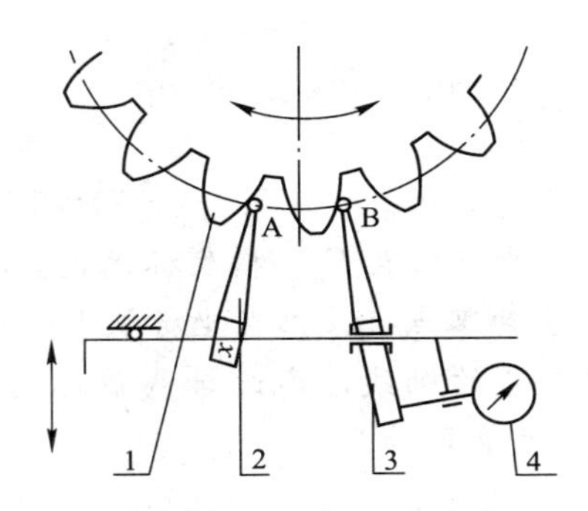


图 9－8　齿距偏差相对法测量原理图

1—被测齿轮；2—定位测头 A；3—活动测头 B；4—传感器

相对法的测量仪器有万能测齿仪、半自动齿距仪、上置式齿轮仪和旁置式齿距仪等。

---

**【例 9－1】** 用测齿仪测得一齿轮各齿的相对齿距偏差 $P_i$ 如表 9－2 所示，试计算该齿轮的齿距累积误差 $F_{pk}$ 和齿距累积总偏差 $F_p$。

**表 9－2　测量数据**

| 齿序 $i$ | 相对齿距偏差（读数值）$P_i$ | 单个齿距偏差 $f_{pti}=P_i-P_m$ | 相对 0 号齿的齿距累积总偏差 $F_{pi}=\sum_{i=0}^{i} f_{pti}$ | 齿距累积偏差（$k=2$）$F_{pk}=\lvert F_{pi}-F_{p(i-k)}\rvert$ |
|---|---|---|---|---|
| 0（12） | 0 | +2 | 0 | 5 |
| 1 | | | +2 | 4 |
| 2 | +1 | +3 | +5 | 5 |
| 3 | 0 | +2 | +7 | 5 |
| 4 | +1 | +3 | +10 | 5 |
| 5 | −7 | −5 | +5 | 2 |
| 6 | −5 | −3 | +2 | 8 |
| 7 | −6 | −4 | −2 | 7 |
| 8 | −4 | −2 | −4 | 6 |
| 9 | −5 | −3 | −7 | 5 |
| 10 | 0 | +2 | −5 | 1 |
| 11 | +1 | +3 | −2 | 5 |
| 12 | 0 | +2 | 0 | 5 |

**解**　测得数据后可采用图解法或计算法求齿距累积误差 $F_{pk}$ 和齿距累积总偏差 $F_p$。用计算法处理数据如下。

表中的相对齿距偏差的平均值

$$P_m = \frac{\sum_{i=0}^{z} P_i}{z} = \frac{-24}{12} = -2\ \mu m$$

齿距累积偏差 $F_{pk}$ 为

$$F_{pk} = F_{pkmax} = 8\ \mu m$$

齿距累积总偏差 $F_p$ 为

$$F_p = F_{pimax} - F_{pimin} = +10 - (-7) = 17\ \mu m$$

图解法如图 9-9 所示，纵坐标代表 $F_p$，横坐标代表齿序，把由齿距仪或万能测齿仪测得的各齿 $P_i$ 值以前面一齿为零点直接画在坐标纸上，可得一连续折线，然后连接始末两点，此即为齿距累积误差的轴线，离此轴线最远的正负两点即为最大正偏差 $F_{pmax}$ 与最大负偏差 $F_{pmin}$，它们之差即为 $F_p$。

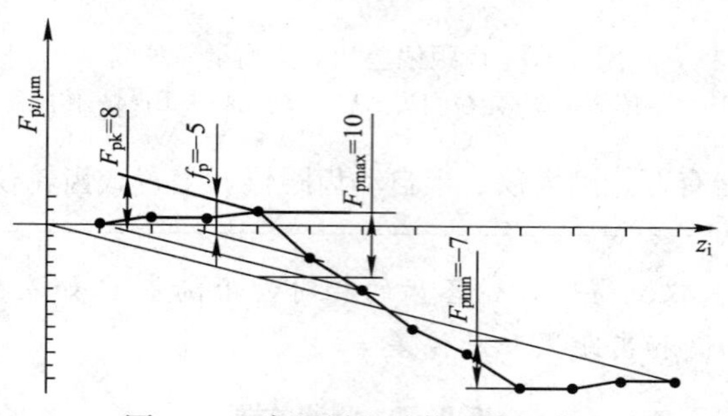


图 9-9　齿距累积总偏差作图曲线

4）齿圈径向跳动 $F_r$

$F_r$ 是指测头（圆形、圆柱形、砧形）相继置于每个齿槽内时，如图 9-10（b）所示，从它到齿轮轴线的最大和最小径向距离之差，如图 9-10（a）所示。图中偏心量是径向跳动的一部分。$F_r$ 主要反映由于齿坯偏心造成的齿轮径向长周期误差。

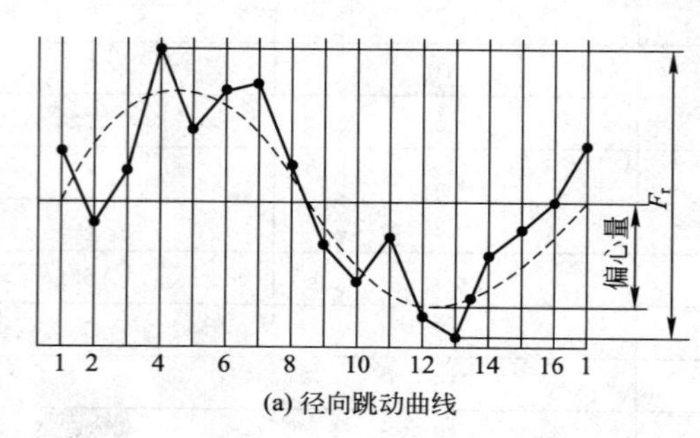


(a) 径向跳动曲线

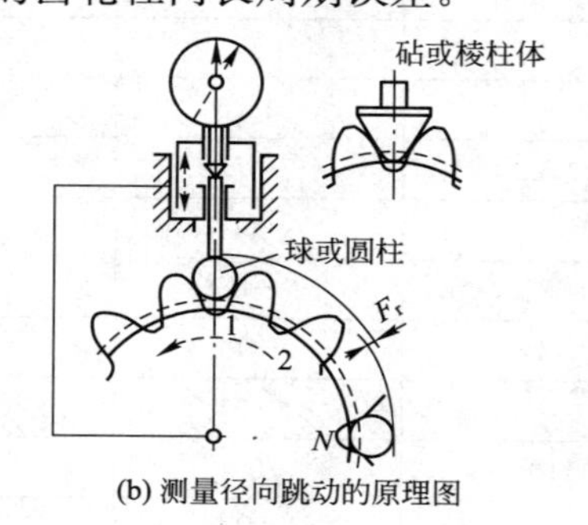


(b) 测量径向跳动的原理图

图 9-10　径向跳动

可用球、圆柱或砧形测头测量 $F_r$，如图 9-10（b）所示。检查中，测头在近似齿高中部与齿槽的左、右齿面接触。测头尺寸按 GB/Z 18620.2—2008 要求执行，也可用坐标测量机测量。

在工厂中常用如图 9－11 所示的偏摆检查仪上测量 $F_r$。如用球（也可用圆柱代替球）测头与齿廓在分度圆附近接触，其直径可用下式近似求出。

$$d_{球}=\frac{\pi m}{2\cos\alpha}$$

当 $\alpha=20°$时

$$d_{球}\approx 1.68\ m \quad (m \text{ 为被测齿轮模})$$

上述测量方法效率较低，适用于单件小批生产。

5）径向综合偏差 $F''_i$

$F''_i$是指在径向（双面）综合检验时，产品齿轮的左右齿面同时与测量齿轮接触，并转过一整圈时出现的中心距最大值和最小值之差，如图 9－12 所示。

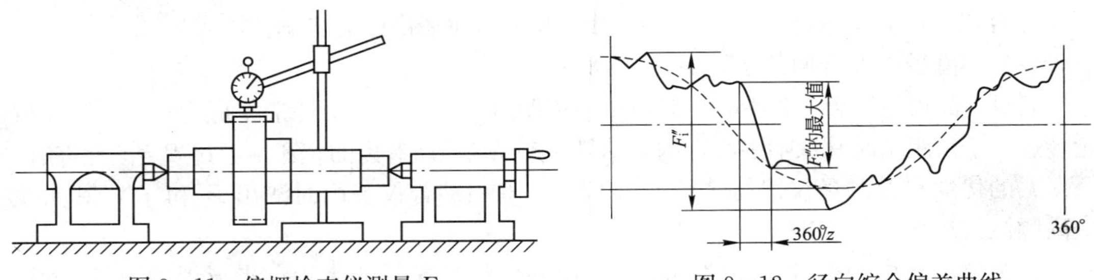


图 9－11　偏摆检查仪测量 $F_r$　　图 9－12　径向综合偏差曲线

$F''_i$主要反映齿坯偏心和刀具安装、调整造成的齿厚、齿廓偏差、基节齿距偏差，此时啮合中心距发生变化，此误差属于长周期误差。

可采用双面啮合仪测量 $F''_i$，如图 9－13 所示，被测齿轮装在固定滑座上，测量齿轮装在浮动滑座上，由弹簧顶紧使两齿轮紧密双面啮合。齿轮啮合转动时，由于被测齿轮的径向周期误差推动测量齿轮及浮动滑座，使中心距变动，由指示表读出或自动记录仪画出误差曲线。

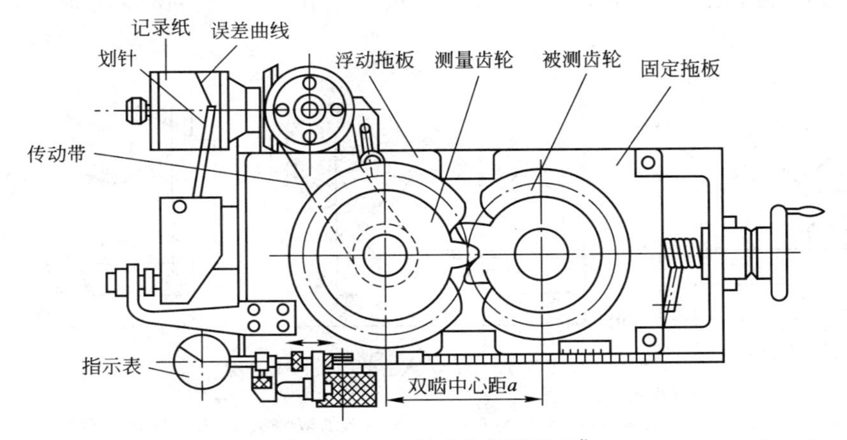


图 9－13　双面啮合仪测量 $F''_i$

双面啮合仪测量 $F''_i$的优点是：仪器比单面啮合仪简单、操作方便、效率高，适用于成批大量生产的齿轮或小模数齿轮的检测。缺点是只能反映径向误差，不够完善，同时因双面啮合为双面误差的综合反映，与齿轮实际工作状态不完全符合。

**2. 影响传动平稳性的误差及测量**

引起齿轮瞬时传动比变化，主要是短周期误差，共包括以下五项指标：$f'_i$、$f''_i$、$F_\alpha$、$f_{pb}$、$f_{pt}$。

(1) 一齿切向综合偏差 $f'_i$

$f'_i$是指被测齿轮与测量齿轮作单面啮合时，在被测齿轮一个齿距内切向综合偏差，如图 9－4 所示。其中，高频波纹即为 $f'_i$，以分度圆弧长计值。

$f'_i$的测量仪器与测量 $F'_i$相同，在单面啮合综合测量仪上同时测出 $F'_i$和 $f'_i$，如图 9－5所示。

$f'_i$主要反映由刀具制造及安装误差及机床分度蜗杆安装、制造所造成的齿轮切向短周期综合误差。$f'_i$能综合反映转齿和换齿误差对传动平稳性的影响。

(2) 一齿径向综合偏差 $f''_i$

$f''_i$是产品齿轮啮合一整圈时，对应一个齿距（$360°/z$）的径向综合偏差值。$f''_i$等于齿轮转过一个齿距角时其双啮中心距的变动量。产品齿轮所有齿的 $f''_i$不应超过规定的允许值。

$f''_i$的优缺点及测量仪器与测量 $F''_i$相同，在双面啮合仪上同时测出 $F''_i$和 $f''_i$，其曲线中高频波纹即为 $f''_i$，如图 9－12 所示。

$f''_i$主要反映由于刀具安装偏心及制造误差（包括刀具的齿距、齿形误差及偏心等）所造成的齿轮径向短周期综合误差，但不能反映机床链的短周期误差引起的齿轮切向的短周期误差。

(3) 齿廓总偏差 $F_\alpha$

齿廓偏差是指实际齿廓偏离设计齿廓的量，该量在端面内且垂直于渐开线齿廓的方向计值。有齿廓总偏差 $F_\alpha$、齿廓形状偏差 $f_{H\alpha}$和齿廓倾斜偏差 $f_{f\alpha}$。

$F_\alpha$ 是指在计算范围 $L_\alpha$ 内，包容实际齿廓迹线的两条设计齿廓迹线间的距离，如图 9－14所示。除齿廓总偏差 $F_\alpha$ 外，齿廓形状偏差和齿廓倾斜偏差均属非必检项目，不赘述。

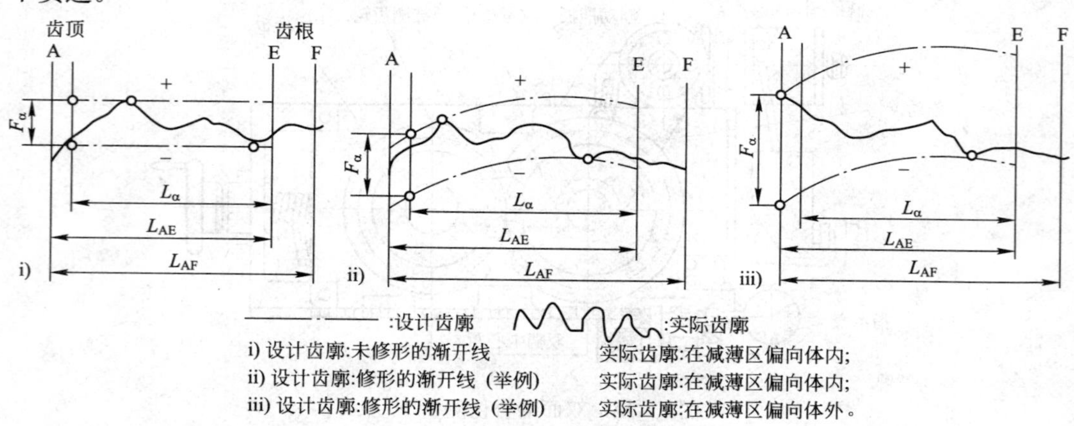


图 9－14 齿廓总偏差

A—轮齿齿顶或倒角的起点；E—有效齿廓起始点；F—可用齿廓起始点；$L_{AF}$—可用长度；$L_{AE}$—有效长度

设计齿廓是指符合设计规定的齿廓，当无其他限定时，是指端面齿廓。在齿廓曲线图中，未经修形的渐开线齿廓迹线一般为直线。齿廓迹线若偏离了直线，其偏离量即表示与被检齿轮的基圆所展成的渐开线的偏差。齿廓计值范围 $L_\alpha$ 等于从有效长度 $L_{AE}$ 的顶端和倒棱处减去 8%。

齿廓偏差对传动平稳性的影响如图 9-15 所示。啮合齿 $A_1$ 与 $A_2$ 应在啮合线上的 $a$ 点啮合，现由于有齿形误差两齿在 $a'$ 点啮合，引起瞬时传动比变化，破坏了传动平稳性。

$F_\alpha$ 常用单盘或万能渐开线检查仪进行测量。其原理是利用精密机构发生正确的渐开线与实际齿廓进行比较确定齿廓总偏差。

图 9-16（a）为单圆盘渐开线检查仪（每种齿轮需要一个专用基圆盘）。被测齿轮 2 与一直径等于该齿轮基圆直径的基圆盘 1 同轴安装，测量时转动手轮 6 及丝杠 5 使滑座 7 移动，直尺 3 与基圆盘 1 在一定的接触压力作用下作纯滚动，如图 9-16（b）所示。直尺移动的距离 $ab$ 与基圆盘转动的弧长 $r_b \cdot \phi$ 两者相等，故当齿形无误差（理想渐开线）时杠杆 6（一端为测头，另一端与表 8 相连）不转动，指示表为零，若被测齿廓不是理想渐开线时，则测头摆动使杠杆 4 转动，指示表 8 有读数，表 8 读出 $F_\alpha$。

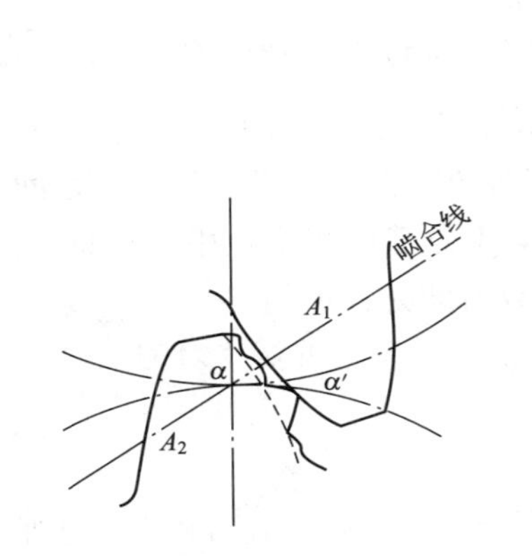


图 9-15　有齿形误差的啮合情况

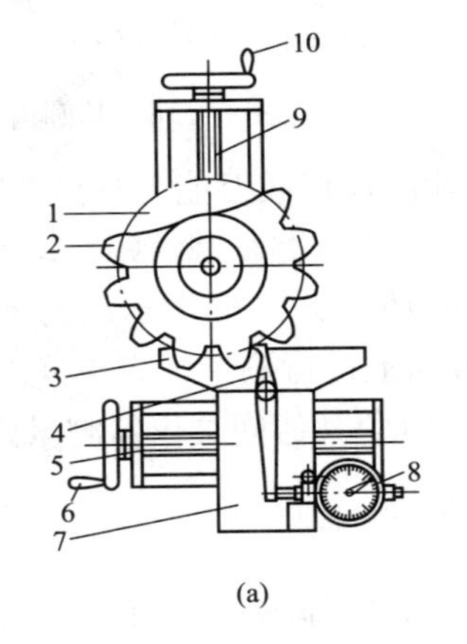


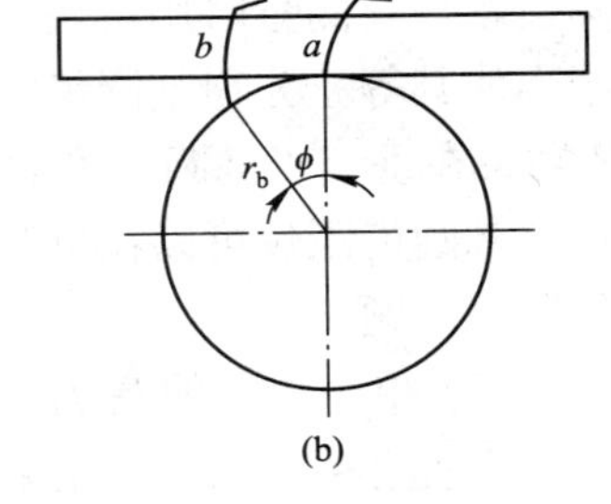


图 9-16　单盘渐开线检查仪测量 $F_\alpha$

1—基圆盘；2—被测齿轮；3—直尺；4—杠杆；5、9—丝杠；6、10—手轮；7—滑座；8—指示表

单盘渐开线检查仪，由于基圆盘数量多，故适合批量生产齿轮的检测。万能式渐开线检测仪可测不同基圆大小的齿轮，但结构复杂，价格较贵，适用多品种小批量生产。在测量 $F_\alpha$ 时，至少在圆周三等分处，两侧齿面进行。

（4）基圆齿距偏差（transverse base pitch deviation、$f_{pb}$）（GB/Z 18620.1—2008）

一个齿轮的端面基圆齿距 $P_b$ 是公法线上的两个相邻同侧齿面的端面齿廓间的距离，它也是位于相邻的同侧齿面上渐开线齿廓起点间的基圆圆周上的弧长。$f_{pb}$ 为实际基圆齿距与公称基圆齿距之差。实际基圆齿距是指切于基圆柱的平面与两相邻同侧齿面交线间的距离，如图 9-17 所示。公称基圆齿距可由计算或查表求得。

$f_{pb}$ 主要是由于齿轮滚刀的齿距偏差、齿廓偏差及齿轮插刀的基圆齿距偏差、齿廓偏差造成的。

滚、插齿加工时，齿轮基圆齿距两端点是由刀具相邻齿同时切出来，故与机床传动链误差无关；而磨齿时，则与机床分度机构误差、砂轮角度及机床的基圆半径调整有关。

$f_{pb}$对传动的影响是由啮合的基圆齿距不等引起的。理想的啮合过程中，啮合点应在理论啮合线上。当基圆齿不等距时，啮合点将脱离啮合线。若 $P_{b2}<P_{b1}$，将出现齿顶啮合现象，如图 9－18（a）所示；若 $P_{b2}>P_{b1}$，则后续齿提前进入啮合，如图 9－18（b）所示，故使顺时传动比不断变化，影响齿轮运动平稳性。

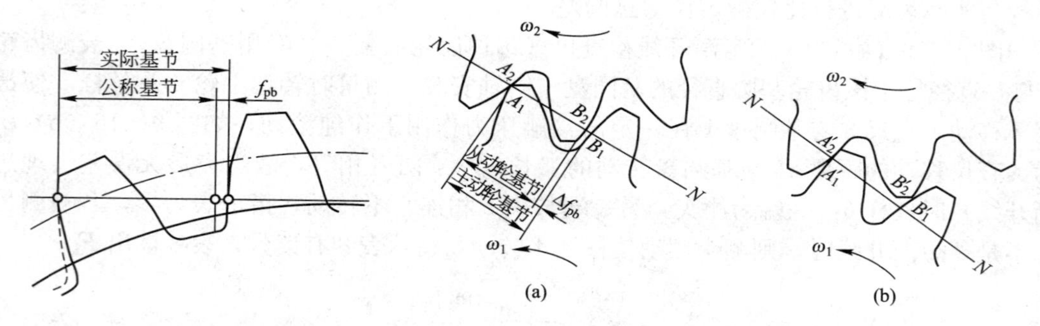


图 9－17　基圆齿距偏差 $f_{pb}$

图 9－18　基圆齿距偏差对传动平稳性的影响

$f_{pb}$通常用基圆齿距仪、万能测齿仪或万能工具显微镜等仪器测量。图 9－19 为一基圆齿距仪，测量时用量块（尺寸等于公称基圆齿距）调整活动测头 1 与固定测头 2 之间距离使其等于公称基圆齿距尺寸 $P_b$，并调整指示表为零，3 为定位测头，用于保证 1、2 测头在垂直于基圆切平面的方向上进行测量，表头读出数值即为各齿的 $f_{pb}$。

基圆齿距仪可以在机测量，避免其他同类仪器测量因脱机后齿轮重新“对刀”、“定位”的问题。

（5）单个齿距偏差 $f_{pt}$

$f_{pt}$是指在端面上，在接近齿高中部的一个与齿轮轴线同心的圆上，实际齿距与理论齿距的代数差，如图 9－20 所示。

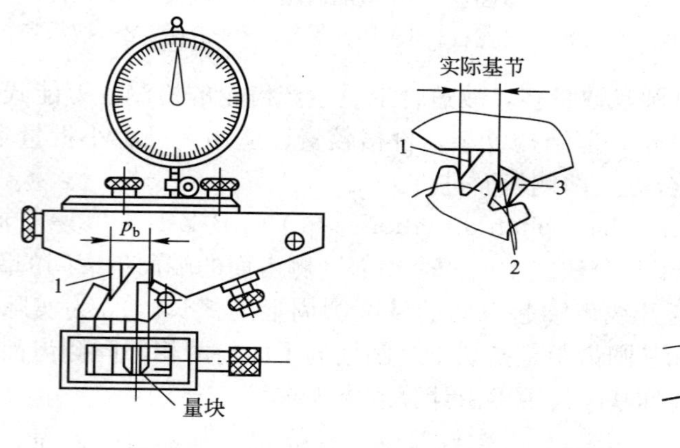


图 9－19　基圆齿距仪测量 $f_{pb}$

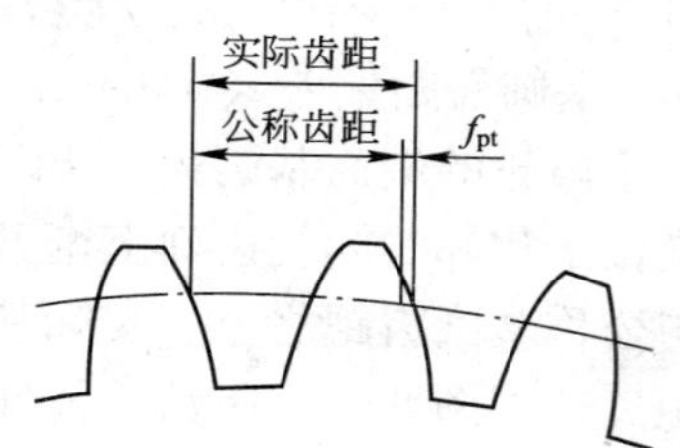


图 9－20　齿距偏差

采用滚齿加工时，$f_{pt}$主要是由于机床蜗杆偏心及轴向窜动所造成的，即机床传动链误差造成的。所以，$f_{pt}$可以用来揭示传动链的短周期误差或加工中的分度误差，属于单项指标。$f_{pt}$的测量方法及使用仪器与$F_p$的测量相同。$f_{pt}$需对轮齿的两侧面进行测量。

影响齿轮传动平稳性的误差是齿轮一转中多次重复出现的短周期误差，应包括转齿及换齿误差，能同时揭示转齿与换齿误差的有$f_i'$和$f_i''$。

根据需要可将单项组合成为既有转齿误差又有换齿误差的综合性组合后应用，如将转齿性指标$F_\alpha$与$f_{pt}$、换齿性指标$f_{pb}$与$f_{pt}$进行组合。

**3. 影响载荷分布均匀性的偏差及测量**

引起齿轮载荷分布均匀性偏差的，主要是螺旋线偏差。螺旋线偏差是指在端面基圆切线方向上测得的实际螺旋线偏离设计螺旋线的量。螺旋线偏差包括螺旋线总偏差$F_\beta$、螺旋线形状偏差$f_{f\beta}$和螺旋线倾斜偏差$f_{H\alpha}$。除螺旋线总偏差$F_\beta$外，螺旋线形状偏差$f_{f\beta}$和螺旋线倾斜偏差$f_{H\alpha}$均属非必检项目，不赘述。

$F_\beta$是指在计值范围$L_\beta$内，包容实际螺旋线迹线的两条设计螺旋线间的距离，如图9－21所示。$L_\beta$是指齿廓两端处各减去5%的迹线长度，但减去量不得超过一个模数。$F_\beta$可以在螺旋线检测仪上测量未修形螺旋线的斜齿螺旋线偏差。螺旋线总公差是螺旋线偏差的允许值。

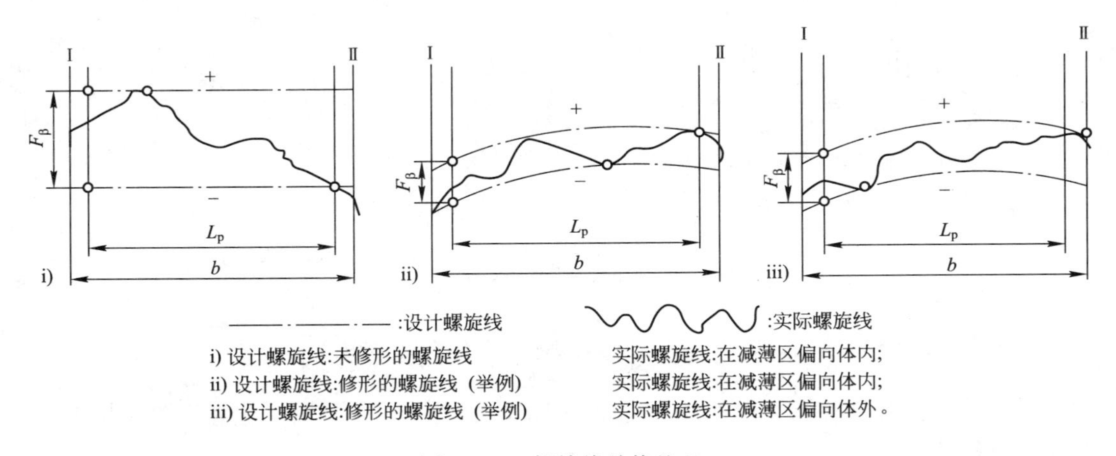


图9－21　螺旋线总偏差$F_\beta$

螺旋线总偏差主要由于机床导轨倾斜、夹具和齿坯安装误差引起的，对于斜齿轮还与运动链调整有关。

螺旋线偏差影响齿轮啮合过程中的接触状况，影响齿面载荷分布的均匀性，用于评定轴向重合度$\varepsilon_\beta>1.25$的斜宽齿轮及人字齿轮，适合于大功率、高速高精度宽斜齿轮传动。

**4. 影响齿轮副侧隙的偏差及测量**

为保证齿轮副侧隙，通常在加工齿轮时要适当地减薄齿厚，齿厚的检验项目共有两项。

(1) 齿厚偏差 $E_{sn}$ (上偏差 $E_{sne}$、下偏差 $E_{sni}$ 和公差 $T_{sn}$)

$E_{sn}$是指分度圆柱面上齿厚最大极限($s_{ne}$)或最小极限($s_{ni}$)与法面齿厚 $s_n$ 之差。齿厚上偏差和下偏差($E_{sne}$ 和 $E_{sni}$)统称为齿厚的极限偏差，即为

$$E_{sne}=s_{ne}-s_n$$

$$E_{sni}=s_{ni}-s_n$$

齿厚公差 $T_{sn}$是指齿厚上偏差与下偏差之差，即为

$$T_{sn}=E_{sne}-E_{sni}$$

齿厚公差 $T_{sn}$ 如图 9-22 所示，但在分度圆柱面上齿厚不便于测量，故用分度圆弦齿厚$\bar{s}$代替。

由图 9-23 可推导出分度圆弦齿厚$\bar{s}$及弦齿高$\bar{h}$，即

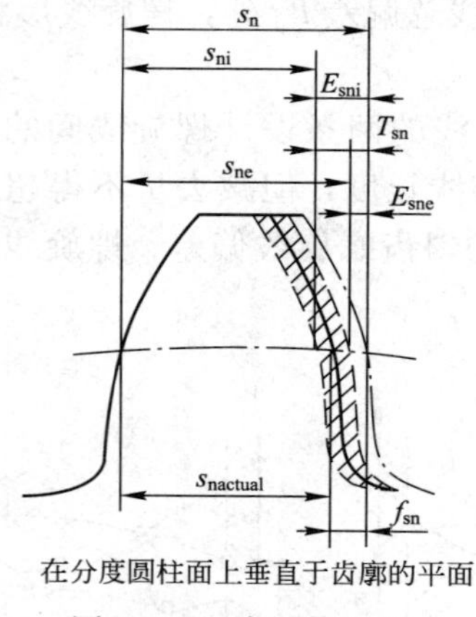

在分度圆柱面上垂直于齿廓的平面

图 9-22 齿厚偏差 $E_{sn}$

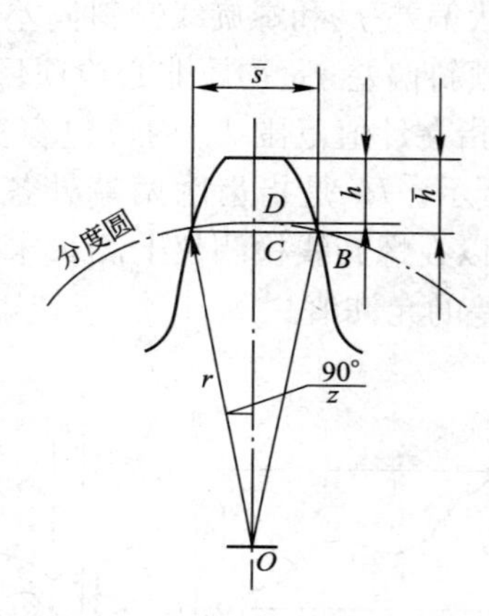

图 9-23 $\bar{s}$ 和 $\bar{h}$ 的几何关系

$$\bar{s}=2r\sin\frac{90^\circ}{z}=mz\sin\frac{90^\circ}{z}$$

$$\bar{h}=h+r-r\cos\frac{90^\circ}{z}=m\left[1+\frac{z}{2}\left(1-\cos\frac{90^\circ}{z}\right)\right]$$

计算后可用齿厚游标卡尺测量外齿轮的 $E_{sn}$，如图 9-24 所示。注意齿厚游标卡尺不能用于测量内齿轮。

用齿厚游标卡尺测量弦齿厚的优点是：可以用一个手持的量具进行测量，携带方便、使用简便。但由于测量齿厚以齿顶圆为基准，测量结果受齿顶圆偏差影响较大，因此需提高齿项圆精度或改用测量公法线平均长度偏差的办法。

(2) 公法线长度变动量(spen measurement varication，$E_{bn}$)(上偏差 $E_{bns}$、下偏差 $E_{bni}$)(GB/Z 18620.2—2008)

$E_{bn}$是指在齿轮一周范围内实际公法线最大值与最小值之差，如图 9-25 所示，

$$E_{bn}=W_{k\max}-W_{k\min}$$

在齿轮一周内公法线长度平均值(沿圆周均匀分布的四个位置上进行测量)与设计值之差称为公法线平均长度偏差，用 $E_{wm}$ 表示。

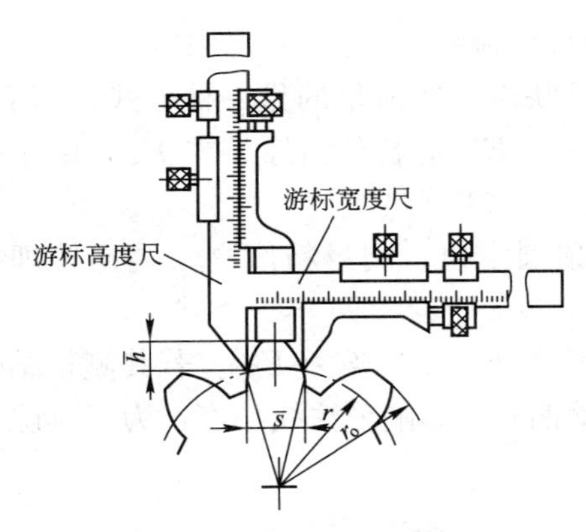

图 9－24　分度圆弦齿厚测量

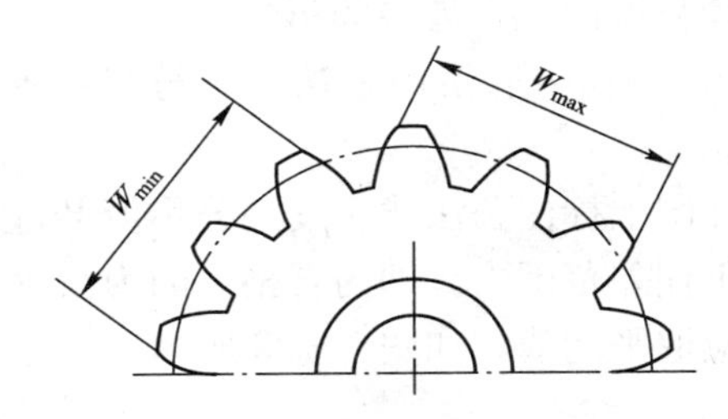


图 9－25　公法线长度变动 $E_{bn}$

$W_k$ 是指跨 $k$ 个齿的异侧齿廓间的公共法线长度的设计值。从图 9－26 中可看出公法线长度为：

$$W=(k-1)P_b+S_b$$

由此可推导出计算公法线长度的公式为

$$W_k=m\cos\alpha[(K-0.5)\pi+z\mathrm{inv}\,\alpha_k]$$

当 $\alpha=20°$时

$$W_k=m[1.476(2K-1)+0.014z]$$

式中，$k$ 为跨齿数；$K=\frac{z}{9}+0.5$；$m$ 为模数；$z$ 为齿轮齿数。

测量公法线的仪器有公法线千分尺、公法线指示千分尺、公法线指示卡规、万能测齿仪及万能工具显微镜等。常用的公法线千分尺或公法线指示卡规测量，如图 9－27 所示。

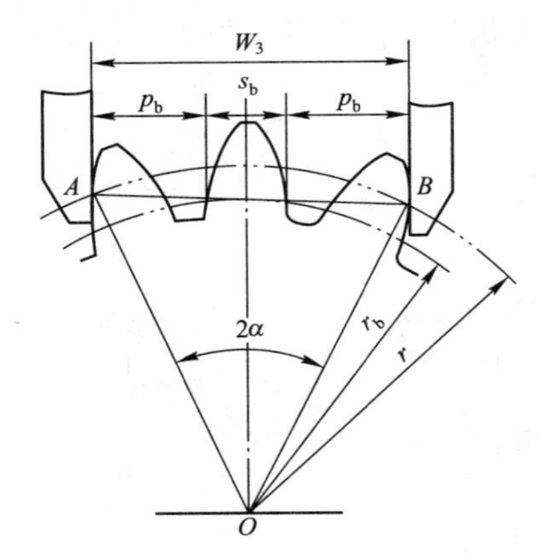


图 9－26　公法线千分尺测量 $E_{bn}$

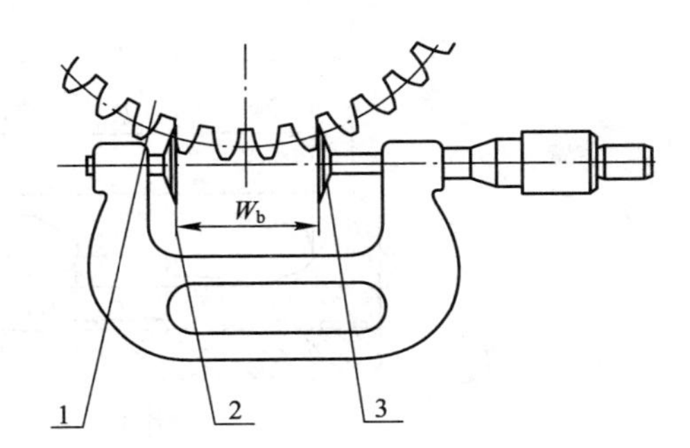


图 9－27　公法线千分尺测量 $E_{bn}$

1—被测齿轮；2—固定测砧；3—活动测砧

新标准 GB/T 10095—2008 中，没有 $E_{bn}$偏差项目，但由于齿轮加工时，$E_{bn}$用公法线千分尺在机测量，不仅方便，而且测量为直线值，精度高。且 $E_{bn}$反映了基圆齿距、基圆齿厚对 $E_{bn}$的影响，所以生产中用 $E_{bn}$值作为制齿工序完成的依据。因此，在设计和工艺图样中，应对 $E_{bn}$给予关注。但对 10～12 级低精度齿轮，由于机床已到达足够精度，故只检 $F_r$ 一项，不必检验 $E_{bn}$，$E_{bn}$是一种替代检验项目。

$E_{wm}$不同于公法线长度变动量 $E_{bn}$，$E_{wm}$是反映齿厚减薄量的另一种方式，而 $E_{bn}$则反映齿轮的运动偏心，属于传递运动准确性误差。$E_{wm}$能替代齿厚偏差 $E_{sn}$，由于公法线平均长度内包含齿厚的影响。

由于测量 $E_{bn}$使用公法线千分尺，不以齿顶圆定位，测量精度高，是比较理想的方法。

在图上标注公法线长度的公称值 $W_{kthe}$和上偏差 $E_{bns}$、下偏差 $E_{bni}$。若其测量结果在上、下偏差范围内，即为合格。因为齿轮的运动偏心会影响公法线长度，为了排除其影响，应取平均值，如图 9-28 所示。

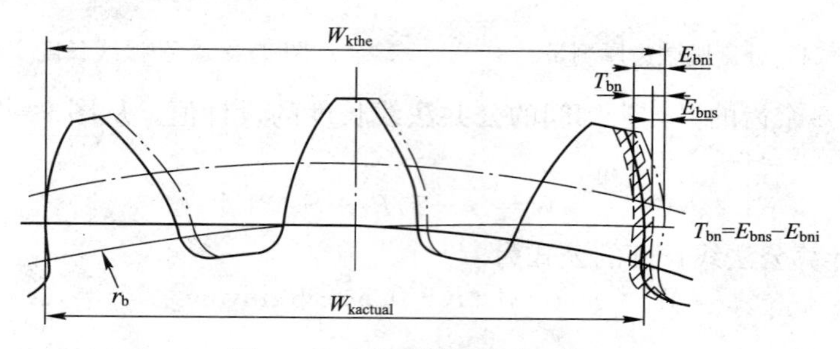


图 9-28　公法线长度偏差 $E_{bn}$

### 5. 齿轮副的安装及传动误差

一对齿轮安装后应进行如下项目的检验。

(1) 齿轮副的接触斑点（GB/Z 18620.4—2008）

安装好的齿轮副在轻微的制动下，运转后齿面上分布的接触擦亮痕迹即为接触斑点，如图 9-29 所示。接触斑点可以用沿齿高方向和齿长方向的百分数表示，是一个特殊的非几何量的测量项目。

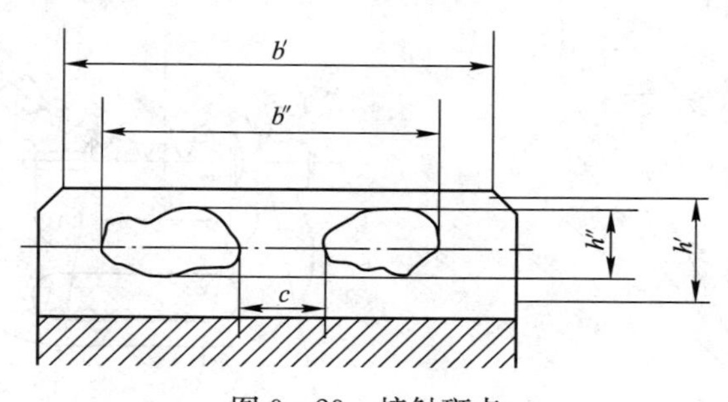


图 9-29　接触斑点

GB/Z 18620.4—2008 中，要求接触斑点测量方法用光泽法和着色法检验。齿轮副接触斑点的检验应安装在箱体中进行，也可在齿轮副滚动试验机上或齿轮式单面啮合检验仪上进行。

先在被测齿轮副中小齿轮部分（不少于 5 个齿）齿面上涂以适当厚度的涂料，转动小齿轮轴使齿轮副工作齿面啮合，直至齿面上出现清晰的涂料被擦掉的痕迹。检验时使用规定的痕迹涂料，涂层应均匀，且能确保油膜厚度在 0.006～0.012 mm。对于齿面不修形的齿轮，接触斑点的分布位置应趋于齿面中部，齿顶和两端部棱边不允许接触。对于修形齿轮，接触斑点的位置按设计要求规定。检测后，用照相、画草图或用透明胶带记录加以保存。

此项主要影响载荷分布均匀性，接触斑点的检验方法比较简单，对大规格齿轮尤其具有实用意义，这项指标综合了齿轮加工误差和安装误差对接触精度的影响。因此若接触斑点检验合格，则此齿轮副中单个齿轮的齿厚和公法线公差项目可不予考核。

（2）齿轮副的侧隙

“侧隙”是指两个相配齿轮的工作面相接触时，在两个非工作齿面所形成的间隙，如图 9－30 所示。图中侧隙是按最紧中心距位置绘制的，如中心距增大，侧隙也将增大。

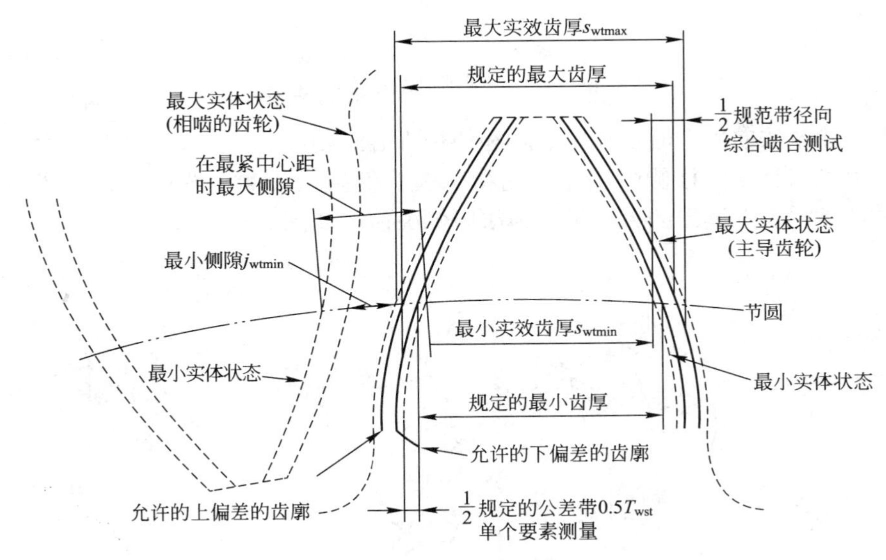


图 9－30　端面上的齿厚与侧隙

通常在稳定的工作状态下的侧隙（工作侧隙）与齿轮在静态下安装于箱体内所测得的侧隙（装配侧隙）是不同的，工作侧隙小于装配侧隙。工作侧隙分为以下几种。

① 圆周侧隙 $j_{wt}$。是齿轮副中一个齿轮固定时，另一个齿轮所能转过的节圆弧长的最大值，以分度圆上弧长计。

② 法向侧隙 $j_{bn}$。是齿轮副中两齿轮工作齿面互相接触时，非工作齿面之间的最短距离，与 $j_{wt}$ 的关系为

$$j_{bn}=j_{wt}\cos\alpha_{wt}\cos\beta_b$$

③ 径向侧隙 $j_r$。是将两个相配齿轮的中心距缩小，直到左侧和右侧齿面都接触时，这个缩小的量为径向侧隙，与 $j_{wt}$ 的关系为

$$j_r=\frac{j_{wt}}{2\tan\alpha_{wt}}$$

齿轮副侧隙的检验包括齿轮副圆周侧隙 $j_{wt}$ 和法向侧隙 $j_{bn}$ 的检验。测量方法为单点法，即在箱体上对安装好的齿轮副进行测量，也可在滚动试验机上进行测量。

单点法测量圆周侧隙时，在中心距和使用中心距相同的情况下，将齿轮副的一个齿轮固定，在另一齿轮的分度圆切线方向放置一指示表，然后晃动此齿轮，其晃动量由指示表读出，即为圆周侧隙值 $j_{wt}$，如图 9－31 所示。

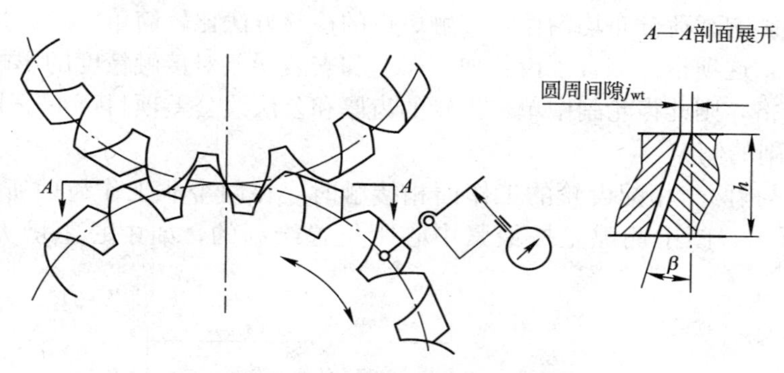


图 9－31　圆周侧隙单点测量

单点法测量法向侧隙时，在中心距和使用中心距相同的情况下，可用测片或塞片进行测量，也可与测量圆柱侧隙相似使用指示表，但指示表测头置于与齿面垂直的方向上，此时从指示表上读出的晃动量即为法向侧隙值，如图 9－32 所示。

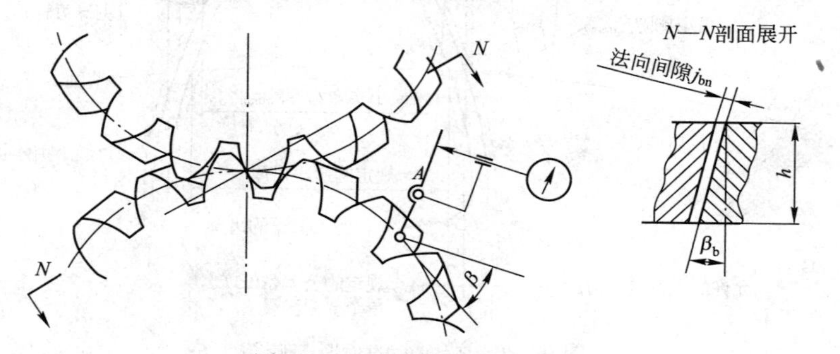


图 9－32　法向侧隙单点测量

单点法测量位置应对大齿轮每转过大约 60°的位置进行齿轮副侧隙的测量。

(3) 齿轮副的中心距偏差 $f_a$

$f_a$ 是指在齿轮副的齿宽中间平面内，实际中心距与公称中心距之差，主要影响侧隙。中心距公差是设计者规定的允许偏差。公称中心距是考虑了最小侧隙及两齿轮的齿顶和其相啮合的非渐开线齿廓齿根部分的干涉后确定的。

在控制运动用的齿轮中，其侧隙必须控制。当轮齿上的载荷常常反向时，对中心距的公差必须考虑下列因素：轴、箱体和轴承的偏斜；由于箱体的偏差和轴承的间隙导致齿轮轴线的不一致和错斜；安装误差及轴承跳动；温度的影响；旋转件的离心伸胀；其他因素，如润滑剂污染及非金属齿轮材料的溶胀。

齿轮传动中，一个齿轮带动若干齿轮（或反过来）的情形，需要限制中心距的允许偏差，如齿轮系。其公差值由于 GB/Z 18620.3—2008 未给出，仍用 GB/T 10095—1988 标准的数值。

(4) 轴线的平行度偏差

由于轴线平行度偏差的影响与其方向有关，对“轴线平面内的偏差” $f_{\Sigma\delta}$ 和“垂直平面上的偏差” $f_{\Sigma\beta}$ 是不同的，如图 9-33 所示。

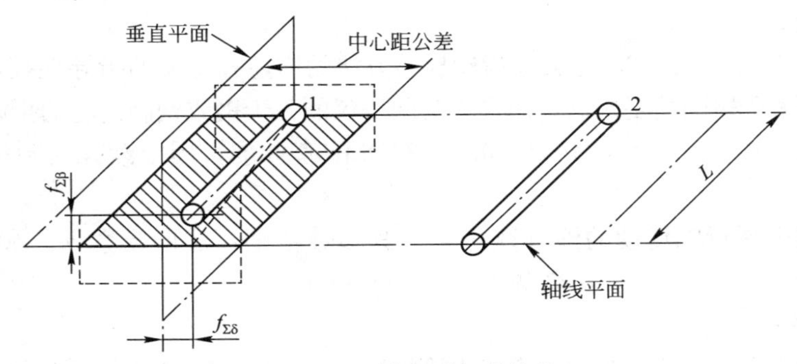


图 9-33　轴向平行度偏差

$f_{\Sigma\delta}$ 是在两轴线的公共平面上测量的，$f_{\Sigma\beta}$ 是在与公共平面垂直的“交错轴平面”上测量的。每项平行度偏差是以与有关轴轴承间距离 $L$（轴承中间距）和齿宽 $b$ 相关联的值来表示的。$f_{\Sigma\delta}$ 的公共平面是用两轴承跨距中较长的一个 $L$ 和另一根轴上的一个轴承来确定的，如果两轴承的跨距相同，则用小齿轮轴和大齿轮轴的一个轴承。

$f_{\Sigma\delta}$ 和 $f_{\Sigma\beta}$ 都影响螺旋线啮合偏差，因此规定了最大推荐值。

$$f_{\Sigma\delta}=2f_{\Sigma\beta}=\left(\frac{L}{b}\right)F_{\beta}$$

$$f_{\Sigma\beta}=0.5\left(\frac{L}{b}\right)F_{\beta}$$

# 任务 9.4　了解渐开线圆柱齿轮精度及检测标准 (GB/T 10095—2008、GB/Z 18620—2008)

渐开线圆柱齿轮的精度及检测标准有 GB/T 10095—2008、GB/Z 18620—2008 和 GB/T 13924—2008，如表 9-3 所示。鉴于企业多年贯彻旧标准的经验和我国齿轮生产的现状，当供需双方协商一致时，老标准的某些项目仍可使用。

**表 9-3　渐开线圆柱齿轮精度标准**

| 标准号 | 名　　称 |
|---|---|
| GB/T 10095.1—2008 | 圆柱齿轮 精度制 第 1 部分：轮齿同侧齿面偏差的定义和允许值 |
| GB/T 10095.2—2008 | 圆柱齿轮 精度制 第 2 部分：径向综合偏差与径向跳动的定义和允许值 |
| GB/Z 18620.1—2002 | 圆柱齿轮 检验实施规范 第 1 部分：轮齿同侧齿面的检验 |
| GB/Z 18620.2—2002 | 圆柱齿轮 检验实施规范 第 2 部分：径向综合偏差、径向跳动、齿厚和侧隙的检验 |
| GB/Z 18620.3—2002 | 圆柱齿轮 检验实施规范 第 3 部分：齿轮坯、轴中心距和轴线平行度的检验 |
| GB/Z 18620.4—2002 | 圆柱齿轮 检验实施规范 第 4 部分：表面结构和轮齿接触斑点的检验 |
| GB/T 13924—2008 | 渐开线圆柱齿轮精度　检验细则 |

1）适用范围

GB/T 10095.1—2008 只适用单个齿轮的每一个要素，不包括齿轮副。

GB/T 10095.2—2008 适用于产品齿轮与测量齿轮的啮合检验，不适合两个产品齿轮的啮合检验。

GB/Z 18620.1～4—2008 是关于齿轮检验方法的描述和意见的指导性技术文件，所提供的数值不作为严格的精度判据，而作为共同协议的关于钢或铁制齿轮的指南来使用。

GB/T 13924—2008 是 GB/T 10095—2008 配套标准，用于渐开线圆柱形产品齿轮精度的评价。

它们适用于平行轴传动的渐开线齿轮，其参数范围：法向模数 $m_n \geqslant 0.5 \sim 70$ mm，分度圆直径 $d \leqslant 10\ 000$ mm，有效齿宽 $B \leqslant 1\ 000$ mm。

2）精度等级

标准 GB/T 10095.1—2008 对轮齿同侧齿面公差规定了 13 个精度等级，0 级精度最高，12 级精度最低。1～2 级目前工艺尚未达到此水平，供将来发展用，3～5 级为高精度级，6～8 级为中等精度级，9～12 级为低精度级。

标准 GB/T 10095.2—2008 对径向综合公差规定了 9 个精度等级，其中 4 级最高，12 级最低，5 级为基础级。模数范围也与 GB/T 10095.1—2008 不同，法向模数 $m_n \geqslant 0.2 \sim 10$ mm，分度圆直径 5.0～1 000 mm。

3）精度等级的选择

按各项误差的特性及对传动性能的影响，将齿轮指标分成Ⅰ、Ⅱ、Ⅲ3 个性能组，如表 9-4 所示。

**表 9-4　齿轮误差特性对传动性能的影响**

| 性能组别 | 公差项目 | 误差特性 | 对传动性能的主要影响 |
| --- | --- | --- | --- |
| Ⅰ | $F'_i$、$F_p$、$F_{pk}$、$F_\tau$、$F''_i$ | 以齿轮一转为周期的误差 | 传递运动的准确性 |
| Ⅱ | $f'_i$、$f''_i$、$F_\alpha$、$f_{pb}$、$f_{pt}$ | 齿轮一转内多次周期性重复出现的误差 | 传动的平稳性、噪声、振动 |
| Ⅲ | $F_\beta$ | 螺旋线总误差 | 载荷分布的均匀性 |

首先根据用途、使用条件、经济性确定主要性能组的精度等级，然后再确定其他两组的精度等级。根据使用的要求不同，对各公差组可选相同或不同的精度等级，但在同一公差组内各项公差与极限偏差应保持相同的精度等级。

一对齿轮副中两个齿轮的精度等级一般取同级，必要时也可选不同等级。

对读数、分度齿轮传递角位移，要求控制齿轮传动比的变化，可根据传动链要求的准确性，即允许的转角误差选择第Ⅰ公差组精度等级。而第Ⅱ公差组的误差是第Ⅰ公差组误差的组成部分，相互关联，一般可取同级精度。读数、分度齿轮对传递功率要求不高，故第Ⅲ公差组精度可稍低。

对高速齿轮要求控制瞬时传动比的变化，可根据圆周速度或噪声强度来选择第Ⅱ公差组精度等级。当速度很高时第Ⅰ公差组精度可取同级，速度不高时可选稍低等级。轮齿的接触精度不好也不能保证传动平稳，故第Ⅲ公差组精度不低于第Ⅱ公差组。

承载齿轮要求载荷在齿宽上分布均匀，可根据强度和寿命选择第Ⅲ公差组精度等级。而第Ⅰ、Ⅱ公差组精度可稍低，低速重载时第Ⅱ公差组可稍低于第Ⅲ公差组，中速轻载时可采用同级精度。

各公差组选不同精度等级时以不超过一级为宜，精度等级选择时可参考表 9－5 和表 9－6。

**表 9－5　圆柱齿轮精度等级与圆周速度的关系**

| 齿的形式 | 齿面布氏硬度（HBS） | 齿轮精度等级 | | | | | |
|---|---|---|---|---|---|---|---|
| | | 5 | 6 | 7 | 8 | 9 | 10 |
| | | 齿轮圆周速度/(m/s) | | | | | |
| 直齿 | ≤350<br>＞350 | ＞12<br>＞10 | ≤18<br>≤15 | ≤12<br>≤10 | ≤6<br>≤5 | ≤4<br>≤3 | ≤1<br>≤1 |
| 斜齿 | ≤350<br>＞350 | ＞25<br>＞20 | ≤36<br>≤30 | ≤25<br>≤20 | ≤12<br>≤9 | ≤8<br>≤6 | ≤2<br>≤1.5 |

**表 9－6　一些机械常用齿轮精度等级**

| 应用范围 | 精度等级 | 应用范围 | 精度等级 |
|---|---|---|---|
| 单齿仪、双齿仪 | 2～5 | 通用减速器 | 6～9 |
| 蜗轮减速器 | 3～5 | 轧钢机 | 5～10 |
| 精密切削机床 | 3～8 | 矿用绞车 | 6～10 |
| 航空发动机 | 4～7 | 起重机 | 6～9 |
| 内燃机、电气机车 | 5～8 | 拖拉机 | 6～10 |
| 轻型汽车 | 5～8 | 农业机械 | 7～11 |
| 载重汽车 | 6～9 | 一般切削机床 | 4～8 |

各级精度的 $\pm f_{pt}$、$F_p$、$F_\alpha$、$F_r$、$F''_i$、$f''_i$、$F_\beta$ 和接触斑点等公差或极限偏差可查表 9－7至表 9－14。

**表 9－7　单个齿距偏差 $\pm f_{pt}$（摘自 GB/T 10095—2008）**　　单位：μm

| 分度圆直径 $d$/mm | 模数 $m$/mm | 精度等级 | | | | | | | | | | | | |
|---|---|---|---|---|---|---|---|---|---|---|---|---|---|---|
| | | 0 | 1 | 2 | 3 | 4 | 5 | 6 | 7 | 8 | 9 | 10 | 11 | 12 |
| 5≤$d$≤20 | 0.5≤$m$≤2 | 0.8 | 1.2 | 1.7 | 2.3 | 3.3 | 4.7 | 6.5 | 9.5 | 13.0 | 19.0 | 26.0 | 37.0 | 53.0 |
| | 2＜$m$≤3.5 | 0.9 | 1.3 | 1.8 | 2.6 | 3.7 | 5.0 | 7.5 | 10.0 | 15.0 | 21.0 | 29.0 | 41.0 | 59.0 |
| 20＜$d$≤50 | 0.5≤$m$≤2 | 0.9 | 1.2 | 1.8 | 2.5 | 3.5 | 5.0 | 7.0 | 10.0 | 14.0 | 20.0 | 28.0 | 40.0 | 56.0 |
| | 2＜$m$≤3.5 | 1.0 | 1.4 | 1.9 | 2.7 | 3.9 | 5.5 | 7.5 | 11.0 | 15.0 | 22.0 | 31.0 | 44.0 | 52.0 |
| | 3.5＜$m$≤6 | 1.1 | 1.5 | 2.1 | 3.0 | 4.5 | 6.0 | 8.5 | 12.0 | 17.0 | 24.0 | 34.0 | 43.0 | 68.0 |
| | 6＜$m$≤10 | 1.2 | 1.7 | 2.5 | 3.5 | 4.9 | 7.0 | 10.0 | 14.0 | 20.0 | 23.0 | 40.0 | 56.0 | 79.0 |
| 50＜$d$≤125 | 0.5≤$m$≤2 | 0.9 | 1.3 | 1.9 | 2.7 | 3.8 | 5.5 | 7.5 | 11.0 | 15.0 | 21.0 | 30.0 | 43.0 | 61.0 |
| | 2＜$m$≤3.5 | 1.0 | 1.5 | 2.1 | 2.9 | 4.1 | 6.0 | 8.5 | 12.0 | 17.0 | 23.0 | 33.0 | 47.0 | 66.0 |
| | 3.5＜$m$≤6 | 1.1 | 1.6 | 2.3 | 3.2 | 4.6 | 6.5 | 9.0 | 13.0 | 18.0 | 26.0 | 36.0 | 52.0 | 73.0 |
| | 6＜$m$≤10 | 1.3 | 1.8 | 2.6 | 3.7 | 5.0 | 7.5 | 10.0 | 15.0 | 21.0 | 30.0 | 42.0 | 59.0 | 84.0 |
| | 10＜$m$≤16 | 1.6 | 2.2 | 3.1 | 4.4 | 6.5 | 9.0 | 13.0 | 18.0 | 25.0 | 35.0 | 50.0 | 71.0 | 100.0 |
| | 16＜$m$≤25 | 2.0 | 2.8 | 3.9 | 5.5 | 8.0 | 11.0 | 16.0 | 22.0 | 31.0 | 44.0 | 63.0 | 89.0 | 125.0 |

**表 9-8 齿距积累总偏差 $F_p$（摘自 GB/T 10095—2008）** 单位：μm

| 分度圆直径 d/mm | 模数 m/mm | 精度等级 | | | | | | | | | | | | |
|---|---|---|---|---|---|---|---|---|---|---|---|---|---|---|
| | | 0 | 1 | 2 | 3 | 4 | 5 | 6 | 7 | 8 | 9 | 10 | 11 | 12 |
| 5≤d≤20 | 0.5≤m≤2 | 2.0 | 2.8 | 4.0 | 5.5 | 8.0 | 11.0 | 16.0 | 23.0 | 32.0 | 45.0 | 64.0 | 90.0 | 127.0 |
| | 2<m≤3.5 | 2.1 | 29 | 4.2 | 6.0 | 8.5 | 12.0 | 17.0 | 23.0 | 33.0 | 47.0 | 65.0 | 94.0 | 133.0 |
| 20<d≤50 | 0.5≤m≤2 | 2.5 | 3.6 | 5.0 | 7.0 | 10.0 | 14.0 | 20.0 | 29.0 | 41.0 | 57.0 | 81.0 | 115.0 | 162.0 |
| | 2<m≤3.5 | 2.6 | 3.7 | 5.0 | 7.5 | 10.0 | 15.0 | 21.0 | 30.0 | 42.0 | 59.0 | 84.0 | 119.0 | 163.0 |
| | 3.5<m≤6 | 2.7 | 3.9 | 5.5 | 7.5 | 11.0 | 15.0 | 22.0 | 31.0 | 44.0 | 62.0 | 87.0 | 123.0 | 174.0 |
| | 6<m≤10 | 2.9 | 4.1 | 6.0 | 8.0 | 12.0 | 16.0 | 23.0 | 33.0 | 45.0 | 65.0 | 93.0 | 131.0 | 185.0 |
| 50<d≤125 | 0.5≤m≤2 | 3.3 | 4.6 | 6.5 | 9.0 | 13.0 | 18.0 | 26.0 | 37.0 | 52.0 | 74.0 | 104.0 | 147.0 | 208.0 |
| | 2<m≤3.5 | 3.3 | 4.7 | 6.5 | 9.5 | 13.0 | 19.0 | 27.0 | 38.0 | 53.0 | 76.0 | 107.0 | 151.0 | 214.0 |
| | 3.5<m≤6 | 3.4 | 4.9 | 7.0 | 9.5 | 14.0 | 19.0 | 28.0 | 39.0 | 55.0 | 78.0 | 110.0 | 156.0 | 220.0 |
| | 6<m≤10 | 3.6 | 5.0 | 7.0 | 10.0 | 14.0 | 20.0 | 29.0 | 41.0 | 58.0 | 82.0 | 116.0 | 164.0 | 231.0 |
| | 10<m≤16 | 3.9 | 5.5 | 7.5 | 11.0 | 15.0 | 22.0 | 31.0 | 44.0 | 62.0 | 88.0 | 124.0 | 175.0 | 248.0 |
| | 16<m≤25 | 4.3 | 6.0 | 8.5 | 12.0 | 17.0 | 24.0 | 34.0 | 48.0 | 68.0 | 96.0 | 136.0 | 193.0 | 273.0 |

**表 9-9 齿廓总偏差 $F_\alpha$（摘自 GB/T 10095—2008）** 单位：μm

| 分度圆直径 d/mm | 模数 m/mm | 精度等级 | | | | | | | | | | | | |
|---|---|---|---|---|---|---|---|---|---|---|---|---|---|---|
| | | 0 | 1 | 2 | 3 | 4 | 5 | 6 | 7 | 8 | 9 | 10 | 11 | 12 |
| 5≤d≤20 | 0.5≤m≤2 | 0.8 | 1.1 | 1.6 | 2.3 | 3.2 | 4.6 | 6.5 | 9.0 | 13.0 | 18.0 | 26.0 | 37.0 | 52.0 |
| | 2<m≤3.5 | 1.2 | 1.7 | 2.3 | 3.3 | 4.7 | 6.5 | 9.5 | 13.0 | 19.0 | 26.0 | 37.0 | 53.0 | 75.0 |
| 20<d≤50 | 0.5≤m≤2 | 0.9 | 1.3 | 1.8 | 2.6 | 3.6 | 5.0 | 7.5 | 10.0 | 15.0 | 21.0 | 29.0 | 41.0 | 58.0 |
| | 2<m≤3.5 | 1.3 | 1.8 | 2.5 | 3.6 | 5.0 | 7.0 | 10.0 | 14.0 | 20.0 | 29.0 | 40.0 | 57.0 | 81.0 |
| | 3.5<m≤6 | 1.6 | 2.2 | 3.1 | 4.4 | 6.0 | 9.0 | 12.0 | 18.0 | 25.0 | 35.0 | 50.0 | 70.0 | 99.0 |
| | 6<m≤10 | 1.9 | 2.7 | 3.8 | 5.5 | 7.5 | 11.0 | 15.0 | 22.0 | 31.0 | 43.0 | 61.0 | 87.0 | 123.0 |
| 50<d≤125 | 0.5≤m≤2 | 1.0 | 1.5 | 2.1 | 2.9 | 4.1 | 6.0 | 8.5 | 12.0 | 17.0 | 23.0 | 33.0 | 47.0 | 66.0 |
| | 2<m≤3.5 | 1.4 | 2.0 | 2.8 | 3.9 | 5.5 | 8.0 | 11.0 | 16.0 | 22.0 | 31.0 | 44.0 | 63.0 | 89.0 |
| | 3.5<m≤6 | 1.7 | 2.4 | 3.4 | 4.8 | 6.5 | 9.5 | 13.0 | 19.0 | 27.0 | 38.0 | 54.0 | 76.0 | 108.0 |
| | 6<m≤10 | 2.0 | 2.9 | 4.1 | 6.0 | 8.0 | 12.0 | 16.0 | 23.0 | 33.0 | 46.0 | 65.0 | 92.0 | 131.0 |
| | 10<m≤16 | 2.5 | 3.5 | 5.0 | 7.0 | 10.0 | 14.0 | 20.0 | 28.0 | 40.0 | 56.0 | 79.0 | 112.0 | 159.0 |
| | 16<m≤25 | 3.0 | 4.2 | 6.0 | 8.5 | 12.0 | 17.0 | 24.0 | 34.0 | 48.0 | 68.0 | 96.0 | 136.0 | 192.0 |

**表 9-10 径向跳动公差 $F_r$（摘自 GB/T 10095—2008）** 单位：μm

| 分度圆直径 d/mm | 法向模数 $m_n$/mm | 精度等级 | | | | | | | | | | | | |
|---|---|---|---|---|---|---|---|---|---|---|---|---|---|---|
| | | 0 | 1 | 2 | 3 | 4 | 5 | 6 | 7 | 8 | 9 | 10 | 11 | 12 |
| 5≤d≤20 | 0.5≤$m_n$≤2.0 | 1.5 | 2.5 | 3.0 | 4.5 | 6.5 | 9.0 | 13 | 18 | 25 | 36 | 51 | 72 | 102 |
| | 2.0<$m_n$≤3.5 | 1.5 | 2.5 | 3.5 | 4.5 | 6.5 | 9.5 | 13 | 19 | 27 | 38 | 53 | 75 | 105 |

续表

| 分度圆直径 $d$/mm | 法向模数 $m_n$/mm | 精度等级 | | | | | | | | | | | | |
|---|---|---|---|---|---|---|---|---|---|---|---|---|---|---|
| | | 0 | 1 | 2 | 3 | 4 | 5 | 6 | 7 | 8 | 9 | 10 | 11 | 12 |
| $20<d\leqslant50$ | $0.5<m_n\leqslant2.0$ | 2.0 | 3.0 | 4.0 | 5.5 | 8.0 | 11 | 16 | 23 | 32 | 46 | 65 | 92 | 130 |
| | $2.0<m_n\leqslant3.5$ | 2.0 | 3.0 | 4.0 | 6.0 | 8.5 | 12 | 17 | 24 | 34 | 47 | 67 | 95 | 134 |
| | $3.5<m_n\leqslant6.0$ | 2.0 | 3.0 | 4.5 | 6.0 | 8.5 | 12 | 17 | 25 | 35 | 49 | 70 | 99 | 139 |
| | $6.0<m_n\leqslant10$ | 2.5 | 3.5 | 4.5 | 6.5 | 9.5 | 13 | 19 | 26 | 37 | 52 | 74 | 105 | 148 |
| $50<d\leqslant125$ | $0.5\leqslant m_n\leqslant2.0$ | 2.5 | 3.5 | 5.0 | 7.5 | 10 | 15 | 21 | 29 | 42 | 59 | 83 | 118 | 167 |
| | $2.0<m_n\leqslant3.5$ | 2.5 | 4.0 | 5.5 | 7.5 | 11 | 15 | 21 | 30 | 43 | 61 | 86 | 121 | 171 |
| | $3.5<m_n\leqslant6.0$ | 3.0 | 4.0 | 5.5 | 8.0 | 11 | 16 | 22 | 31 | 44 | 62 | 88 | 125 | 176 |
| | $6.0<m_n\leqslant10$ | 3.0 | 4.0 | 6.0 | 8.0 | 12 | 16 | 23 | 33 | 46 | 65 | 92 | 131 | 185 |
| | $10<m_n\leqslant16$ | 3.0 | 4.5 | 6.0 | 9.0 | 12 | 18 | 25 | 35 | 50 | 70 | 99 | 140 | 198 |
| | $16<m_n\leqslant25$ | 3.5 | 5.0 | 7.0 | 9.5 | 14 | 19 | 27 | 39 | 55 | 77 | 109 | 154 | 218 |

**表 9-11　径向综合总偏差 $F_i''$（摘自 GB/T 10095—2008）**　　单位：μm

| 分度圆直径 $d$/mm | 法向模数 $m_n$/mm | 精度等级 | | | | | | | | |
|---|---|---|---|---|---|---|---|---|---|---|
| | | 4 | 5 | 6 | 7 | 8 | 9 | 10 | 11 | 12 |
| $5\leqslant d\leqslant20$ | $0.2\leqslant m_n\leqslant0.5$ | 7.5 | 11 | 15 | 21 | 30 | 42 | 60 | 85 | 120 |
| | $0.5<m_n\leqslant0.8$ | 8.0 | 12 | 16 | 23 | 33 | 46 | 66 | 93 | 131 |
| | $0.8<m_n\leqslant1.0$ | 9.0 | 12 | 18 | 25 | 35 | 50 | 70 | 100 | 141 |
| | $1.0<m_n\leqslant1.5$ | 10 | 14 | 19 | 27 | 38 | 54 | 76 | 108 | 153 |
| | $1.5<m_n\leqslant2.5$ | 11 | 16 | 22 | 32 | 45 | 63 | 89 | 126 | 179 |
| | $2.5<m_n\leqslant4.0$ | 14 | 20 | 28 | 39 | 56 | 79 | 112 | 158 | 223 |
| $20<d\leqslant50$ | $0.2\leqslant m_n\leqslant0.5$ | 9.0 | 13 | 19 | 26 | 37 | 52 | 74 | 105 | 148 |
| | $0.5<m_n\leqslant0.8$ | 10 | 14 | 20 | 28 | 40 | 56 | 80 | 113 | 160 |
| | $0.8<m_n\leqslant1.0$ | 11 | 15 | 21 | 30 | 42 | 60 | 85 | 120 | 169 |
| | $1.0<m_n\leqslant1.5$ | 11 | 16 | 23 | 32 | 45 | 64 | 91 | 128 | 181 |
| | $1.5<m_n\leqslant2.5$ | 13 | 18 | 26 | 37 | 52 | 73 | 103 | 146 | 207 |
| | $2.5<m_n\leqslant4.0$ | 16 | 22 | 31 | 44 | 63 | 89 | 126 | 178 | 251 |
| | $4.0<m_n\leqslant6.0$ | 20 | 28 | 39 | 56 | 79 | 111 | 157 | 222 | 314 |
| | $6.0<m_n\leqslant10$ | 26 | 37 | 52 | 74 | 104 | 147 | 209 | 295 | 417 |
| $50<d\leqslant125$ | $0.2\leqslant m_n\leqslant0.5$ | 12 | 16 | 23 | 33 | 46 | 66 | 93 | 131 | 185 |
| | $0.5<m_n\leqslant0.8$ | 12 | 17 | 25 | 35 | 49 | 70 | 98 | 139 | 197 |
| | $0.8<m_n\leqslant1.0$ | 13 | 18 | 26 | 36 | 52 | 73 | 103 | 146 | 206 |
| | $1.0<m_n\leqslant1.5$ | 14 | 19 | 27 | 39 | 55 | 77 | 109 | 154 | 218 |
| | $1.5<m_n\leqslant2.5$ | 15 | 22 | 31 | 43 | 61 | 86 | 122 | 173 | 244 |
| | $2.5<m_n\leqslant4.0$ | 18 | 25 | 36 | 51 | 72 | 102 | 144 | 204 | 288 |
| | $4.0<m_n\leqslant6.0$ | 22 | 31 | 44 | 62 | 88 | 124 | 176 | 248 | 351 |
| | $6.0<m_n\leqslant10$ | 28 | 40 | 57 | 80 | 114 | 161 | 227 | 321 | 454 |

**表 9-12 一齿径向综合偏差 $f''_i$（摘自 GB/T 10095—2008）** 单位：μm

| 分度圆直径 $d$/mm | 法向模数 $m_n$/mm | 精度等级 | | | | | | | | |
|---|---|---|---|---|---|---|---|---|---|---|
| | | 4 | 5 | 6 | 7 | 8 | 9 | 10 | 11 | 12 |
| 5≤$d$≤20 | 0.2≤$m_n$≤0.5 | 1.0 | 2.0 | 2.5 | 3.5 | 5.0 | 7.0 | 10 | 14 | 20 |
| | 0.5<$m_n$≤0.8 | 2.0 | 2.5 | 4.0 | 5.5 | 7.5 | 11 | 15 | 22 | 31 |
| | 0.8<$m_n$≤1.0 | 2.5 | 3.5 | 5.0 | 7.0 | 10 | 14 | 20 | 28 | 39 |
| | 1.0<$m_n$≤1.5 | 3.0 | 4.5 | 6.5 | 9.0 | 13 | 18 | 25 | 36 | 50 |
| | 1.5<$m_n$≤2.5 | 4.5 | 6.5 | 9.5 | 13 | 19 | 26 | 37 | 53 | 74 |
| | 2.5<$m_n$≤4.0 | 7.0 | 10 | 14 | 20 | 29 | 41 | 58 | 82 | 115 |
| 20<$d$≤30 | 0.2≤$m_n$≤0.5 | 1.5 | 2.0 | 2.5 | 3.5 | 5.0 | 7.0 | 10 | 14 | 20 |
| | 0.5<$m_n$≤0.8 | 2.0 | 2.5 | 4.0 | 5.5 | 7.5 | 11 | 15 | 22 | 31 |
| | 0.8<$m_n$≤1.0 | 2.5 | 3.5 | 5.0 | 7.0 | 10 | 14 | 20 | 28 | 40 |
| | 1.0<$m_n$≤1.5 | 3.0 | 4.5 | 6.5 | 9.0 | 13 | 18 | 25 | 36 | 51 |
| | 1.5<$m_n$≤2.5 | 4.5 | 6.5 | 9.5 | 13 | 19 | 26 | 37 | 53 | 75 |
| | 2.5<$m_n$≤4.0 | 7.0 | 10 | 14 | 20 | 29 | 41 | 58 | 82 | 116 |
| | 4.0<$m_n$≤6.0 | 11 | 15 | 22 | 31 | 43 | 61 | 87 | 123 | 174 |
| | 6.0<$m_n$≤10 | 17 | 24 | 34 | 48 | 67 | 95 | 135 | 190 | 269 |
| 50<$d$≤125 | 0.2≤$m_n$≤0.5 | 1.5 | 2.0 | 2.5 | 3.5 | 5.0 | 7.5 | 10 | 15 | 21 |
| | 0.5<$m_n$≤0.8 | 2.0 | 3.0 | 4.0 | 5.5 | 8.0 | 11 | 16 | 22 | 31 |
| | 0.8<$m_n$≤1.0 | 2.5 | 3.5 | 5.0 | 7.0 | 10 | 14 | 20 | 28 | 40 |
| | 1.0<$m_n$≤1.5 | 3.0 | 4.5 | 6.5 | 9.0 | 13 | 18 | 26 | 36 | 51 |
| | 1.5<$m_n$≤2.5 | 4.5 | 6.5 | 9.5 | 13 | 19 | 26 | 37 | 53 | 75 |
| | 2.5<$m_n$≤4.0 | 7.0 | 10 | 14 | 20 | 29 | 41 | 58 | 82 | 116 |
| | 4.0<$m_n$≤6.0 | 11 | 15 | 22 | 31 | 44 | 62 | 87 | 123 | 174 |
| | 6.0<$m_n$≤10 | 17 | 24 | 34 | 48 | 67 | 95 | 135 | 191 | 269 |

注：公差表仅在供需双方有协议时使用，无协议时，用模数和直径实际值计算齿轮精度。

$F''_i=3.2m_n+1.01\sqrt{d}+6.4$ 和 $f''_i=2.96m_n+0.01\sqrt{d}+0.8$，参数 $m_n$ 和 $d$ 应取其分段界限值的几何平均值代入。

**表 9-13 螺旋线总偏差 $F_\beta$（摘自 GB/T 10095—2008）** 单位：μm

| 分度圆直径 $d$/mm | 齿宽 $b$/mm | 精度等级 | | | | | | | | | | | | |
|---|---|---|---|---|---|---|---|---|---|---|---|---|---|---|
| | | 0 | 1 | 2 | 3 | 4 | 5 | 6 | 7 | 8 | 9 | 10 | 11 | 12 |
| 5≤$d$≤20 | 4≤$b$≤10 | 1.1 | 1.5 | 2.2 | 3.1 | 4.3 | 6.0 | 8.5 | 12.0 | 17.0 | 24.0 | 35.0 | 49.0 | 69.0 |
| | 10<$b$≤20 | 1.2 | 1.7 | 2.4 | 3.4 | 4.9 | 7.0 | 9.5 | 14.0 | 19.0 | 28.0 | 39.0 | 55.0 | 78.0 |
| | 20<$b$≤40 | 1.4 | 2.0 | 2.8 | 3.9 | 5.5 | 8.0 | 11.0 | 16.0 | 22.0 | 31.0 | 45.0 | 63.0 | 89.0 |
| | 40<$b$≤80 | 1.6 | 2.3 | 3.3 | 4.6 | 6.5 | 9.5 | 13.0 | 19.0 | 26.0 | 37.0 | 52.0 | 74.0 | 105.0 |
| 20<$d$≤50 | 4≤$b$≤10 | 1.1 | 1.6 | 2.2 | 3.2 | 4.5 | 6.5 | 9.0 | 13.0 | 18.0 | 25.0 | 36.0 | 51.0 | 72.0 |
| | 10<$b$≤20 | 1.3 | 1.8 | 2.5 | 3.6 | 5.0 | 7.0 | 10.0 | 14.0 | 20.0 | 29.0 | 40.0 | 57.0 | 81.0 |
| | 20<$b$≤40 | 1.4 | 2.0 | 2.9 | 4.1 | 5.5 | 8.0 | 11.0 | 16.0 | 23.0 | 32.0 | 46.0 | 65.0 | 92.0 |
| | 40<$b$≤80 | 1.7 | 2.4 | 3.4 | 4.8 | 6.5 | 9.5 | 13.0 | 19.0 | 27.0 | 38.0 | 54.0 | 76.0 | 107.0 |
| | 80<$b$≤160 | 2.0 | 2.9 | 4.1 | 5.5 | 8.0 | 11.0 | 16.0 | 23.0 | 32.0 | 46.0 | 65.0 | 92.0 | 130.0 |

续表

| 分度圆直径 $d$/mm | 齿宽 $b$/mm | 精度等级 | | | | | | | | | | | | |
|---|---|---|---|---|---|---|---|---|---|---|---|---|---|---|
| | | 0 | 1 | 2 | 3 | 4 | 5 | 6 | 7 | 8 | 9 | 10 | 11 | 12 |
| $50<d\leqslant125$ | $4\leqslant b\leqslant10$ | 1.2 | 1.7 | 2.4 | 3.3 | 4.7 | 6.5 | 9.5 | 13.0 | 19.0 | 27.0 | 28.0 | 53.0 | 76.0 |
| | $10<b\leqslant20$ | 1.3 | 1.9 | 2.6 | 3.7 | 5.5 | 7.5 | 11.0 | 15.0 | 21.0 | 30.0 | 42.0 | 60.0 | 84.0 |
| | $20<b\leqslant40$ | 1.5 | 2.1 | 3.0 | 4.2 | 6.0 | 8.5 | 12.0 | 17.0 | 24.0 | 34.0 | 48.0 | 68.0 | 95.0 |
| | $40<b\leqslant80$ | 1.7 | 2.5 | 3.5 | 4.9 | 7.0 | 10.0 | 14.0 | 20.0 | 28.0 | 39.0 | 56.0 | 79.0 | 111.0 |
| | $80<b\leqslant150$ | 2.1 | 2.9 | 4.2 | 6.0 | 8.5 | 12.0 | 17.0 | 24.0 | 33.0 | 47.0 | 67.0 | 94.0 | 133.0 |
| | $160<b\leqslant250$ | 2.5 | 3.5 | 4.9 | 7.0 | 10.0 | 14.0 | 20.0 | 28.0 | 40.0 | 56.0 | 79.0 | 112.0 | 158.0 |
| | $250<b\leqslant400$ | 2.9 | 4.1 | 6.0 | 8.0 | 12.0 | 16.0 | 23.0 | 33.0 | 46.0 | 65.0 | 92.0 | 130.0 | 184.0 |

**表 9-14　圆柱齿轮装配后的接触斑点（摘自 GB/T 18620.4—2008）**

| 精度等级按 GB/T 10095 | $b_{c1}$ | | $h_{c1}$ | | $b_{c2}$ | | $h_{c2}$ | |
|---|---|---|---|---|---|---|---|---|
| | 占齿宽的百分比 | | 占有效齿面高度的百分比 | | 占齿宽的百分比 | | 占有效齿面高度的百分比 | |
| | 直齿轮 | 斜齿轮 | 直齿轮 | 斜齿轮 | 直齿轮 | 斜齿轮 | 直齿轮 | 斜齿轮 |
| 4 级及更高 | 50% | | 70% | 50% | 45% | | 50% | 30% |
| 5 级和 6 级 | 45% | | 50% | 40% | 35% | | 30% | 20% |
| 7 级和 8 级 | 35% | | 50% | 40% | 35% | | 30% | 20% |
| 9 级至 12 级 | 25% | | 50% | 40% | 25% | | 30% | 20% |

注：① 本表对齿廓和螺旋线修形的齿面不适用。

② 本表试图描述那些通过直接测量，证明符合表列精度的齿轮副中获得的最好接触斑点，不能作为证明齿轮精度等级的替代方法。

③ $b_{c1}$、$h_{c1}$、$b_{c2}$、$h_{c2}$参见图 9-29 接触斑点示意图。

齿轮公差的表格中，各精度等级的数值是以 5 级精度为基础计算出来的，5 级精度齿轮有关公式见表 9-15。

**表 9-15　5 级精度齿轮的公差或极限偏差的计算公式**

| 项目名称及代号 | 公差值或极限偏差计算公式 | 项目名称及代号 | 公差值或极限偏差计算公式 |
|---|---|---|---|
| 单个齿距极限偏差 | $\pm f_{pt}=0.3(m_n+0.4\sqrt{d})+4$ | 切向综合总公差 | $F''_i=F_p+f'_i$ |
| 齿距积累极限偏差 | $\pm F_{pk}=f_{pk}+1.6\sqrt{(1-k)m_n}$ | 径向综合总公差 | $F''_i=3.2m_n+1.01\sqrt{d}+6.4$ |
| 齿距积累总公差 | $F_P=0.3m_n+1.25\sqrt{d}+7$ | 一齿径向综合公差 | $f''_i=2.96m_n+0.01\sqrt{d}+0.8$ |
| 齿廓总公差 | $F_\alpha=3.2\sqrt{m_n}+0.22\sqrt{d}+0.7$ | 径向跳动公差 | $F_r=0.8F_p=0.24m_n+1.0\sqrt{d}+5.6$ |
| 螺旋线总公差 | $F_\beta=0.1\sqrt{d}+0.63+\sqrt{b}+4.2$ | | |
| 一齿切向综合偏差 | $f'_i=K(4.3+f_{pt}+F_\alpha)=K(9+0.3m_n+3.2\sqrt{m_n}+0.34\sqrt{d})$<br>当总重合度 $\varepsilon_\tau<4$ 时，$K=0.2\left(\frac{\varepsilon_\tau+4}{\varepsilon_\tau}\right)$；当 $\varepsilon_\tau\geqslant4$ 时，$K=0.4$。不同精度等级的 $f'_i/K$ 值见表 9-16。如果产品齿轮与测量齿轮的齿宽不同时，按较小的齿宽计算 $\varepsilon_\tau$ | | |

表9-16 $f_i'/K$ 的比值（摘自GB/T 10095—2008） 单位：μm

| 分度圆直径 $d$/mm | 模数 $m$/mm | 精度等级 | | | | | | | | | | | | |
|---|---|---|---|---|---|---|---|---|---|---|---|---|---|---|
| | | 0 | 1 | 2 | 3 | 4 | 5 | 6 | 7 | 8 | 9 | 10 | 11 | 12 |
| $5\leqslant d\leqslant 20$ | $0.5\leqslant m\leqslant 2$ | 2.4 | 3.4 | 4.8 | 7.0 | 9.5 | 14.0 | 19.0 | 27.0 | 38.0 | 54.0 | 77.0 | 109.0 | 154.0 |
| | $2<m\leqslant 3.5$ | 2.8 | 4.0 | 5.5 | 8.0 | 11.0 | 16.0 | 23.0 | 32.0 | 45.0 | 64.0 | 91.0 | 129.0 | 182.0 |
| $20<d\leqslant 50$ | $0.5\leqslant m\leqslant 2$ | 2.5 | 3.6 | 5.0 | 7.0 | 10.0 | 14.0 | 20.0 | 29.0 | 41.0 | 58.0 | 82.0 | 115.0 | 163.0 |
| | $2<m\leqslant 3.5$ | 3.0 | 4.2 | 6.0 | 8.5 | 12.0 | 17.0 | 24.0 | 34.0 | 48.0 | 68.0 | 96.0 | 135.0 | 191.0 |
| | $3.5<m\leqslant 6$ | 3.4 | 4.8 | 7.0 | 9.5 | 14.0 | 19.0 | 27.0 | 38.0 | 54.0 | 77.0 | 108.0 | 153.0 | 217.0 |
| | $5<m\leqslant 10$ | 3.9 | 5.5 | 8.0 | 11.0 | 16.0 | 22.0 | 31.0 | 44.0 | 63.0 | 89.0 | 125.0 | 177.0 | 251.0 |
| $50<d\leqslant 125$ | $0.5\leqslant m\leqslant 2$ | 2.7 | 3.9 | 5.5 | 8.0 | 11.0 | 16.0 | 22.0 | 31.0 | 44.0 | 62.0 | 88.0 | 124.0 | 176.0 |
| | $2<m\leqslant 3.5$ | 3.2 | 4.5 | 6.5 | 9.0 | 13.0 | 18.0 | 25.0 | 36.0 | 51.0 | 72.0 | 102.0 | 144.0 | 204.0 |
| | $3.5<m\leqslant 6$ | 3.6 | 5.0 | 7.0 | 10.0 | 14.0 | 20.0 | 29.0 | 40.0 | 57.0 | 81.0 | 115.0 | 162.0 | 229.0 |
| | $6<m\leqslant 10$ | 4.1 | 6.0 | 8.0 | 12.0 | 16.0 | 23.0 | 33.0 | 47.0 | 66.0 | 93.0 | 132.0 | 186.0 | 263.0 |
| | $10<m\leqslant 16$ | 4.8 | 7.0 | 9.5 | 14.0 | 19.0 | 27.0 | 38.0 | 54.0 | 77.0 | 109.0 | 154.0 | 218.0 | 308.0 |
| | $16<m\leqslant 25$ | 5.5 | 8.0 | 11.0 | 16.0 | 23.0 | 32.0 | 46.0 | 65.0 | 91.0 | 129.0 | 183.0 | 259.0 | 366.0 |
| $125<d\leqslant 280$ | $0.5\leqslant m\leqslant 2$ | 3.0 | 4.3 | 6.0 | 8.5 | 12.0 | 17.0 | 24.0 | 34.0 | 49.0 | 69.0 | 97.0 | 137.0 | 194.0 |
| | $2<m\leqslant 3.5$ | 3.5 | 4.9 | 7.0 | 10.0 | 14.0 | 20.0 | 28.0 | 39.0 | 56.0 | 79.0 | 111.0 | 157.0 | 222.0 |
| | $3.5<m\leqslant 6$ | 3.9 | 5.5 | 7.5 | 11.0 | 15.0 | 22.0 | 31.0 | 44.0 | 62.0 | 88.0 | 124.0 | 175.0 | 247.0 |
| | $6<m\leqslant 10$ | 4.4 | 6.0 | 9.0 | 12.0 | 18.0 | 25.0 | 35.0 | 50.0 | 70.0 | 100.0 | 141.0 | 199.0 | 281.0 |
| | $10<m\leqslant 16$ | 5.0 | 7.0 | 10.0 | 14.0 | 20.0 | 29.0 | 41.0 | 58.0 | 82.0 | 115.0 | 163.0 | 231.0 | 326.0 |
| | $16<m\leqslant 25$ | 6.0 | 8.5 | 12.0 | 17.0 | 24.0 | 34.0 | 48.0 | 68.0 | 96.0 | 136.0 | 192.0 | 272.0 | 384.0 |
| | $25<m\leqslant 40$ | 7.5 | 10.0 | 15.0 | 21.0 | 29.0 | 41.0 | 58.0 | 82.0 | 116.0 | 165.0 | 233.0 | 329.0 | 465.0 |

在齿轮检验时，没必要对全部项目都进行检验，只对部分项目进行检验。例如切向综合偏差（$F_i'$、$f_i'$）可以用来替代齿距偏差；齿距累积偏差 $F_{pk}$ 供一般高速齿轮使用。径向综合偏差（$F_i''$、$f_i''$）与径向跳动 $F_r$，这三项偏差虽然测量方便、快速，但由于反映齿轮误差不够全面，只能作为辅助检验项目，即在批量生产齿轮时，先按GB/T 10095.1—2008的要求进行检验，考核齿轮是否符合规定的精度等级，然后再对后生产的齿轮只检查径向综合偏差或径向跳动，揭示由于齿轮加工时安装偏心等原因造成的径向误差。

因此，齿轮的必检项目为：单个齿距偏差 $f_{pt}$、齿距累积总偏差 $F_p$、齿廓总偏差 $F_\alpha$ 和螺旋线总偏差 $F_\beta$，它们分别控制运动的准确性、平稳性和接触的均匀性。此外，还应检验齿厚偏差以控制齿轮副侧隙。

4）齿轮副的侧隙

在一对装好的齿轮副中，侧隙是相啮齿轮齿间的间隙，它是在节圆上齿槽宽度超过啮合的轮齿齿厚的量。侧隙可以在法向平面上或沿啮合线测量，但它是在端平面上或啮合平面（基圆切平面）上计算和规定的，如图9-34所示。

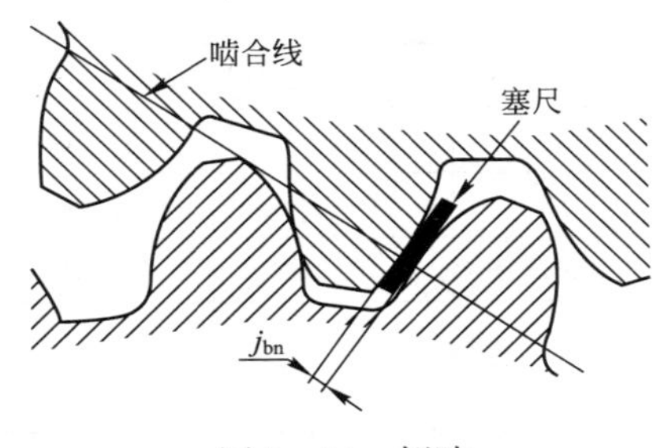


图 9-34　侧隙

单个齿轮并没有侧隙，它只有齿厚，相啮齿的侧隙是由一对齿轮运行的中心距及每个齿轮的实效齿厚所控制。所有相啮齿轮必定要有些侧隙，必须保证非工作齿面不会互相接触，在一个已定的啮合中，侧隙在运行中由于受到速度、温度、负载等的变动而变化。在静态测量的条件下，必须有足够的侧隙，以保证在带负荷运行最不利条件下仍有足够的侧隙。侧隙需要的量与齿轮的大小、精度、安装和应用情况有关系。

(1) 最小侧隙的确定

最小侧隙 $j_{bnmin}$ 是当一个齿轮的齿以最大允许实效齿厚与一个也具有最大允许实效齿厚的相配齿在最紧的允许中心距相啮合时，在静态条件下存在的最小允许侧隙。它是设计者提供的，“允许侧隙”保证齿轮正常储油润滑和补偿材料变形。

① 当采用油池润滑或喷油润滑时，考虑润滑所需最小侧隙 $j_{bnmin1}$ 数值见表 9-17。

**表 9-17　最小侧隙 $j_{bnmin1}$**　　单位：μm

| 润滑方式 | 齿轮圆周速度 $v$/(m/s) | | | |
|---|---|---|---|---|
| | ≤10 | >10～25 | >25～60 | >60 |
| 喷油润滑 | $10m_n$ | $210m_n$ | $30m_n$ | $(30～50)m_n$ |
| 油池润滑 | $(5～10)m_n$ | | | |

② 但温度变化时，侧隙变化量 $j_{bnmin2}$ 为补偿齿轮及箱体变形所必需的最小侧隙。

$$j_{bnmin2}=a(\alpha_1\Delta t_1-\alpha_2\Delta t_2)2\sin\alpha_n$$

式中，$a$ 为齿轮副中心距；$\alpha_1$、$\alpha_2$ 分别为齿轮材料与箱体材料的线膨胀系数；$\Delta t_1$、$\Delta t_2$ 分别为齿轮、箱体的工作温度与标准温度（20°）之差；$\alpha_n$ 为法面压力角，$\alpha_n=20°$。

则

$$j_{bnmin}=j_{bnmin1}+j_{bnmin2}$$

③ 一般情况下，也可根据传动要求，参考表 9-18 选择最小侧隙 $j_{bnmin}$。

**表 9-18　对于中、大模数齿轮最小侧隙 $j_{bnmin}$ 的推荐数据（摘自 GB/Z 18620.2—2008）**　　单位：mm

| $m_n$ | 最小中心距 $a_i$ | | | | | |
|---|---|---|---|---|---|---|
| | 50 | 100 | 200 | 400 | 800 | 1 600 |
| 1.5 | 0.09 | 0.11 | — | — | — | |
| 2 | 0.10 | 0.12 | 0.15 | — | — | — |
| 3 | 0.12 | 0.14 | 0.17 | 0.24 | — | — |

续表

| $m_n$ | 最小中心距 $a_i$ | | | | | |
|---|---|---|---|---|---|---|
| | 50 | 100 | 200 | 400 | 800 | 1 600 |
| 5 | — | 0.18 | 0.21 | 0.28 | — | — |
| 8 | — | 0.24 | 0.27 | 0.34 | 0.47 | — |
| 12 | — | — | 0.35 | 0.42 | 0.55 | — |
| 18 | — | — | — | 0.54 | 0.67 | 0.94 |

注：① 表中传动装置用黑色金属齿轮和黑色金属的箱体制造，工作时节圆线速度小于15m/s，其箱体、轴和轴承都采用常用的商业制造公差。

② 表中数值用公式 $j_{bnmin}=\frac{2}{3}(0.06+0.000\ 5a_i+0.003m_n)$。

③ $a_i$ 必须是绝对值。

(2) 齿厚上偏差的确定

齿厚上偏差是保证最小侧隙 $j_{bnmin}$ 的齿厚最小减薄量，与加工误差和安装误差有关。可以参考同类产品的设计经验或其他有关资料选取，但如果缺少相关资料，可参考下述方法计算选择。

齿轮传动中，当主动轮与从动轮齿厚都为最大值时，即两者齿厚都做成上偏差时，可获得最小侧隙 $j_{bnmin}$。由 GB/Z 18620.2—2008 知

$$j_{bn}=|(E_{sns1}+E_{sns2})|\cos\alpha_n$$

通常取 $E_{sns1}$ 和 $E_{sns2}$ 相等，则 $j_{bnmin}=2|E_{sns}|\cos\alpha_n$，故得

$$E_{sns}=j_{bnmin}/2\cos\alpha_n$$

按上式求得的 $E_{sns}$ 应取负值。此时小齿轮和大齿轮的切削深度和根部间隙相等，且重合度最大。

(3) 齿厚公差 $T_{sn}$

其大小主要取决于切齿加工时的径向进刀误差 $b_r$ 和齿圈径向跳动 $F_r$，由于考虑到误差是随机发生的，同时要把径向换算成齿厚方向，故齿厚公差的计算式为

$$T_{sn}=2\tan\alpha_n\times\sqrt{b_r^2+F_r^2}$$

$b_r$ 数值按第Ⅰ公差组精度等级查表 9-19，$F_r$ 按第Ⅰ公差组精度等级和分度圆直径查表 9-10。齿厚公差的选择与轮齿的精度无关，主要由制造设备来控制，太小的齿厚公差会增加成本。

**表 9-19　$b_r$ 推荐值**

| 切齿工艺 | 磨 | | 滚、插 | | 铣 | |
|---|---|---|---|---|---|---|
| 齿轮的精度等级 | 4 | 5 | 6 | 7 | 8 | 9 |
| $b_r$ 值 | 1.26IT7 | IT8 | 1.26IT8 | IT9 | 1.26IT9 | IT10 |

注：IT 值按分度圆直径查 GB/T 1800.1—2009，或查表 1.1。

(4) 齿厚下偏差 $E_{sni}$

齿厚下偏差综合了齿厚上偏差及齿厚公差后获得，由于上、下偏差都使齿厚减薄，

从齿厚上偏差中减去公差值，即

$$E_{sni}=E_{sns}-T_{sn}$$

(5) 公法线平均长度极限偏差

也可用控制公法线平均长度偏差 $E_{wm}$ 的办法来保证侧隙。公法线长度偏差与齿厚偏差有关（引自 GB/T 13924—2008），即

上偏差 $E_{wms}=E_{sns}\cos\alpha_n-0.72F_r\sin\alpha_n$

下偏差 $E_{wmi}=E_{sni}\cos\alpha_n+0.72F_r\sin\alpha_n$

一般大模数齿轮采用测量齿厚偏差，中、小模数和高精度齿轮采用测量公法线长度偏差来控制齿轮副的侧隙。

5）齿轮的检验组项目及选择

齿轮精度等级及齿轮副传动侧隙确定后，还需选择检验参数（即选择检验组）。参数的选择主要根据齿轮的规格、用途、生产批量、精度等级、齿轮加工方式及计量仪器设备、检验目的等因素综合分析合理选择。

新标准中齿轮的检验分为单项检验和综合检验，综合检验又分为单面啮合综合检验和双面啮合综合检验，如表 9－20 所示。

**表 9－20 齿轮的检验项目**

| 单项检验项目 | 综合检验项目 | |
|---|---|---|
| | 单面啮合综合检验 | 双面啮合综合检验 |
| 齿距偏差 | 切向综合总偏差 | 径向综合总偏差 |
| 齿廓总偏差 | 一齿切向综合总偏差 | 一齿径向综合总偏差 |
| 螺旋线总偏差 | | |
| 径向跳动 | | |
| 齿厚偏差（或公法线长度偏差） | | |

选择检验项目应注意以下几点。

① 齿轮加工方式。不同的加工方式产生不同的齿轮误差，如滚齿加工时由于机床蜗轮偏心产生公法线长度变动误差，而磨齿加工时则由于分度机构误差产生齿距累积误差 $F_p$，故根据不同的加工方式采用不同的检验参数。

② 齿轮精度。齿轮精度低，机床精度足够保证，由机床产生的误差可不检验。齿轮精度高，可选综合性检验项目，反映全面误差。

③ 检验目的。终结检验应选用综合性检验项目，工艺检验可选单项指标以便于分析误差原因。

④ 齿轮规格。直径≤400 mm 的齿轮可放在固定仪器上进行检验。大尺寸齿轮一般采用量具放在齿轮上进行单项检验。

⑤ 生产规模。大批量生产采用综合性检验，效率高；小批单件生产一般采用单项检验。

⑥ 设备条件。选择检验项目还应考虑工厂仪器设备条件及习惯检验方法。

6）齿坯精度

齿坯是指轮齿在加工前供制造齿轮的工件。齿坯的尺寸偏差和几何误差直接影响齿轮的加工和检验，影响齿轮副的接触和运行，因此必须加以控制。

齿轮坯的尺寸偏差和齿轮箱体的尺寸偏差对于齿轮副的接触条件和运行状况有极大的影响。由于在加工齿轮坯和箱体时保持较紧的公差，比加工高精度齿轮要经济得多，因此应首先根据拥有的制造设备的条件，尽量使齿坯和箱体的制造公差保持最小值，这样可使加工的齿轮有较松的公差，从而获得更为经济的整体设计。

用来确定基准轴线的面称为基准面。基准轴线和基准面是设计、制造、检验齿轮产品的基准。齿轮轮齿精度（齿廓偏差、相邻齿距偏差等）的参数值，只有明确其特定的旋转轴线时才有意义。当测量时齿轮围绕其旋转的轴如有改变，则这些参数值也将改变，因此在齿轮的图纸上必须把规定轮齿公差的基准线明确表示出来。为了满足齿轮的性能和精度要求，应尽量使基准的公差值减至最小。

（1）确定基准轴线的方法

最常用的方法是尽可能使设计基准、加工基准、检验基准和工作基准统一，如表 9－21所示。

**表 9－21　确定基准轴线（面）方法（摘自 GB/Z 18620.3—2008）**

| 序号 | 说　明 | 图　示 |
|---|---|---|
| 1 | 用两个“短的”圆柱或圆锥形基准面上设定的两个圆的圆心来确定轴线上的两个点 | 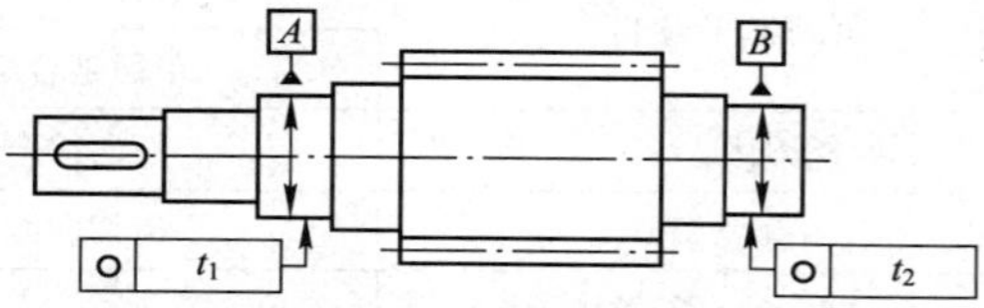 A B ○ $t_1$ ○ $t_2$<br>注：$A$ 和 $B$ 是预定的轴承安装表面 |
| 2 | 用一个“长的”圆柱或圆锥形的面来同时确定轴线的位置和方向，孔的轴线可以与之相匹配正确地装配的工作轴线来代表 | 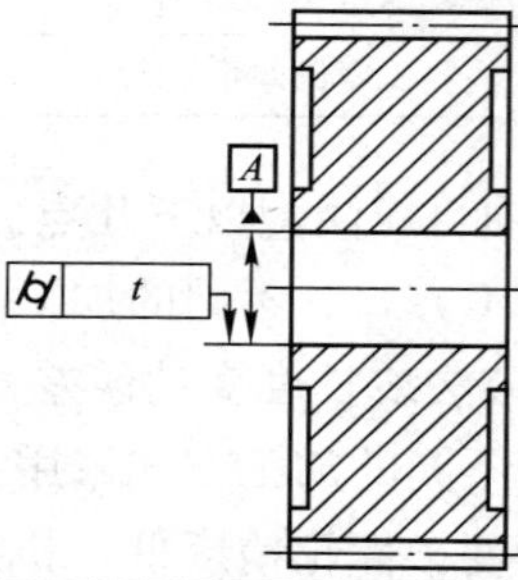 A $t$ |
| 3 | 轴线的位置用一个“短的”圆柱形基准面上的一个圆的圆心来确定，而其方向则用垂直于此轴线的一个基准面来确定 | 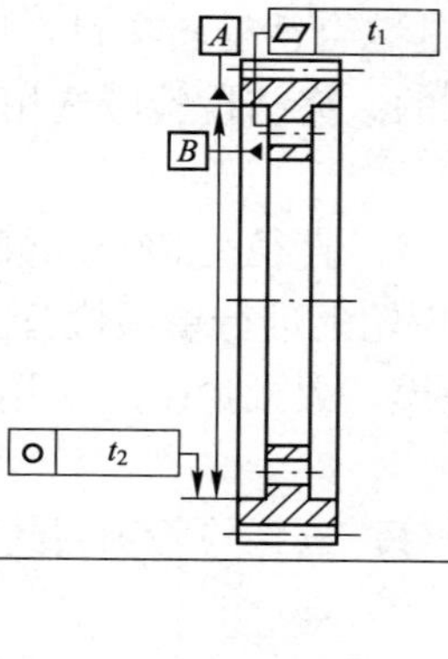 A $t_1$ B ○ $t_2$ |

续表

| 序号 | 说明 | 图示 |
|---|---|---|
| 4 | 用中心孔确定基准轴线时，务必注意中心孔 60°接触角范围内应对准成一直线 | 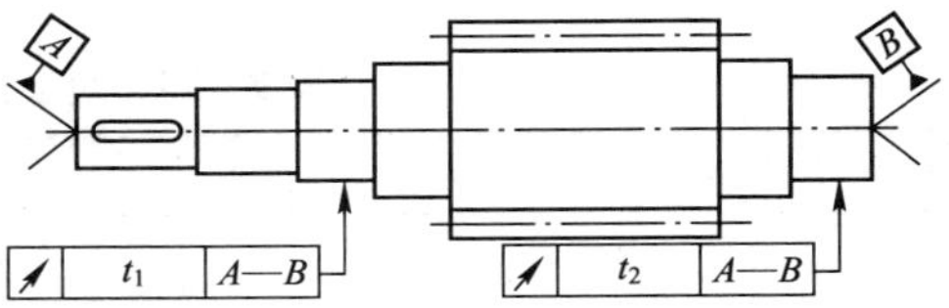 A B $t_1$ A—B $t_2$ A—B |
| 5 | 对于高精度齿轮，必须设置专门的基准面。对于很高精度的齿轮（如 4 级精度或更高），齿轮加工前需装在轴上，故可用轴颈作为基准面 | 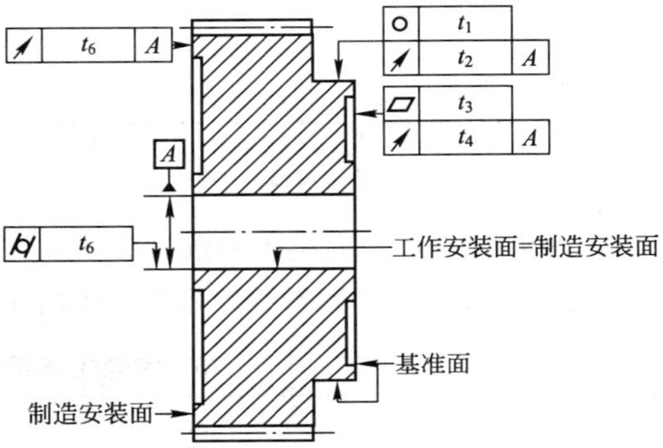 $t_6$ A $t_1$ $t_2$ A $t_3$ $t_4$ A A $t_6$ 工作安装面=制造安装面 基准面 制造安装面 |

(2) 基准面与安装面的几何公差

若以工作安装面（用来安装齿轮的面）为基准面，可直接选用表 9-22 的公差。当基准轴线与工作轴线不重合时，则工作安装面相对于基准轴线的跳动公差在齿轮零件图上予以控制，跳动公差不大于表 9-23 中规定的数值。

**表 9-22 基准面与安装面的形状公差（摘自 GB/Z 18620.3—2008）**

| 确定轴线的基准面 | 公差项目 | | |
|---|---|---|---|
| | 圆度 | 圆柱度 | 平面度 |
| 两个“短的”圆柱或圆锥形基准面 | $0.04(L/b)F_\beta$ 或 $0.1F_P$ 取两者中之小值 | | |
| 一个“长的”圆柱或圆锥形基准面 | | $0.04(L/b)F_\beta$ 或 $0.1F_P$ 取两者中之小值 | |
| 一个短的圆柱面和一个端面 | $0.06F_P$ | | $0.06(D_d/b)F_\beta$ |

注：齿轮坯的公差应减至能经济地制造的最小值。

**表 9-23 安装面的跳动公差（摘自 GB/Z 18620.3—2008）**

| 确定轴线的基准面 | 跳动量（总的指示幅度） | |
|---|---|---|
| | 径向 | 轴向 |
| 仅指圆柱或圆锥形基准面 | $0.15(L/b)F_\beta$ 或 $0.3F_p$ 取两者中之大值 | |
| 一个圆柱基准面和一个端面基准面 | $0.3F_p$ | $0.2(D_d/b)F_\beta$ |

注：齿轮坯的公差应减至能经济地制造的最小值。

(3) 齿顶圆直径公差

为了保证设计重合度、顶隙，齿顶圆作为基准面时，齿顶圆直径尺寸公差、形状公差如表 9－24 所示。

**表 9－24　齿坯尺寸和形状公差**

| 齿轮精度等级 | | 5 | 6 | 7 | 8 | 9 | 10 |
|---|---|---|---|---|---|---|---|
| 孔 | 尺寸公差<br>形状公差 | IT5 | IT6 | IT7 | | IT8 | |
| 轴 | 尺寸公差<br>形状公差 | IT5 | | IT6 | | IT7 | |
| 齿顶圆直径 | | IT7 | IT8 | | | IT9 | |

注意：① 若齿轮三个性能组精度等级不同时，按其中最高等级确定公差值。

② 当顶圆不作为测量齿厚的基准时，尺寸公差按 IT11 给定，但不大于 $0.1m_n$。

(4) 齿轮各部分表面结构参数

齿轮各部分表面结构参数如表 9－25 所示。

**表 9－25　齿轮的表面结构参数推荐值 Ra**

| 齿轮精度等级 | | 5 | 6 | 7 | | 8 | 9 |
|---|---|---|---|---|---|---|---|
| 齿面加工方法 | | 磨 | 磨或珩 | 剃或珩 | 精滚、精插 | 滚、插 | 滚、铣 |
| 轮齿齿面<br>(GB/T 18620.4—2008) | $m\leqslant6$ | 0.5 | 0.8 | 1.25 | | 2.0 | 3.2 |
| | $6<m\leqslant25$ | 0.63 | 1.0 | 1.6 | | 2.5 | 4.0 |
| | $m>25$ | 0.8 | 1.25 | 2.0 | | 3.2 | 5.0 |
| 齿轮基准孔 | | 0.32～0.63 | 1.25 | 1.25～2.5 | | | 5.0 |
| 齿轮轴基准轴颈 | | 0.32 | 0.63 | 1.25 | | 2.5 | |
| 齿轮基准端面 | | 1.25～2.5 | 2.5～5.0 | | | 3.2～5.0 | |
| 齿轮顶圆 | | 1.25～2.5 | 3.2～5.0 | | | | |

注：① Ra 按 GB/T 1031—2009。

② 若齿轮三个性能组精度等级不同时，按其中最高等级。

(5) 箱体公差

箱体公差是指箱体上的孔心距的极限偏差和两孔轴线间的平行度公差。它们分别是齿轮副的中心距偏差 $f_a$ 和轴线平行度公差 $f_{\Sigma\delta}$ 和 $f_{\Sigma\beta}$ 的组成部分。影响齿轮副中心距的大小和齿轮副轴线的平行度误差除箱体外，还有其他零件，如各种轴、轴承等。

箱体公差在 GB/T 10095—2008 中未作规定，但是齿轮传动箱体属于壳体式机架，因此在《机械设计手册》中，按机架设计所规定的尺寸公差、几何公差和表面结构参数选用，通常取 GB/T 10095—1988 中齿轮副中心距极限偏差 $\pm f_a$ 值的 80%。此时，$f'_a$、$f'_x$ 和 $f'_y$ 可按下式计算。

$$f'_a=0.8f_a$$

$$f'_x=0.8\frac{L}{b}f_{\Sigma\delta}$$

$$f'_y=0.8\frac{L}{b}f_{\Sigma\beta}$$

式中，$L$ 是箱体支承间距（mm）；$b$ 为齿轮宽度（mm）；$f_a$ 为齿轮副的中心距极限偏差，如表 9－26 所示。

**表 9－26　中心距极限偏差±$f_a$（摘自 GB/T 10095—1988）**

| 齿轮副中心距 $a$/(mm) | 齿轮精度等级 | | |
| --- | --- | --- | --- |
| | 5～6 $\left(f_a=\frac{1}{2}IT7\right)$ | 7～8 $\left(f_a=\frac{1}{2}IT8\right)$ | 9～10 $\left(f_a=\frac{1}{2}IT9\right)$ |
| ＞6～10 | 7.5 | 11 | 18 |
| ＞10～18 | 9 | 13.5 | 21.5 |
| ＞18～30 | 10.5 | 16.5 | 26 |
| ＞30～50 | 12.5 | 19.5 | 31 |
| ＞50～80 | 15 | 23 | 37 |
| ＞80～120 | 17.5 | 27 | 43.5 |
| ＞120～180 | 20 | 31.5 | 50 |
| ＞180～250 | 23 | 36 | 57.5 |
| ＞250～315 | 26 | 40.5 | 65 |
| ＞315～400 | 28.5 | 44.5 | 70 |

注：新标准 GB/Z 1862—2008 中，中心距没有公差仅有说明。

（6）齿轮精度的标注

在齿轮零件图上应标注齿轮各公差组精度等级和齿厚偏差或公法线平均长度极限偏差的字母代号（或具体值），以及各项目所对应的级别、标准编号；对齿轮副，需标注齿轮副精度等级和侧隙要求。

例如齿轮检验项目均为 7 级时，标注为

7GB/T 10095.1—2008　或　7GB/T 10095.2—2008

若齿轮检验项目精度等级不同，如齿廓总偏差 $F_\alpha$ 为 6 级，齿距累积总偏差标注为 $F_p$ 和螺旋线总偏差 $F_\beta$ 均为 7 级时，标注为

6（$F_\alpha$）7（$F_p$、$F_\beta$）GB/T 10095.1—2008

另外，还可标注为

766GM GB/T 10095—2008

其中，“7”表示第Ⅰ公差值的精度等级，“6”（左二）表示第Ⅱ公差值的精度等级，“6”（左三）表示第Ⅲ公差值的精度等级，“G”表示齿厚上偏差，“M”表示齿厚下偏差。

$$4\begin{pmatrix}-0.330\\-0.495\end{pmatrix}\ \text{GB/T 10095—2008}$$

其中，“4”表示第Ⅰ、Ⅱ、Ⅲ公差组精度等级，$\begin{pmatrix}-0.330\\-0.495\end{pmatrix}$表示齿厚上、下偏差。

$$副 7\begin{pmatrix}+0.210\\+0.360\end{pmatrix}n\quad GB/T\ 10095—2008$$

其中，“副”表示齿轮副，“7”表示接触斑点的精度等级，$\begin{pmatrix}+0.210\\+0.360\end{pmatrix}$为最小、最大极限侧隙，“n”为法向侧隙。

---

**【例 9-2】** 某减速器的一直齿轮副，$m=3$ mm，$\alpha=20°$。小齿轮结构如图 9-35 所示，$z_1=32$、$z_2=70$，齿宽 $b_1=20$ mm，小齿轮孔径 $D=40$ mm，圆周速度 $v=6.4$ m/s，小批量生产。试对小齿轮进行精度设计，并将有关要求标注在齿轮零件图上。

**解** (1) 确定检验项目

必须检验项目应为单个齿距偏差 $f_{pt}$、齿距累积总偏差 $F_p$、齿廓总偏差 $F_\alpha$ 和螺旋线总偏差 $F_\beta$。除了这四项外，由于批量生产，还可检验径向综合总偏差 $F''_i$和一齿径向综合偏差 $f''_i$作为辅助检验项目。

(2) 确定精度等级

参考表 9-6，考虑到减速器对运动平稳性要求不高，所以影响运动准确性的项目（如 $F_p$ 和 $F''_i$）取 8 级，其余项目取 7 级，即

$$8\ (F_p)、7\ (f_{pt}、F_\alpha、F_\beta)\ GB/T\ 10095.1$$

$$8\ (F''_i)、7\ (f''_i)\ GB/T\ 10095.2$$

(3) 确定检验项目的允许值

① 依据分度圆直径 $d_1=mz_1=3\times32=96$ mm 和 $m=3$ mm，查表 9-7 得 $f_{pt}=\pm12\ \mu m$。

② 依据分度圆直径 $d_1=96$ mm 和 $m=3$ mm，查表 9-8 得 $F_p=53\ \mu m$。

③ 依据分度圆直径 $d_1=96$ mm 和 $m=3$ mm，查表 9-9 得 $F_\alpha=16\ \mu m$。

④ 依据分度圆直径 $d_1=96$ mm 和 $m=3$ mm，查表 9-13 得 $F_\beta=15\ \mu m$。

⑤ 依据分度圆直径 $d_1=96$ mm 和 $m=3$ mm，查表 9-11 得 $F''_i=72\ \mu m$。

⑥ 依据分度圆直径 $d_1=96$ mm 和 $m=3$ mm，查表 9-12 得 $f''_i=20\ \mu m$。

(4) 确定齿厚极限偏差

① 确定最小法向侧隙。采用查表法，由中心距 $a=\frac{m}{2}(z_1+z_2)=153$ mm 有

$$j_{bnmin}=\frac{2}{3}(0.06+0.000\,5a_i+0.003m_n)=\frac{2}{3}(0.06+0.000\,5\times153+0.003\times3)=0.151\ mm$$

② 确定齿厚上偏差 $E_{ans}$、公差和下偏差。采用简易计算法，取 $E_{ana1}=E_{ans2}$，由式得

$$E_{sns}=j_{bnmin}/2\cos\alpha_n=-0.151/\cos 20°=-0.08\ mm$$

由表 9-10（按 8 级）查得 $F_r=43\ \mu m$，由表 9-19 查得

$$b_r=1.26IT9=1.26\times87=109.6\ \mu m$$

故得

$$T_{sn}=2\tan\alpha_n\times\sqrt{b_r^2+F_r^2}=85.703\ \mu m\approx0.086\ mm$$

齿厚下偏差为

$$E_{sni}=E_{sns}-T_{sn}=(-0.08-0.086)=-0.166\ mm$$

(5) 确定齿坯精度

根据齿轮结构，齿轮内孔既是基准面，又是工作安装面和制造安装面。

① 齿轮内孔的尺寸公差参照表 9-24，孔的公差等级为 7 级，取 H7，即 $\phi40H7\left(\begin{smallmatrix}+0.025\\0\end{smallmatrix}\right)$。

② 齿顶圆柱面的尺寸公差。齿顶圆是检测齿厚的基础，参照表 9-24 选取。齿顶圆柱面的尺寸公差为 8 级，取 h8，即 $\phi102h8\left(\begin{smallmatrix}0\\-0.054\end{smallmatrix}\right)$。

③ 齿轮内孔的形状公差。由表 9-22 可得圆柱度公差 $0.1F_P0.1\times0.053=0.0053$ mm≈0.005 mm。

④ 两端面的跳动公差。两端面在制造和工作时都作为轴向定位的基准，参照表 9-23，选其跳动公差为 $0.2(D_d/b)F_\beta=0.2\times(70/20)\times0.015=0.0105\approx0.011$ mm。参照表 3-14，此精度相当于 5 级，不是经济加工精度，故适当放大公差，改为 6 级，公差值为 0.015 mm。

⑤ 顶圆径向跳动公差。齿顶圆柱面在加工齿形时常作为找正基准，按表 9-23，其跳动公差为 $0.3F_P=0.3\times0.053=0.0159\approx0.016$ mm。

⑥ 齿面及其余各表面结构。按照表 9-25 选取各表面结构参数值。

(6) 绘制齿轮工作图

齿轮工作图如图 9-35 所示，有关参数列表并放在图样的右边。

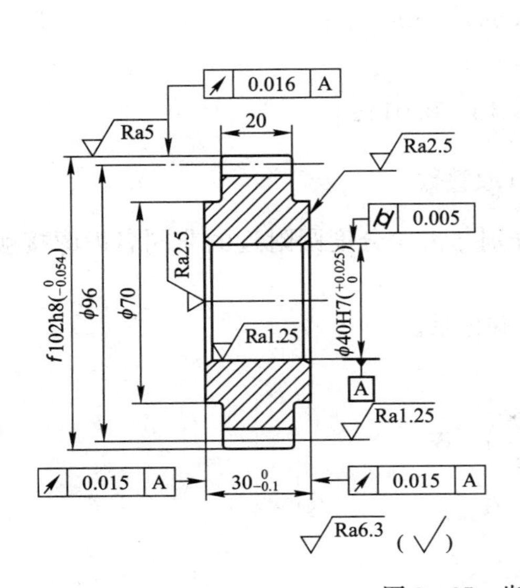


| 法向模数 | $m_n$ | 3 |
|---|---|---|
| 齿数 | $Z$ | 32 |
| 压力角 | $\alpha$ | 20° |
| 配对齿轮 | 齿数 | 70 |
| 齿厚及其极限偏差 | $S_{E_{ani}}^{E_{ans}}$ | $4.712^{-0.080}_{-0.166}$ |
| 精度等级 | 8 ($F_p$)、7 ($f_{pt}$、$F_\alpha$、$F_\beta$) GB/T 10095.1 8 ($F''_i$)、7 ($f''_i$) GB/T 10095.2 | |
| 检验项目 | 代号 | 允许值/μm |
| 单个齿距极限偏差 | $f_{pt}$ | ±12 |
| 齿距累积总公差 | $F_p$ | 53 |
| 齿廓总公差 | $F_\alpha$ | 16 |
| 螺旋线总公差 | $F_\beta$ | 15 |
| 径向综合总公差 | $F''_i$ | 72 |
| 一齿径向综合公差 | $f''_i$ | 20 |

图 9-35 齿轮工作图

# 实训——齿轮的检测

1. 实训目的

① 熟悉齿轮误差主要指标的检测方法，加深对齿轮误差项目及其公差规定的理解。

② 熟悉常用齿轮测量器具的工作原理和使用方法。

2. 实训内容

① 用公法线千分尺检测公法线平均长度偏差与公法线长度变动量。

② 用齿厚千分尺检测齿厚偏差。

③ 用径向跳动仪测齿圈径向跳动。

④ 用周节仪检测齿距偏差和齿距累积误差。

⑤ 用基节仪检测基圆节距偏差。

3. 实训器具和步骤

上述各实训目的不同，所用器具和方法也不同，现以实训①（用公法线千分尺检测公法线平均长度偏差与公法线长度变动量）为例介绍。

器具：公法线千分尺、万能测齿仪或公法线指示规。常用公法线千分尺测量，如图 9－27所示。

测量步骤如下。

① 计算公法线公称长度 $W_k$ 及跨齿数 $k$，公式为

$$W_k = m\cos\alpha[(K-0.5)\pi + z\,\mathrm{inv}\,\alpha_k]$$

当 $\alpha=20°$ 时

$$W_k = m[1.476(2K-1)+0.014z]$$

$$K=\frac{z}{9}+0.5 \quad (\text{取整数})$$

② 按确定的跨齿数，使两测砧的工作面分别与齿轮分度圆附近的非同名齿廓接触（相切），测量实际公法线长度。

③ 依次沿整个圆周测取实际公法线长度，并记录。

④ 计算 $E_{wm}$ 和 $E_{bn}$。

$$E_{wm} = \left(\sum_{i=1}^{z}\frac{W_i}{z}\right) - W_k$$

$$E_{bn} = W_{k\max} - W_{k\min}$$

⑤ 判断被测零件的合格性。

⑥ 填写实训报告，见表 9－27。

表 9－27　用公法线千分尺检测公法线长度变动量

<table>
<tr><td rowspan="5">被测齿轮</td><td>模数 $m$</td><td>齿数 $z$</td><td>压力角 $\alpha$</td><td>编号</td><td>公差标注</td><td>跨齿数 $k$</td></tr>
<tr><td></td><td></td><td></td><td></td><td></td><td></td></tr>
<tr><td colspan="6">公法线长度变动公差（理论）$E_{bn}$</td></tr>
<tr><td colspan="6">公法线平均长度的上极限偏差 $E_{bns}$</td></tr>
<tr><td colspan="6">公法线平均长度的上极限偏差 $E_{bni}$</td></tr>
<tr><td rowspan="2">计量器具</td><td colspan="2">名　称</td><td colspan="2">测量范围</td><td colspan="2">分度值</td></tr>
<tr><td colspan="2"></td><td colspan="2"></td><td colspan="2"></td></tr>
</table>

<table>
<tr><td colspan="8">测量记录</td></tr>
<tr><td>齿序</td><td>测量读数</td><td>齿序</td><td>测量读数</td><td>齿序</td><td>测量读数</td><td>齿序</td><td>测量读数</td></tr>
<tr><td>1</td><td></td><td>4</td><td></td><td>7</td><td></td><td>10</td><td></td></tr>
<tr><td>2</td><td></td><td>5</td><td></td><td>8</td><td></td><td>11</td><td></td></tr>
<tr><td>3</td><td></td><td>6</td><td></td><td>9</td><td></td><td>12</td><td></td></tr>
<tr><td colspan="8">公法线平均长度</td></tr>
<tr><td colspan="8">公法线平均长度偏差 $E_{wm}$</td></tr>
<tr><td colspan="8">公法线长度变动量（实际）$E_{bn}$</td></tr>
<tr><td colspan="4">合格性判断</td><td colspan="4"></td></tr>
</table>

| 姓名 | 班级 | 学号 | 审核 | 成绩 |
|---|---|---|---|---|
| | | | | |

## 拓展与技能总结

本项目围绕 GB/T 10095—2008 国家标准，介绍了齿轮传动的使用要求、齿轮精度的评定指标及其选用方法、齿轮精度的表示方法等。此标准兼顾 GB/Z 18620—2008 的相应检测方法和数据，但 GB/Z 18620—2008 是指导性技术文件，提供的数据不作为严格的精度判据，而作为共同协商的指南来使用。

齿轮传动要求传递运动准确、平稳、载荷分布均匀、侧隙合理，这四项要求是齿轮设计、制造和使用的依据。

齿轮在加工过程中必然有误差存在，其主要误差分为影响传递准确性的误差、影响传动平稳性的误差、影响载荷分布均匀性的误差和影响侧隙的误差 4 个方面。渐开线圆柱齿轮的公差项目及测量方法也从这 4 个方面出发进行的。

国标对渐开线圆柱齿轮的 11 项同侧齿面偏差，规定了 13 个精度等级，其中 0 级最高，12 级最低。对径向跳动公差推荐了 13 级，对径向综合总偏差和一齿径向综合偏差规定了从 4 到 12 级共 9 级精度，其中 4 级最高，12 级最低。

齿轮精度的评定指标按单个齿轮和齿轮副分两大类，并分别按四个使用要求规定一个或几个指标。设计时，可根据齿轮的使用要求、生产批量和检验器具等具体条件选用相应的指标和精度等级。

渐开线圆柱齿轮的新标准中，没有规定齿轮的检验项目，只是推荐了检验组及其检验项目，在使用中应注意贯彻旧标准的经验和成果及供需“双方协议”，适度掌握新旧标准的灵活性，到达标准为生产服务的目的。

## 思考与训练

### 一、填空题

1. 对于测量仪器的读数机构，齿轮________是主要的。

2. 若工作齿面的实际接触面积________，使受力不均匀，导致齿面接触应力________，从而______寿命。

3. 要求啮合齿轮的非工作齿面间应留有一定的侧隙，是为了________________。

4. 单件小批生产的直齿圆柱齿轮，其第Ⅰ公差组的检验组应选用________________。

5. 根据齿轮的不同使用要求，对三个公差组可以选用____的精度等级，也可以选用同____的精度等级。

6. 齿距累积误差 $F_p$ 是指________________________________，属于第________公差组。

7. 齿轮精度指标 $F_β$ 的名称是________，属于第____公差组，控制齿轮的________要求。

8. 评定传递运动准确性指标中，可选用一个____________指标，或两个__________指标。

9. 表示传动平稳性的综合指标有__________和__________。

10. 斜齿轮特有的误差评定指标有____________、________和________________3项。

11. 766GMGB/T 10095—2008 的含义是________________________________________。

12. 根据齿轮精度等级的高低选择检验组时，对于高精度的齿轮，一般应选用____________指标，对于低精度的齿轮，一般应选用________________________检验组。

13. 成批生产的零件宜采用______的检验组；对于单件小批量生产齿轮，则采用________组合的检验组。

14. 基节偏差 $f_{pb}$ 是指__________________与____________________之差。

15. 测量公法线长度变动量最常用的量具是________________。

16. 按 GB/T 10095—2008 规定，圆柱齿轮的精度等级分为____个等级，其中____级精度等级最高，____级精度等级最低，常用的__________属于中等精度等级。

17. 齿圈径向跳动只反映________误差，采用这一指标必须与反映________误差的单项指标组合，才能评定传递运动准确性。

18. 载荷分布均匀性的评定指标是__________。

## 二、选择题（单项或多项）

1. 当机床心轴与齿坯有安装偏心时，会引起齿轮的______误差。

A. 齿圈径向跳动　　B. 齿距误差

C. 齿厚误差　　D. 基节偏差

2. 基节偏差 $f_{pb}$ 是属于第______公差组。

A. 第Ⅰ组　　B. 第Ⅱ组

C. 第Ⅲ组　　D. 不属于任何一组

3. 影响齿轮载荷分布均匀性的公差项目有______。

A. $F_i''$　　B. $f_{f\beta}$

C. $F_\beta$　　D. $f_i''$

4. 影响齿轮传递运动准确性的误差项目有______。

A. $F_P$　　B. $f_i'$

C. $F_\beta$　　D. $F_\alpha$

5. 对 10 级精度以下的圆柱直齿轮的传递运动准确性的使用要求，应采用______来评定。

A. $F_r$　　B. $f_i'$

C. $F_\beta$　　D. $f_{pt}$

6. 机床刀架导轨的倾向会导致齿轮的______误差。

A. 切向误差　　B. 径向误差

C. 轴向误差　　D. 综合误差

7. 精密切削机床的精度等级范围是______。

A. 3～5 级　　B. 3～7 级

C. 4～8 级　　D. 8 级

8. 齿轮公差项目中属于综合项目的有______。

A. $F_i'$　　B. $F_i''$

C. $f_i'$　　D. $f_{pt}$

9. 属于齿轮副的公差项目的有______。

A. $F_\beta$　　B. $F_i'$

C. 接触斑点　　D. $f_i'$

10. 齿轮公法线长度变动量是控制______的指标。

A. 传递运动准确性　　B. 传动平稳性

C. 载荷分布均匀性　　D. 传动侧隙合理性

## 三、判断题

1. 齿轮传动主要用来传递运动和动力。（　　）

2. 传递运动的准确性是指在齿轮转动过程中，转角误差的最大值限制在一定范围内。（　　）

3. 啮合齿轮的非工作面所留间隙越大越好。（　　）

4. 齿轮传动的振动和噪声是由于齿轮传递运动的不准确性引起的。（　　）

5. 机床分度蜗轮偏心会导致齿轮的径向误差。(　　)

6. 对于精密机床的分度机构、测量仪器的计数机构等齿轮，对传递运动准确性是主要要求，而对载荷分布均匀性的要求不高。(　　)

7. 刀具误差会导致齿轮的齿形误差、基节齿距偏差。(　　)

8. 切向综合误差是用齿轮双面啮合检查仪测量的。(　　)

9. 齿轮的一齿切向综合误差 $F'_i$ 是评定齿轮传动平稳性的项目，也是评定齿轮副传动平稳性的项目。(　　)

10. 双啮中心距变动主要反映了被测量齿轮安装偏心所引起的径向误差。(　　)

11. 同一齿轮的径向一齿综合误差 $f''_i$ 一定不大于切向一齿综合误差 $f'_i$。(　　)

12. 用齿厚游标卡尺测量齿轮的齿厚时，应每隔 180°测量一个齿的齿厚。(　　)

13. 公法线平均长度偏差是指在齿轮一转过程中，实际最大公法线与最小公法线之差。(　　)

14. 公法线长度变动量和公法线平均长度偏差都是反映公法线长度方向误差的指标，所以可以互相代用。(　　)

15. 圆柱齿轮根据不同的使用要求，对三个公差组必须选用不同的精度等级。(　　)

16. 齿轮副的接触斑点是以两啮合齿轮中擦亮痕迹面积较大的一齿轮作为齿轮副的检验结果。(　　)

17. 齿轮的精度越高，则齿轮副的侧隙越小。(　　)

18. 影响齿轮传动三个方面性能的齿轮公差项目在生产中必须一一检验。(　　)

19. 在齿轮的零件图上应标注齿轮的精度等级和齿厚的极限偏差的字母代号或数值。(　　)

**四、综合题**

1. 某一直齿圆柱齿轮标注为 7 FL，其模数 $m=2$ mm，齿数 $z=60$，压力角 $\alpha=20°$。现测得其误差项目为 $F_r=45\ \mu m$，$E_{bn}=30\ \mu m$，$F_p=43\ \mu m$，试问该齿轮的第Ⅰ公差组检验结果是否合格?

2. 某直齿圆柱齿轮代号为 877 FL，中小批量生产，试列出该齿轮的精度等级和三个公差组的检验项目?

3. 某直齿圆柱齿轮代号为 878 FL，模数 $m=2$ mm，齿数 $z=60$，宽度 $b=30$ mm，压力角 $\alpha=20°$。试查出 $F_p$、$f_{pt}$、$F_\beta$、$E_{sns}$ 和 $E_{sni}$。

4. 某减速器中有一直齿圆柱齿轮，模数 $m=3$ mm，齿数 $z=32$，宽度 $b=60$ mm，压力角 $\alpha=20°$，传递功率为 6 kW，转速为 960 r/min，若中小批量生产该齿轮，试确定：

(1) 齿轮精度等级。

(2) 齿轮三个公差组的检验项目。

(3) 查出其检验项目的公差或极限偏差的数值。

5. 某直齿圆柱齿轮，传递功率为 1 kW，最高转速为 1 280 r/min，模数 $m=2$ mm，齿数 $z=40$，宽度 $b=15$ mm，压力角 $\alpha=20°$，若大批量生产该齿轮，试确定：

(1) 齿轮精度等级。

(2) 齿轮三个公差组的检验项目。

(3) 查出其检验项目的公差或极限偏差的数值。

6. 某直齿圆柱齿轮，模数 $m=2$ mm，齿数 $z=80$，宽度 $b=20$ mm，压力角 $\alpha=20°$，若测量结果分别为 $F_p=0.050$ mm，$f_{pt}=0.014$ mm，$F_\beta=0.010$ mm，试问该齿轮达到几级精度?

7. 某减速器中有一直齿圆柱齿轮，精度等级为 8－7－7，模数 $m=4$ mm，齿数 $z=50$，宽度 $b=50$ mm，压力角 $\alpha=20°$。与另一齿轮组成齿轮副，其中心距 $a=250$ mm，法向侧隙 $j_n=0.084\sim0.321$ mm。小批量生产，试确定齿轮的检验组，并查出相应的公差值，计算齿厚偏差和公法线平均长度极限偏差。

8. 某一精度等级和齿厚代号为 877GK GB/T 10095—2008 的圆柱齿轮，模数 $m=3$ mm，齿数 $z=80$，宽度 $b=30$ mm，压力角 $\alpha=20°$。与另一齿轮组成齿轮副，其中心距 $a=210$ mm，试解答下列问题：

(1) 查出该齿轮的下列公差或极限偏差：$F_p$、$f_{pt}$、$F_\beta$、$E_{sns}$、$E_{sni}$。

(2) 查出齿轮副的下列公差或极限偏差：$f_a$、$f_{\Sigma\delta}$和 $f_{\Sigma\beta}$。

# 思考与训练答案

## 绪 论

**一、填空题**

1. 互换性
2. 不经选择　不需修配和调整　即可满足预定的使用要求
3. 尺寸误差　几何误差
4. 完全一致　公差
5. 在保证满足产品使用性能的前提下，尽可能选择大的公差

**二、选择题（单选或多选）**

1. B　2. C　3. A　4. D　5. B

**三、判断题（正确的打√，错误的打×）**

1. ×　2. ×　3. √　4. ×　5. ×　6. ×

## 项 目 一

**一、填空题**

1. 由图样规范确定的理想形状要素的尺寸
2. 极限尺寸与公称尺寸之代数差　上极限偏差　下极限偏差
3. 上极限尺寸减去下极限尺寸之差或上极限偏差与下极限偏差之差　加工精度
4. 标准公差　基本偏差
5. 两　基孔制　基轴制
6. 0　−0.021
7. +0.013　0
8. 基孔制　间隙
9. 基轴制　过渡
10. IT7　S
11. −0.026　−0.065
12. −0.010　$\phi$47.990

13. －0.01　－0.02
14. 工艺和经济性　基孔制
15. －0.05
16. 0　0.078
17. 过盈
18. GB/T 1804—2000　精密 f、中等 m、粗糙 c、最粗 v 4 个精度等级
19. 加工难易程度　高一级　同级
20. 基轴制
21. 减少　增大
22. 封闭环
23. 各组成环公差之和

**二、选择题（单选或多选）**

1. AC　2. C　3. A　4. AB　5. AC　6. BCD　7. D　8. C　9. A　10. BD　11. BC

**三、判断题**

1. ×　2. ×　3. ×　4. √　5. ×　6. ×　7. √　8. ×　9. ×　10. ×
11. ×　12. ×　13. √　14. √　15. √　16. √　17. √　18. ×　19. √　20. √

# 项　目　二

**一、填空题**

1. 具有计量单位的标准量　量值
2. 测量　检验
3. 接触式　非接触式
4. 被测对象　计量单位　测量方法　测量精度
5. 0.01 mm　0.001 mm
6. 最大值与最小值
7. 绝对误差　相对误差
8. 两量块的测量面相互接触　贴附在一起
9. 内缩方式
10. 作用尺寸　最大实体尺寸　实际尺寸　最小实体尺寸
11. 不经常通过零件　制造公差
12. 验收产品
13. 结构　大小　产量　检验效率
14. 最大实体尺寸　最小实体尺寸
15. 完整表面

**二、选择题（单选或多选）**

1. B　2. AB　3. C　4. BCD　5. D　6. ABC　7. CD　8. BE　9. B　10. BCD　11. AD

三、判断题

1. × 2. √ 3. × 4. × 5. × 6. × 7. × 8. √ 9. √ 10. ×
11. × 12. √ 13. × 14. √

# 项 目 三

一、填空题

1. 实际（组成）要素 公称组成要素
2. 基准符号 与尺寸线错开
3. 大于
4. 提取组成要素的局部尺寸 提取要素的局部尺寸
5. 独立原则
6. 导出要素 拟合导出要素
7. 半径差为公称值的两同心圆之间的区域 半径差为公称值的两同心圆柱之间的区域
8. 直径为公差值的圆柱
9. 两包络线之间
10. 0.011 0.039
11. 圆跳动 全跳动
12. 同心度 同轴度 对称度 线轮廓度 面轮廓度
13. 被测要素 基准要素
14. 功能要求
15. 与拟合要素比较

二、选择题（单选或多选）

1. ACD 2. ACD 3. ABCD 4. B 5. AD 6. AC
7. BCD 8. AC 9. ABCD 10. AD 11. ABC 12. ABC

三、判断题

1. √ 2. √ 3. × 4. √ 5. √ 6. × 7. × 8. × 9. √ 10. √
11. × 12. √ 13. × 14. × 15. ×

# 项 目 四

一、填空题

1. 称为表面缺陷
2. 凹缺陷 凸缺陷 混合缺陷 区域和外观缺陷
3. ln=5$l$
4. 轮廓最大高度
5. 轮廓算术平均偏差 Ra 轮廓最大高度 Rz

6. 用去除材料方法获得的表面，Ra 的上极限值为 6.3 μm
7. 用去除材料方法获得的表面，Rz 的上极限值为 6.3 μm
8. 用任何方法获得的表面，Ra 的上极限值为 3.2 μm

**二、选择题（单选或多选）**

1. A　2. CD　3. BCD　4. CD

**三、判断题**

1. √　2. ×　3. ×　4. √　5. √　6. √　7. ×　8. √

# 项　目　五

**一、填空题**

1. 内圆锥　外圆锥
2. 基孔
3. 基孔
4. 精密 f　中等 m　粗糙 c　最粗 v
5. 结构型圆锥配合　位移型圆锥配合
6. 内、外圆锥结合表面在结合面全长上应接触均匀　基距面应在规定范围内变化
7. 保证良好的密封性
8. 锥角偏差小

**二、选择题（单选或多选）**

1. ABCD　2. ACD　3. ABC　4. B　5. CD　6. ABCD　7. A　8. ABC　9. B

**三、判断题**

1. ×　2. √　3. √　4. √　5. √　6. ×　7. √　8. ×

# 项　目　六

**一、填空题**

1. 普通机床
2. 内孔　外径
3. 越紧
4. 较紧
5. 较松
6. 基孔制　基轴制
7. 表面结构参数　几何公差
8. 局部负荷　循环负荷　摆动负荷
9. 紧

二、选择题（单选或多选）

1. B 2. ABC 3. B 4. D 5. A 6. D 7. BC 8. E 9. B

三、判断题

1. √ 2. × 3. × 4. √ 5. √ 6. × 7. √ 8. ×

# 项 目 七

一、填空题

1. 轴 毂 转矩 运动 导向
2. 静联接 动联接
3. D10 JS9 P9
4. 通用量仪 专用极限量规
5. 1.6～3.0 μm 6.3 μm
6. 滑动 紧滑动 固定
7. 最大实体原则 花键综合量规
8. 单项止端塞规

二、选择题（单项或多项）

1. ACD 2. B 3. C 4. ABC 5. B 6. AB 7. ABCD 8. B

三、判断题

1. √ 2. × 3. √ 4. × 5. √ 6. √ 7. ×

# 项 目 八

一、填空题

1. 可旋合性 联接可靠性
2. 螺纹中径
3. 中径 牙型半角 螺距
4. 4 6 8
5. 过大 过小 强度
6. 公差等级 旋合长度
7. 稳定性 足够 加工精度
8. 基本限偏差
9. 少
10. 较难加工
11. 公称直径 螺距 中径公差代号 大径公差代号 旋合长度
12. 梯形螺纹 公称直径 螺距 双头3级精度

13. 单一中径
14. 小径
15. 通用　各个参数
16. 中径

二、选择题（单项或多项）

1. BCD　2. BC　3. A　4. AC　5. BCD　6. A　7. ABCD　8. D

三、判断题

1. √　2. ×　3. √　4. ×　5. √　6. √　7. √　8. ×　9. ×
10. √　11. ×　12. ×　13. √　14. √　15. ×

# 项　目　九

一、填空题

1. 传动准确性
2. 小　集中　降低
3. 提供正常润滑的储油间隙
4. $F''_i$
5. 相同　不同
6. 齿轮同侧齿面任意弧段（$k=1$ 至 $k=z$）内的最大齿距累积偏差　Ⅰ
7. 螺旋线总偏差　Ⅲ　载荷分布的均匀性
8. 综合　单项
9. 切向一齿综合偏差　径向一齿综合偏差
10. 接触线误差　轴向齿距偏差　螺旋线波度误差
11. 第Ⅰ组公差等级为7，第Ⅱ、Ⅲ组公差等级均为6，齿厚上极限偏差为G，下极限偏差为M
12. 最能综合反映齿轮质量的综合　单项指标组合的
13. 综合指标　单项指标
14. 实际基圆齿距　公称基圆齿距
15. 公法线千分尺
16. 13　0　12　6～8
17. 径向　切向
18. 螺旋线总偏差 $F_\beta$

二、选择题（单项或多项）

1. ABC　2. B　3. C　4. AD　5. AD　6. C　7. B　8. AC　9. BC　10. A

三、判断题

1. √　2. √　3. ×　4. ×　5. ×　6. √　7. √　8. ×　9. ×　10. √
11. √　12. ×　13. ×　14. ×　15. ×　16. ×　17. ×　18. √　19. √

# 参考文献


[1] 徐茂功. 公差配合与技术测量. 3版. 北京：机械工业出版社，2009.
[2] 姚云英. 公差配合与测量技术. 2版. 北京：机械工业出版社，2008.
[3] 陈于萍. 公互换性与测量技术. 2版. 北京：高等教育出版社，2002.
[4] 刘越. 公差配合与技术测量. 北京：化学工业出版社，2001.
[5] 隗东伟. 极限配合与测量技术基础. 北京：化学工业出版社，2001.
[6] 顾小玲. 量具、量仪与测量技术. 北京：机械工业出版社，2009.
[7] 郭连湘. 公差配合与技术测量实验指导书. 北京：化学工业出版社，2004.
[8] 何颖. 公差配合与技术测量习题及解答. 北京：化学工业出版社，2001.
[9] GB/T 1800—2009 产品几何技术规范（GPS）极限与配合. 北京：中国标准出版社，2009.
[10] GB/T 4249—2009 产品几何技术规范（GPS）公差原则. 北京：中国标准出版社，2009.
[11] GB/T 1801—2009 产品几何技术规范（GPS）极限与配合 公差带和配合的选择. 北京：中国标准出版社，2009.
[12] GB/T 1182—2008 产品几何技术规范（GPS）几何公差. 北京：中国标准出版社，2008.
[13] GB/T 16671—2009 产品几何技术规范（GPS）几何公差 最大实体要求. 北京：中国标准出版社，2009.
[14] GB/T 3505—2009 产品几何技术规范（GPS）表面结构 轮廓法 术语 定义及表面结构参数. 北京：中国标准出版社，2009.
[15] GB/T 3177—2009 产品几何技术规范（GPS）光滑工件尺寸的检验. 北京：中国标准出版社，2009.
[16] GB/T 1031—2009 产品几何技术规范（GPS）表面结构 轮廓法 表面粗糙度参数及数值. 北京：中国标准出版社，2009.
[17] GB/T 13924—2008 渐开线圆柱齿轮精度 检验细则. 北京：中国标准出版社，2008.
[18] GB/Z 18620—2002 圆柱齿轮 检验实施规范. 北京：中国标准出版社，2002.
[19] GB/T 10095—2008 圆柱齿轮 精度制. 北京：中国标准出版社，2008.